Mathematik im Prozess

Martin Rathgeb · Markus Helmerich ·
Ralf Krömer · Katja Lengnink · Gregor Nickel
(Hrsg.)

Mathematik im Prozess

Philosophische, Historische und
Didaktische Perspektiven

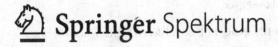

Springer Spektrum

Herausgeber

Dipl.-Math. Martin Rathgeb
Universität Siegen
Deutschland
rathgeb@mathematik.uni-siegen.de

Prof. Dr. Katja Lengnink
Justus-Liebig-Universität Gießen
Deutschland
katja.lengnink@math.uni-giessen.de

Dr. Markus Helmerich
Universität Siegen
Deutschland
helmerich@mathematik.uni-siegen.de

Prof. Dr. Gregor Nickel
Universität Siegen
Deutschland
nickel@mathematik.uni-siegen.de

Dr. Ralf Krömer
Universität Siegen
Deutschland
kroemer@mathematik.uni-siegen.de

ISBN 978-3-658-02273-0
DOI 10.1007/978-3-658-02274-7

ISBN 978-3-658-02274-7 (eBook)

Die Deutsche Nationalbibliothek verzeichnet diese Publikation in der Deutschen Nationalbibliografie; detaillierte bibliografische Daten sind im Internet über http://dnb.d-nb.de abrufbar.

Springer-Spektrum
© Springer FachmedienWiesbaden 2013

Planung und Lektorat: Ulrike Schmickler-Hirzebruch | Barbara Gerlach

Gedruckt auf säurefreiem und chlorfrei gebleichtemPapier.

Springer Spektrum ist eine Marke von Springer DE. Springer DE ist Teil der Fachverlagsgruppe Springer Science+BusinessMedia
www.springer-spektrum.de

Vorwort

Mathematik im Prozess ist ein aktuelles und vielschichtiges Thema, das in dem vorliegenden Buch aus drei Perspektiven und in deren Vernetzung entfaltet wird:

- aus philosophischer Perspektive ist zu klären, welche Grundanliegen sich mit der Mathematik verbinden, wie mathematische Gegenstände und Urteile entstehen und auf welche Weise sie Bedeutung und Geltung erhalten;
- aus historischer Perspektive stellt sich die Frage, in welchen Beziehungen und unter welchen Bedingungen Mathematik entwickelt wurde;
- aus didaktischer Sicht ist besonders der Prozess des Mathematiklernens interessant: inwieweit verläuft er analog zur historischen Praxis, und: welche Bildungsansprüche ergeben sich aus der mathematischen Praxis und der ihr zugrundeliegenden Philosophie.

Das Buch entfaltet eine intensive, gemeinsame Reflexion auf den Prozesscharakter im Kontext mathematischer Praxis. Weite Bereiche der Philosophie der Mathematik sind noch immer wesentlich durch ihren weitgehend statischen Bezug auf Logik und Mengentheorie geprägt und beschreiben die Mathematik vornehmlich als (logisch strukturiertes, axiomatisch-deduktives) System fertiger Resultate. Wesentliche Aspekte der „real existierenden" Mathematik, der tatsächliche Forschungsprozess, aber auch die Einbindung der Mathematik in das jeweilige gesellschaftliche Umfeld bleiben dabei ausgeblendet. Demgegenüber wird in diesem Band gerade die mathematische Praxis in den Blick genommen. Dabei wird eine historische Sicht auf Mathematik zentral. In ihr wird klar, dass und wie Mathematik sich entwickelt hat, und es werden Perspektiven sichtbar, wie Mathematik sich von heute ausgehend weiterentwickeln kann. Auch in der didaktischen Betrachtung spielt der Prozess der Entwicklung eine zentrale Rolle. Hier ist es der Prozess des Lernens von Mathematik, der Einblicke in die Welt des Denkens von Kindern und die Spannungen zwischen (lebensweltlichen) Vorstellungen und der Mathematik ermöglicht. Darüber hinaus ist auch die bildungstheoretische Perspektive der Zielvorstellungen, die mit mathematischen Lernprozessen verbunden werden, eine zentrale Frage mathematikdidaktischer Forschung.

Dass diese zunächst unverbunden scheinenden Forschungsrichtungen der Mathematikphilosophie, -geschichte und -didaktik zahlreiche Verbindungen haben, wird im vorliegenden Buch vielfach sichtbar. So regt das Buch aus forschungsmethodischer Sicht zur Frage an, inwieweit sich Methoden einer Forschungsrichtung auf die Fragestellungen der anderen Bereiche übertragen lassen – inwieweit sich zum Beispiel die gezeigten fachdidaktischen Forschungsmethoden eignen, um historische oder philosophische Fragen zu untersuchen. Da etwa im philosophischen Forschungsfeld zunehmend auch Prozesse des Mathematiktreibens empirisch untersucht werden, und die Mathematikdidaktik hier sicherlich forschungsmethodisch weiter ausgearbeitet ist, scheint dies lohnend. Zum zweiten ist es spannend zu sehen, inwieweit historische Prozesse und Hindernisse sich auch in Lernbiographien widerspiegeln. Auch mathematikphilosophische Fragen zeigen sich häufig als Fragen beim Lernen. Hierin besteht eine weitere Möglichkeit der Befruchtung der unterschiedlichen Forschungsbereiche. Die Bedingungen und Bedeutungen von Mathematik im gesellschaftlichen Kontext stellen eine dritte Berührungsebene dar. Hier werden die bildungstheoretischen Reflexionen produktiv mit Geschichte und Philosophie der Mathematik verbunden.

In diesem Band geht es nun darum, eine solche Komposition der Perspektiven zu erproben – dies haben wir angestoßen mit der **12. Tagung zur Allgemeinen Mathematik: Mathematik im Prozess – Philosophische, Historische und Didaktische Perspektiven**, die vom 10. bis 12. Mai 2012 unter internationaler Beteiligung von ca. 80 Teilnehmern vornehmlich aus Mathematikphilosophie, -geschichte und -didaktik, aber auch aus der Schulpraxis, an der Universität Siegen stattfand. In fünf Hauptvorträgen und ca. 30 Sektionsvorträgen wurden vielfältige Aspekte des Themas diskutiert, wodurch es zu einem ausgesprochen fruchtbaren Austausch zwischen den beteiligten Disziplinen kam. An die Stelle einer abschließenden Diskussion trat eine kurze, pointierte Zwischenbilanz sowie ein Tagungsresumée (als Einleitung des Abschlussgesprächs) durch die beiden „Tagungsbeobachter", Markus Haase und Franziska Siebel. Auf diese Weise konnten thematische Verbindungen, aber auch offene Fragen deutlich herausgearbeitet werden.

Die Tagung und damit auch dieser Band **Mathematik im Prozess** stehen in einer Tradition von Tagungen, die in Darmstadt unter der Frage nach einer ‚Allgemeinen Mathematik' als Mathematik für die Allgemeinheit begonnen wurde, und die seit 2009 in Siegen fortgeführt wird. Ziel ist, das Verhältnis von Mensch und Mathematik in den Blick zu nehmen. Dabei wird ein interdisziplinärer Diskurs über Fragen nach Sinn und Bedeutung von Mathematik sowie nach ihren Zielen, Zwecken und Geltungsansprüchen für die Gesellschaft erörtert. Im Rahmen dieser Tagungsreihe sind mittlerweile vier Bücher erschienen, die sowohl didaktische wie philosophische, inner- und außermathematische Perspektiven umfassen: *Mathematik und Mensch* (2001), *Mathematik und Kommunikation* (2002), *Mathematik präsentieren, reflektieren, beurteilen* (2005)[1] und *Mathematik Verstehen. Philosophische und didaktische Perspektiven* (2011)[2]. Wir freuen uns, nun ein fünftes Buch in dieser Folge vorlegen zu können.

Das vorliegende Buch ist in drei Teile gegliedert. Der erste Teil umfasst Beiträge zu den philosophischen Aspekten des Themas und wird eröffnet von Gerhard Heinzmann mit einer grundsätzlichen Erörterung der Frage, was mathematische Erkenntnisprozesse eigentlich sind, welche Rolle dabei insbesondere der Intuition zukommt und welche Arten von Intuition sich hierbei unterscheiden lassen. Die folgenden fünf Aufsätze untersuchen in chronologischer Reihung Beiträge aus der Philosophiegeschichte, die sich auf die Mathematik und ihre Prozesshaftigkeit beziehen (und nehmen hierbei teilwei-

---

[1] Verlag Allgemeine Wissenschaft, Mühltal.

[2] Vieweg+Teubner Verlag, Wiesbaden.

se auch den Mathematikunterricht in den Blick): Gregor Schneider schreibt zum platonischen Erkenntnisweg, David Kollosche zur Aristotelischen Logik, Jeroen Spandaw zu Bayes' Philosophie der Wahrscheinlichkeit und Martin Rathgeb zur Logik bei Boole und Spencer-Brown, während Willi Dörfler den Kompetenzbegriff der heutigen Unterrichtsreformen der Philosophie von Peirce und Wittgenstein gegenüberstellt. Den Abschluss bildet ein Beitrag von Reinhard Winkler, der konkret die aktuelle Situation der Mathematik als kollektives wissenschaftliches Unternehmen reflektiert.

Der zweite Teil des Buches vereint Beiträge zur historischen Forschung sowohl die Mathematik im Allgemeinen als auch Mathematikunterricht und mathematische Lehrbuchliteratur im Besonderen betreffend. Ganz im Sinne der Vernetzung der drei Perspektiven stehen einige grundsätzliche philosophische Überlegungen von Thomas Zwenger zum Begriff der Geschichte und den erkenntnistheoretischen Grenzen jeder Historiographie voran. Die vier sich anschließenden Aufsätze von Gabriele Wickel, Desirée Kröger, Hans-Joachim Petsche und Martin Winter stellen Lehrbücher und Konzeptionen mathematischen Unterrichts aus drei Jahrhunderten vor, während Henrike Allmendinger und Susanne Spies eine Grundsatzentscheidung der Kleinschen Erneuerung der Lehrerbildung in den Kontext einer mathematischen Stilgeschichte stellen. Renate Tobies' Beitrag zur Geschichte der Technomathematik im frühen zwanzigsten Jahrhundert arbeitet historische Ursprünge der zentralen Rolle, die die Mathematik in Industrie und Wirtschaft heute spielt, am Beispiel heraus.

Der dritte Teil des Buches beschäftigt sich aus didaktischer Sicht mit Lernprozessen im Bezug zur Mathematik. Eröffnet wird er von einem Beitrag von Katja Lengnink, der einen Überblick über diese Thematik konkretisiert an einem Beispiel des Grundschulunterrichts gibt. Entsprechend werden in den folgenden Beiträgen zunächst mathematische Lernprozesse in der Sekundarstufe von Jens Rosch, Annika Wille, Martin Lowsky und an der Universität von Lucas Amiras und Herbert Gerstberger untersucht. Sodann wird wieder die Vernetzung der Perspektiven ins Zentrum gestellt. Sebastian Schorcht sowie Ysette Weiss-Pidstrygach, Ladislav Kvasz und Rainer Kaenders machen Vorschläge, welche mathematikhistorischen Elemente im Unterricht wie eingesetzt werden können, während Heinz Griesel nach der Fundierung von Mathematik über Handlungen und Vorstellungen fragt. Das Buch endet mit zwei Beiträgen von Andreas Vohns und Roland Fischer, die der Frage nach dem Bildungswert der Mathematik im gesellschaftlichen Kontext nachgehen und so die Brücke vom wissenschaftlichen Diskurs in die gegenwärtige Gesellschaft schlagen.

Insgesamt zeigt sich ein vielschichtiges und prozessbezogenes Bild von Mathematik, das gerade von der Vielfalt der aufeinander bezogenen Perspektiven lebt und die Rolle des Menschen als treibender Kraft mathematischer Aktivität in den Vordergrund stellt.

Unser Dank gilt Karl Heinrich Hofmann (Darmstadt) für das Tagungs-Plakat und die Abdruckerlaubnis in diesem Band, Sabine Grüber und Achim Klein (Siegen) für unschätzbare Unterstützung in der Organisation und der redaktionellen Arbeit, Ulrike Schmickler-Hirzebruch und Barbara Gerlach (Wiesbaden) für die stets angenehme Betreuung seitens des Vieweg-Verlages und nun des Springer Spektrum Verlages. Wir bedanken uns zudem für die finanzielle Unterstützung der Tagung durch die Sponsoren – das Beratungsunternehmen d-fine, Hees Bürowelt, der Klett MINT Verlag und das Bauunternehmen Hering. Schließlich gilt unser Dank auch allen Vortragenden, den Tagungsbeobachtern und den Autoren dieses Bandes für produktives gemeinsames Nachdenken und eine fruchtbare Kooperation.

Gießen und Siegen, im März 2013

Martin Rathgeb, Markus Helmerich, Ralf Krömer, Katja Lengnink, Gregor Nickel

12. TAGUNG ALLGEMEINE MATHEMATIK

MATHEMATIK IM PROZESS PHILOSOPHISCHE HISTORISCHE UND DIDAK- TISCHE PERSPEK- TIVEN

UNIVERSITÄT
SIEGEN
ARTUR-WOLL-
HAUS
10-12. MAI
2012

VERANSTALTER
MARKUS HELMERICH
RALF KRÖMER
KATJA LENGNINK
GREGOR NICKEL
MARTIN RATHGEB

ANMELDUNGEN   BIS 15.12.2011 BEI
e-mail: allgmath12@mathematik.uni-siegen.de
ODER SEKRETARIAT   DIDAKTIK DER MATHEMATIK
WALTER-FLEX-STR.3   57068 SIEGEN/0271-7403582
http://www.uni-siegen.de/fb6/allgmath/2012

Inhalt

III   Mathematik und Lernprozesse – Didaktische Perspektiven

Teil I

Mathematik als Prozess –
Philosophische Perspektiven

1 Mathematische Erkenntnisprozesse: Die Rolle der Intuition

Überlegungen zum pragmatisch-dialogischen Ansatz im Rechtfertigungskontext der Mathematik

Gerhard Heinzmann

1.1 Einleitung[1]

Das deutsche Wort „Intuition" drückt

(A) in der Alltagssprache so etwas wie ein Gespür oder ein mehr oder weniger genaues Gefühl aus: „Ich hatte die Intuition, dass sie mich anrufen würde";

(B) in der philosophischen Sprache eine intellektuelle Evidenz (Kant: Die „intuitus originarius" ist Gott vorbehalten).

Das im philosophischen Kontext gebräuchlichere Wort „Anschauung" wird dagegen eher verwendet, um die Affektion durch ein Objekt zu bezeichnen, was manchmal im Englischen als „konkrete Anschauung" übersetzt wird (Parsons 1979/80, S. 166, Anm. 7). Bei Kant ist die Anschauung „rein" oder „empirisch", aber nie intellektuell.

Anders als in der kantischen Tradition, benutze ich im Folgenden den Term „Intuition" als Oberbegriff für „Intuition" (im Sinne von (A) oder (B)) und „Anschauung". Dies impliziert natürlich eine extreme semantische Vieldeutigkeit des Terms, die nicht leicht auf einen gemeinsamen Nenner zu bringen ist. Auf den ersten Blick lassen sich aber drei nicht unbedingt unvereinbare Arten intuitiver Sichtweisen unterscheiden, von denen die ersten zwei einen kognitiven Charakter besitzen:

(a) Die Intuition kann als ein Beitrag zu der durch einen Satz „dass p" ausgedrückten Erkenntnis verstanden werden, sodass diese Intuition alleine auf dem Verständnis von p beruht. Die Intuition ist also in diesem Falle eine Zwischenstufe zwischen Verstehen und Erkenntnis / Wissen. Oft verglichen mit dem Instinkt, ist die Intuition in diesem Sinne eine häufige und sehr nützliche emotionale Erfahrung, wie zum Beispiel als Fahrer vor einer roten Ampel mitten in einem Gespräch auf die Bremse zu treten: Ich verstehe, was die rote Ampel bedeutet und setzte dieses Verstehen durch das Bremsen als Erkenntnis um.

(b) Die Intuition kann als „Grundlage" eines Begriffes oder eines Satzes p verstanden werden, sodass diese Intuition für das Verständnis oder die Rechtfertigung von p nötig ist. In dieser Rolle ist die Intuition also eine Grundlage für das in

---

[1] Diese Arbeit beruht auf (Heinzmann 2012).

(a) vorausgesetzte Verständnis von p. Diese „Basis" kann unter einer psychologischen oder logisch-semiotischen Perspektive betrachtet werden. In beiden Fällen bedeutet der Begriff „intuitive Basis" nicht zwangsläufig, dass wir einen Fundamentalismus verfolgen, d. h. eine endgültige Grundlage epistemischer Konzepte suchen. Eine bescheidenere Deutung der „intuitiven Basis" besteht in der Annahme, dass der Einsatz von Intuition ein signifikanter Beitrag zur Begründung oder zum Verständnis unserer Erkenntnis und rationaler Überlegung sein kann ohne vorzugeben, dass Intuition unfehlbar oder exklusiv ist.

(c) Schließlich kann die Intuition als Instrument wissenschaftlicher Entdeckung verstanden werden. In diesem Sinne kann sie in einer heuristischen Funktion zur Erstellung von Anfangshypothesen oder analoger Argumentationen dienen.

Ich interessiere mich hier nur für Bedeutung (b) und verstehe ab jetzt unter „epistemischer Intuition" einen Gebrauch der Intuition in kognitiver Funktion als Basis des Verstehens und der Rechtfertigung von Erkenntnis.

Bezüglich der Mathematik kann man in Anlehnung an Überlegungen von Richard Carson und Renate Huber (Carson u. a. 2006, S. 293, S. 305) und Richard Tieszen (Tieszen 1989, S. 6 ff.) drei Familien epistemischer Intuition unterscheiden:

- sinnliche, am Phänomen orientierte Anschauung,
- intellektuelle Intuition, die sich auf abstrakte Gegenstände bezieht,
- operative Intuition / Anschauung (Brouwer, Weyl, Poincaré).

Gibt es ein gemeinsames Merkmal der sinnlichen, intellektuellen und operativen epistemischen Intuition? Offensichtlich will man ausdrücken, dass man eine „unmittelbare Sicht" von etwas besitzt. So bezieht sich zum Beispiel Platon auf Ideen mittels „sichtbarer Zahlen" (vgl. Platon, Politeia, 510 c2, d 5–7) und nach John Locke empfindet der Geist in einer intuitiven *Erkenntnis* die Wahrheit, „wie das Auge Licht empfindet, indem es nur auf es gerichtet ist" (Locke 1997, IV, 2, §1).

Über die mathematische Triftigkeit der so umschriebenen epistemischen Intuition gehen allerdings die Ansichten weit auseinander. Zwei Lager stehen sich *grosso modo* gegenüber:

- Eine an Letztbegründungsansprüchen orientierte Auffassung der Intuition wird als unzuverlässig erachtet (vgl. Hahn 1933);
- eine beweiserhebliche Auffassung der Intuition erachtet dieselbe oft als triftig, hat aber die Tendenz, sie nur dann zu akzeptieren, wenn anderweitige beweistheoretische Untersuchungen zu schwierig erscheinen.

Ich möchte hier für eine modifizierte beweiserhebliche Auffassung der Intuition argumentieren. Mein Hauptanliegen ist dabei die Aufstellung einer Symptomatik, die einen intuitiven mathematischen Sprachgebrauch mittels einer semiotischen Analyse rational verständlich macht. Ich werde dazu die folgenden Punkte in jeweils einem eigenen Abschnitt erörtern:

1.2 Illustration der Schwierigkeiten bzgl. der „unmittelbaren Sicht" in der Geometrie

1.2 Illustration der Schwierigkeiten bzgl. der „unmittelbaren Sicht" in der Geometrie

Wer bezweifelt die intuitive Klarheit des den gesunden Menschenverstand ausdrückenden Satzes:

(1) Irgendzwei nicht parallele Geraden schneiden sich in einem Punkt A?

Eine Zeichnung scheint den Sachverhalt ohne Zweifel bestätigen zu können. Und dennoch, wenn die beiden Geraden fast, aber nicht ganz parallel sind, müsste mein Zeichentisch lang, sogar sehr lang sein, um das Ergebnis „sehen" zu können.

Ändern wir also den Satz in folgende Aussage ab:

(2) Beide in meiner Zeichnung *dargestellten* Geraden schneiden sich in A.

Wir stellen uns vor, dass die gezeichneten Linien eine Visualisierung zweier geometrischer Geraden sind oder, philosophischer ausgedrückt, dass der aktuelle Raum mit dem geistigen Darstellungsraum identifiziert wird (vgl. Giaquinto 2008). Aber nehmen wir jetzt an, dass der Definitionsbereich der beiden durch unsere Figuren beschriebenen Funktionen nicht $\sqrt{2}$ enthalte, dort aber nach anderweitigen Berechnungen gerade der Schnittpunkt unserer beiden Linien sein müsste. Wie sollte man den Graphen einer Funktion darstellen, die nicht für den Wert $\sqrt{2}$ definiert ist, aber für jeden beliebigen Wert nahe $\sqrt{2}$? Man müsste eine Visualisierung mit einem „Loch" haben, das wir aber nicht besser zu sehen im Stande sind als den Schnittpunkt zweier sich im Unendlichen schneidender Parallelen.

Ändern wir also unsere Aussage nochmals ab:

(3) Diese beiden nicht parallelen Linien in meiner Zeichnung schneiden sich in A.

Wird diese Aussage nicht durch meine Zeichnung aktualisiert? Jeder Versuch einer diskursiven Erklärung, d. h. jede begriffliche Beschreibung, scheint redundant und weniger klar zu sein! Und doch, könnte es nicht sein, dass mein Stift genau dort eine Tintenflussstörung hatte, wo diese Linien sich schneiden, sodass man, eventuell unter Zuhilfenahme eines Mikroskops, sehen könnte, dass sie sich aktuell nicht schneiden?

In allen drei Fällen scheint die empirische sinnliche Anschauung fehlbar zu sein und ihre Funktion darauf hinaus zu laufen, sich in einer einfachen heuristischen Rolle zu erschöpfen.

Das Problem könnte grundsätzlicher Art sein: Ist es vernünftig, auf eine sinnliche empirische, reale oder imaginäre Anschauung im Falle geometrischer Objekte, Konzepte
oder Sätze zurückzugreifen, wenn man nicht mit dieser Intuition lediglich das Ziel
verfolgen will, eine heuristische Illustration für ein formales Modell zu suggerieren?
Vielleicht ist in der Geometrie eine „reine Anschauung" erforderlich, wenn man auf
eine rechtfertigende Rolle der Intuition abhebt! Allerdings lehrt Poincaré seit 1887,
dass eine Kantische reine Anschauung bzgl. der Geometrie nicht vertretbar ist (Poincaré 1887). Die Zweifel, die seit den frühesten Zeiten die intuitive Offensichtlichkeit
des Parallelenaxioms begleitet, wird durch die Existenz von mehreren möglichen Geometrien bestätigt. Selbst *reine* Intuition scheint nicht in der Lage zu sein, uns einen
unzweifelhaften Zugang zu den „neuen" Geometrien zu ermöglichen.

Aus dieser Sachlage könnte man drei mögliche Konsequenzen ziehen:

- Man geht zu einem formalen Konventionalismus über: Die Intuition betrifft nur
  die Aufstellung von Anfangshypothesen und die Kombinatorik formaler Regeln
  (naturalistische Auffassung).

- Man vertritt einen empirischen Holismus (Quine), wonach geometrische / mathematische Ontologie und Theoriebestätigung mit der Ontologie und Erkenntnistheorie naturwissenschaftlicher Theorien verknüpft werden: Geometrische / *mathematische* Intuition fällt weg; die Intuition bleibt empirischen „Objekten" / Sachverhalten vorbehalten.

- Man versucht die Intuition auch für mathematische Objekte / Sachverhalte bei-
  zubehalten, verzichtet aber auf den Unfehlbarkeitscharakter der Intuition (Gödel).

1.3 Intuition und Erkenntnis

Sieht man Gödels Lösung etwas näher an, so stellt man fest, dass er eine Parallele
zwischen dem Verständnis mathematischer Sachverhalte und empirischen Tatsachen
zieht. Er gibt hierfür eine negative und eine positive Erklärung:

- negativ: In beiden Bereichen sind wir nicht mehr bereit, eine Intuition als un-
  zweifelhafte Erkenntnisquelle zu akzeptieren;

- positiv: Die Paradoxien zwingen uns, mathematische Hypothesen auf die gleiche Weise abzuändern, wie die Erfahrung uns dazu zwingt, Hypothesen zu mo-
  difizieren.

Vielleicht sollte man Intuition nicht *ipso facto* als Erkenntnis ansehen, sodass die „Intuition, dass p" nicht mehr die Wahrheit von ‚p' intendiert. Dann wäre also die Intuition in der Mathematik unabhängig vom wahren Glauben. Dies war zum Beispiel
schon Moritz Schlicks Auffassung: Er schloss die Intuition als subjektive Erfahrung
vom objektiven Wissen aus. Seine Argumentation beruht auf drei Prämissen (Schlick
1979):

(i) Die Intuition ist ein nicht begrifflicher und unmittelbarer Glaube.

(ii) Die Intuition hat die Form einer vagen binären Relation: „Eine Person P kennt intuitiv ein Objekt x."

(iii) Die Erkenntnisrelation ist zumindest ternär. Sie hat im einfachsten Fall die Form „P erkennt ‚x' als ‚y'", in der das unbekannte Element ‚x' auf das bekannte Element ‚y' reduziert wird.

Hieraus folgt, dass die Intuition schon aus formalen Gründen keine Erkenntnis sein kann: Intuitive Erkenntnis ist ein Widerspruch in sich.

Diese Feststellung bedeutet natürlich nicht, dass nach Schlick das Phänomen der Intuition inexistent, sondern nur dass es nicht mit einer philosophisch-wissenschaftlichen Erkenntnis zu verwechseln ist: Die Intuition ist eine Kenntnis und keine Erkenntnis.

Eine genauere Analyse der Prämissen Schlicks zeigt eine Möglichkeit, seine Schlussfolgerung zu nuancieren. Mit Helmholtz könnte man die Prämissen (i) und (ii) in Zweifel ziehen. Intuition ist vielleicht weder unbedingt ein unvermittelter Glauben (i) noch hat sie notwendigerweise die Form einer binären Relation (ii). Können wir uns nicht vorstellen, dass es sich um eine „einfache" kognitive Komponente handelt, die aber dennoch eine tertiäre Form besitzt?

Mit anderen Worten, ist es möglich, die in der ternären Relation „P erkennt ‚x' als ‚y'" enthaltene Identifikation in einem *vorbegrifflichen* semiotischen Prozess – etwa vom Typ „P *sieht* ‚x' als ‚y'" – zu charakterisieren?

Man kann hierfür entweder eine Analogie zur Wahrnehmung unterstellen oder aber sagen, dass die Intuition lediglich ihre *Quelle* in der Wahrnehmung findet.

In beiden Fällen stellt sich die Frage, wie wir den Inhalt der Wahrnehmungs-Zustände in einer Weise identifizieren sollen, die sowohl die epistemische Unbedarftheit (in Bezug auf Annahmen über die Welt) als auch die egozentrische Perspektive des naiv Wahrnehmenden bewahrt und dennoch deren epistemische Bedeutung anerkennt. Wie kann Intuition zur gleichen Zeit nicht rechtfertigbar, einfach, klar, in einem bestimmten Kontext vergleichsweise stabil, also epistemisch signifikant und dennoch kognitiv falsch, obwohl vielleicht korrigierbar sein?

1.4 Intuition und Wahrnehmung

Wir wollen im Folgenden nur Lösungen betrachten, die in der Wahrnehmung eine Quelle der epistemischen Intuition sehen. Ein erster Vorschlag ist Charles Parsons' Wahrnehmungsmodell der Intuition.

Parsons beginnt seine Erklärung der Intuition in der Arithmetik mit der Hilbertschen Konkatenation von Strichen (vgl. Parsons 2008):

$$I, II, III, IIII, \ldots$$

Um zu erkennen, dass man hier den Fall „Anfügung Desselben" vor sich hat, benötigt man die Fähigkeit, die Wahrnehmung der Striche als *tokens* eines *type* aufzufassen. Allerdings ist der „Typ" als ein Zeichen nicht mehr sichtbar; sichtbar sind nur die „Marken" der Zeichen, die „tokens" von „types" sind. Parsons nennt die ‚abstrakten Objekte' (Zeichen), deren Instanzen konkrete Objekte sind, „quasi-konkrete Objekte" und bestimmt die Intuition als die Fähigkeit, quasi-konkrete Objekte mittels der Wahrnehmung konkreter Objekte zu ‚abstrahieren'. Er zeigt dann, dass die quasi-konkreten Objekte als Fundament für ein intuitives Modell der Arithmetik ohne Induktionsprinzip angesehen werden können.

Ich frage mich allerdings, ob Parsons nicht den unterschiedlichen logischen Status eines Einzelnen und eines Partikularen verwischt: Um eine einzelne Ausführung eines Striches wahrnehmen zu können, benötigt man schon einen type. Parsons Wahrnehmungs-*tokens* sind schon abstrakte Entitäten. Kurz, einen besonderen Strich als *token* eines *type*-Striches wahrzunehmen, bedeutet schon eine einzelne *Performanz* als ein *Partikular* eines *type* aufzufassen, sodass die Einfachheit einer an der Wahrnehmung orientierten mathematischen Intuition verloren geht. Zumindest sollte Parsons besser erklären, was er unter der Wahrnehmung eines konkreten Objektes (Striches) versteht: Inwieweit unterscheidet sich die mathematische Intuition, die zur Wiederholung Desselben nötig ist, von der Intuition, die nötig ist, um vom Einzelnen der Sinnesaffektion zum Partikularen der Wahrnehmung überzugehen?

Außerdem ergibt sich aus Parsons' Lösung die von Mathematikern kaum geschätzte Konsequenz, dass die Intuition in der Mathematik nur ihr Anfangsstück betrifft und aus Begründungs- oder Verständnisprozessen höherer Stufe ausgeschlossen ist.

Diese Mängel soll das nun vorgestellte Kompetenzmodell der Intuition vermeiden.

1.5 Das Kompetenzmodell: Ein wichtiges Symptom der Intuition ist der Ausdruck ihrer semiotischen Funktionen

Im Sinne Nelson Goodmans argumentiere ich für die These, dass mehrere kognitive Fähigkeiten – wie Wahrnehmung oder intellektuelle Konzeption – auf vorbegrifflicher oder begrifflicher Ebene ein gemeinsames Merkmal besitzen können, das vom Gebrauch des involvierten semiotischen Systems bestimmt ist, aber weder von den Objekten – seien sie abstrakt oder konkret – noch von den einzelnen kognitiven Fähigkeiten abhängt. So wird die Frage „Was ist Intuition?" in die Frage „Wann liegt eine intuitive Verwendung vor?" abgewandelt.

Die Realisierung soll in einem „Kompetenzmodell" durchgeführt werden, welches es ermöglicht, das von Jules Vuillemin für ein intuitionistisches System als charakteristisch angesehene Merkmal zu berücksichtigen: Die mittels der Intuition erreichte Angemessenheit betrifft die Beziehung zwischen einem Agenten und einem bestimmten Informationsgehalt oder zwischen der „Darstellung und dem Prozess, der ihre Angemessenheit garantiert" (Vuillemin 1981, S. 24). Auf diese Weise tritt ein epistemischer Ansatz der Intuition an die Stelle eines ontologischen (Intuition eines Objektes) oder eines semantischen (Intuition, dass eine Aussage p zuverlässig ist). Auf die „Wahrnehmung" übertragen, verzichtet das Kompetenzmodell auf die Erfassung eines „Objektes", von dem dann eine intuitive Abstraktion entwickelt wird.

Als entscheidendes Hilfsmittel zum Verständnis der epistemischen Intuition dient der Dialog. Die Notwendigkeit einer dialogischen Konzeption von Rationalität wird des Öfteren durch ein weit verbreitetes Dogma übersehen: Ich hebe auf das Dogma des propositionalen Wissens ab, d. h. dass „erkennen" und „wissen" nur im Zusammenhang mit einer propositionalen Konstruktion betrachtet werden: Man erkennt und weiß, *dass* es so nicht weiter geht. Man vernachlässigt zu gerne, dass man auch etwas als Katze erkennen oder etwas als „Katze" klassifizieren kann. Die Akzeptierung des Dogmas hat als Konsequenz, dass der Unterschied zwischen theoretischer Rationalität und praktischer Vernunft auf der Sprachebene als Unterschied zwischen deskriptivem und normativem Wissen interpretiert wird. So ist es nicht verwunderlich, dass die poietische (operative) Fähigkeit, nach der man etwas tut, um etwas anderes zu erreichen, angesichts ihres angeblich prärationalen Charakters außer Gebrauch gekommen ist (Lorenz 1999, S. 3 ff.).

Ohne Anführung eines Arguments erwähnen wir eine für die Behandlung der Intuition in der Mathematik wichtige Folgerung dieser Position. Wenn man das „Wahrnehmungsmodell", das die Erfassung eines physikalischen Objekts, einer sinnlichen Entität oder einer Idee in den Vordergrund stellt, durch das „Kompetenzmodell", in dem man auf die Abhängigkeit der Erkenntnis von unseren Handlungsfähigkeiten und -gewohnheiten abhebt, ersetzt, sieht man, dass unsere intuitiven Fähigkeiten erlernt werden können. Bernays spricht von „erworbener Evidenz", die mit „geistiger Erfahrung" einhergeht (Bernays 2003, S. 197). Aus dieser Perspektive wird natürlich der unfehlbare Charakter der Intuition unhaltbar. Intuition ist eine Fähigkeit, die mit dem Erwerb anderer Fähigkeiten und technischer Details in einem bestimmten Bereich einhergeht.

In großen Zügen kann die Funktion der Intuition im dialogischen Kompetenzmodell wie folgt bestimmt werden (vgl. Lorenz 2010): Die Elemente eines semiotischen Systems (Handlungen werden als Zeichen gelesen) seien in einer dialogischen Lehr-Lernsituation zwischen einem „Agenten" und einem „Patienten" bezüglich der Verständigung mittels eines Zeichenhandlungsschemas verwendet. In der „Agenten"-Perspektive sind die Handlungen einzelne Ausführungen, nur *de numero* zu unterscheiden; dies ist der *pragmatische* Aspekt des Handlungsschemas. In der „Patienten"-Perspektive wird die Handlung erkannt und verstanden; dieser allgemeine Charakter konstituiert den *semiotischen* Aspekt des Handlungsschemas. Zusammenfassend kann die dialogische Situation wie in Tabelle 1.1 veranschaulicht werden.

Wenn nun die Ausführung als Fall der Produktion eines Handlungs-*token* und, dazu analog, das Erkennen als Fall einer Bestätigung des Handlungs-*type* aufgefasst wird, werden durch die in Frage stehende Handlung zwei „Objekte" konstituiert: *token* und *type*, *verursacht* durch eine einzelne Ausführung und *konzipiert* als allgemeine Erkenntnis.

Agent	Patient
Ich-Perspektive	Du-Perspektive
Die Ausführung ist verstanden als Teil eines Handlungs-*token*.	Die Erfassung der Ausführung ist verstanden als Bewährung eines Handlungs-*type*.
angeeignet als token Materie	*objektiviert* als type Form

Tabelle 1.1. Dialogische Situation

Man beachte, dass *tokens* nicht wahrnehmbare, obwohl kausal mit Ausführungen verbundene Objekte sind. Sie können die *types* nicht auf der Ebene der Objekte repräsentieren.

‚Token' und ‚type' besitzen in der dialogischen Rekonstruktion denselben abstrakten Charakter. Sie sind offene Objekte mit vagen Grenzen. Die dialogische Handlung bestehend aus Repetition und Imitation kann immer weiter fortgeführt werden. Wir können nun ein Symptom der epistemischen Intuition wie folgt definieren:

> *Die Verwendung des dialogischen Handlungsschemas ist symptomatisch für das Vorliegen einer epistemischen Intuition, wenn die singulären und allgemeinen Aspekte des Handlungsschemas so in wechselseitiger Abhängigkeit stehen, dass das Zeichen nicht unabhängig von der Gebrauchssituation repräsentiert, sodass sich die Frage nach der Legitimation der Repräsentation gar nicht erst stellt.*

Auf der Grundlage dieser Definition lassen sich nun vier Sorten intuitiver Zeichenverwendung unterscheiden:

(i) Der „schwache Modus" entspricht einem ikonischen Gebrauch des Zeichens. Ein Ikon zeigt verschiedene Repräsentationsmöglichkeiten, ohne dass die Objekte unabhängig vom Hintergrund-Kontext repräsentiert werden. Als Beispiel kann die Enten / Kaninchen Illustration von Joseph Jastrow dienen (vgl. Abbildung 1.1). Je nach Kontext wird man in der Abbildung ein Kaninchen oder eine Ente

Abbildung 1.1. Jastrows Enten / Kaninchen Illustration

sehen. Sobald man von der intuitiven Präsentation zu einer kontextvarianten Repräsentation übergeht, kann man zwischen beiden Interpretationen wechseln.

(ii) Der „starke Modus" liegt vor, wenn aus den logischen Möglichkeiten der ikonischen Präsentation eine Perspektive ausgewählt wird, sodass die Gegenstände repräsentiert werden, diese Repräsentation aber immer noch situationsabhängig ist, d. h. dass die Dualität des schwachen Modus immer noch vorhanden ist, und also noch keine symbolische Repräsentation vorliegt!

Die Erzeugung der Ziffern durch einen Iterationsprozess verwendet substantiell den *Modus der starken Intuition*.

Sei **R** folgendes Schema:

$$(a) \qquad \Rightarrow I$$
$$(b) \qquad n \Rightarrow nI$$

n ist eine „Eigenvariable": Sie kennzeichnet einen Platz für eine schon nach **R** konstruierte Figur.

Das Zeichen ‚$\Rightarrow$' ist kein logischer Operator und vor allem nicht die Implikation. Es ist ein pragmatischer Operator, der soviel bedeutet wie: „Es ist erlaubt!" oder „Man darf konstruieren!".

Die Klausel (a) bedeutet demnach, dass es erlaubt ist, das Schema ‚I' zu konstruieren. ‚I' ist also Gegenstand eines Kalküls und (a) setzt eine Gegenstandskompetenz voraus. Unter der Perspektive der Gegenstandskompetenz ist allerdings Klausel (b) der Regel **R** sinnlos: Sie würde bedeuten, dass es erlaubt ist, den Buchstaben ‚n' durch den Term ‚I' zu ergänzen, vorausgesetzt man besitzt schon den Buchstaben ‚n'! Was man natürlich ausdrücken will, ist, dass man einen Term an den anderen setzen darf, d. h. einen „Nachfolger" konstruieren kann. Hierzu benötigt man aber nicht nur eine Gegenstandskompetenz, sondern auch eine „symbolische" Metakompetenz: ‚nI' ist ein Term, falls ‚n' ein Term ist, aber ‚nI' gehört als Teil der Regel zur Sprache über die Terme und ‚n' ist ein Index für den zuletzt konstruierten Term. Die hierzu benötigte Kompetenz kann als „starke Intuition" gekennzeichnet werden, in der die Dualität zwischen der einzelnen Performanz und der allgemeinen „Erkenntnis" sich in der höherstufigen Dualität von Gegenstands- und Metakompetenz widerspiegelt.

Man kann ‚nI' nicht als Symbol verstehen, ohne seine intuitive interne Struktur zu berücksichtigen. Das Verständnis des Ausdrucks „einen weiteren Strich ‚I' anfügen" benötigt außer der Gegenstandskompetenz auch eine Metakompetenz, deren gegenseitige Interdependenz (schwache Intuition) in der Regel **R** zu einer Repräsentation (starke Intuition) von Ziffern führt: In ‚nI' muss ‚n' als Parameter aufgefasst werden, damit die Konstruktionen ‚I', ‚II', ‚III' etc. als Exemplifikation der Iteration aufgefasst werden können.

(iii) Der „gemischte Modus" liegt vor, wenn eine bestimmte Situation es erlaubt, sie gemäß eines schwachen oder starken Gebrauchs der Intuition zu interpretieren: Unser Beispiel aus der Geometrie „Beide in meiner Zeichnung dargestellten Geraden schneiden sich in A" (2) kann als *token* vom *type* „Irgendzwei nicht parallele Geraden schneiden sich in einem Punkt A" (1) gelesen werden. Es handelt sich um eine starke Intuition bezüglich der Interdependenz von *token* und *type*.

Der Ausdruck (2) kann aber auch als ikonisches Bild (*type*) der Aussage „Diese beiden nicht parallelen Linien in meiner Zeichnung schneiden sich in A" (3) aufgefasst werden. Es handelt sich dann um eine schwache Intuition, die den Typen präsentiert, aber nicht repräsentiert. Wie man sieht, sind im Kompetenzmodell auch Aussagen höherer Stufen intuitiv interpretierbar, wenngleich auch nur in einem indirekten Modus: Sie müssen erst in Handlungsschemata transformiert werden (Heinzmann 2012, chap. 3.3).

(iv) Ein „indirekter Modus" liegt vor, wenn die Zeichenverwendung über Zwischenglieder auf den schwachen oder starken Modus zurückgeführt werden kann (z. B. ist der Elementarsatz „Paul schwimmt" indirekt intuitiv, falls das Handlungsschema „Dieses Schwimmen von Paul" intuitiv ist) oder wenn der Zeichenhandlungsgebrauch sich auf eine Situation bezieht, deren Rechtmäßigkeit nicht in Frage steht, sei es aus purer Konvention oder weil sie ihrerseits auf einen schwachen oder starken Modus zurückgeführt werden kann.

Der letzte Fall liegt vor, wenn die Zeichenhandlung – wie es in der Mathematik dauernd vorkommt – nur als Mittel und nicht als Reflexions-Gegenstand verwendet wird.

Die Verwechslung von schwachem und starkem Modus führt zu einem degenerierten, weil scheinbar vom Kontext unabhängigen Gebrauch der Intuition. Betrachtet man die Klauseln (a) und (b) des Iterationsschemas R auf einer Metaebene für Aussagen:

$$A(I) \quad \text{und} \quad A(I) \rightarrow A(II)$$
$$A(II) \quad \text{und} \quad A(II) \rightarrow A(III)$$
$$\vdots$$

könnte man meinen, sie repräsentierten eine unendliche Abfolge von Anwendungen des *modus ponens*. Während für das Verständnis der Iteration die starke Intuition hinreichend ist, gibt diese Schreibweise für einen unendlich iterierten *modus ponens* nur ein ikonisches Bild, das irrtümlicherweise als Repräsentation aufgefasst wird, in Wirklichkeit *aber* nur eine unendliche Abfolge präsentiert, ohne ein Non-Standardverhalten ausschließen zu können. Denn um ein Non-Standardverhalten ausschließen zu können, müsste man eben schon wissen, dass sich tatsächlich alle Zahlen so erhalten lassen. Mit anderen Worten, ist das Prinzip der vollständigen Induktion auch im „Kompetenzmodell" nicht intuitiv.

Zusammenfassend kann man sagen, dass die epistemische Intuition ihren kognitiven Wert im Präsentationsmodus findet. Ihre Unbezweifelbarkeit liegt in der Konstruktion begründet und ihre Unzuverlässigkeit hat zumindest zwei eng miteinander verbundene Gründe:

1. Intuitive Präsentation wird mit einer Repräsentation verwechselt;
2. der Interpretant der intuitiven Präsentation wird als kontextinvariant angesehen.

Literatur

[Bernays 2003] BERNAYS, Paul; SINACEUR, Hourya Benis (Übers.): *Philosophie des mathématiques (11976)*. Paris: Vrin, 2003.

[Carson u. a. 2006] CARSON, Emily; HUBER, Renate: *Intuition and the Axiomatic Method*. Dordrecht: Springer, 2006.

[Giaquinto 2008] GIAQUINTO, Marcus: *Synthetic A Priori Knowledge in Geometry: Recovery of a Kantian Insight*. Conférence Nancy 5. Mai 2008, Vortrag an der chair d'excellence «Ideals of Proof» (M. Detlefsen).

[Hahn 1933] HAHN, Hans: Die Krise der Anschauung. In: *Krise und Neuaufbau in den exakten Wissenschaften, Fünf Wiener Vorträge*. Leipzig, Wien: F. Deutike, 1933.

[Heinzmann 2012] HEINZMANN, Gerhard: *L'intuition épistémique. Une approche pragmatique du contexte de compréhension et de justification en mathématiques et en philosophie*. Paris: Vrin, 2012.

[Locke 1997] LOCKE, John: *An Essay Concerning Human Understanding*. London: Penguin Classics, 1997.

[Lorenz 1999] LORENZ, Kuno: Der Dialog als Gegenstand und Methode der Philosophie. In: *Sonderforschungsbereich 378, Memo 35*. Saarbrücken: Universität des Saarlandes, 1999.

[Lorenz 2010] LORENZ, Kuno: *Logic, Language and Method. On Polarities in Human Experience*. Berlin: De Gruyter, 2010.

[Parsons 1979/80] PARSONS, Charles: Mathematical Intuition. In: *Proceedings of the Aristotelian Society* New Series Vol. 80 (1979–80), S. 145–168.

[Parsons 2008] PARSONS, Charles: *Mathematical Thought and its Object*. Cambridge: Cambridge University Press, 2008.

[Poincaré 1887] POINCARÉ, Henri: Sur les Hypothèses fondamentales de la géométrie. In: *Bulletin de la Société mathématique de France* 15, S. 203–216; abgedruckt in: Poincaré, Œuvres. vol. XI, Paris, Gauthier-Villars, 1956, S. 79–91.

[Schlick 1979] SCHLICK, Moritz: Gibt es intuitive Erkenntnis? In: *Vierteljahrsschrift für wissenschaftliche Philosophie und Soziologie* 37 (1913), S. 472–488; zitiert nach der engl. Übersetzung: Is There Intuitive Knowledge? In: Henk L. Mulder/Barbara F.B. van de Velde-Schlick, M. S., Philosophical Papers I (1909–1922). Dordrecht/London, Reidel, S. 141–152.

[Tieszen 1989] TIESZEN, Richard: *Mathematical Intuition. Phenomenology and Mathematical Knowledge*. Dordrecht, Boston, London: Kluwer, 1989.

[Vuillemin 1981] VUILLEMIN, Jules: Trois philosophes intuitionnistes: Epicure, Descartes et Kant. In: *Dialectica* 35 (1981), S. 21–41.

2 Über die Mathematik zur Philosophie. Platonischer Erkenntnisweg und moderne Mathematik

GREGOR SCHNEIDER

2.1 Einleitung[1]

Das platonische Ideal „über die Mathematik zur Philosophie", das vor allem bei Mathematikern lebendig war und ist, die sich wie Kurt Gödel mit Grundlagenfragen ihres Faches beschäftigen, ist eine bislang unerfüllte Utopie. Der Ausdruck ‚Philosophie' bleibt bei diesem Ideal weitgehend unbestimmt, sie muss nur etwas sein, das mindestens so klar und rein ist wie die Mathematik, aber tiefer das Wesen der Welt und des Lebens erfasst als die mathematischen Gedanken. Man findet dieses Ideal einerseits an prominenter und zitierbarer Stelle, andererseits auch relativ vage und unwiderlegt bei Platon in seinen überlieferten Dialogen und dem sogenannten Siebten Brief. Wie aber hat sich Platon diesen Erkenntnisweg über eine Beschäftigung mit der Mathematik zur Fähigkeit des Philosophierens genauer vorgestellt und was für Auswirkungen haben die Veränderungen in der Mathematik bis auf den heutigen Tag darauf, was für eine Bedeutung diesem Teil platonischer Bildung aktuell zukommen kann?

2.2 Zu einem uneingelösten Ideal

Nach Platon ist das Eingeständnis, die Antwort auf eine Frage nicht zu kennen, ein entscheidendes Moment jedes Erkenntnisprozesses. Entsprechend wird dieser Abschnitt versuchen, die Leserin in eine derartige Ausweglosigkeit (Aporie) zu führen, indem erstens plausibel gemacht wird, dass wir aus den wichtigsten Textstellen in der *Politeia* überhaupt keine richtige Vorstellung darüber haben, wie Platon sich den Weg über die Mathematik zur Dialektik gedacht hat, zweitens dieser Weg auf keinen Fall entlang der modernen Mathematik aufgrund ihres Gegenstandbereichs verläuft und drittens bereits die ‚Denkweise' unserer Mathematik einen Aufstieg im Sinne Platons verhindert.

---

[1] Ich danke Gregor Nickel und dem unbekannten Referee für die hilfreichen Anmerkungen! Die Argumentationen des ersten Teils dieses Beitrages finden sich in anderer Form im letzten Kapitel, die aus Abschnitt 2.3 im ersten Kapitel meiner Dissertation (Schneider 2013). Die Übersetzung der euklidischen Definitionen und Postulate entspricht weitgehend der von (Thaer 1997, S. 1 ff.).

2.2.1 Die vier mathematischen Wissenschaften – eine Aporie

Platons Curriculum für die angehenden Staatsoberhäupter sieht in ihren zwanziger Jahren eine zehnjährige, konzentrierte Beschäftigung mit den vier mathematischen Wissenschaften[2] vor (*Politeia 537bd*). Sie dienen – so Sokrates in der *Politeia* – als Vorspiel für die philosophische Beschäftigung, die Dialektik, für die fünf Jahre vorgesehen sind, und die nach weiteren fünfzehn Jahren politischer Betätigung zur Schau der Idee des Guten führen sollte. Demnach ist nach platonischer Auffassung eine wahre philosophische Betätigung auf diesem Weg erst nach einer – modern gesprochen – Promotion in Mathematik zusammen mit einer dabei stets erfolgten Ausrichtung auf das in der Mathematik aufscheinende Höhere möglich.

Obgleich die vier mathematischen Wissenschaften als späteres Quadrivium der sieben freien Künste eine lange Wirkungsgeschichte haben, sind die Ausführungen in der *Politeia* (*521c-539d*) alles andere als nachvollziehbar. Eine erste Verständnisschwierigkeit ergibt sich daraus, dass auch bei den beiden scheinbar auf die Empirie bezogenen Wissenschaften – der Harmonielehre und der Astronomie – der Bezug auf das sinnlich Gegebene abgelehnt wird (*Politeia 527ab/529c/530b*). Wie sollte man aber in der Harmonielehre ohne empirischen Bezug, rein mathematisch von sich zueinander „harmonisch" verhaltenden Zahlen sprechen können? Erklären die Kommentatoren die Harmonik bestimmter Zahlverhältnisse ja gerade durch die Harmonie der Töne, wenn man eine Saite entsprechend des Zahlverhältnisses verkürzt und zum Schwingen bringt.[3] So wurden in manchen neuplatonistischen Werken Platons Ausführungen zur Harmonielehre auch anders, und zwar so verstanden, dass man mittels der musikalischen Harmonie auf einen seelischen Zusammenklang aufmerksam werden kann, und über diesen auf einen geistigen (vgl. Heilmann 2007).

Ähnlich wird bei der Besprechung der Astronomie der Vergleich mit dem Verhältnis von Skulptur und ihrer Vorzeichnung gewählt,[4] der nicht für das Verhältnis von tatsächlichen Planetenbewegungen und ihrer mathematischen Idealisierung passt. Denn auch wenn sowohl die geometrische Idealisierung wie die Skulptur erst geschaffen wird, so ist sie doch eine Ergänzung, ein Modell, und nicht wie die Skulptur oder das Gemälde etwas Realeres oder zumindest Vollkommneres als die Vorzeichnung, und die Existenz der realen Sternenbewegungen nicht dazu da, damit wir davon Idealisierungen bilden. Der Mathematikhistoriker Ian Mueller ist demgemäß der Meinung, dass man bei der platonischen Astronomie sich an dem, was im *Timaios* ,Astronomisches' geschildert wird, orientieren müsste, was mit einer mathematischen Theorie auch in einem weiten Sinn nicht viel zu tun hat.[5]

---

[2] Eigentlich zählt Sokrates fünf, da er die ebene Geometrie von der Stereometrie explizit unterscheidet (*Politeia 528ae*). Mit (Böhme 2000, S. 66 ff.) kann man weiter die Astronomie in eine Zeitlehre und eine Bewegungslehre aufteilen.

[3] So auch (Böhme 2000, S. 86): „So überraschend Platons Forderung, das Wesen von Harmonie in einer Zahlenbeziehung zu suchen, immer wieder wirkt: Gerade sie ist in der pythagoreischen Harmonielehre erfüllt. Es sind ganz bestimmte ausgezeichnete Zahlenverhältnisse, deren Realisierung als harmonisch empfunden wird."

[4] „Also, sprach ich, jene bunte Arbeit am Himmel muß man nur als Beispiele gebrauchen um jenes nämlich zu erlernen, wie wenn einer auf des Daidalos oder eines anderen Künstlers oder Malers vortrefflich gezeichnete und fleißig ausgearbeitete Vorzeichnungen trifft." (*Politeia 529de*)

Ähnliche Verständnisschwierigkeiten erwarten einen bei den Erläuterungen zu Arithmetik und Geometrie (*522b–527c*). Platon lässt Sokrates zwar zur Arithmetik noch ausführlich erklären, wie der Begriff der Einheit, insofern er in der Wahrnehmung stets mit seinem Gegenteil, der Vielheit, zusammen auftritt, einen die Seele auffordernden Charakter hat, die Einheit und damit die Zahlen unabhängig von Wahrnehmungen zu untersuchen – also möglichst rein zu denken. Jedoch mit dem an der Darstellung der Astronomie und Harmonielehre geschulten Problembewusstsein scheinen auch diese Erläuterungen nur ein erster Anfang und noch nicht das für Platon an den Wissenschaften Wesentliche zu sein. Das Ziel, das letztlich durch die Beschäftigung erreicht werden soll, ist ja eine *ethische* Erkenntnis. Denn die zukünftigen Staatslenker sollen es zur Erkenntnis des Guten bringen, um nach der Rückkehr in die ‚Höhle‘ ihren Staat gut leiten zu können. „Sehr nützlich allerdings [ist die Suche, welches harmonische Zahlen sind und welches nicht] für die Auffindung des Guten und Schönen“ (*Politeia 531c*).[6] Wie sollte die Beschäftigung mit Mathematik zu einem Wissen darüber führen, wie man gut handelt? Bedeutsam hierbei ist die Beobachtung, dass die grundlegenden Konzepte platonischer Ethik mit denen der vier mathematischen Wissenschaften gleich zu sein scheinen.[7] Aber ein unabsehbarer Erkenntnisfortschritt wäre es, ihre Identität aufzuzeigen, denn die Frage bleibt: Wie sollte man aus der Beschäftigung mit der mathematischen Proportionalität etwas über die „ethische“ Verhältnisgleichheit lernen und – was nicht vergessen werden sollte – ein besserer Mensch werden?[8]

Nun wird aber die Wirkung der Beschäftigung mit den vier mathematischen Wissenschaften konkret angegeben, aber anders als vielleicht erwartet:

---

[5]   So schreibt er in (Mueller 2005, S. 114): „There are many obscurities in Socrates' discussion of astronomy, but it is clear that Socrates is envisaging a science which is quite different from anything we think of as astronomy, even mathematical astronomy, in which the observed heavenly motions are to some extent idealized to make them more susceptible to geometric representation." Er hat dabei Meinungen wie die von (Mittelstraß 2005, S. 234) im Blick, die Platon so verstehen wollen, dass seine Astronomie in geometrischen Modellbildungen des Sichtbaren besteht (ähnlich Frede 2006, S. 137 f.). Diese Auffassung der Astronomie wie auch die der anderen mathematischen Wissenschaften steht im übrigen in einem offensichtlichen Widerspruch zum Liniengleichnis. Denn in diesem wird die ganze Mathematik *nicht* in einen Seinsbereich der sichtbaren *Dinge* abgebildet, sondern nur in den der Schatten und Spiegelbilder. Es wäre danach auch kein abstrahierender Aufstieg von den Dingen ins Mathematische von Platon vorgeschlagen worden.

[6]   Ebenso in *Politeia 526de*: „Zu dem allen, sagte ich, ist freilich ein sehr kleiner Teil der Rechenkunst und der Meßkunst hinreichend; der größere und weiter vorschreitende Teil derselben aber, laß uns zusehn, ob der einen Bezug hat auf jenes, nämlich zu machen, daß die Idee des Guten leichter gesehen werde. Es trägt aber, sagten wir, alles dasjenige hierzu bei, was die Seele nötigt, sich nach jener Gegend hinzuwenden, wo das Seligste von allem Seienden sich befindet, welches eben sie auf jede Weise sehen soll.".

[7]   Diese sind u. a. Einheit, Proportion, Ordnung; vgl. Burnyeat 2000, S. 75 ff., insbesondere S. 76 f.: „What is distinctive about Plato is his systematic exploitation of the fact that Greek value-concepts like concord, proportion, and order are also central to contemporary mathematics. The fundamental concepts of mathematics are the fundamental concepts of ethics and aesthetics as well, so that to study mathematics is simultaneously to study, at a very abstract level, the principles of value. Your understanding of value is enlarged as you come to see that such principles have applications in quite unexpected domains, some of them beyond the limits of human life in society. Conversely, your understanding of mathematics is perfected when you see it as the abstract articulation of value. The realm of mathematics is 'intelligible with the aid of a first principle' (511d), because in the light of the Good you see mathematics for what it really is."

[8]   Vgl. (Gill 2004) für andere Einwände gegen Burnyeat.

„Es ist gar nicht einfach, sondern schwer zu glauben, dass durch diese Kenntnisse jeweils ein Vermögen der Seele völlig gereinigt und wieder befeuert wird, das durch die anderen Beschäftigungen zerstört und betäubt wird, dessen Bewahrung aber wichtiger ist als die von zehntausend Augen. Denn nur dadurch wird die Wahrheit gesehen."

Politeia 527de, übersetzt von (Frede 2006, S. 138)

Ist mit dem „Sinn der Seele" das abstrakte Denken gemeint, das „gereinigt" und angeregt wird? Gemäß dem Dialog *Phaidon* ist die ungestörte Wahrheit erst bei der Lösung der Seele vom Körper erreichbar, am besten also nach dem Tod (*Phaidon 65e–67a*). Insofern ist mit dem „Sinn der Seele" eine unkörperliche, *nicht* auf weltliche Dinge bezogene Erkenntnis des eigentlich Wirklichen möglich – und deshalb wohl weniger ein abstraktes Denken gemeint.

Aber wird an jenen esoterisch klingenden Dialogstellen nicht einfach metaphorisch gesprochen? Hier ist zu beachten, dass die platonischen Dialoge durch ihre literarische Form sehr sensibel auf an sie herangetragene Interpretationswünsche reagieren und sie zu erfüllen suchen. Im speziellen Fall der mathematischen Wissenschaften verstärkt sich diese Wirkung, da hier eine ungewohnte Verbindung rein rationaler mit esoterisch, mystischen Elementen aufscheint. Ein moderner oberflächlicher Wissenschaftsbegriff, der aus einer polemischen Abgrenzung zur ‚unwissenschaftlichen‘ Esoterik, dem abzulehnenden ‚Anderen‘, gewonnen wird wie neuere religionswissenschaftliche Untersuchungen gezeigt haben (Hanegraaff 2012), muss das für ihn ‚Irrationale‘ von vornherein ausgrenzen. Ich plädiere in Blick auf Plato dafür, das nicht Nachvollziehbare und ‚Fremde‘ zunächst stehen zu lassen, die Ausweglosigkeit anzunehmen und nicht gegen den Text zu rationalisieren.

In Platons Konzeption der vier *mathemata* als Mittel zur Umlenkung der Seele hat man demnach etwas vor sich, das man (zumindest vorerst) inhaltlich nicht nachvollziehen kann – ungeachtet des Umstandes, dass sich zu den rationalen Hintergründen der mathematischen Wissenschaften noch einiges sagen ließe (vgl. z. B. Böhme 2000 und Burnyeat 2000).

2.2.2 Der Aufstieg über die moderne Mathematik – wohin auch immer

Platon betont in der Darstellung der vier mathematischen Wissenschaften durchgehend, dass man sie nicht nur betreiben, sondern sich ihnen *im Hinblick auf das Ideelle* in ihnen widmen muss, will man sich mit ihnen für die Dialektik üben: „[...] [sie sollen] sich mit [der Arithmetik] beschäftigen, nicht auf gemeine Weise, sondern bis sie zur Anschauung der Natur der Zahlen gekommen sind durch die Vernunft selbst (tē noēsei autē) [...]" (*Politeia 525c*).[9] In der modernen Mathematik wird der Blick auf

---

[9] Ähnlich zur Arithmetik: „Sie mag wohl nach ihrer Natur zu dem auf die Vernunfteinsicht Führenden, was wir suchen, gehören, niemand aber sich ihrer recht als eines auf alle Weise zum Sein Hinziehenden bedienen." (*523a*). Der die Vernunft auffordernde Charakter der Arithmetik wird daraufhin so dargestellt, dass in der Wahrnehmung Gegensätze an ein und demselben Gegenstand auftreten, von der Wahrnehmung

das Ideelle im Sinne Platons aber verstellt, da es für ihre grundlegenden Objekte, die natürlichen Zahlen und die Mengen, keine Ideen gibt oder sie zumindest so gefasst werden, dass das hinter ihnen liegende Ideelle nicht zur Erscheinung kommt; so die These, die in diesem Abschnitt mit zwei knappen Argumentationen gestützt werden soll.

Zu den natürlichen Zahlen. Wer mit der platonischen Idee einer Sache bekannt ist, kennt das Wesen dieser Sache und muss Auskunft geben können über das, was allen Dingen gleicher Art gemeinsam ist (*Politeia 534b, Parmenides 132a*). Im Umkehrschluss heisst dies, dass nach Platon zu jeder Gruppe von Dingen mindestens dann keine Idee existiert, wenn es nichts Gemeinsames gibt, was ihre (scheinbar) gleiche Art ausmacht. Dass es nichts essentiell Gemeinsames gibt, ist unter anderem dann der Fall, wenn es eine begriffliche Abhängigkeit zwischen den Dingen gibt. So ist die Art von ihrer Gattung begrifflich abhängig, insofern z. B. die Art *Mensch* den Begriff *Lebewesen* notwendig voraussetzt, es aber noch andere Begriffe gibt, die andere Arten der Gattung *Lebewesen* sind. Nach der gemeinsamen Idee von Mensch und Lebewesen zu fragen, macht hier keinen Sinn, weil man mit der Begrifflichkeit Gattung-Art gerade unterschiedliche Ideen in ein hierarchisches Verhältnis setzt. Insofern die begrifflich ‚spätere' Sache die begrifflich ‚frühere' voraussetzt für ihr Verständnis, enthält sie zum einen in dem, was sie ausmacht, die ‚Frühere', muss sich zum anderen in dem, was sie ausmacht, durch etwas, was die ‚Frühere' nicht enthält, unterscheiden. Das klassische Beispiel dafür ist die Folge von Punkt, Linie, Fläche und Körper, in der die Linie den Punkt voraussetzt etc. (*Aristoteles Topik 141b*).

In den platonischen Dialogen findet sich dieses negative Kriterium für Ideen nicht, aber Aristoteles erwähnt es in der *Nikomachischen Ethik*:

> „Diejenigen, die diese Lehre [von den Ideen] aufgebracht haben, haben überall da keine Ideen angenommen, wo sie von einem Früher und Später redeten (darum haben sie auch keine Gesamtidee der Zahlen aufgestellt)."
>
> Aristoteles NE, 1096a

Aristoteles berichtet hier von einem Schluss der Platoniker darauf, dass es keine Idee der Zahlen gibt. Die erste Prämisse in diesem Schluss ist, dass es bei begrifflich abhängigen Dingen keine gemeinsame Idee gibt. Die zweite, nicht explizierte Prämisse lautet: „Die natürlichen Zahlen sind begrifflich abhängig voneinander." Ist das (für Platon) tatsächlich der Fall?

Zum einen ist es recht offensichtlich, dass unabhängig davon, ob man einen ordinalen oder kardinalen Zahlbegriff welcher genaueren Ausprägung auch immer betrachtet, die jeweilige Bestimmung einer größeren Zahl die kleineren Zahlen im jeweiligen Sinne ‚enthält'. Zwar scheinen die Stellen zur Konstitution der Zahlen im platonischen Korpus weder unter sich noch zum Teil jeweils für sich genommen kohärent zu sein; aber sie haben entweder wie üblich die Form, dass von den kleineren Zahlen zu den

---

allein damit nicht verständlich sind, und somit die ‚Seele' aufgefordert wird sie ohne Wahrnehmung zu ‚betrachten'. Das kann allerdings nur der erste Schritt, negativ der Wahrnehmung gegenüber, sein, denn dafür braucht man keine Wissenschaft.

größeren übergegangen wird, oder es werden, wenn mit der Unterscheidung von gerader und ungerader Zahl begonnen wird, die Zahlen bereits als gegeben vorausgesetzt.[10] Textstellen wie *Parmenides 143cd* sind Hinweise auf ein Bewusstsein für die begriffliche Abhängigkeit zwischen den natürlichen Zahlen.

Es gibt also keine platonische Idee der natürlichen Zahlen. Aber jeweils eine Idee jeder einzelnen natürlichen Zahl.[11] Die aktuelle Mathematik konzipiert die natürlichen Zahlen aber immer als Ganzes, meistens in der Art und Weise der Axiome der Peano-Arithmetik. Damit rückt sie aber die einzelnen Zahlideen aus dem Blickfeld und schiebt ein Konstrukt ein, dem keine platonische Idee entspricht.

Zu den mathematischen Mengen. Zunächst ist es bedeutsam den Unterschied zwischen unserem modernen Mengenbegriff und einem platonisch-frühgriechischen zu bemerken. Während wir unter einer (mathematischen) Menge eine Ansammlung untereinander beziehungsloser Objekte begreifen, bei der bis auf die Elementschaftsrelation von allem anderen abstrahiert wurde, so kommt man der frühgriechischen näher, wenn man sich vorstellt, dass stets von der Einheit des Objekts ausgegangen wird und die Teile nachgeordnet sind.[12] Bei Platon findet sich die Einheit als höchstes (Wirk)Prinzip, das seine Einheitlichkeit an die Ideen stärker weitergibt als an die weltlichen Dinge.[13] Während Ideen gerade die Einheit vieler gleicher Dinge sind und ihre begrifflichen Teile notwendig aufeinander bezogen sind, sind moderne mathematische Mengen genau das Gegenteil, nämlich beliebige, zufällige Ansammlungen, die von so wenig wie möglich zusammengehalten werden.[14] Dadurch ist ein Begriff der Menge eine Art Gegenkonzept zu den Ideen, damit in die Nähe der platonischen Materie- oder Raum,idee' (*chōra*) anzusiedeln, die „selbst durch eine Art von unechtem Denken ohne Bewusstsein erfassbar, kaum sicher erfassbar, worauf wir wie im Traum blicken" (*Timaios 52b*) ist. Konzipiert man jedoch die mathematischen Mengen – wie aktuell üblich – hierarchisch und rein durch ihre Elemente gegeben, dann sind sie begrifflich abhängig und das analoge Argument gegen die Existenz einer Gesamtidee aller Zahlen kommt auch hier zum tragen. Insofern gibt es nach Platon keine Idee der Menge, die hinter den durch die ZFC-Axiome gegebenen Mengen stünde.

Platon hat also mathematische Objekte und Objektkategorien ihrem Ideengehalt nach differenziert. Hier geht es nur darum plausibel zu machen, dass Platons Vorstellung eines Aufstiegs über die Mathematik zur Philosophie mit einer Mathematik hantiert,

---

[10] Die Hauptstellen sind *Politikos 262de, Philebos 18b, Parmenides 143a–149d* und im unechten aber platonistischen Dialog *Epinomis 990e–991b*. Gleiches gilt für weitergehende Berichte über die Zahlengenese bei Platon, z. B. bei Aristoteles *Metaphysik 987b33–4*. Für Aristoteles selbst siehe z. B. *Kategorien 14a*.

[11] Man bemerke den für das Altgriechische eher ungewohnten Gebrauch des Plurals, wenn es um die Ideen der Zahlen geht (*Politeia 525cd*).

[12] Mit diesem Ansatz erklären sich auch die Definitionen der Teile einer Zahl in Buch VII besser. Zum Einheitscharakter der Zahlen bei Platon siehe auch (Böhme 2000, S. 49 ff.).

[13] Das ergibt sich aus der sogenannten *ungeschriebenen Lehre* Platons, nach der die Überidee des Guten mit dem Einen identisch ist, nach dem Sonnengleichnis ,bescheint' die Einheit damit die Ideen und verhilft ihnen zum Sein.

[14] Die Mengentheorie in der Axiomatisierung der sogenannten ZFC-Axiome lebt zum Teil von genau der Differenz zwischen den begrifflich bzw. allgemein bestimmbaren Mengen und dem Rest, von dem man im allgemeinen nur weiß, dass ,dort' Mengen existieren ohne sie im einzelnen angeben zu können.

die nicht die moderne sein kann. Würde man den systematische Kern der Argumente aus diesem und dem nächsten Abschnitt in den aktuellen Diskurs einbringen, so würden diese Überlegungen – entgegen dem Sprachgebrauch in der Philosophie der Mathematik – weniger einem mathematischen Platonismus nahe stehen, als vielmehr intuitionistischen und konstruktivistischen Standpunkten.

2.2.3 Die Erfindung metamathematischen Betons

Hilberts Axiomatisierung der elementaren Geometrie (Hilbert 1962) repräsentiert für viele Mathematiker und Philosophen paradigmatisch die Art und Weise, wie man die Grundlegung eines Teilbereichs der Mathematik zu besorgen habe.[15] Es werden im folgenden zwei Aspekte dieser Methode hervorgehoben und von ihnen gezeigt, dass sie antiplatonisch sind.

Die ersten drei Axiome der Verknüpfung lauten folgendermaßen (Hilbert 1962, S. 3 ff.):

1. Zu zwei Punkten A, B gibt es stets eine Gerade a, die mit jedem der beiden Punkte A, B zusammengehört.[16]

2. Zu zwei Punkten A, B gibt es n i c h t   m e h r   a l s eine Gerade, die mit jedem der beiden Punkte A, B zusammengehört.

3. Auf einer Geraden gibt es stets wenigstens zwei Punkte. Es gibt wenigstens drei Punkte, die nicht auf einer Geraden liegen.

Erster Aspekt. Entscheidend ist nun, dass die in den Axiomen benutzten Ausdrücke wie „Punkt" oder „Gerade" ihre mathematische Bedeutung nur aus den Beziehungen gewinnen, in die sie in den Axiomen gestellt werden.[17] Da die Ausdrücke unwichtig sind, und es nur auf die Zusammenhänge ankommt, kann man die Axiome adäquat in eine formalen Logik übertragen.[18] Dieses Vorgehen bewahrt die Mathematik von allen nicht so klaren Bedeutungsnuancen einzelner Ausdrücke und beschränkt den Inhalt der Axiome auf die Zusammenhänge, die im Beweisen tatsächlich gebraucht und

---

[15] Einmal abgesehen davon, dass Hilberts Axiome nicht in einer Prädikatenlogik erster Stufe, die es so auch noch nicht gab, formalisiert angegeben wurden.

[16] „Hier wie im Folgenden sind unter zwei, drei, ... Punkten bzw. Geraden, Ebenen stets v e r s c h i e d e n e Punkte, bzw. Geraden, Ebenen zu verstehen."

[17] Wie Hilbert in einem Brief an Frege anmerkte (Frege 1976, S. 69): „Ja es ist doch selbstverständlich eine jede Theorie nur ein Fachwerk (Schema) von Begriffen nebst notwendigen Zusammenhängen, wobei die Grundelemente in beliebiger Weise gedacht werden können. Z. B. statt Punkte ein System Liebe, Gesetz, Schornsteinfeger ... und das alle Axiome erfüllt, so gilt auch von diesen Dingen der Pythagoras."

[18] Eine ad-hoc Formalisierung in eine Prädikatenlogik erster Stufe der drei Axiome kann folgendermaßen aussehen: (1.) $\forall x,y \ (P(x) \wedge P(y) \wedge x \neq y) \rightarrow \exists s \ (G(s) \wedge Inz(x,y;s))$. (2.) $\forall x,y,s,t \ (P(x) \wedge P(y) \wedge x \neq y \wedge G(s) \wedge G(t) \wedge Inz(x,y;s) \wedge Inz(x,y;t) \rightarrow s = t$. (3.) $(\forall x(G(x) \rightarrow \exists y,z (P(y) \wedge P(z) \wedge y \neq z \wedge Inz(y,z;x)))) \wedge (\exists x,y,z,u (P(x) \wedge P(y) \wedge P(z) \wedge x \neq y \wedge y \neq z \wedge G(u) \wedge Inz(x,y;u) \wedge \neg Inz(y,z;u)))$. (Dazu gehören noch ein paar Axiome darüber, dass die Prädikate P und G disjunkt sind und ähnliches.) Man beachte aber, dass die primitiven Prädikate und damit auch die ‚Punkte' und ‚Geraden' erst durch das ganze Axiomensystem bestimmt werden, soweit sie nach Hilbert elementar-geometrisch bestimmbar sind.

angewendet werden. Eine Folge davon ist aber, dass eine Struktur nun immer Struktur von vielen Modellen ist, unter denen die Struktur für sich keines auszeichnet. Die anschaulichen Punkte und Geraden bilden ein System, das Modell der durch die Hilbertschen Axiome gegebenen Struktur ist, es ist aber nur eines neben einer Vielzahl anderer. Man gelangt nicht von der Struktur zu den anschaulichen Punkten und Geraden, wenn man nicht schon weiß, was Punkte und Geraden sind, da die Axiome ihre ‚Objekte' nicht anschaulich eindeutig kennzeichnen.[19] Umgekehrt ist der Schritt von der Anschauung zur mathematischen Struktur kein z. B. durch die Frage, was die einzelnen geometrischen Objekte wesenhaft seien, geleiteter Prozess, der auch in ganz unterschiedlichen Axiomatisierungen der anschaulichen Geometrie enden kann.[20]

Zweiter Aspekt. Der zweite Satz des dritten Axioms enthält eine Existenzaussage, die im Unterschied zu den anderen Axiomen nicht durch eine Bedingung eingeschränkt wird. Die drei Axiome zusammen genommen ergibt sich, dass es mindestens drei Punkte und drei Geraden gibt.[21] Diese Einbindung der Existenz in die Axiomatik steht schon mit Kants Auffassung in Spannung. Nach Kant ist Existenz kein *reales*, sondern ‚bloß' ein *logisches* Prädikat. Das heißt es fügt dem Sachgehalt (der *realitas*) von etwas nichts hinzu; die hundert Goldtaler in meiner Tasche sind nicht ‚mehr' oder ‚anders' hundert Goldtaler als nur gedachte hundert Taler (vgl. Kant KrV, A598f./B626f.). In der Zeit Platons und in den platonischen Dialogen scheint es einen reinen Existenzbegriff noch gar nicht gegeben zu haben, da das „ist" stets prädikativ und nicht existenzial verstanden wurde (vgl. Kahn 1986, S. 18 ff.). Dass eine Einbindung der Existenz oder etwas funktional Ähnlichem wie dem euklidischen ‚Gegebensein' für das Mathematisieren notwendig ist, soll hier nicht in Frage gestellt werden. Problematisch ist allerdings, dass in der Hilbertschen Axiomatik das rein Sachhaltige grundsätzlich nicht von der Existenz getrennt wird, deren Begriff aus der Anschauung, der Vorstellung oder dem Konstruieren stammt. Damit wird das ‚Aufscheinen' der platonischen Ideen als sachhaltige Wesen massiv erschwert, da der (mathematisch) begriffliche Bereich mit dem anschaulichen stark vermengt wurde. (Was ist der rein ideelle Gehalt der drei ersten Hilbertschen Axiome, der ohne Existenzquantor ausgedrückt werden müsste?)

Wegen den zwei genannten Aspekten ist eine Hilbertsche Axiomatisierung nicht mehr in der Lage, die Vermittlungsfunktion der Mathematik, wie sie von Platon gefordert und im nächsten Abschnitt anfänglich skizziert wird, einzunehmen. Begriff und Anschauung wurden vermischt und die Durchlässigkeit des mathematischen Bereichs zubetoniert.

---

[19] Das liegt daran, dass sich auch alternative anschauliche Modelle konstruieren lassen, in denen zum Beispiel bestimmte Kreise die strukturellen Eigenschaften der „Geraden" erfüllen. In den *Elementen* dagegen scheint eine anschauliche eindeutige Kennzeichnung zumindest angestrebt zu werden. Z. B. scheint die erste Definition paraphrasiert mit „Ein Punkt ist das geometrische Objekt, was keine Teile hat", wenn auch mathematisch nicht unproblematisch, eine eindeutige Kennzeichnung zumindest zu beabsichtigen.

[20] Vgl. z. B. die Axiomatisierung durch Tarski in (Tarski 1959).

[21] Man beachte, dass auch wenn man die vier der fünf Postulate der *Elemente* als Existenzbehauptungen liest, sie nur relativ zu bereits Bestehendem die Existenz von weiteren Objekten garantieren. Somit kann in den *Elementen* die Existenz keines einzigen geometrischen Objektes bewiesen werden. Das lässt diese Interpretation natürlich fraglich erscheinen.

2.3   Euklids *Elemente* als platonisches Lehrbuch

Ein platonisches Mathematikbuch ist daran zu erkennen, dass es nach den metamathematischen Vorstellungen Platons konzipiert ist. Eine zentrale Vorstellung, wie nach Platon die Mathematik in Welt und Philosophie einzubetten ist, findet sich im Liniengleichnis (*Politeia 509c–511e*). Darin wird eine Linie mehrmals im gleichen Verhältnis geteilt und den einzelnen Teilen Seinsbereiche zugeordnet wie die zu den jeweiligen Gegenständen gehörigen Erkenntnisweisen. Der für uns wesentliche Aspekt ist die Analogie, die durch das gleiche geometrische Verhältnis der zugeordneten Linienteile entsteht: Wie die Lebewesen und Artefakte der Welt zu ihren Schatten und Spiegelbildern gestellt sind, so verhalten sich die Ideen zur Mathematik, und so ist auch das Verhältnis der Mathematik zu den weltlichen Zeichnungen zu betrachten. In einem mathematischen Werk mit platonischen Hintergrund müsste sich demnach berücksichtigt finden, dass sich die höheren Ideen im Mathematischen spiegeln und dass sich das Mathematische im Anschaulichen direkt abbildet.

2.3.1   Die euklidischen Definitionen

Um einen ersten Eindruck von der Spiegelung höherer Ideen in den *Elementen* zu erhalten, betrachten wir die Struktur und den mathematischen Inhalt der ersten vier Definitionen:[22]

[1.] Ein **Punkt** ist, was keine Teile hat.

[2.] Eine **Linie** ist Länge ohne Breite.

[3.] Die Enden einer Linie sind Punkte.

[4.] Eine **gerade Linie (Strecke)** ist eine solche, die zu den Punkten auf ihr gleichmäßig liegt.

Ein empathischer Blick offenbart nun u. a. folgendes: Damit die erste Definition eindeutig ist, müssen Linien Teile haben. Die zweite Definition besagt also zumindest, dass Linien in einer Hinsicht, nämlich der Länge nach, Teile haben, aber nicht wie Fläche und Körper in weiteren Hinsichten. Während nun in den ersten beiden Definitionen versucht wird Punkt und Linie im Gegensatz zueinander zu bestimmen, wird in der dritten Definition ihr Zusammenhang aufgemacht: Punkte sind die Enden/Grenzen von Linien. Sodann würde in der vierten Definition die erste Linienart vollständig bestimmt werden, wenn man den Begriff des Gleichmäßig-Liegens verstünde. Vollständig würde sie bestimmt werden, weil die gerade Linie im Unterschied zur krummen keine weitere begriffliche Unterscheidung zulässt.

Wir halten zwei Beobachtungen fest: Erstens werden mindestens drei Begrifflichkeiten in den ersten vier Definitionen vorausgesetzt: ein Ganzes-Teile-Begriff, ein Begriff

---

[22] Mehr als einen ersten Eindruck zu geben ist hier aufgrund der Platzbeschränkung nicht möglich. Für Ausführlicheres siehe (Schneider 2013, Kap. 1).

von Ende/Grenze und ein Begriff von Gleichmäßig-Liegen. Zweitens bauen die Definitionen aufeinander auf und werden stets um einen Schritt komplexer.

Diese beiden Umstände lenken den Blick auf die sogenannte erste ‚Ableitung' im platonischen Dialog *Parmenides* (137c–142a) und die dort angeführten etwa zehn Ideen. Betrachtet man die Binnenstruktur der ersten vier dieser Ideen – wobei gemäß der Bemerkung zum Verhältnis von Esoterik und Wissenschaft bei Platon in Abschnitt 2.2.1 nicht behauptet werden soll, mit dieser anfänglichen Strukturanalyse alles von diesen Ideen zu erfassen – so fallen zwei erstaunliche Parallelen zu den ersten vier Definitionen auf. Dialektisch entwickelt ergeben sich folgende vier Begriffsinhalte aus *Parmenides* 137c–138a: Die begrifflich früheste Idee ist die einfachste, die der Einheit. Wir begreifen sie aber gerade durch den Unterschied zu einer (völlig unbestimmten) Vielheit, haben damit einen zweiteiligen Gedanken, in dem Einheit und Vielheit aufs innerste verbunden sind: den Begriff vom Ganzen und seinen Teilen. Indem wir diese zweiteilige Verbindung als *einen* Begriff bestimmen, sind wir wieder bei der Einheit angekommen und haben einen Dreischritt vollzogen, ein dritter Begriff von Anfang (Einheit), Mitte (unbestimmte Vielheit) und Ende (Einheit) ist entstanden. Dieser dreiteilige Begriff ist der der *Begrenzung* und durch die zwei Enden oder Grenzen der Begriff der *Bestimmung* oder *Definition*[23].

Wie kann man nun auf diesem Weg etwas weiter bestimmen oder definieren? Wir fassen Anfang und Ende der Mitte zu einer Einheit zusammen und nivellieren damit ihren Unterschied im Verhältnis zur Mitte. Das heißt die Mitte kann sich nun zu ihren Grenzen gleich bzw. unterschiedslos verhalten und, insofern sie sich gerade zu dieser neuen Einheit anders verhält als zu dem alten Anfang und Ende, auch zu dieser neuen Grenze anders verhalten als zu den beiden alten Grenzen. Oder umgekehrt betrachtet: Die Grenzen verhalten sich *gleichmäßig* oder *ungleichmäßig* zu ihrer Mitte. Anschaulich ist das der Unterschied zwischen gerade und geknickt oder zwischen rund und eckig.[24]

Zusammen mit der fünften Idee von Innen-Außen bzw. In-etwas-Sein ergibt sich folgende Entsprechung der Definitionen mit den höheren platonischen Ideen (siehe Tabelle).

Euklid scheint hier genau die platonischen Ideen aus dem *Parmenides* für seine Axiomatisierung der Mathematik vorauszusetzen und keine eigenständige Grundlegung der Geometrie anzustreben.

Man beachte die im Detail noch aufzuzeigende Schönheit und Kohärenz dieses Zusammenspiels von Mathematik und Philosophie. Die Idee der Gleichmäßigigkeit scheint es erst zu ermöglichen, dass man geometrische Objekte begrifflich vollständig definieren kann. Denn wenn alle zu einer Linie in direktem Bezug stehenden Punkte sich im gleichen Verhältnis zu der Linie befinden und das Verhältnis zu ihren Punkten

---

[23] Man denke hierbei an die klassische Definition der Definition, der Bestimmung von etwas durch zwei ‚Grenzen', der Gattung und der Differenz (zu den anderen Spezies der gleichen Gattung): definitio fit per genus proximum et differentiam specificam.

[24] Diese Textstelle bei Platon wird traditionell fälschlicherweise anders interpretiert (s. Schneider 2013, Kap. 5).

EUKLIDS ELEMENTE	ERSTE HYPOTHESE DES PARMENIDES
1. Ein **Punkt** ist, was keine Teile hat.	**Einheit**, keine Vielheit
2. Eine **Linie** ist Länge ohne Breite.	**Ganzes-Teile**, die Einheit der Vielheit
3. Die Enden einer Linie sind Punkte.	**Anfang-Mitte-Ende**, Begrenzung
	gleichmäßig – ungleichmäßig
4. Eine **gerade Linie (Strecke)** ist eine solche, die zu den Punkten auf ihr gleichmäßig liegt …	Gleichmäßigkeit in Bezug auf Linie
Definition 8.–12. [zum Winkel]	Ungleichmäßigkeit in Bezug auf Linie
13. Eine **Grenze** ist das, worin etwas endigt.	
14. Eine **Figur** ist, was von einer oder mehreren Grenzen *umfaßt* wird.	**In-etwas-Sein**
15. Ein **Kreis** ist eine ebene, von einer einzigen Linie umfaßte Figur mit der Eigenschaft, daß alle von einem innerhalb der Figur gelegenen Punkte bis zur Linie laufenden Strecken einander gleich sind; …	Gleichmäßigkeit in Bezug auf Figuren
Def. 19.–22. [zu geradlinigen Figuren]	Ungleichmäßigkeit in Bezug auf Figuren

das einzige ist, was eine Linie begrifflich genauer bestimmt, kann sich diese Linienart in ihren einzelnen Ausprägungen nur noch in ihrer Größe unterscheiden. Ähnlich könnte im Fall des In-etwas-Sein der *philosophische Input* dazu helfen, dass man erkennt, dass in der Bestimmung der Figur in den euklidischen Definitionen tatsächlich ein intendierter antiker Vorläufer des sogenannten Paschschen Axioms (bei (Hilbert 1962, S. 5) das vierte Axiom der Anordnung) zu finden ist.

2.3.2 Die euklidischen Postulate

Die ersten fünf Ideen aus der ersten *hypothesis* des *Parmenides* konnten in den euklidischen Definitionen gefunden werden. Was ist mit den weiteren Ideen, sind auch diese in den *Elementen* aufzuspüren? Die sechste Idee ist die der *Bewegung*. Sie liegt offensichtlich den sich an die Definitionen anschließenden euklidischen Postulaten zugrunde. Diese lauten:

1. Gefordert soll sein, dass man von jedem Punkt nach jedem Punkt die Strecke ziehen kann,

2. dass man eine begrenzte gerade Linie zusammenhängend gerade verlängern kann,

3. dass man mit jedem Mittelpunkt und Abstand den Kreis zeichnen kann,

4. dass alle rechten Winkel einander gleich sind,

5. und dass, wenn eine gerade Linie beim Schnitt mit zwei geraden Linien bewirkt, dass innen auf derselben Seite entstehende Winkel zusammen kleiner als zwei Rechte werden, dann die zwei geraden Linien bei beliebiger Verlängerung sich treffen auf der Seite, auf der die Winkel liegen, die zusammen kleiner als zwei Rechte sind.

Bemerkenswert ist dabei, dass in diesen fünf Postulaten fünf verschiedene Bewegungsarten vorkommen, in jedem Postulat eine spezielle. Im ersten bewegt man sich von einem Ort zu einem anderen gegebenen Ort. Im zweiten Postulat nimmt man einen unbeschränkten Ausgang von einem Punkt bzw. zwei Punkten ohne vorgegebenes Ziel. Im dritten dreht man sich im Kreis, und im vierten ist es die Ruhe als Fehlen jeder Bewegung. Im fünften Postulat hat man zwei an unterschiedlichen Orten startende Bewegungen, die sich schließlich treffen.

Auch wenn man versucht, die hier mit ins Spiel kommende Bewegung rein begrifflich zu fassen, bleibt uns ihre Verwendung fremd, da mit ihr eine Aktivität (des Mathematikers) in die Grundsätze eingebaut wird. Diese muss zwar nicht in einem wahrnehmbaren Zeichnen bestehen, insofern für Platon Bewegung eng mit der Seele verbunden ist, wäre aber zumindest ein seelischer Vorgang.

Besser nachvollziehen lässt sich, warum Euklid gerade fünf Postulate in gerade dieser Weise aufgestellt hat. Man benötigt nämlich neben den Definitionen nur noch ein platonisches Prinzip um die fünf Postulate ableiten zu können. Die Situation ist dabei folgende: Die euklidischen Definitionen konstituieren die begrifflichen Zusammenhänge der geometrischen Objekte. Um tatsächlich Geometrie betreiben und geometrische Objekte konstruieren zu können, müssen sich die geometrischen Begrifflichkeiten in irgendeinem ‚Raum' manifestieren.[25] Erst dann kann man die verschiedensten Objekte ohne begrifflichen Zusammenhang, aber nebeneinander gegeben haben. Ein ‚Raum' sollte nach Platon aber nichts Eigenes zu den Dingen, die sich in ihm manifestieren, hinzubringen (*Timaios 52ab*). Etwas formaler formuliert lautet dieses platonische Homogenitätsprinzip: Sich manifestierende geometrische Begriffe dürfen grundsätzlich nicht weitergehend begrifflich bestimmbar sein dadurch, dass sie sich manifestieren. Dieses Prinzip ist in seiner Anwendung einfacher als in seiner Formulierung: Wenn im ‚Raum' eine Strecke da ist, und es damit zwei Punkte gibt, zwischen denen es eine gerade Linie gibt, so muss es zwischen allen Punktpaaren eine gerade Linie geben. Ansonsten könnte man rein begrifflich die Punktpaare, die Endpunkte einer geraden Linie sind, von denen, die es nicht sind, unterscheiden.

Das erste Postulat betrifft demnach die Ununterscheidbarkeit der Punkte, das zweite die homogene Umsetzung des Begriffs der geraden Linie: Wenn es im ‚Raum' eine gerade Linie gibt, dann hat diese Teile und ist damit selbst die Verlängerung jeder geraden Linie, die echter Teil von ihr ist. Um nicht die geraden Linien, die wiederum Teil einer längeren geraden Linie sind, von denen, die es nicht sind, unterscheiden zu können, muss jede sich manifestierende gerade Linie verlängerbar sein. Die Postulate

---

[25] Platon und Euklid hatten, wenn überhaupt, dann nicht unseren Begriff des Raums. Die folgenden Überlegungen sind aber zunächst eingängiger, wenn man sie mit Bezug auf unsere Raumvorstellung formuliert; deshalb die einfachen Anführungszeichen.

3 und 4, die mit der homogenen Umsetzung des Kreises und des rechten Winkels befasst sind, sind entsprechend abzuleiten.

Das fünfte Postulat dient dazu, den Begriff des Dreiecks homogen umzusetzen, ist aber im Vergleich zu den anderen Postulaten etwas komplizierter in seiner Formulierung und in seiner Ableitung, weil es kein begrifflich vollständig bestimmtes geometrisches Objekt betrifft. Im Unterschied zum Punkt, zur geraden Linie, zum Kreis und rechten Winkel, die begrifflich nicht weiter differenziert werden können, kann das Dreieck noch vor allem nach dem Verhältnis der Längen seiner Seiten weiter bestimmt werden. Die Argumentationsstruktur bleibt aber die gleiche: Drei gerade Linien in gewisser Konstellation bilden verlängert ein Dreieck, ansonsten könnte man die drei Strecken in dieser Konstellation, die ein Dreieck bilden, von denen, die keines bilden, begrifflich unterscheiden.

Diese systematische ‚Ableitung' der euklidischen Postulate ist ganz im Sinne einer apriorischen Begründung der Geometrie, wie sie dem platonischen Programm entspricht (*Politeia 511a–d*), und gibt eine Alternative zu der weit verbreiteten Meinung, die Postulate wären irgendwie durch Abstraktion vom konkreten Zeichnen gewonnen worden. Gerade durch ihre Einfachheit liefert diese ‚Ableitung' einen guten Grund für die Vermutung, dass es genau diese Überlegungen waren, die historisch zur Aufstellung der fünf Postulate führten. Damit würde ein ganz neues Licht auf die Geschichte der Geometrie und des Parallelenpostulats fallen.

Kommen wir abschließend wieder auf die restlichen Ideen in *Parmenides 139b–142a* zurück. Sie haben bis auf die letzte, der Idee der Zeit, einen offensichtlichen Bezug zur Geometrie: die Gleichheit, die Ähnlichkeit (Kongruenz) und das Größer-Kleiner bzw. gleiches/unterschiedliches-Maß-haben. Ihr genaues Auftreten und ihre Funktion innerhalb der *Elemente* wäre wie auch das der ersten sechs Ideen noch im Detail zu untersuchen. Dass dies fruchtbar sein kann, hoffe ich im Vorhergehenden wahrscheinlich gemacht zu haben. Wäre dies geleistet, hätte man durch ein konkretes und detailliertes Beispiel einen freien Blick darauf, was es für Platon hieß, dass sich die (philosophischen) Ideen in der Mathematik spiegeln und wie seine weiteren Ausführungen im Kontext des Liniengleichnisses (*Politeia 509dff., 521cff.*) zu verstehen sind.

Literatur

[Aristoteles NE] Gigon, Olof (Hrsg.): *Aristoteles. Die Nikomachische Ethik*. München: 2000.

[Böhme 2000] Böhme, Gernot: *Platons theoretische Philosophie*. Stuttgart: 2000.

[Burnyeat 2000] Burnyeat, M. F.: Plato on Why Mathematics is Good for the Soul. In: *Proceedings of the British Academy* 103 (2000), S. 1–81.

[Frede 2006] Frede, Dorothea: Platons mathematisches Curriculum. In: Rapp, Christof (Hrsg.); Wagner, Tim (Hrsg.): *Wissen und Bildung in der antiken Philosophie*. Stuttgart, Weimar: 2006, S. 127–146.

[Frege 1976] HERMES, Hans (Hrsg.); KAMBARTEL, Friedrich (Hrsg.); KAULBACH, Friedrich (Hrsg.): *Gottlob Frege. Nachgelassene Schriften und Wissenschaftlicher Briefwechsel, Bd. 2.* Hamburg: 1976.

[Gill 2004] GILL, Christopher: Axiomatisierung zwischen Platon und Aristoteles. In: MIGLIORI, Maurizio (Hrsg.); NAPOLITANO VALDITARA, Linda M. (Hrsg.); DEL FORNO, Davide (Hrsg.): *Plato Ethicus. Philosophy is Life. Proceedings of the International Colloquium Piacenza (Italy) 2003.* Sankt Augustin: 2004, S. 165–176.

[Hanegraaff 2012] HANEGRAAFF, Wouter: *Esotericism and the Academy. Rejected Knowledge in Western Culture.* Cambridge: 2012.

[Heilmann 2007] HEILMANN, Anja: *Boethius' Musiktheorie und das Quadrivium.* Göttingen: 2007.

[Hilbert 1962] HILBERT, David: *Grundlagen der Geometrie.* Stuttgart: 1962.

[Kahn 1986] KAHN, Charles: Retrospect on the verb ‚to be' and the concept of being. In: KNUUTTILA, Simo (Hrsg.); HINTIKKA, Jaakko (Hrsg.): *The Logic of Being.* Dordrecht (u. a.): 1986, S. 1–28.

[Kant KrV] KANT, Immanuel: *Kritik der reinen Vernunft.* Hamburg: 1998.

[Mittelstraß 2005] MITTELSTRASS, Jürgen: Die Dialektik und ihre wissenschaftlichen Vorübungen (Buch VI 510b–511e und Buch VII 521c–539d). In: HÖFFE, Otfried (Hrsg.): *Platon. Politeia.* Berlin: 2005, S. 229–250.

[Mueller 2005] MUELLER, Ian: Mathematics and the Divine in Plato. In: KOSTSIER, T. (Hrsg.); BERGMANS, L. (Hrsg.): *Mathematics and the Divine: A Historical Study.* Amsterdam (u. a.): VERLAG, 2005, S. 99–121.

[Schneider 2013] SCHNEIDER, Gregor: *Mathematischer Platonismus.* Dissertation. 2013.

[Tarski 1959] TARSKI, Alfred: What is elementary Geometry? In: HENKIN, Leo (Hrsg.); SUPPES, Patrick (Hrsg.); TARSKI, Alfred (Hrsg.): *The Axiomatic Method. With special References to Geometry and Physics.* Amsterdam: 1959, S. 16–29.

[Thaer 1997] THAER, Clemens: *Die Elemente. Bücher I–XIII/ von Euklid.* Frankfurt am Main: 1997.

3 Logik, Gesellschaft, Mathematikunterricht

DAVID KOLLOSCHE

3.1 Zur Frage nach der Logik im Mathematikunterricht

Der vorliegende Aufsatz untersucht an einem Beispiel aristotelischer Logik die gesellschaftliche Bedeutung von Logik im Mathematikunterricht. Er ist ein Beitrag zu dem umfassenderen Vorhaben, in der Forschung zu den *gesellschaftlichen Funktionen des gegenwärtigen Mathematikunterrichts* wissenschaftstheoretisch tiefer vorzudringen als die aktuellen mathematikdidaktischen Beiträge von Ole Skovsmose, Roland Fischer, Philip Ullmann und anderen. Diskutiert wird beispielhaft ein Ausschnitt aristotelischer Logik, dessen Relevanz ich im Laufe der Ausführungen verdeutlichen werde. Die Diskussion wird Fragen sowohl auf kulturhistorischer als auch auf mathematikdidaktischer Ebene bearbeiten: *Welche gesellschaftlichen Funktionen hatte die Logik im antiken Griechenland?* und *Welche gesellschaftlichen Funktionen hat die Logik im gegenwärtigen Mathematikunterricht?*

Dass die folgenden Ausführungen nicht durch eine unbezweifelbare Abfolge von zwingenden Schlüssen, sondern durch das Aufzeigen möglicher bedeutungsvoller Verbindungen dominiert werden, liegt an der Natur der Untersuchung, welche sich die Logik zum Gegenstand nehmend gerade von dieser distanzieren muss, um „hinter sie" blicken zu können. Dieser Beitrag deckt keine „Wahrheiten" des Mathematikunterrichts auf, sondern soll verstanden werden als Angebot, die Phänomene der Logik, der Mathematik und des Mathematikunterrichts in einem neuen Licht zu sehen und in einem Netz miteinander verwobener Praktiken und Denkformen erklärbar zu machen.

3.2 Ein Beispiel aristotelischer Logik

Der griechische Philosoph Aristoteles gilt vielen als Begründer der Logik, seitdem er im 4. Jhd. v. Chr. Regeln des Sprechens und Denkens zusammentrug, formalisierte und analysierte. Sein Werk ist ein Meilenstein der Philosophie, doch es sollte nicht verkannt werden, dass Aristoteles zum einen auf Vordenker wie Anaximander, Parmenides, Sokrates und Platon aufbaute, und zum anderen weniger Erfinder der Logik als Entwickler ihrer Beschreibung ist. Die Logik des Aristoteles bezieht daher Stellung zu dem, was die griechische Antike bis zu seiner Zeit an Veränderungen des Sprechens und Denkens hervorgebracht hatte; sie ist der in Worte gefasste Niederschlag eines veränderten Denkens. Doch was hatte diese Veränderung des Denkens bewirkt; welche Funktionen erfüllte das veränderte Denken in der Gesellschaft?

Die folgenden vier Grundsätze des Argumentierens und Denkens trug die Scholastik aus dem Werk des Aristoteles zusammen (siehe Schwarz 2007, S. 211 ff., oder Heinrich 1987); sie sollen hier als Beispiel aristotelischer Logik in einfacher Form wiedergegeben und erläutert werden.

1. Satz der Identität. *Ein jedes bleibt sich selbst gleich, nichts verändert sich.* Der Satz der Identität klingt tautologisch, wird er deskriptiv und nicht normativ gelesen. Liest man ihn als Vorschrift, so zu sprechen und zu denken, dass ein jedes sich selbst gleich bleibt, so erhält das Sprechen und Denken Begriffe, deren Identität festgehalten wird, die insofern verlässlich sind, als dass sie ihre Natur nicht mit dem Sprecher, dem Ort oder der Zeit ändern. Zu Beginn des 6. Jhd. v. Chr. hatte schon Anaximander, ein Schüler des Thales von Milet und erster Physiker, die Ansicht vertreten, dass es etwas Unbegrenztes geben müsse, welches „nicht entstanden", „unsterblich" und „unzerstörbar", „unvergänglich" und „ewig" sei, welches „alles zu umfassen und zu steuern" scheine und Ursprung von allem sei (Anaximander I, S. 34–37). Parmenides griff die Idee ein halbes Jahrhundert später wieder auf, umschrieb sie mit nahezu zu den gleichen Adjektiven, nannte sie jedoch, anders als Anaximander, bereits *Wahrheit* (ἀλήθεια, (Parmenides I, S. 14–23). Bei Aristoteles heißt es schließlich: „tatsächlich entsteht aber das Seiende selbst nicht und vergeht nicht" (Aristoteles II, 1051b).

2. Satz vom ausgeschlossenen Widerspruch. *Ein jedes kann nicht zugleich sein und nicht sein.* Der Satz vom ausgeschlossenen Widerspruch schließt die Mischung und die Unentschiedenheit, die Zustände zwischen dem Sein und dem Nichtsein, das Werden und das Vergehen aus: „unmöglich kann jemand annehmen, dasselbe sei und sei nicht" (Aristoteles II, 1005b).

3. Satz vom ausgeschlossenen Dritten. *Ein jedes ist entweder, oder es ist nicht; es gibt keine weitere Möglichkeit.* Der Satz vom ausgeschlossenen Dritten trennt die Aussagen unseren Sprechens und Denkens in zwei Kategorien, etwa *das Wahre* und *das Falsche*, und lässt keine weitere Möglichkeit zu: Es könne „zwischen den Gliedern des Widerspruchs nichts geben, vielmehr muß man notwendig jede Bestimmung von jedem Ding entweder behaupten oder verneinen" (Aristoteles II, 1011b). Zusammen mit dem Satz vom ausgeschlossenen Widerspruch fordert er eine Entscheidung zwischen den zwei Kategorien. Die Aussagen des Sprechens und Denkens werden in den unvereinbaren Antagonismus von Sein und Nichtsein, von Wahrem und Falschem gepresst. Dieses Entweder-Oder lässt keinen Raum für einen Zustand zwischen oder jenseits der Extreme.

4. Satz vom Grund. *Ein jedes bis auf eines hat einen Grund und wird von diesem bestimmt.* In Abgrenzung zum mythologischen Denken postulierte Anaximander, dass alles außer eines einen Grund habe (Anaximander I, S. 35), weshalb er zuweilen als Begründer des wissenschaftlichen Denkens gilt. Als eines ohne Grund sah Anaximander das Unbegrenzte an, welches seinerseits Grund von allem sei. Aristoteles formulierte analog: „Zu *wissen* meinen wir einen jeden

Tatbestand [. . .], wenn wir, erstens, die *Ursache* zu kennen meinen, deretwegen dieser Sachverhalt besteht – daß es eben dessen Ursache ist –, und, zweitens, daß sich dies gar nicht anders verhalten kann." (Aristoteles I, 71b). Der Satz vom Grund dient einerseits als Methode, um über wahr und falsch zu entscheiden, andererseits bietet er eine Ordnung, in der sich die Wahrheiten aufeinander bezogen verorten lassen.

3.3 Zur Relevanz des Beispiels

Fraglich ist zunächst, welche Bedeutung die vier aristotelischen Grundsätze für das Werk des Aristoteles, die Philosophie des antiken Griechenlands, die Mathematik und schließlich den gegenwärtigen Mathematikunterricht haben. Das logische Werk des Aristoteles widmet sich mit den Syllogismen der Frage, welche Formen des Schließens sicher sind, also aus einem Grund zwingend die Wahrheit des Begründeten folgern können. Da die vorgestellten Grundsätze für diese Untersuchung unverzichtbar sind, können sie neben den Syllogismen als zentraler und unverzichtbarer Kern der aristotelischen Logik angesehen werden. Die Lehre des Aristoteles ist zu seiner Zeit zwar nicht unumstritten – sie konkurriert mit dem überlieferten mythologischen Weltbild sowie mit alternativen philosophischen Schulen wie der der Sophisten um Protagoras –, doch es ist nicht zu bestreiten, dass sie in der philosophischen Tradition die größte Beachtung findet.

Insbesondere Euklids Elemente, die erste systematische Zusammenstellung von mathematischen Begriffen, Aussagen und Beweisen, stehen stark unter dem Einfluss der aristotelischen Logik und dienen den Mathematikern zwei Jahrtausende lang als Referenzwerk (Wußing 2009, S. 191). Der Einfluss der aristotelischen Logik bezieht sich dabei jedoch nicht nur auf das Beweisen als Methode der Validierung mathematischer Aussagen, sondern auf den Aufbau der Mathematik überhaupt. Die euklidische Mathematik unterwirft sich den aristotelischen Grundsätzen der Logik: Sie setzt ihre Begriffe so streng wie möglich, um Variationen ihrer Bedeutung auszuschließen und ihnen eine unveränderliche Identität zu verleihen; so scharf wie möglich, um für jedes Phänomen eindeutig entscheiden zu können, ob es unter den Begriff entweder fällt oder nicht; und so vernetzt wie nötig, um die Wahrheiten des Begriffs noch begründen zu können. Dass es in der heutigen Mathematik mit mehrwertigen Logiken oder Logiken ohne den Satz des ausgeschlossenen Dritten Alternativen zur Logik des Aristoteles gibt, ist zwar anzuerkennen, trifft aber nicht den Kern der Mainstream- oder gar der Schulmathematik. Da ein Großteil der Schulmathematik in der Tradition Euklids steht, sind die vier Grundsätze der aristotelischen Logik auch für die Schulmathematik zentral:

- Die Begriffe der gegenwärtigen Schulmathematik und ihre Eigenschaften bleiben stets gleich. Sie werden in der Regel als Universalien dargestellt, welche keiner kulturellen oder historischen Variation unterliegen, keine individuelle Deutung zulassen und über den gesamten Lehrgang keinerlei Evolution erfahren: Die geraden und ungeraden Zahlen, die Kreise und so fort sind die Unveränderlichen der Schulmathematik.

- Die Begriffe der gegenwärtigen Schulmathematik sind so aufgebaut, dass sie ein Phänomen entweder beschreiben oder nicht; die innermathematische Erkenntnis ordnet sich in den unvereinbaren Antagonismus von Sein oder Nichtsein: Eine natürliche Zahl ist entweder gerade oder ungerade; sie kann weder beides noch etwas anderes sein. In der Tat baut jede Klassifizierung auf dieses Prinzip auf: Entweder teilt sich eine Gerade Punkte mit einem Kreis oder nicht; und falls sie sich mit dem Kreis Punkte teilt, dann entweder genau einen oder genau zwei.

- Die Konzepte der Schulmathematik verweisen auf ihren Ursprung, durch welchen sie bestimmt werden. Die rechtwinkligen Dreiecke erben einen großen Teil ihrer Eigenschaften von den Dreiecken selbst. Jede Implikation, insbesondere Umformung von Termen und Gleichungen, bauen auf die Überzeugung, dass die Wahrheit des Umgeformten schon im Ursprünglichen begründet liegt.

Beweise und Herleitungen nutzen die vier Grundsätze der aristotelischen Logik, um mathematische Aussagen (auch in der Schule) zu validieren. *Logisch* in diesem Sinne sind also sowohl die Argumentationen der Schulmathematik als auch ihre Gegenstände.

Wenn nun auch gezeigt sein mag, dass das betrachtete Beispiel aristotelischer Logik ein für das Vorhaben dieses Aufsatzes relevantes ist, bleibt die gesellschaftliche Bedeutung des Beispiels offen. Erhellend wirkt hier das Werk des Religionswissenschaftlers Klaus Heinrich, dessen Programm es ist, dass „Verdrängte der Philosophie" (Heinrich 1987, S. 10) in ihrem Werden zu beleuchten. Heinrich sucht Brüche im Denken, Fühlen und Tun einer Gesellschaft und fragt nach den Gründen dieser Brüche. In unserem Fall könnte die Frage lauten: *Was bringt die Denker der griechischen Antike dazu, diese Form des Denkens zu kultivieren?* In Beantwortung dieser Frage darf der Blick in die Vergangenheit nicht darauf hoffen, in ihr nur das Bewusstwerden einer ewigen Wahrheit zu entdecken; er muss vielmehr fragen, unter welchen gesellschaftlich-lebensweltlichen Umständen sich die aristotelische Logik etablierte. Er muss die aristotelische Logik verstehen als den geistigen Niederschlag einer gelebten Praxis, eines tagtäglichen Tuns; er muss sie wiederfinden in den natürlichen und gesellschaftlichen Umständen des Lebens, welche die alltägliche Welt des Menschen strukturieren. Welche waren die gesellschaftlichen Aporien und Widersprüche sowie die persönlichen Sorgen, Nöte und Wünsche, welche die Philosophen zu diesem neuen Denken trieben? Heinrichs origineller Blick auf die aristotelische Logik ist erhellend, da er Wissenschaftstheorie und Kulturgeschichte fruchtbar zu verbinden vermag.

3.4 Logik und Religion

Es war und ist eine vorrangige Aufgabe der Religion, dem bedrohlichen Vergehen, etwa in Form von Gebrechlichkeit oder Naturkatastrophen, einen Sinn zu geben und es für die menschliche Vorstellung greifbar zu machen. Hesiods *Theogonie* und Homers Epen beschreiben den altgriechischen Göttermythos, in dem Tod, Hunger, Stürme, Fluten, Erdbeben, Dürren und Epidemien in Göttern verkörpert und durch deren menschengleiches Leben verständlich werden. Insbesondere die Abstammung der Götter gilt als unveränderliches Bestimmungsmerkmal ihres Wesens, was beispielsweise im Tantalidenfluch deutlich wird (Heinrich 1987, S. 99). Der Mythos ermöglicht eine umfassende Orientierung in der Welt; er ist eine erste Naturphilosophie.

Dass mit der Entwicklung der altgriechischen Demokratie und der offenen Diskussionskultur auf dem Marktplatz, der Agora, alte Gewissheiten, selbst politische, moralische und religiöse Grundüberzeugungen, in Frage gestellt wurden, führte jedoch zu einer Verunsicherung gegenüber der eigenen Weltanschauung (Vernant 1982, S. 46). Sokrates war die Fleischwerdung des unbequemen Hinterfragens und musste dafür sterben. Dass diese religiösen Gewissheiten sowie politische und wirtschaftliche Verhältnisse ins Wanken gerieten und ihre Orientierung spendende Funktion zu verlieren drohten, erklärt die altgriechische Sehnsucht nach einer neuen Form der Sicherheit.

Anaximanders Loslösung vom Mythos ist jedoch halbherzig. Zwar verzichtet seine Weltanschauung vollständig auf übernatürliche Wesen; die Schicksalshaftigkeit der Abstammung bleibt jedoch im Postulat, dass alles durch seinen Grund bestimmt sei, ebenso erhalten wie die Idee einer ewig-verlässlichen Existenz, welche Anaximander selbst noch „das Göttliche" nennt (Anaximander I, S. 37; Heinrich 1987, S. 60 ff.). Indem Parmenides, der seine Logik im Übrigen als göttliche Offenbarung präsentiert, die Idee des Unvergänglichen als *Wahrheit* auf den Begriff bringt, formuliert er den Glaubensgrundsatz einer essentialistischen Philosophie, die sich eine Welt der unvergänglichen Wahrheiten denkt und einen großen Teil der antiken Philosophie dominiert (Vernant 1982, S. 133 f.).

Heinrich versteht die vier Grundsätze der aristotelischen Logik, die sich bei Anaximander und Parmenides ausgebildet hatten, als abstrakte Weiterentwicklung der mythischen Religion, als eine Weltanschauung, die sich die Idee der Abstammung und des Unvergänglichen erhält, auf die mittlerweile umstrittene Idee übernatürlicher Wesen jedoch verzichten kann. Ihre Religiosität besteht im Glauben an das Unveränderliche, welches sich dem bedrohlichen Vergehen entgegenstellt, und im Glauben an die Verbundenheit der Ideen durch ihre Abstammung. Der Satz der Identität offenbart sich dann als Grundsatz, an das Unvergängliche zu glauben; die Sätze des ausgeschlossenen Dritten und des ausgeschlossenen Widerspruchs zwingen uns die Entscheidung zwischen Sein und Nichtsein auf; das Werden und bedrohliche Vergehen als dritter Weg oder Mischung von Sein und Nichtsein werden hier ausgeschlossen. Heinrich sieht in den Grundsätzen der Logik daher ein religiöses Heilsversprechen: „,Fürchtet euch nicht', denn es gibt ein Sein, das nicht berührt wird von Schicksal und Tod" (Heinrich 1987, S. 45 f.).

3.5   Logik und Erkenntnis

Ob die frühe Logik tatsächlich die Wissenschaft an Stelle des Mythos installieren kann, ist jedoch auch eine Frage nach ihrem Beitrag zur Erkenntnis unserer Welt. Die Grundsätze der Logik bieten ein Paradigma, mit welchem die Phänomene unserer Welt geordnet und erklärt werden können. Ihre Regeln sind einfach und vertraut,1 sie bieten eine entlastende und sozial akzeptierte ‚Mechanik des Denkens' und erlauben dem Denken so, sich auf vereinbarten Wegen komplexeren Gebieten zuzuwenden. Ein derart potentes Denken ist die Antwort auf die Orientierungslosigkeit, welche die Erschütterung des Glaubens an die Götter und den Staat zurückgelassen hatten; beides zusammen ist eine Triebkraft der Philosophie. So lässt Platon den Sokrates im Dialog *Theaitetos* klagen: „das ist das Leiden des Philosophen, in dieser Weise verwirrt zu sein und es gibt in der Tat keinen anderen Ursprung der Philosophie" (Platon: *Theaitetos* 155d; Übersetzung nach Heinrich 1987, S. 31).

Der Preis für die Erweiterung der Schärfe des Denkens ist jedoch eine Einschränkung des Sichtbaren. Dass die Logik der Grundsätze alles aus dem Blick verliert, was sich nicht in den Antagonismus von Sein und Nichtsein fügt, ist einer der Hauptkritikpunkte der *Dialektik der Aufklärung* (Horkheimer u. a. 1991, S. 13 f.). Wer diese Einschränkungen missachtet und die Grundsätze der Logik als einzig richtige Art des Denkens versteht, kann trotz aller Genialität an den einfachsten Fragen des Lebens scheitern, so Spinoza mit seiner logischen Ethik, oder der frühe Wittgenstein, der die Philosophie in seinem *Tractatus* auf eine Logik der Sprache zurückführen wollte.

Dass das logische Denken im Sinne der aristotelischen Grundsätze nicht die einzige fruchtbare Form des Denkens ist, zeigt sich vor allem in den historischen und kulturellen Alternativen. Homers Schriften gelten als früheste Überlieferung altgriechischer Texte und stiften Sinn nicht durch logische Ordnung, sondern durch Analogien, die in farbigen Bildern die Phänomene unserer Welt in Beziehung setzen und Gemeinsamkeiten betonen. Selbst zur Blütezeit der frühen Logik gibt es kritische Strömungen in der Philosophie, etwa Heraklit, der dem Glauben an das Unveränderliche und Wahre die Vorstellung entgegenstellte, dass alles in Bewegung und nichts bestehen bleibe, dass es etwa nicht möglich sei, „zweimal in denselben Fluss hineinzusteigen" (Heraklit I, S. 321). Schließlich verstehen und behandeln indigene Kulturen die Welt teilweise auch heute nach einem Weltbild, welches statt auf die Statik des Unveränderlichen und die Trennung des Gegensätzlichen auf der Idee des Flusses und der Mischung beruht (vgl. Little Bear 2002).

3.6   Logik und Politik

Die Grundsätze der aristotelischen Logik haben schließlich auch eine politische Bedeutung, auf welche schon Xenophanes abhebt, wenn er sie „Technik des vernünftigen Sprechens" (λογική τέχνη) nennt, nämlich jene als Werkzeug der öffentlichen

Rede, des Überzeugens und Diskreditierens. Die griechischen Stadtstaaten wurden meist demokratisch regiert, wobei die Mitglieder der Militäraristokratie, also des zur militärischen Verteidigung des Stadtstaates fähigen Ausschnitts des Bürgertums entstammten. Politik wurde auf dem Marktplatz betrieben, wo Redner um Mehrheiten für ihre politischen Initiativen warben. Politisch einflussreich war dabei derjenige, der andere von seinen Ideen überzeugen und seine Opponenten diskreditieren kann (Vernant 1982, S. 41–65). Aristoteles will mit seinem Werk eine Anleitung zum vernünftigen Sprechen geben, darlegen, „worauf einer, der (eine Behauptung) aufstellen oder (eine) einreißen will, zu sehen hat, und wie man bei einer vorgelegten Aufgabe nach dem oder dem Verfahren auf die Suche zu gehen hat, schließlich noch, über welchen Weg wir die Anfangssetzungen in jedem Fall in die Hand bekommen" (Aristoteles I, 52b–53a). Die Frage nach der Wahrheit und ihren Gründen, die Zurückweisung des Unbestimmt-Veränderlichen, das Aufzeigen von Widersprüchen, das Aufstellen antagonistischer Optionen und das Einfordern von Entscheidungen bilden logische Waffen der Redekunst. Die Vermittlung dieses Werkzeugs (ὄργανον, wie eine Zusammenfassung aristotelischer Werke später betitelt wird) an die politisch ambitionierten Sprösslinge der Militäraristokratie diente nicht wenigen Philosophen zum Broterwerb und erklärt das Interesse der Philosophen an diesen Regeln des Sprechens und Denkens.

Die Grundsätze der aristotelischen Logik bilden damit eine Grundlage für die demokratische Meinungsbildung. Sie liefern gesellschaftliche anerkannte Regeln für die Argumentation im politischen Diskurs und tragen dazu bei, repressive Herrschaftsformen zu reduzieren. Doch freilich muss auch eine demokratisch legitimierte Verwaltung Wege finden, um die Massen in ihrem Sinne zu kontrollieren. Im Dunstkreis der Philosophie entwickeln sich entsprechende Techniken, die es erlauben, die Sprech- und Denkregeln der Logik zum eignen Vorteil zu nutzen. Die Mathematik, die der Logik am bedingungslosesten folgt, wird zum Vorbild dieses Sprechens und Denkens; ihre „zwingenden" Beweise ermöglichen ihre „subversive Despotie" (Nickel 2006). Da das Erlernen dieser Techniken der privilegierten Schicht der Wohlhabenden vorbehalten ist, ist die Logik von Anfang an ein Herrschaftsinstrument des aufstrebenden Bürgertums. Die allgemeine Anerkennung der Grundsätze der aristotelischen Logik unterwirft die Masse einer Form des Sprechens und Denkens, welcher sie – ganz im Sinne des oben zitierten Aristoteles – nichts mehr entgegenzusetzen hat.

3.7 Die Dialektik der Logik

Mit der kulturhistorischen Untersuchung der vier Grundsätze der aristotelischen Logik tritt ihre dialektische Eigentümlichkeit zu Tage. Möglich ist nun eine Gegenüberstellung der Möglichkeiten und der Einschränkungen, welche diese frühe Logik mit sich bringt. Dass sie auf der erkenntnistheoretischen Ebene als Regelwerk des Denkens dessen Reichweite erhöht, seinen Fokus aber einengt, sowie auf politischer Ebene eine gewaltarme Herrschaft erlaubt, dabei jedoch das Machtmittel des privilegierten

Bürgertums ist, hatte ich bereits herausgestellt; doch auch auf der religiösen Ebene zeigt sich ihre Dialektik.

Der Satz der Identität trägt den Glauben an eine unvergängliche Wahrheit, welche denjenigen beruhigen mag, der sich vor Veränderungen, insbesondere vor dem Vergehen, fürchtet. Man beachte, mit welchem Pathos Anaximander sein Unbegrenztes und Parmenides seine Wahrheit gegen jede Veränderung abschirmt. Das Nichtsein (μὴ εἶναι) ist schon im altgriechischen Wortlaut des Parmenides bedrohlich, wie Heinrich feststellt (Heinrich 1987, S. 45 f.), und Parmenides positioniert seine Logik ganz explizit als Heilung eines irren Denkwegs, „der sich umkehrt", dem „das Sein und Nichtsein als dasselbe und wieder nicht als dasselbe gilt", der an das „Entstehen und Vergehen" glaubt. Das Lehrgedicht des Parmenides gleicht einem Versuch zur Bekehrung, welcher sich auch der Verunglimpfung und Bevormundung zu bedienen weiß: Die Andersdenkenden werden dargestellt als „doppelköpfig", „hilflos", „umherirrend", „dahintreibend", „taub" und „blind", „in verwirrtes Staunen versetzt" und „entscheidungsunfähig"; dem Leser wird befohlen, was er denken und beforschen solle: sich von den Andersdenkenden fernzuhalten und der Logik zu folgen (Parmenides I, S. 17–23).

Dass der Determinismus der unveränderlichen Wahrheit jedoch nicht nur beruhigend, sondern auch bedrohlich sein kann, stellt nicht zuletzt die Frankfurter Schule heraus (Horkheimer u. a. 1991, S. 18). Eine Welt, deren Essenz auf ewig unveränderlich ist, ist eine Welt, zu der der Mensch nichts mehr beitragen kann, der der Mensch machtlos gegenüber steht, die zu verändern misslingen muss, die lediglich zu erdulden ist. Nicht der Mensch ist im Sinne des Protagoras das Maß aller Dinge, das Wesen des Seienden also durch die Perspektive des Menschen bestimmt, sondern die Dinge sind *an sich*, jenseits menschlichen Einflusses (Heinrich 1987, S. 32 ff., 42). Der toten Wahrheit ist dann nur noch durch ehrfürchtiges Staunen und durch die Suche nach ihren Geheimnisse näherzutreten. Treffend ist der Ausspruch des sterbenden Sokrates im Dialog *Phaidon*, dass „diejenigen, die sich auf rechte Art mit der Philosophie befassen [...] nach gar nichts anderem streben als nur, zu sterben und tot zu sein" (Platon I, 64a), denn der Tod trenne die unvergängliche Seele vom vergänglichen Körper, sei also eine Befreiung des philosophischen Geistes, der nach Ewigkeit strebe. Es ist eine Paradoxie des Essentialismus, dass die Abwehr des Vergehens in einem Bündnis mit dem Tod gesucht wird.

Die Ironie der Logik besteht darin, dass sie ihre eigenen Grundsätze nicht argumentativ rechtfertigen kann, sondern sie wie Anaximander auf dem Mythos aufbaut und wie Parmenides in einer emotional-aggressiven Rede einfordert. Nach seinem Postulat des Satzes des ausgeschlossenen Widerspruchs, dass es also „unmöglich" sei, „daß etwas zugleich sei und nicht sei", lässt sich sogar Aristoteles zu einem vielsagenden Kommentar hinreißen: „Manche verlangen nun aus mangelnder Bildung [!], daß man auch dies beweise; denn es ist mangelnde Bildung, nicht zu wissen, wofür man einen Beweis suchen muß und wofür nicht" (Aristoteles II, 1006a).

Bezüglich der Aktualität der Dialektik der Logik ist freilich anzuerkennen, dass gegenwärtig kaum derart pathetische Stellungnahmen zu den Grundsätzen des Sprechens und Denkens zu erwarten sind. In unserer westlichen Welt sind diese Grundsätze weitgehend konsolidiert und anerkannt, wohingegen sie sich im antiken Griechenland gegen zahlreiche Alternativen des Sprechens und Denkens verteidigen mussten. Während der Genese der aristotelischen Logik, in der Zeit, in der sie noch um ihre Stellung in der Welt kämpfen musste, tritt jedoch deutlich zu Tage, was sie antreibt und woran sie sich abarbeitet. Dass die kulturhistorische Interpretation der Grundsätze der aristotelischen Logik heute nicht mehr zeitgemäß sei, lässt sich kaum behaupten: Zum einen sind der Ausschluss des Veränderlichen, des dritten Wegs und der Mischung sowie die Orientierung an Abstammungen in den bis ins heutige Denken überdauernden Grundsätzen der aristotelischen Logik selbst angelegt, sie eröffnet also auch heute ein Feld von Möglichkeiten der religiösen, epistemologischen und politischen Nutzung; zum anderen sind die Furcht vor dem Vergehen, die demokratische Meinungsbildung und die Organisation und Sicherung unseres Wissens auch heute Herausforderungen unserer Kultur, wenngleich sie durch eingespielte Techniken ihrer Bewältigung weniger brisant erscheinen mögen.

Im Zuge der Aufklärung trug neben der empirischen Methode vor allem die Mathematik zum Aufblühen der Wissenschaften bei und prägte das moderne Denken nachhaltig. Bezeichnend ist etwa die Hoffnung Descartes, dass die Logik die Reinform des Denkens sei und sich alle weltlichen Fragen eindeutig beantworten ließen. René Descartes war überzeugt, dass „allein Arithmetik und Geometrie jedes Fehlers der Falschheit oder Ungewißheit bar" seien und „daß die, welche den rechten Weg zur Wahrheit suchen, sich mit keinem Gegenstand beschäftigen dürfen, von dem sie nicht eine den arithmetischen und geometrischen Beweisen gleichwertige Gewißheit zu erlangen imstande sind" (Descartes I, S. 8 f.).

Die Mathematik gilt als ein Vorbild der Wissenschaft, da sie logischer sein kann als jede andere: Ihre Gegenstände lassen sich beliebig weit von unserer Welt abziehen und in eine logische Form pressen; die Validierung ihrer Aussagen bedarf keiner Experimente, sondern kann sich einzig auf die logische Argumentation stützen. Modern wird die Mathematik nicht, indem sie sich wie die Naturwissenschaften der Empirie zuwendet, sondern indem sie ihren Sonderstatus manifestiert, indem sie ihn zu ihrem Wesen erhebt. Die tiefgreifende Krise der Mathematik zu Beginn des 20. Jahrhunderts und die dahinterstehende Kritik an der Idee ewiger Wahrheit, wird durch David Hilbert ruhiggestellt, indem er die Mathematik als Wissenschaft der reinen Form installiert: als Wissenschaft, die sich voll und ganz der logischen Ordnung verschreibt (Hilbert 1922). Dass die Frage nach der Möglichkeit der Anwendbarkeit der Mathematik damit nicht mehr zu beantworten ist, störte Hilbert offenbar nicht, obwohl er an Anwendungen der Mathematik durchaus interessiert war. Selbst heute scheint die Mathematik oft gar nichts anderes sein zu wollen als der ergebenste Vertreter des logischen Denkens.

3.8   Logik, Mathematikunterricht und Gesellschaft

Die Relevanz der vier Grundsätze der aristotelischen Logik für die Schulmathematik
hatte ich bereits skizziert; und während man sich über die Wirklichkeit des Argumentierens im Mathematikunterricht uneins sein mag, wird den logischen Aufbau der
Schulmathematik niemand ernsthaft bestreiten wollen. Gezeigt ist damit, dass die
Schüler im Mathematikunterricht einer Ordnung ausgesetzt sind, deren Verbindungen zu religiösen, erkenntnistheoretischen und politischen Spannungsfeldern unserer
Kultur hier aufgezeigt wurden. Freilich mögen auch andere Unterrichtsfächer solche
Verbindungen pflegen, doch nur die Mathematik kann es sich erlauben, die Grundsätze der Logik in ihren Gegenständen und ihrer Argumentation über jede Anschauung
zu erheben. Damit ragt der Mathematikunterricht als Institution zur Vermittlung des
logischen Denkens hervor.

Ich kann keine empirischen Belege dafür anführen, dass sich das Spannungsfeld der
Logik auch im Mathematikunterricht auftut; doch wollen wir unserer Erfahrung und
den wenigen Schüleräußerungen zum Erleben des Mathematikunterrichts vertrau-
en (Jahnke 2004; Motzer 2008), so sehen wir vor uns sowohl Schüler, die sich der
Mathematik mit spirilueller Leidenschaft zuwenden, die ihre Ordnung durchschauen
und nutzen, die überzeugender „erklären" können als andere, als auch Schüler, die
die Mathematik ängstigt, denen sie zu leblos und unnahbar ist, die trotz großer Mühe
ihre Prinzipien nicht durchschauen und die die Erklärungen der Lehrer und fähiger
Mitschüler als Wahres schlicht hinnehmen. Im Extremfall entstehen zwei Typen von
Schülern: Einerseits ein Schüler, der Freude an der Mathematik und Logik hat und mit
ihrer Hilfe sein Wissen organisieren und seine Ideen überzeugend darstellen kann,
andererseits einer, der sich verängstigt und verwirrt von der Mathematik distanziert
und auf die Führung durch mathematisch Gebildete vertrauen muss. Es offenbart sich
ein Mechanismus, der durch die Logik Emanzipierte von durch sie Unterworfenen
trennt. Eine solche Wirkungsweise hatte bereits der dänische Mathematikdidaktiker
Ole Skovsmose in seinen sozialkritischen Untersuchungen des Mathematikunterrichts
vermutet:

> „Could it be that mathematics education in fact acts as one of the pillars
> of the technological society by preparing well that minority of students
> who are to become 'technicians', quite independent of the fact that a ma-
> jority of students are left behind? Could it be that mathematics education
> operates as an efficient social apparatus for selection, precisely by leaving
> behind a large group of students as not being 'suitable' for any further
> and expensive technological education? [...] Nonetheless, a large group
> of students might be left, and they will have learned a substantial lesson:
> that mathematics is not for them. To silence a group of people in this way
> might also serve a socio-political and economic function."
>
> Skovsmose 2005, S. 11 f.

Die Sisyphusarbeit des Lehrers, in jedem einzelnen Schüler die Freude an der Mathematik, die Wertschätzung ihrer Ordnung und die Macht des logischen Denkens we-

cken zu wollen, wirkt gar so, als versuche er vergeblich, diesen Mechanismus außer Kraft zu setzten, und zeigt, wie ihm selbst der Lehrer verfangen ist. Dass das Fehlen einer Diskussion der der Schulmathematik zugrundeliegenden Sätze der aristotelischen Logik die Schüler davon abhält, ihre Wirkungsweise nachzuvollziehen und sie gegebenenfalls sogar abzulehnen, kurzum eine Mündigkeit gegenüber der Logik zu ermöglichen, scheint mir nicht ausdrücklich beabsichtigt, aber doch Teil des Mechanismus zu sein: Es handelt sich um einen eingespielten, gesellschaftlich wirksamen, in seiner Wirkung und Wirkungsweise aber nicht reflektierten Mechanismus schulischer Wirklichkeit, dessen Art Gegenstand der Forschung zum heimlichen Lehrplan war (Zinnecker 1975).

Der auf der Dialektik der Logik aufbauende Mechanismus beeinflusst darüber hinaus die Sozialisation der Schüler hinsichtlich ihres Verhältnisses zur Mathematik. Diese Sozialisation bestimmt, wie die Mathematik wahrgenommen wird und kultiviert das Verhalten ihr gegenüber. Die Forschung zu mathematischen Weltbildern zeigt, dass eine solche Prädisposition darin bestehen kann, dass der Mathematik zugesprochen wird, stets in der Lage zu sein, unfehlbare Entscheidungen zu treffen, und dass eine Auseinandersetzung mit der Mathematik furchteinflößend und intellektuell zu anspruchsvoll erscheint (Törner u. a. 2002). In der Folge avanciert die Mathematik zu einem Herrschaftsinstrument, auf dessen Sinnhaftigkeit die breite Masse vertraut, dessen Funktionalität sie aber nicht mehr hinterfragen kann. Der Mathematikunterricht entpuppt sich dabei als institutionalisierter, seiner selbst aber kaum bewusster Wegbereiter dieses Herrschaftsinstruments. Als offene Frage bleibt, wie die am Mathematikunterricht Interessierten dieser gesellschaftlichen Bedeutung des Mathematikunterrichts begegnen wollen.

Literatur

[Anaximander I] GEMELLI MARCIANO, M. Laura (Hrsg.): *Die Vorsokratiker, Bd. 1: Fragmente und Zeugnisse von Thales, Anaximander, Anaximenes, Pythagoras und Pythagoreer, Xenophanes und Heraklit.* Düsseldorf: Artemis & Winkler, 2007, S. 32–51.

[Aristoteles I] ZEKL, Hans Günter (Hrsg.): Aristoteles. Organon. In: *Philosophische Bibliothek 494/495, Bd. 3/4: Erste Analytik. Zweite Analytik.* Hamburg: Meiner, 1998.

[Aristoteles II] ARISTOTELES; SZLEZÁK, Thomas A. (Hrsg.): *Metaphysik.* Berlin: Akademie Verlag, 2003.

[Descartes I] DESCARTES, René: *Regeln zur Leitung des Geistes.* Hamburg: Meiner, 1959.

[Heinrich 1987] HEINRICH, Klaus: *Tertium datur. Eine religionsphilosophische Einführung in die Logik.* Basel: Stroemfeld, 1987.

[Heraklit I] GEMELLI MARCIANO, M. Laura (Hrsg.): *Die Vorsokratiker, Bd. 1: Fragmente und Zeugnisse von Thales, Anaximander, Anaximenes, Pythagoras und Pythagoreer, Xenophanes und Heraklit.* Düsseldorf: Artemis & Winkler, 2007, S. 284–329.

[Hilbert 1922] HILBERT, David: Neubegründung der Mathematik. Erste Abhandlung. In: *Abhandlungen aus dem Mathematischen Seminar der Hamburger Universität* 1 (1922), S. 157–177.

[Horkheimer u. a. 1991] HORKHEIMER, Max; ADORNO, Theodor W.: *Dialektik der Aufklärung. Philosophische Fragmente*. Frankfurt am Main: Fischer, 1991.

[Jahnke 2004] JAHNKE, Thomas: Mathematikunterricht aus Schülersicht. In: *mathematik lehren* 127 (2004), S. 4–8.

[Little Bear 2002] LITTLE BEAR, Leroy: Jagged Worldviews Colliding. In: BATTISTE, Marie (Hrsg.): *Reclaiming indigenous voice and vision*. Vancouver: UBC Press, 2002, S. 77–85.

[Motzer 2008] MOTZER, Renate: „Das Wesen des Beweisens ist es, Überzeugung zu erzwingen." – Was denken Schülerinnen und Schüler der 8. Klasse über dieses Zitat von Fermat? In: MARTIGNON, Laura (Hrsg.); BLUNCK, Andrea (Hrsg.): *Mathematik und Gender*. Hildesheim: Franzbecker, 2008, S. 38–55.

[Nickel 2006] NICKEL, Gregor: Zwingende Beweise. Zur subversiven Despotie der Mathematik. In: DIETRICH, Julia (Hrsg.); MÜLLER-KOCH, Uta (Hrsg.): *Ethik und Ästhetik der Gewalt*. Paderborn: Mentis, 2006, S. 261–282.

[Parmenides I] GEMELLI MARCIANO, M. Laura (Hrsg.): *Die Vorsokratiker, Bd. 2: Fragmente und Zeugnisse von Parmenides, Zenon und Empedokles*. Düsseldorf: Artemis & Winkler, 2009, S. 6–41.

[Platon I] PLATON: Phaidon. In: EIGLER, Gunther (Hrsg.): *Platon. Werke in acht Bänden, Bd. 3*. Darmstadt: Wissenschaftliche Buchgesellschaft, 2001, S. 1–208.

[Schwarz 2007] SCHWARZ, Gerhard: *Die „Heilige Ordnung" der Männer. Hierarchie, Gruppendynamik und die neue Rolle der Frauen*. Wiesbaden: VS Verlag, 2007.

[Skovsmose 2005] SKOVSMOSE, Ole: *Travelling Through Education. Uncertainty, Mathematics, Responsibility*. Rotterdam: Sense Publishers, 2005.

[Törner u. a. 2002] TÖRNER, Günter; LEDER, Gilah C.; PEHKONEN, Erkki: *Beliefs. A hidden variable in mathematics education?* Dordrecht: Kluwer, 2002.

[Vernant 1982] VERNANT, Jean-Pierre: *Die Entstehung des griechischen Denkens*. Frankfurt am Main: Suhrkamp, 1982.

[Wußing 2009] WUSSING, Hans: *6000 Jahre Mathematik, Bd. 1: Von den Anfängen bis Leibniz und Newton*. Berlin: Springer, 2009.

[Zinnecker 1975] ZINNECKER, Jürgen (Hrsg.): *Der heimliche Lehrplan. Untersuchungen zum Schulunterricht*. Weinheim: Beltz, 1975.

4 Was bedeutet der Begriff „Wahrscheinlichkeit"?

JEROEN SPANDAW

4.1 Einführung

Wie groß ist die Wahrscheinlichkeit, dass es am 1. Juni 2100 in Siegen regnen wird? Und die Wahrscheinlichkeit, dass es am 1. Juni 1500 geregnet hat? Wie groß ist die Wahrscheinlichkeit, dass die Niederlande Fußball-Weltmeister 2014 werden? Ist sie größer als 0? Und kleiner als 1? Wie wahrscheinlich ist es, dass $p = 90751$ prim ist? Und wie groß ist diese Wahrscheinlichkeit, wenn Sie wissen, dass $2^{45375} = 2^{(p-1)/2} \equiv 1$ modulo p gilt, dass p also den starken Fermat-Test zur Basis 2 besteht? Wie wahrscheinlich ist die Riemann-Hypothese?

Viele Mathematiker haben, wie ich, gelernt, dass man in diesen Kontexten nicht von „Wahrscheinlichkeit" reden darf. Die Ereignisse sind einmalig, also funktioniert die übliche Interpretation von Wahrscheinlichkeit als relative Häufigkeit „auf die Dauer" nicht.[1] Entweder hat es am 1. Juni 1500 in Siegen geregnet oder nicht. Entweder wird es am 1. Juni 2100 regnen oder nicht. Die Wahrscheinlichkeiten sind entweder 0 oder 1, auch wenn wir nicht wissen, welche Antwort richtig ist. Trotzdem wird im Alltag in ähnlichen Fällen andauernd der Begriff „Wahrscheinlichkeit" benutzt. Ist das einfach falsch?

Als Mathematiklehrer hat mich diese Diskrepanz zwischen Alltag und Mathematikunterricht gestört. Wir dürfen doch in der Schule Präkonzepte unserer Schüler, wie den alltäglichen Wahrscheinlichkeitsbegriff nicht einfach ignorieren? Später erfuhr ich, dass es andere Denkschulen als nur die frequentistische gibt. Ich hörte, dass sogar Wissenschaftler eine nicht-frequentistische Auffassung des Wahrscheinlichkeitsbegriffs benutzen trotz des Verbots mancher Mathematiker. Haben diese Leute einfach alle unrecht? Oder sind die frequentistischen Mathematiker zu dogmatisch oder weltfremd? Kann man beide Sichtweisen irgendwie vereinen?

Mich hatte als Mathematiklehrer noch mehr gestört. Beim Testen von Hypothesen betrachtet man zum Beispiel die Nullhypothese, dass der Erwartungswert μ einen bestimmten Wert μ_0 hat, zum Beispiel 1000 Gramm. Aber es ist doch klar, dass die Nullhypothese falsch ist? Selbstverständlich ist μ nicht *exakt* gleich 1000 Gramm! Auch den sogenannten p-Wert fand ich problematisch. Der p-Wert ist eine bedingte Wahrscheinlichkeit der Form

---

[1] Siehe aber Hacking 2001, S. 141 für eine frequentistische Rechtfertigung von Regenwahrscheinlichkeiten.

$$p_* = P(\text{Stichprobenergebnis oder schlimmer} \mid \text{Nullhypothese}).$$

Wenn p_* sehr klein ist, wird die Nullhypothese abgelehnt. Aber wäre es nicht sinnvoller, die umgekehrte bedingte Wahrscheinlichkeit

$$P(\text{Nullhypothese} \mid \text{Stichprobenergebnis})$$

zu benutzen? Wir wollen doch wissen, wie wahrscheinlich die Nullhypothese in Anbetracht der Daten ist?

Diese Fragen haben mich dazu gebracht, mehr über nicht-frequentistische Interpretationen des Wahrscheinlichkeitsbegriffs zu lesen. Ich bin der Meinung, dass Statistik didaktisch schwierig ist – viele ausgezeichnete Mathematiker haben Angst vor diesem Thema –, weil das Verhältnis der mathematischen Begriffe zur realen Welt so wichtig und so kompliziert ist. Es ist also wesentlich, Klarheit über die Interpretation des Wahrscheinlichkeitsbegriffes zu bekommen. Ich entdeckte, dass viele Mathematiker, Philosophen, Statistiker und andere Wissenschaftler sich mit diesem Thema auseinandergesetzt haben. Mein eigener Lernprozess führte mich also zum historischen Lernprozess der Menschheit.[2] Ich fand nicht nur meine eigenen Kritikpunkte wieder, aber entdeckte auch neue. Ich fand neue Argumente, Gegenargumente und Widerlegungen. In diesem Artikel beschreibe ich aber nur die wichtigsten Streitpunkte. Ich hoffe, dass dies nützlich ist für Mathematiklehrer und -didaktiker, die, wie ich, in ihrem Studium nur die frequentistische Auffassung kennengelernt haben. Gute Einführungen in diese Materie sind (Efron 1986), (Hacking 2001), (Howson u. a. 1989) und (Cox 2006).

Ein Wort zur Struktur dieser Arbeit. Im nächsten Abschnitt erläutere ich anhand zweier Beispiele die bayesianische Denkweise. Im dritten Abschnitt bespreche ich die wichtigsten Streitfragen. Im vierten Abschnitt beschreibe ich die wichtigsten Argumente pro und contra die bayesianische Schule. Im letzten Abschnitt betrachten wir die Bedeutung dieser Problematik für die Schulmathematik.

4.2   Zwei Beispiele

In diesem Abschnitt behandeln wir zwei Beispiele als Einführung in die bayesianische Denkweise.

4.2.1 Das Sonnenaufgangproblem von Laplace

In Laplace 1814 beantwortet Laplace die Frage, wie groß die Wahrscheinlichkeit sei, dass morgen die Sonne wieder aufgehe. Seine Antwort lautete: $(n+1)/(n+2)$, wobei n die Anzahl bislang beobachteter Sonnenaufgänge ist. Laplace argumentierte wie

---

[2] A propos „Mathematik im Prozess": Dieser Prozess ist noch nicht abgeschlossen (vgl. Efron 2005).

folgt. Als Beleg für die Hypothese, dass morgen die Sonne wieder aufgehen wird, haben wir n Versuche, die alle (so nehmen wir an!) erfolgreich waren. Wir modellieren unser Problem als eine Reihe $X_1, X_2, \ldots, X_n$ unabhängiger und identisch verteilter Bernoulli-Variablen. Wir wollen die Erfolgswahrscheinlichkeit

$$P(X_i = 1) = p$$

aufgrund der Daten $D : X_1 = \cdots = X_n = 1$ schätzen. Wie Laplace betrachten wir den unbekannten Parameter p als Zufallsvariable. A priori wissen wir nur, dass $0 \leq p \leq 1$; weiter wissen wir nichts über p. Wir nehmen darum an, dass a priori alle p in $[0,1]$ gleich wahrscheinlich sind. Wir nehmen für p also die uniforme Verteilung auf $[0,1]$.

Für die Berechnung, wie die Daten D unsere Verteilungsfunktion für p beeinflussen, benutzen wir wie Laplace die Regel von Bayes:[3]

$$P(p|D) = \frac{P(D|p)P(p)}{P(D)} \sim P(D|p)P(p).$$

Das Zeichen „$\sim$" bedeutet „bis auf eine multiplikative Konstante, die nicht von p abhängt". Der Faktor $P(D|p)$, aufgefasst als Funktion in p, wird (leider auch auf deutsch) *Likelihood* genannt. Die Wahrscheinlichkeiten $P(p)$ und $P(p|D)$ heißen *A-priori*- beziehungsweise *A-posteriori-Wahrscheinlichkeit*.[4] In unserem Fall gilt $P(D|p) = p^n$, also $P(p|D) \sim P(D|p) \cdot P(p) = p^n \cdot 1 = p^n$. Wegen $P(0 \leq p \leq 1|D) = 1$ und $\int_0^1 p^n \, dp = 1/(n+1)$ ist die Proportionalitätskonstante gleich $n+1$. Die A-posteriori-Verteilungsfunktion ist also $P(p|D) = (n+1)p^n$. Als Schätzer für p nimmt Laplace den Erwartungswert

$$\langle p|D \rangle = \int_0^1 p \cdot P(p|D) \, dp = \int_0^1 (n+1)p^{n+1} \, dp = \frac{n+1}{n+2}.$$

Ein paar Worte zur Geschichte dieser Berechnung. Das obige Argument ist ein Spezialfall einer allgemeineren Berechnung (*la règle de succession*) in Laplace 1774. Laplace formulierte das Bayestheorem wahrscheinlich unabhängig von Bayes vgl. Stigler 1986. Anders als Bayes versucht er nicht, seine A-priori-Verteilung zu rechtfertigen. Im Gegenteil, er erwähnt sie überhaupt nicht! Das berüchtigte Beispiel mit dem Sonnenaufgang stammt aus der Arbeit (Laplace 1814).

4.2.2 Hypothesen testen

Wir wollen testen, ob eine Münze fair ist, d.h. ob $p := P(K) = \frac{1}{2}$. Als Nullhypothese nehmen wir $H_0 : p = \frac{1}{2}$, als Alternativhypothese $H_1 : p < \frac{1}{2}$. Gegeben ist die folgende

---

[3] In Laplace 1774 formulierte Laplace diese Regel nur für den Fall, dass $P(p)$ konstant ist.

[4] Eigentlich sind $P(p)$ und $P(p|D)$ Wahrscheinlichkeitsdichten, denn p is nicht diskret.

Versuchsreihe: $D = $ ZZKZK ZZZZK. Die Länge ist $n = 10$ und die Anzahl der Erfolge ist $r = 3$. Diese Daten scheinen die Alternativhypothese tatsächlich zu unterstützen. Reichen sie aus, um die Nullhypothese bei einem Signifikanzniveau $\alpha = 10\%$ zu verwerfen?

Wir stellen uns zwei „orthodoxe" Tester vor: Neyman und Fisher. Beide haben dasselbe Versuchsergebnis D. Sie hatten aber unterschiedliche Stoppkriterien: Neyman hörte nach $n = 10$ Würfen auf und fand $R = 3$ Erfolge. Fisher hörte nach dem dritten Erfolg auf, also bei $r = 3$, und fand, dass er dazu $N = 10$ Versuche brauchte. Neyman betrachtet R als eine binomialverteilte Zufallsvariable. Er findet den p-Wert:

$$p_*(\text{Neyman}) = P(R \leq 3 | H_0) = \sum_{k=0}^{3} \binom{10}{k} \left(\frac{1}{2}\right)^k \left(\frac{1}{2}\right)^{10-k} \approx 0.17.$$

Für Fisher ist N eine negativ-binomialverteilte Zufallsvariable. Er findet den p-Wert:

$$p_*(\text{Fisher}) = P(N \geq 10 | H_0) = 1 - \sum_{k=3}^{9} \binom{k-1}{2} \left(\frac{1}{2}\right)^3 \left(\frac{1}{2}\right)^{k-3} \approx 0.09.$$

Wir sehen, dass Fisher die Nullhypothese verwirft und Neyman nicht, obwohl ihre Daten identisch sind!

Für einen Bayesianer spielt nur das Ergebnis D eine Rolle, nicht das Stoppkriterium. Zunächst testet unser Bayesianer die Nullhypothese $H_0 : p = \frac{1}{2}$ gegen $H_1 : p = p_0$ bei einem festen Parameterwert $p_0 \in [0,1]$. Er findet

$$\frac{P(H_0|D)}{P(H_1|D)} = B \cdot \frac{P(H_0)}{P(H_1)},$$

wobei

$$B := \frac{P(D|H_0)}{P(D|H_1)} = \frac{\left(\frac{1}{2}\right)^{10}}{p_0^3(1-p_0)^7}$$

der sogenannte *Bayes-Faktor* ist. Die Daten D sprechen genau dann gegen H_0 und für H_1, wenn $B < 1$. Dies ist genau dann der Fall, wenn $0.14\cdots < p_0 < \frac{1}{2}$ gilt. Intuitiv stimmt dieses Ergebnis: wenn $p_0 > \frac{1}{2}$ oder wenn $p_0 \approx 0$, dann tragen die Daten zur Plausibilität von H_0 bei. Wenn aber $p_0 < \frac{1}{2}$ und $p_0 \approx r/n = 0.3$, dann sprechen die Daten für H_1.

Betrachten wir jetzt die Alternativhypothese $H_1 : p < \frac{1}{2}$. Unser Bayesianer braucht nun eine A-priori-Verteilung für p unter der Alternativhypothese. Wir nehmen das uniforme Wahrscheinlichkeitsmaß $2\,dp$ auf $[0, \frac{1}{2})$. Der Bayes-Faktor ist nun

$$B := \frac{P(D|H_0)}{P(D|H_1)} = \frac{\left(\frac{1}{2}\right)^{10}}{\int_0^{\frac{1}{2}} p^3(1-p)^7\, 2\,dp} = \frac{165}{227} \approx 0.73.$$

Weil $B < 1$, machen die Daten H_1 wahrscheinlicher. Wenn der Bayesianer zum Beispiel a priori die beiden Hypothesen für gleich wahrscheinlich hält, dann findet er A-posteriori-Wahrscheinlichkeiten $P(H_0|D) = \frac{165}{392} \approx 0.42$ und $P(H_1|D) = \frac{227}{392} \approx 0.58$. Diese Zahlen beschreiben, was er von der Münze hält. Ob er die Nullhypothese aufgrund dieser Wahrscheinlichkeiten verwirft, hängt aber auch von den Konsequenzen dieser Entscheidung ab.

4.3 Streitfragen

In diesem Abschnitt besprechen wir kurz vier wichtige Streitfragen der Kontroverse zwischen Bayesianern und Anti-Bayesianern: relative Häufigkeit oder Glaube, objektiv oder subjektiv, unbekannter Parameter oder Zufallsvariable, induktives Verhalten oder induktive Inferenz? Diese Kontroverse hat mit Bayes (1763) und Laplace (1774) angefangen. Mathematiker, Physiker, Statistiker und Philosophen wie Babbage, Bernoulli, Boole, Borel, Cantelli, Carnap, Cournot, D.R. Cox, R.T. Cox, Efron, de Finetti, Fisher, Hacking, Howson, Jaynes, Jeffreys, Keynes, Kolmogorov, Laplace, Leibniz, Lindley, Mill, Miller, von Mises, de Moivre, de Morgan, Neyman, Poincaré, Poisson, Polya, Popper, Reichenbach, Savage, Skyrms, Urbach, Venn und Wiener haben sich zu diesem Thema gemeldet. Es gibt also ein kompliziertes Durcheinander von Argumenten und Gegenargumenten, das sich hier nicht kurz beschreiben läßt. Der Philosoph Nagel listete 1939 bereits neun mögliche Interpretationen der Wahrscheinlichkeitstheorie auf vgl. Nagel 1939. (Er erwähnt auch viele verschiedene Axiomatisierungen: Borel, Cantelli, von Mises, Kolmogorow, Popper, Reichenbach. Mit (Kolmogorov 1977) hat sich die Axiomatik von Kolmogorow durchgesetzt.) Der Bayesianer Good behauptete sogar 46646 verschiedene bayesianische Ansichten unterscheiden zu können! In diesem Text werden wir aber hauptsächlich schwarzweißmalen und uns nur ab und zu eine Graustufe erlauben. Gute Einführungen in diese Materie sind (Hacking 2001), (Howson u. a. 1989) und (Cox 2006). Für Einführungen in die bayesianische Welt verweise ich auf (Jaynes u. a. 2003) und (Lee 1989).

4.3.1 Relative Häufigkeit oder Glaube?

Die wichtigste Streitfrage betrifft die Bedeutung des Wahrscheinlichkeitsbegriffs. Mit Carnap (Carnap 1962) und Hacking (Hacking 2001) unterscheiden wir zwei Typen: Für Bayesianer quantifiziert Wahrscheinlichkeit den Grad jemandens Glaubens an ein Ereignis oder an eine Aussage. „Jemand" könnte ich sein, oder Sie, oder die „wissenschaftliche Gesellschaft", oder ein Expertensystem auf einem Computer. Frequentisten verknüpfen Wahrscheinlichkeit mit relativen Häufigkeiten. Den ersten Typ nennen wir *epistemisch* (Typ 1 bei Carnap, *belief type* bei Hacking); den zweiten Typ nennen wir *frequentistisch* (Typ 2 bei Carnap, *frequency type* bei Hacking).

Für Frequentisten wird die Brücke zwischen Wahrscheinlichkeitstheorie und Wirklichkeit durch das starke Cournotsche Prinzip gegeben (vgl. Shafer u. a. 2006 und Kol-

mogorov 1977, Kapitel 1, Abschnitt 2, *Das Verhältnis zur Erfahrungswelt*, Prinzip (B)):
Wenn die Wahrscheinlichkeit eines Ereignisses in einem wiederholbaren Experiment
sehr klein ist, dann ist es praktisch sicher, dass dieses Ereignis in einem gegebenen
Experiment nicht auftritt. Zusammen mit dem schwachen Gesetz der großen Zahlen folgt Kolmogorows Prinzip (A): Es ist praktisch sicher, dass die relative Häufigkeit
eines Ereignisses nach vielen Wiederholungen nur wenig von der theoretischen Wahrscheinlichkeit abweicht.

Jaynes zeigt in (Jaynes u. a. 2003, §18.14), dass für Bayesianer die Vorhersage von relativen Häufigkeiten f ein ganz normales Parameterschätzungsproblem ist, das genau
wie alle anderen Schätzungsprobleme gelöst wird: man berechnet die A-posteriori-
Verteilungsfunktion für f, und daraus kann man zum Beispiel bayesianische Konfiden-
zintervalle bestimmen. Bayesianer behaupten, dass das bayesianische Verfahren das
intuitive und das wissenschaftliche induktive Argumentieren gut modelliert. (Kahneman und Tversky haben aber in Kahneman u. a. 1972 gezeigt, dass die meisten
Menschen dabei Fehler machen.)

Popper (vgl. Popper 2002) lehnte die epistemische Interpretation ab, weil er meinte,
sie mache keine falsifizierbaren Vorhersagen. Wenn relative Häufigkeiten bei Wiederholung eines Experimentes gegen bestimmte Werte konvergieren, so sei dies eine
physikalische Eigenschaft, *propensity*, dieses Systems. Der Physiker und Bayesianer
Jaynes behauptet dagegen in (Jaynes u. a. 2003), es gebe überhaupt keinen Zufall in
der Natur, nicht mal in der Quantenmechanik.[5] Alle Wahrscheinlichkeit beruhe auf
Unwissen, nicht auf Zufall.

Polya (vgl. Polya 1968) meinte, epistemische Wahrscheinlichkeiten seien nur qualitativ sinnvoll. Fisher und viele andere bestritten, dass alle Unsicherheit sich als reelle
Zahl in $[0, 1]$ ausdrücken läßt. Andere (z. B. Barnard in (Barnard 1967) und Efron
in (Efron 2005)) meinen, dass zwar bayesianisches Lernen (*updating*) mittels der Regel von Bayes in Ordnung oder sogar wertvoll ist, dass aber die A-priori-Verteilungen
unakzeptabel, weil subjektiv sind.

Popper und Miller haben versucht zu zeigen, dass alle probabilistische Inferenz letztendlich rein deduktiv ist. Ich beschreibe ihr Argument (Howson u. a. 1989, S. 264–
267) anhand eines Beispiels. Wir nehmen einen fairen Würfel mit $\Omega = \{1, 2, 3, 4, 5, 6\}$.
Wir betrachten die Hypothese $h = \{6\}$ und den Beleg $e = \{2, 4, 6\}$. Dieser Beleg
unterstützt die Hypothese, denn $P(h|e) - P(h) > 0$. Allgemeiner ist die Differenz
$S(x, y) := P(x|y) - P(x)$ ein Maß dafür wie stark x durch y unterstützt wird. Popper
und Miller betrachten nun $c := h \cup e^c = \{1, 3, 5, 6\}$. Man überprüft leicht, dass

$$S(h, e) = S(e, e) + S(c, e).$$

Es gilt $S(e) = P(e|e) - P(e) = P(e^c) > 0$ und $S(c, e) = P(c|e) - P(c) = \frac{1}{3} - \frac{2}{3} < 0$.
Der Beleg e macht natürlich e wahrscheinlicher, aber er macht c unwahrscheinlicher.

---

[5] Seltsamerweise erwähnt er weder die deterministische Quantenmechanik von David Bohm, noch die
experimentell bestätigte Bellsche Ungleichung (vgl. Bell 1993), die die Unmöglichkeit *lokaler* verborgener
Variablen impliziert.

Dies widerspricht Hempels *Consequence Condition*: *e* unterstützt *h*, aber nicht deren Konsequenz *c*! Meiner Meinung nach zeigt dieses Beispiel einfach, dass Hempels *Consequence Condition* falsch ist. Das zeigt auch das Heuschreckenbeispiel von Swinburne (vgl. Howson u. a. 1989, S. 90): die Existenz einer Heuschrecke, die sich 1 Inch außerhalb der Grenze der Grafschaft Yorkshire befindet, spricht *nicht* für die Hypothese, dass sich alle Heuschrecken außerhalb Yorkshire befinden.

Ein anderes Argument wurde von Glymour erhoben in (Glymour 1980). Es passiert häufig, dass ein Beleg *e* älter ist als die Hypothese *h*, die er unterstützt. Glymour nennt als Beispiel $(e, h) = (\text{Keplers Gesetze}, \text{Newtons Gesetze})$. Ein modernes Beispiel wäre $(e, h) = (\text{Gravitation}, \text{Stringtheorie})$. Können „Nachhersagen" eine Hypothese unterstützen? Ja, sagt Lakatos in (Lakatos 1999): wenn die Nachhersage beim Aufbau der Theorie nicht benutzt wurde, dann spielt die Chronologie keine Rolle. Glymour behauptet aber, dass die probabilistische Beschreibung induktiven Argumentierens diese Art von Beleg nicht zuläßt. Wenn der Beleg *e* bekannt ist, wenn also $P(e) = 1$ gilt, dann gilt auch $P(e|h) = 1$ und

$$P(h|e) = \frac{P(e|h)P(h)}{P(e)} = P(h).$$

Ein sicherer Beleg kann also keine Hypothese unterstützen. Dieses Problem läßt sich aber leicht lösen, wenn man wie Jeffreys und Jaynes immer die A-priori-Information *I* berücksichtigt. Der Beleg *e* unterstützt die Hypothese *h*, wenn $P(h|eI) > P(h|I)$. Glymours Argument scheitert, wenn a priori $P(e|I) < 1$ galt.

4.3.2 Objektiv oder subjektiv?

Frequentisten machen Bayesianern den Vorwurf, ihre Wahrscheinlichkeiten seien subjektiv. Die Regel von Bayes, *posterior* gleich *prior* mal *likelihood*, ist unumstritten. Es handelt sich also um die Subjektivität der A-priori-Wahrscheinlichkeiten.

Es gibt mindestens zwei verschiedene bayesianische Reaktionen. Subjektive Bayesianer wie Ramsey, de Finetti und Savage, leugnen die Subjektivität nicht. Ein Frequentist treffe aber auch viele subjektive Entscheidungen: die Wahl eines Modells, die Wahl der zu randomisierenden *nuisance* Parameter, die Beurteilung, ob eine Randomisierung zufällig genug ist (Howson u. a. 1989, S. 151 f.), die Wahl der Nullhypothese und Alternativhypothese, die Wahl eines Signifikanzniveaus, die Wahl eines Kriteriums für das beste Verfahren, die Wahl einer Stoppregel, usw. Zweitens näherten sich die bayesianischen und frequentistischen Ergebnisse immer mehr, wenn es mehr und mehr Daten gibt.

Andere Anhänger der epistemischen Interpretation des Wahrscheinlichkeitsbegriffs wie Leibniz[6], Keynes, Carnap, Jeffreys und Jaynes, meinen, dass objektive epistemi-

---

6 Siehe zum Beispiel (Hacking 2006, A. 89): „So he [Leibniz] takes the doctrine of chances [...] to be [...] about our knowledge" und Seite 134: „Leibniz anticipated the philosophical programma of J.M. Keynes,

sche Wahrscheinlichkeit möglich ist. Sie glauben, dass rationale Personen mit derselben Information dieselbe Verteilungsfunktion benutzen müssen um ihren Kenntnisstand zu beschreiben. Man benutze zum Beispiel das Prinzip der maximalen Entropie (oder Kullback-Leibler-Distanz) um A-priori-Wahrscheinlichkeiten zu berechnen. Zum Beispiel übersetzt dieses Prinzip die A-priori-Information $0 \leq p \leq 1$ in die uniforme Verteilung auf $[0, 1]$, die Laplace benutzte beim Problem des Sonnenaufgangs. Nicht-Bayesianer, wie Efron und Cox, akzeptieren unter Umständen empirische A-priori-Verteilungsfunktionen.

4.3.3 Unbekannter Parameter oder Zufallsvariable?

Jeder Stochastikdozent kennt die didaktische Problematik der Dualität von Daten und Parametern. Nehmen wir das zweite Beispiel mit der Münze. Für den Frequentisten ist p ein zwar unbekannter, aber immerhin fester Parameter. Insbesondere ist p *keine* Zufallsvariable! Man darf also nicht von der Wahrscheinlichkeit sprechen, dass p etwa im Intervall $[0, \frac{1}{2})$ liegt. Entweder liegt p in diesem Intervall, oder nicht. Mit Wahrscheinlichkeit, behaupten Frequentisten, d. h. mit relativen Häufigkeiten, hat das nichts zu tun. (Bei Konfidenzintervallen $[L, R]$ für einen Parameter θ sind die *Ränder* L und R Zufallsvariablen. Die Aussage $P(L < \theta < R) = 0.95$ ist also sinnvoll. Wenn man aber konkrete Daten benutzt um eine Realisierung $[\ell, r]$ von $[L, R]$ zu bestimmen, dann wird die Wahrscheinlichkeit $P(\ell < \theta < r)$ bedeutungslos.) Wo der Parameter unbekannt, aber fest ist, so ist es bei den Daten genau umgekehrt: sie sind zwar bekannt, aber variabel. Genauer gesagt: die Stichprobe $X = (X_1, \ldots, X_{10})$ ist eine Zufallsvariable und die Daten $(x_1, \ldots, x_{10})$ sind eine bekannte Realisierung dieser Zufallsvariable.

Natürlich können wir unseren Studenten verbieten, über die Wahrscheinlichkeit zu sprechen, dass p in einem berechneten 95%-Konfidenzintervall liegt. Viele Studenten werden aber trotzdem glauben, dass diese Wahrscheinlichkeit 95% ist. Hacking behauptet in (Hacking 2001) auf Seite 228, dass ein ähnlicher Denkfehler sogar in einem Statistiklehrbuch für Juristen vorkommt.

Der Wahrscheinlichkeitsbegriff der Bayesianer ist viel umfassender. Er kann sehr wohl über die Wahrscheinlichkeit reden, dass der Parameter θ in einem gegebenen Intervall liegt. Ein bayesianisches 95%-Konfidenzintervall (oder *highest posterior probability density interval*) ist ein Intervall I, wofür die A-posteriori-Wahrscheinlichkeit $P(\theta \in I)$ tatsächlich gleich 0.95 ist.

Als Bayesianer betrachtet Jaynes selbstverständlich Wahrscheinlichkeiten $P(\theta)$ für Parameter θ. Gleichzeitig meint er, dass θ keine Zufallsvariable ist, sondern ein unbekannter, doch fester Parameter. Die Verteilungsfunktion $P(\theta|I)$ ist epistemisch: sie beschreibt unser *Wissen* über θ. Jaynes unterscheidet deswegen zwischen der Verteilungsfunktion *für* einen Parameter (*pdf for a parameter*) und der Verteilungsfunktion

---

Harold Jeffreys and Rudolf Carnap, which has come to be known as inductive logic".

von einer Zufallsvariablen (*pdf of a random variable*). Man darf nach Jaynes auch nicht vom Erwartungswert des Parameters reden, sondern nur vom Erwartungswert einer Verteilungsfunktion für diesen Parameter. Der Erwartungswert ist ja epistemisch.

4.3.4 Induktives Verhalten oder induktives Argumentieren?

Der Bayesianer behauptet, dass seine epistemische Wahrscheinlichkeit, dass ein Parameter θ in seinem baysianischen 95%-Konfidenzintervall (ℓ, r) liegt, gleich 0.95 ist. Das Intervall hat er mit der Regel von Bayes aus den Daten und seiner A-priori-Verteilung für θ, die seine Vorkenntnisse über θ repräsentiert, berechnet. Er betrachtet dieses Vorgehen als *induktives Argumentieren*. Aufgrund der A-posteriori-Verteilungsfunktion für θ und aufgrund der Konsequenzen möglicher Aktionen wird er dann, wenn nötig, seine Entscheidungen treffen. Induktives Argumentieren wird also getrennt vom Handeln.

Frequentisten meinen mit dem schottischen Philosophen David Hume, dass induktives Argumentieren unmöglich ist. Wie kann Wissenschaft dann funktionieren? Durch Falsifikation, sagt Popper. Durch *induktives Verhalten* mit Konfidenzintervallen,[7] sagt Neyman. Über Einzelfälle, wie die Frage ob ein Parameter θ in einem berechneten Konfidenzintervall (ℓ, r) liegt, kann man nichts sagen. Man weiß aber, dass, wenn man 95%-Konfidenzintervalle nach frequentistischem Rezept berechnet, man in höchstens 5% der Berechnungen ein Intervall herausbekommt, das θ nicht enthält (angenommen, die Modellannahmen stimmen).

Einen Bayesianer überzeugt das nicht. Ihn interessiert es nicht, dass die Methode in 95% der Fälle den Parameter enthält. Er verlangt, dass die Schätzung in *jedem* Fall glaubwürdig ist. Dies gilt nicht für Neymans Methode. Für ein einfaches, aber artifizielles Beispiel verweise ich auf Hacking 2006, S. 157. Ein echtes Beispiel finden wir in Efron 2003: Physiker haben ein 95% Konfidenzintervall für eine Neutrinomasse berechnet, das nur negative Werte enthielt!

4.4 Pro und contra Bayes

4.4.1 Pro Bayes

Das wichtigste Argument pro Bayes ist für mich die Natürlichkeit der bayesianischen Methode: wenn man neue Informationen bekommt, paßt man die Wahrscheinlichkeiten an die neue Situation an, indem man die Regel von Bayes anwendet. Dies entspricht dem intuitiven induktiven Argumentieren, das man andauernd macht, wenigstens im Idealfall (vgl. Kahneman u. a. 1972). Das Verfahren ist immer dasselbe:

---

[7] Die Idee des Konfidenzintervalls findet man schon in Bernoulli 2005 (siehe Hacking 2006, S. 154–156)

man startet mit einer A-priori-Verteilung, multipliziert mit der Likelihood, und berechnet so die A-posteriori-Verteilung. Man erhält so die Wahrscheinlichkeit, dass die Nullhypothese stimmt oder dass ein unbekannter Parameter in einem Interval liegt. Jedes Problem, auch die Vorhersage relativer Häufigkeiten oder das Behrens-Fisher-Problem (vgl. Lee 1989), wird nach diesem Schema gelöst.

Die bayesianische Sichtweise hat den didaktischen Vorteil, dass sie dem alltäglichen Wahrscheinlichkeitsbegriff näher liegt. Man darf auf einmal über die Wahrscheinlichkeiten einmaliger Ereignisse reden. Beim Testen von Hypothesen berechnet man tatsächlich die bedingte Wahrscheinlichkeit, dass die Nullhypothese stimmt bei gegebenen Daten. Frequentisten müssen sich dagegen mit dem seltsamen p-Wert zufrieden geben. Der p-Wert ist die „falsche" bedingte Wahrscheinlichkeit, nämlich die Wahrscheinlichkeit auf die bekannten Daten, angenommen die Nullhypothese sei richtig. Eventuelle A-priori-Information über die Hypothesen spielt keine Rolle. Ausserdem werden bei der Berechnung des p-Wertes nicht nur die beobachteten Daten gebraucht, sondern auch nicht-beobachtete, potentielle Daten. (In unserem Beispiel haben wir nicht $P(N = 10)$ oder $P(R = 3)$ berechnet, sondern $P(N \geq 10)$ und $P(R \leq 3)$, obwohl $N > 10$ und $R < 3$ nicht beobachtet wurden!) Wie Jeffreys sagte in (Jeffreys 1939, S. 316): *A hypothesis that may be true may be rejected because it has not predicted observable results that have not occurred.* Jeffreys und Lindley haben gezeigt, dass es durchaus möglich ist, dass der p-Wert sehr klein ist, obwohl der Bayesianer eine große A-posteriori-Wahrscheinlichkeit für H_0 findet. Dies passiert nicht nur in pathologischen Gegenbeispielen, sondern auch in ganz alltäglichen z-Tests, inbesondere bei großen Datensätzen (vgl. Lee 1989, S. 129).

Bayesianische Inferenz genügt dem *Likelihood-Prinzip* von Fisher, das besagt, dass die Daten D nur über die Likelihood $p(D|\theta)$ die Inferenz über θ beeinflussen dürfen. Birnbaum hat gezeigt, dass dieses Prinzip aus zwei (scheinbar?) sehr plausiblen Prinzipien folgt (vgl. Lee 1989, S. 193). Das Likelihood-Prinzip impliziert das Stoppregelprinzip, das besagt, dass die Stoppregel irrelevant ist. In unserem zweiten Beispiel haben wir gesehen, dass das frequentistische Verfahren mit dem p-Wert dieses Prinzip verletzt. Natürlich verletzt es auch Fishers Likelihood-Prinzip.

Schließlich möchte ich kurz 3 Theoreme erwähnen, die die bayesianische Philosophie unterstützen. Erstens gibt es einen Satz von Bruno de Finetti, dass die subjektiven Wahrscheinlichkeiten einer rationalen Person den Axiomen von Kolmogorow genügen. De Finetti definiert die subjektive Wahrscheinlichkeit für ein Ereignis E als den subjektiven Preis für die Option auf E: wenn E zutrifft, dann erhält der Besitzer dieser Option einen Euro. Mit diesen Optionen spielen wir ein Spiel für zwei Personen. Person A bestimmt seine subjektive Preise $P_A(E)$, Person B entscheidet für jedes Ereignis, wer die entsprechende Option kauft. Wenn B entscheidet, dass A kauft, dann erhält A die Option und B bekommt $P_A(E)$ Euro von A. Wenn B entscheidet, dass B kauft, dann erhält B die Option und A bekommt $P_A(E)$ von B. Nach dem Experiment E bekommt der Besitzer der entsprechenden Option einen Euro vom anderen Spieler, falls E zutrifft. Wenn nicht, dann ist die Option wertlos. Es ist leicht zu zeigen, dass B mit Sicherheit gewinnen kann (ein *Dutch book* gegen A machen kann), wenn

A die Axiome von Kolmogorow verletzt. Aus diesem Satz von de Finetti schließen wir, daß die subjektiven Wahrscheinlichkeiten einer rationalen Person nicht vollkommen willkürlich sind, sondern den Spielregeln von Kolmogorow genügen.

Howson und Urbach betonen, dass die Bestimmung der persönlichen Wahrscheinlichkeiten nur introspektive Gedankenexperimente sind. Es handelt sich also nicht um tatsächliches Verhalten (Howson u. a. 1989, S. 264). Die Idee, Wahrscheinlichkeiten mit Preisen zu verknüpfen, findet man schon bei Huygens (Huygens 1660). Der Begriff *Dutch book* geht aber auf Ramsey zurück, der unabhängig von de Finetti eine ähnliche Theorie der persönlichen epistemischen Wahrscheinlichkeiten entwickelte (Ramsey 1931).

Der zweite Satz wurde ebenfalls von de Finetti bewiesen. Wir erzeugen eine zufällige Zahl $p \in [0,1]$ mittels eines Zufallszahlengenerators. Bei dieser gegebenen Zahl p betrachten wir eine Reihe $X_1, X_2, \ldots$ unabhängige Zufallsvariablen, die alle Bernoulli-verteilt sind mit $P(X_i = 1) = p$. Die Variablen X_i sind nur bedingt unabhängig: sie sind unabhängig bei gegebenem p. Ohne p sind sie natürlich abhängig: wenn wir zum Beispiel in einer Versuchsreihe $X_i = 1$ für alle $i \leq 100$ finden, dann erwarten wir, dass $p \approx 1$. Es gilt also $P(X_{101} = 1 | X_1 = \cdots = X_{100} = 1) \gg P(X_{101} = 1)$. Weiter gilt, dass nicht nur alle X_i identisch verteilt sind, sondern auch alle echte Paare (X_i, X_j), alle echte Tripel (X_i, X_j, X_k), usw. „Echt" heißt, dass $i \neq j$, $i \neq j \neq k \neq i$, usw. De Finetti hat gezeigt, dass die Umkehrung gilt: *Jede* Reihe identisch verteilter Variablen $X_1, X_2, \ldots$, wofür die obige Austauschbedingung gilt, entsteht auf diese Weise. Dieser Satz rechtfertigt also in dieser Situation die bayesianische Sichtweise, dass p eine Zufallsvariable ist.

Der dritte Satz ist das *complete class theorem* des Frequentisten Wald. Das Theorem besagt im Wesentlichen, dass die zugelassenen (*admissible*) Strategien der Waldschen Entscheidungstheorie genau die bayesianischen Strategien sind.

4.4.2 Contra Bayes

Das wichtigste Argument contra Bayes ist für mich die Subjektivität der A-priori-Verteilungen. Jaynes beruft sich auf das Prinzip der maximalen Entropie um A-priori-Verteilungen auszurechnen. Aber wenn das Prinzip schon zu eindeutigen Verteilungen führt, dann sind diese im Allgemeinen nicht invariant unter Transformationen. Dieser Einwand wurde schon gegen Laplace und Bayes erhoben. Wir haben gesehen, dass Laplace seine A-priori-Unwissenheit über den Parameter p in eine uniforme Verteilung für p auf $[0,1]$ übersetzte. Wenn wir nichts wissen über p, dann wissen wir auch nichts über p^2. Wenn aber p uniform verteilt ist, dann ist p^2 es nicht. Das Problem der subjektiven A-priori-Verteilungen ist ein ernsthaftes Problem. Wenn diese Verteilungen willkürlich sind, dann sind die A-posteriori-Verteilungen es auch: *garbage in, garbage out*.

Der Physiker Jeffreys hat eine Lösung für dieses Problem vorgeschlagen: als A-priori-Verteilung nimmt er $P(\theta) \sim \sqrt{I(\theta)}$, wobei $I(\theta)$ die sogenannte Fisher-Information ist.

Diese Methode ist invariant unter Transformationen. Leider löst sie nicht das Problem der Subjektivität, weil sie zu unnormierbaren Verteilungen führen kann. Zweitens ergibt sie andere A-priori-Verteilungen als die „universelle" Methode der maximalen Entropie. Drittens verletzt sie das bayesianische Likelihood-Prinzip, weil in der Definition der Fisher-Information über nicht wahrgenommene Werte integriert wird (Lee 1989, S. 203 f.).

4.4.3 Ende der Kontroverse?

Neben den epistemischen und frequentistischen Dogmatikern (Hacking 2001, S. 140) gibt es auch Eklektiker. Heisenberg sagte zum Beispiel über Wahrscheinlichkeit in der Quantenmechanik, dass sie objektive und subjektive Elemente enthält (Hacking 2006, S. 148). Hacking beschreibt in (Hacking 2001, S. 136) ein einfaches Beispiel in dem beide Wahrscheinlichkeitstypen zusammenkommen: Person A wirft eine Münze und schirmt sofort das Ergebnis ab. Person B behauptet, die Wahrscheinlichkeit auf Kopf sei 0,60. Diese Wahrscheinlichkeit ist epistemisch. Der Grund, warum B's epistemische Wahrscheinlichkeit 0,6 ist, kann aber frequentistisch sein. Viele nicht-Bayesianer, wie Efron und D.R. Cox, halten epistemische A-priori-Verteilungsfunktionen unter Umständen für akzeptabel (Efron 2005 und Cox 2006, S. 200). Cox (Cox 2006, S. 200) meint, bayesianische Methoden könnten nützlich sein für *automized decision making or for the systemization of private opinion*. Auch können diese Methoden *provide a convenient algorithm for producing procedures that may have very good frequentist properties* (Cox 2006, S. 199). Efron meint, dass nach dem bayesianischen 19. Jahrhundert und dem frequentistischen 20. Jahrhundert das 21. Jahrhundert bayesianisch mit frequentistischen A-priori-Verteilungen werden könnte.

4.5 Bedeutung für die Schulmathematik

In der Einführung habe ich beschrieben, wie mein Unbehagen beim Schulmathematikthema „Wahrscheinlichkeitsrechnung und Statistik" mich zum Literaturstudium über das Thema „Interpretationen des Wahrscheinlichkeitsbegriffs" geführt hat. In habe jetzt die wichtigsten Ideen beschrieben. Was habe ich gelernt und was bedeutet das für meine Schulmathematik?

Erstens habe ich gelernt, dass meine Bedenken beim Neyman-Pearson-Paradigma berechtigt sind und von vielen Wissenschaftlern geteilt werden. Ich bin mir sicher, dass gerade gute Schüler, die nicht nur gedankenlos Rezepte anwenden, ähnliche Probleme haben. Viele Schüler, Jura-, Psychologie- und Physikstudenten meinen, dass der *p*-Wert etwas über die Wahrscheinlichkeit der Richtigkeit der Nullhypothese sagt. Niederländische Richter schrieben in einem Urteil über *de kans op toeval* („die Wahrscheinlichkeit auf Zufall"). Dieselben Richter verboten einem Statistikprofessor im Gericht über Hypothesen zu reden. So sieht Mathematik im Prozess aus! Auch bei

Konfidenzintervallen liegen Denkfehler auf der Hand. Zum Beispiel gilt nicht, dass die Wahrscheinlichkeit 95% ist, dass ein gegebenes 95%-Konfidenzintervall den Parameter enthält.

Zweitens habe ich entdeckt, dass es neben der frequentistischen eine zweite Interpretation des Wahrscheinlichkeitsbegriffs gibt: die epistemische. Lehrer sollten sich der Existenz dieser Interpretation bewußt sein, weil sie im Alltag und in den probabilistischen Präkonzepten der Schüler eine wichtige Rolle spielt.

Drittens ist mir noch deutlicher geworden, wie problematisch die Anwendung der mathematischen Theorie der Wahrscheinlichkeitsrechnung in der realen Welt ist. Das gilt zwar auch für andere Bereiche der Mathematik, aber die Problematik ist, meine ich, gerade für die Wahrscheinlichkeitsrechnung besonders ernst. Erstens ist nicht immer klar, was mathematisch modelliert wird (z. B. frequentistische oder epistemische Wahrscheinlichkeit). Zweitens ist nicht klar, inwiefern diese Begriffe durch den mathematischen Begriff modelliert werden. Drittens kommt für die niederländische Schulmathematik noch dazu, dass die mathematische Theorie von Kolmogorow nicht behandelt wird. Zum Beispiel definieren Schulbücher Zufallsvariablen[8] als Variablen, die vom Zufall abhängen. Schüler, und leider auch viele Lehrer, wissen nicht, wie probabilistische Begriffe mathematisch definiert werden. Deswegen sind Modell und modellierte Welt, mathematische und außermathematische Argumente kaum zu trennen. Dadurch bekommt Wahrscheinlichkeitsrechnung den Anschein, keine echte Mathematik zu sein.

Die bayesianische Interpretation schließt ziemlich gut an das intuitive, induktive Argumentieren an. Sie bietet außerdem persönlichen Wahrscheinlichkeiten einen Platz und sie macht es auch möglich, bei einmaligen Ereignissen über Wahrscheinlichkeit zu reden. Im Mathematik- oder Philosophieunterricht könnte man, Popper zum Trotz, die Anwendung epistemischer Wahrscheinlichkeiten und die Regel von Bayes beim induktiven Argumentieren behandeln. Man könnte dies statt quantitativ, auch nur qualitativ machen.

Trotzdem plädiere ich dafür, in der Schule weiterhin frequentistische Standardmethoden zu unterrichten. Erstens gehören Begriffe wie ‚Signifikanz' zur Allgemeinbildung. Zweitens sind die frequentistischen Methoden in vielen Bereichen (Sozialwissenschaften, Testbehörden) vorgeschrieben. Drittens gibt es in der frequentistischen Auffassung interessante parameterfreie Methoden. Viertens sind die einfachen frequentischen Rezepte leicht anzuwenden und braucht man keine A-priori-Verteilungen. Fünftens werden bayesianische Berechnungen für die Schule bald zu kompliziert. Mathematiklehrer sollten sich aber der Probleme der orthodoxen Methoden beim Lernprozess der Schüler, trotz ihres Status, bewußt sein, und die möglichen Begriffsprobleme erkennen und besprechen.

---

[8] Diese Beispiel verdanke ich Rainer Kaenders.

Literatur

[Barnard 1967] BARNARD, G. A.: The Bayesian Controversy in Statistical Inference. In: *Journal of the Institute of Actuaries* 93 (1967), S. 229–269.

[Bayes 1763] BAYES, T.: An essay toward solving a problem in the doctrine of chances. In: *Philosophical Transactions of the Royal Society* 53 (1763), S. 370–418.

[Bell 1993] BELL, J. S.: *Speakable and unspeakable in quantum mechanics.* Cambridge: Cambridge University Press, 1993.

[Bernoulli 2005] BERNOULLI, Jakob; DUDLEY SYLLA, Edith (Übers.): *The Art of Conjecturing.* Baltimore, Md., London: John Hopkins University Press, 2005.

[Carnap 1962] CARNAP, R.: *Logical Foundations of Probability.* 2nd ed., Chicago: University of Chicago Press, 1962.

[Cox 2006] COX, D. R.: *Principles of Statistical Inference.* Cambridge: Cambridge University Press, 2006.

[Efron 1986] EFRON, B.: Why isn't everyone a Bayesian?. In: *The American Statistician* [Vol.] 40 (1986), Nr. 1, S. 1–5.

[Efron 2003] EFRON, B.: *Bayesians, Frequentists, and Physicists.* Proceedings PHYSTAT2003. 2003.

[Efron 2005] EFRON, B.: *Modern Science and the Bayes-Frequentist Controversy.* Papers of the XII Congress of the Portuguese Statistical Society. 2005, S. 9–20.

[Glymour 1980] GLYMOUR, C.: *Theory and Evidence.* ???: Princeton University Press, 1980.

[Hacking 2001] HACKING, I.: *An Introduction to Probability and Inductive Logic.* Cambridge: Cambridge University Press, 2001.

[Hacking 2006] HACKING, I.: *The Emergence of Probability.* Cambridge: Cambridge University Press, 2006.

[Howson u. a. 1989] HOWSON, C.; URBACH, P.: *Scientific Reasoning, The Bayesian Approach.* La Salle, Illinois: Open Court, 1989.

[Huygens 1660] HUYGENS, Christiaan: *Van Rekeningh in Spelen van Geluck.* Amsterdam: 1660.

[Jaynes u. a. 2003] JAYNES, E. T.; BRETTHORST, G. L.: *Probability Theory: The Logic of Science.* Cambridge: Cambridge University Press, 2003.

[Jeffreys 1939] JEFFREYS, H.: *Theory of Probability.* Oxford: Clarendon Press, 1939.

[Kahneman u. a. 1972] KAHNEMAN, D.; TVERSKY, A.: Subjective Probability: a Judgement of Representativeness. In: *Cognitive Psychology* 3 (1972), S. 430–454.

[Kolmogorov 1977] KOLMOGOROV, A. N.: Grundbegriffe der Wahrscheinlichkeitsrechnung (1933). In: *Ergebnisse der Mathematik und ihrer Grenzgebiete, Bd. 2.* Berlin, Heidelberg, New York: Springer, 1977.

[Lakatos 1999] LAKATOS, I.: Lectures on the Scientific Method. In: *For and Against Method.* Chicago: The University of Chicago Press, 1999.

[Laplace 1774] LAPLACE, Pierre-Simon de: Mémoire sur la probabilité des causes par les événements (1774). In: *Œuvres complètes de Laplace, Tome 8.* Paris: Gauthier-Villars, 1878, S. 27–65.

[Laplace 1814] LAPLACE, Pierre-Simon de: Essai philosophique sur les probabilités (1814). In: TRUSCOTT, F.W. (Übers.); EMORY, F.L. (Übers.): *A Philosophical Essay on Probabilities.* New York: Dover Publications, 1951.

[Lee 1989] LEE, P.M.: *Bayesian Statistics. An Introduction.* 2nd ed., London: Arnold, 1989.

[Nagel 1939] NAGEL, E.; NEURATH, Otto (Hrsg.); CANAP, Rudolf (Hrsg.): *Principles of the Theory of Probability*. Chicago: The University of Chicago Press, 1939.

[Polya 1968] GEORGE, Polya: *Mathematics and Plausible Reasoning, Vol. 2: Patterns of Plausible Inference*. Princeton, New Jersey: Princeton University Press, 1968.

[Popper 2002] POPPER, K.: *The Logic of Scientific Discovery*. London, New York: Routledge, 2002.

[Ramsey 1931] RAMSEY, F. P.: *The Foundations of Mathematics and Other Logical Essays*. London: Routledge and Kegan Paul, 1931.

[Shafer u. a. 2006] SHAFER, Glenn; VOVK, Vladimir: The sources of Kolmogorov's Grundbegriffe. In: *Statistical Science* 21 (2006), Nr. 1, S. 70–98.

[Stigler 1986] STIGLER, Stephen M.: Laplace's 1774 Memóir on Inverse Probability. In: *Statistical Science* 1 (1986), Issue 3, S. 359–363.

5   Zur Kritik an George Booles mathematischer Analyse der Logik

MARTIN RATHGEB

5.1   Prolog über das Themenspektrum[1]

„Newton war ein fürchterlicher Mathematiker, extrem durcheinander und gänzlich außerstande, seine Behauptungen zu beweisen. Boole war noch schlimmer, er kriegte sogar die Regeln seiner Algebra nicht richtig hin, und sie mußten von Jevons zwanzig Jahre später korrigiert werden. Doch immer noch nennen wir richtigerweise das von ihnen Geschaffene Newton'sch und Boole'sch, da innerhalb der kolossalen Kreativfelder, die wir beginnen zu verspüren, wenn wir ihrem Werk nahe kommen, die Fehler in ihrem Werk letztlich unerheblich waren, da sie sich innerhalb des Schaffensfeldes selbst korrigieren."

Spencer-Brown 1997, S. xvii

George Spencer-Brown (geb. 1923) formuliert die zitierte Kritik 1997 in der ersten Auflage der sog. internationalen Ausgabe seines mathematischen Essays *Laws of Form*, den er erstmals 1969 und damals ohne diesen Passus publiziert hat. Die Frage nach der Berechtigung dieser zum Teil durchaus würdigenden Kritik an Boole (1815–1864) und seiner Algebra gibt meinem Aufsatz sein Thema vor.

Thema dieses Aufsatzes sind noch weitere kritische Punkte an Booles Algebraisierung: So erfolgt die Axiomatisierung von Booles Algebra nur unzureichend spezifisch, d. h. die Rechenmethoden, Sätze und Beweise bleiben fraglich in Erlaubnis, Aussage und Gültigkeit; weiters ist die in Booles erstem Logikwerk (MAL) vorausgesetzte Grundmenge unhaltbar; umstritten ist auch Booles Darstellung von Existenzaussagen. – Diese Vorbehalte, die sich erst aus einer späteren, einer besser informierten mathematischen Perspektive ergeben, hat Boole weder geahnt noch gefürchtet, wohl aber den Vorwurf seiner Zeitgenossen, dass er das Ansinnen habe, „to supersede the employment of common reason, or to subject it to the rigour of technical forms" (MAL, S. 2). Eine solche Unterstellung sei aber, so Boole im Vorwort zu MAL, für die Einen Grund genug anzunehmen, dass eine mathematische Analyse der Logik nicht zu leisten sei, für Andere dagegen Grund genug, ein Gelingen der Analyse nicht zu wünschen, da sonst eine Verdummung der Leser durch Technisierung der Denkkunst drohe. Dieser prinzipiellen Kritik an seiner Algebraisierung versucht Boole vorzubeugen, worauf ich im Folgenden allerdings nicht eingehen werde.

---

[1]   Ich danke Gregor Nickel für seine Einflussnahme auf die Thematik und Alessa Binder für ihre kritische Durchsicht einer Vorversion dieses Artikels.

Booles Algebra ist keine Boolesche Algebra und sie ist auch kein Boolescher Ring; entgegen der zitierten Behauptung rechnet Boole *nicht* falsch, lediglich *anders* als erwartet: Er rechnet komplizierter, als es durch die Sache geboten ist, doch nicht kompliziert in dem Sinne, dass er es hätte eigens erlernen müssen. In *welcher* Struktur rechnet Boole und *weshalb* rechnet er in ihr? Ich möchte folgende These verständlich machen, deren erster Teil ein Ergebnis von Hailperin (vgl. Hailperin 1986) und deren zweiter Teil eine Deutung von Burris (vgl. Burris 2000) ist: *Booles Algebra ist ein Logikkalkül, der weder die Struktur einer Booleschen Algebra noch die Struktur eines Booleschen Ringes hat, sondern die Struktur einer Algebra signierter Multimengen. Dies ergibt sich, weil Boole die Logik mittels einer Variante der schulmathematischen Gleichungslehre analysiert, in der insbesondere die Idempotenz $x \cdot x = x$ gilt.* Burris liefert weiters eine Behandlung der Syllogismen, die zwar im Stile Booles, aber durch eine Variante der darstellenden Gleichungen kürzer und bündiger ist.

Insgesamt geht es mir in diesem Aufsatz einerseits um einen *Prozess in der Sache*: Der Strukturtyp ‚Boolesche Algebra' ist eine der (Klassen- und Aussagen-) Logik adäquate Vereinfachung von ‚Booles Algebra'. Andererseits geht es mir um den *Prozess der Interpretation* von Booles Algebra, der erst bei Hailperin zu einer besonderen Werktreue reift, und um den *Prozess der Fortentwicklung* von Booles Algebraisierung der Logik durch Burris in der von Boole gewiesenen Richtung. Zur Logikanalyse nutzt Boole Mathematik als ein *Produkt*, mit dem er unkritisch umgeht. Spencer-Brown dagegen thematisiert eine als Protologik taugliche Mathematik als *Prozess*, als *Sprache im Prozess*, was s. E. die Möglichkeit einer Grundlegung von Mathematik in sich birgt.

5.2   Boolesche Algebren, Boolesche Ringe, Algebren signierter Multimengen

> „Boole wrote his *Laws of Thought* before the notion of an abstract formal system, expressed within precise language, was fully developed. And, at that time, still far in the future was the contemporary view which makes a clear distinction between a formal system and its realization or models. Boole's work contributed to bringing these ideas to fruition."
>
> Hailperin 1986, S. 63

> „Boole's application of equations about classes to logic helped establish the study of *classes* as a mathematical subject. By the early part of the twentieth century it had become legitimate mathematics to write down an arbitrary set of equations and investigate their consequences and models."
>
> Burris 1998, S. 257

Bevor ich in Abschnitt 5.3 auf Booles Algebraisierung der Logik als Algebra signierter Multimengen eingehe, verdeutliche ich zunächst die termini technici der beiden Zitate anhand bekannterer Strukturen (vgl. Burris 1998, Chapter 3: Equational Logic).

Jede *Boolesche Algebra* und jeder *Boolesche Ring* ist eine Menge M mit zwei zweistelligen Funktionen $M \times M \to M$, einer einstelligen Funktion $M \to M$ und zwei Konstanten, d. s. Elemente von M. Wir können also dieselbe *formalisierte Sprache* S („precise language") verwenden, d. s. die Funktionssymbole $+, \cdot, ^-$ und Konstantensymbolen $0, 1$, um über die jeweiligen Funktionen und Konstanten zu sprechen. Eine induktive Definition legt fest, welche Symbolfolgen *S-Terme* sind: jede Variable x, y, z, x_i ($i \in \mathbb{N}$), jedes Konstantensymbol und jede Kombination aus einem Funktionssymbol mit einem Term je freier Stelle; bspw. $0 + (1 \cdot \overline{x})$. Mittels des Symbols $=$ können dann Gleichungen zwischen Termen formuliert werden; bspw. die zehn *S-Termgleichungen* („set of equations") der Formelmenge G (vgl. Hailperin 1986, S. 24–26):

$$G := \{(x \cdot y) \cdot z = x \cdot (y \cdot z), \quad x \cdot y = y \cdot x, \quad 1 \cdot x = x, \quad x \cdot \overline{x} = 0, \quad x \cdot x = x\}$$
$$\cup \{(x + y) + z = x + (y + z), \ x + y = y + x, \ 0 + x = x, \ x + \overline{x} = 1\}$$
$$\cup \{x \cdot (y + z) = (x \cdot y) + (x \cdot z)\}.$$

Gemäß G sollen also $+, \cdot$ assoziative und kommutative Operationen symbolisieren, die ein Distributivgesetz erfüllen und $0, 1$ als neutrale Elemente haben; insbesondere ist $\cdot$ idempotent. Das Symbol $^-$ soll für eine Operation stehen, die zu x als $\overline{x}$ die simultane Lösung zweier Gleichungen liefert.

1. Ein Axiomensystem für *Boolesche Algebren* ist $G_A := G \cup \{x + x = x\}$.

2. Ein Axiomensystem für *Boolesche Ringe* ist $G_R := G \cup \{x + x = 0\}$.

Seien zunächst M eine bel. Menge und I eine bel. *Interpretation* der S-Symbole, d. h. der Konstantensymbole $0, 1$ als Elemente von M und der Funktionssymbole $+, \cdot, ^-$ als Funktionen auf M; dann ist $\mathbf{M} := (M, I)$ eine *S-Struktur* und es definiert jeder S-Term eine Termfunktion auf M (vgl. Burris 1998, S. 135, 145). – Sei nun $\mathbf{M}$ eine S-Struktur, so dass jede in G_A enthaltene Gleichung *allgemeingültig* ist, d. h. gültig für alle Belegungen der Variablen mit Elementen von M; dann ist I (und damit auch $\mathbf{M}$) ein *Modell von* G_A, d. h. eine *Boolesche Algebra*; entsprechendes gilt bzgl. G_R für einen *Booleschen Ring* (vgl. Schreiber 1977, S. 62).

Die kanonischen Modelle der beiden Axiomensysteme sind Potenzmengenalgebren. Sei M die Potenzmenge einer Menge U. Dann ist $\mathbf{M}$ mit $0 := \emptyset, 1 := U$, $^-$ als Komplementbildung, $\cdot$ als Schnitt und $+$ als Vereinigung zweier Teilmengen von U eine Boolesche Algebra; interpretiert man $+$ als symmetrische Differenz und die anderen Symbole wie eben, so ist $\mathbf{M}$ ein Boolescher Ring. – Dies gilt sogar allgemein: Jede Boolesche Algebra $\mathbf{M}_A$ induziert einen Booleschen Ring $\mathbf{M}_R$ und umgekehrt. Dafür ist lediglich die Interpretation von $+$ zu ändern; sei also $+_A$ eine Addition gemäß G_A und $+_R$ eine Addition gemäß G_R, so gilt: Man erhält aus

1. einem $\mathbf{M}_A$ ein $\mathbf{M}_R$ durch $x +_R y := (x \cdot \overline{y}) +_A (\overline{x} \cdot y)$ und aus

2. einem $\mathbf{M}_R$ ein $\mathbf{M}_A$ durch $x +_A y := (x +_R y) +_R (x \cdot y)$.

Nach dem *Darstellungssatz* von Stone ist jede Boolesche Algebra isomorph zu einem Mengenkörper, d. h. zu einer bzgl. der Operationen und Konstanten abgeschlossenen Teilmenge einer Potenzmengenalgebra (vgl. Hailperin 1986, S. 25). Damit ist auch die Darstellung Boolescher Ringe geklärt, weil zu jedem M_R *umkehrbar eindeutig* ein M_A gehört. Solche Substrukturen von Potenzmengenalgebren lassen sich offensichtlich mit Algebren charakteristischer Funktionen $\chi_E: U \to \mathbb{F}_2$ identifizieren: Man betrachtet dafür $M_A = M_R \subset \mathbb{F}_2^U$ mit $0 := \chi_\emptyset, 1 := \chi_U \in M_A$ und setzt $\overline{\chi_E}(u) := 1 - \chi_E(u)$ und $(\chi_E \cdot \chi_F)(u) := \chi_E(u) \cdot \chi_F(u)$ in M_A, M_R für alle $\chi_E, \chi_F \in M_A$ und $u \in U$, d. h. insb. $\chi_E \cdot \chi_F = \chi_{E \cap F}$; doch gilt $(\chi_E +_A \chi_F)(u) = \chi_{E \cup F}(u)$ in M_A und $(\chi_E +_R \chi_F)(u) = \chi_{E \cup F}(u) - \chi_{E \cap F}(u)$ in M_R.

Ich stelle das Rechnen in S-Strukturen signierter Multimengen M_B zunächst an Algebren verallgemeinerter charakteristischer Funktionen $c_E: U \to \mathbb{Z}$ vor und gebe dann ein Axiomensystem an. Sei also $M_B \subset \mathbb{Z}^U$ mit $0 := \chi_\emptyset, 1 := \chi_U \in M_B$, so gilt: $\overline{c_E}(u) = 0 - c_E(u)$, $(c_E \cdot c_F)(u) = c_E(u) \cdot c_F(u)$ und $(c_E + c_F)(u) = c_E(u) + c_F(u)$ für alle $u \in U$ und $c_E, c_F \in M_B$. In diesen Algebren ist die für G_A bzw. G_R zu G ergänzte Gleichung $x + x = x$ bzw. $x + x = 0$ nicht allgemeingültig, falls $0 \neq 1$ gilt; weiter gilt $x \cdot x = x$ genau für die $c_E \in M_B$ mit $c_E(u) \in \{0, 1\}$ für alle $u \in U$, d. h. genau für die gewöhnlichen charakteristischen Funktionen. Das Rechnen mit ganzen Zahlen liefert elementweise die Operationen in M_B; insbesondere ist nur ein Element additiv nilpotent und nur eines multiplikativ nilpotent, d. i. jeweils die Null. M_B ist Modell von $G_B := \{x + \overline{x} = 0\} \cup G \setminus \{x + \overline{x} = 1, x \cdot \overline{x} = 0, x \cdot x = x\}$ (vgl. Burris 2001, S. 105–108). Diese Ausführungen werden durch folgende Theoreme zusammengefasst und ergänzt (Hailperin 1986, S. 141, 148):

1. „Every Boolean algebra is isomorphic to a subdirect product of two-element Boolean algebras"; das gilt auch für Boolesche Ringe.

2. „Every SM algebra [Algebra signierter Multim.; M.R.] is isomorphic to a subdirect product of integral domains each of which is without additive nilpotents."

3. „Any Boolean algebra is isomorphically embeddable in (the algebra of) idempotents of an SM algebra "; das gilt auch für Boolesche Ringe.

Aus den beiden Zitaten zu Anfang von Abschnitt 5.2 ist nur noch *formales System* („formal system") näher zu betrachten; d. i. insb. der terminus technicus zur in der Einleitung angesprochenen modifizierten schulischen Gleichungslehre. In einem solchen Beweissystem wird neben Sprache und Axiomensystem auch noch ein System von *Ableitungsregeln R* expliziert. Folgende Spezifikation von Birkhoffs Ableitungsregeln für ‚equational logic' genügt uns als Regelsystem R (vgl. (Burris 1998, S. 175) und (Burris 2001, S. 95, 108)):

1. *Gleichheit*: Die Gleichheit ist eine Äquivalenzrelation auf der Menge aller S-Terme; es gilt also $t = t$ (Reflexivität), mit $r = s$ auch $s = r$ (Symmetrie) und mit $r = t$ und $t = s$ auch $r = s$ (Transitivität).

2. *Substitutionsregel*: Gilt die Termgleichung $r(x_1, \ldots, x_n) = s(x_1, \ldots, x_n)$, in der maximal die Variablen $x_1, \ldots, x_n$ auftreten, so gilt auch die Termgleichung $r(t_1, \ldots, t_n) = s(t_1, \ldots, t_n)$, in der die x_i durch Terme t_i substituiert wurden.

3. *Ersetzungsregel*: Gilt eine Termgleichung $r = s$ und ist t ein Term, so gelten auch die Termgleichungen $\overline{r} = \overline{s}$, $r \cdot t = s \cdot t$ und $r + t = s + t$.

Eine *Ableitung* einer S-Termgleichung $r = s$ von A gemäß R (grob: Beweis), ist eine Kette von Gleichungen $r_1 = s_1, \ldots, r_n = s_n$ mit $r_n = r$ und $s_n = s$, wobei jede Gleichung A angehört oder Ergebnis der Anwendung einer R-Regel auf vorhergehende Gleichungen ist. In Beweissystemen der ‚equational logic' werden also nur Termgleichungen bewiesen; das schließt bereits Oder-Verknüpfungen von Termgleichungen aus.

5.3 Booles Algebraisierung der Logik

Im Folgenden geht es um George Booles Abhandlung aus dem Jahre 1847, deren Programm zum Titel gemacht ist: *The Mathematical Analysis of Logic, being an Essay Towards a Calculus of Deductive Reasoning* (MAL). Doch welche Logik wird mittels welcher Mathematik analysiert (‚Mathematical Analysis')? Und wie ist in diesem Kalkül des deduktiven Schließens (‚Calculus of Deductive Reasoning') zu rechnen?[2]

5.3.1 Axiomatisierung durch definierende Gleichungen

Nach den Bemerkungen in Abschnitt 5.2 sollen nun die Axiome und Ableitungsregeln von Booles Algebra in MAL betrachtet werden. Im Abschnitt „First Principles" steht:

> „The laws we have established under the symbolical forms
>
> 1. $x(u + v) = xu + xv$,
>
> 2. $xy = yx$,
>
> 3. $x^n = x$,
>
> are sufficient for the basis of a Calculus. [...] The one and sufficient axiom involved in this application is that equivalent operations performed upon equivalent subjects produce equivalent result. [...]
> From the circumstance that the processes of algebra may be applied to the present system, [...]."
>
> MAL, S. 17 f.[3]

Booles Bezeichnungen sind offensichtlich anders als die in Abschnitt 5.2: Seine „laws" sind Axiome und sein „axiom" ist eine Ableitungsregel. Doch gehören Booles „laws" zu den definierenden Gleichungen von G: Sie bestimmen · als kommutativ und distributiv bzgl. +; Booles sog. *Indexgesetz* $x^n = x$ ist für $n \in \mathbb{Z}$ größer 1 äquivalent zum Idempotenzgesetz $x \cdot x = x$. Das Indexgesetz liefert für $n = 1$ die Reflexivität der Gleichheit (zumindest für x). Booles „axiom" entspricht der Ersetzungsregel.

---

[2] Bei Boole zeigen also die mathematischen Rechnungen, was logisch geboten ist. Vgl. bzgl. dieses Themenfeldes den Aufsatz von D. Kollosche in diesem Band.

[3] Die Seitenangaben für MAL und LT beziehen sich jeweils auf die Originalpaginierung. – Boole schreibt die Multiplikation als Konkatenation, d. h. er verzichtet auf das Malzeichen, und rechnet ‚Punkt vor Strich'.

Boole glaubt durch seine Angaben *ein*(!) ‚Kalkül' bestimmt zu haben und in ihm die ‚Verfahren der Algebra' anwenden zu können. Dem aber ist nicht so: Boole verwendet bspw. $x = 1 - (1 - x)$ ohne dies rechtfertigen zu können. Welche Struktur als Modell welchen Axiomensystems liegt also Booles mathematischer Behandlung der Logik zugrunde? (Booles „laws" werden i. W. ergänzt, sein Indexgesetz wird ersetzt werden.) Und inwiefern ist dies für Boole naheliegend bzw. sogar alternativlos?

5.3.2 Die Suche nach dem Kalkül

Einen ersten Hinweis auf die Herkunft seiner Überzeugung, dass durch die drei Gleichungen ein Kalkül bestimmt sei, gibt Boole in der Einleitung von MAL:

> „THEY who are acquainted with the present state of the theory of Symbolical Algebra, are aware, that the validity of the processes of analysis does not depend upon the interpretation of the symbols which are employed, but solely upon the laws of their combination."

MAL, S. 3

Wir sehen hier und im Kontext des Zitates zum Ausdruck gebracht, dass die Unterscheidung zwischen Symbolen mit Kombinationsregeln und ihrer jeweiligen Interpretation bereits prinzipiell getroffen ist. Boole verweist auf ‚Symbolical Algebra' bzw. plädiert für Ansichten, die jene hegen, die mit symbolischer Algebra vertraut sind; solchen Eingeweihten könnte dann auch Booles Kalkül bekannt sein. Burris liefert folgenden Hinweis auf einen solchen „present state" und damit einen Grund, weshalb Boole seinen Kalkül für hinreichend spezifiziert halten konnte:

> „One of the major influences on Boole early in his research career was the young Cambridge mathematician Duncan Gregory. Gregory stated three laws in 1839,
>
> $$xy = yx \qquad x(u + v) = xu + xv \qquad x^m \cdot x^n = x^{m+n},$$
>
> and said that these were all Euler needed to derive the binomial theorem (with fractional exponents)."

Burris 2001, S. 55

Die Gesetze Gregorys zitiert Boole bereits in seiner Schrift von 1841 über lineare DGLs und hält ihretwegen seine Rechnungen mit Differenzialoperatoren für gerechtfertigt (vgl. Burris 2001, S. 55). Für seine mathematische Analyse der Logik hat er lediglich Gregorys Potenzgesetz zu seinem Indexgesetz vereinfacht und rechnet, so die These, mit den logischen Symbolen wie mit ganzen Zahlen, doch muss nicht jeder dabei auftretende Ausdruck auch logisch interpretierbar sein.

Die Suche nach Booles Kalkül kann natürlich nicht nur im zeitlichen Kontext, sondern auch in MAL selbst – wie auch in LT – erfolgen, indem die Rechnungen im Hinblick auf folgende Fragen analysiert werden: Welche Gleichungen gelten für Boole und welche

Äquivalenzen zwischen Gleichungen bzw. Abschwächungen von Gleichungen werden behauptet? Welche Umformungen werden also unter welchen Bedingungen gemacht? Wie werden Lösungen von Gleichungen bestimmt? Welche Sprache verwendet Boole, d. h. gemäß Abschnitt 5.2: welche Symbole für Konstanten und Funktionen (mit welcher Stellenzahl) und welche Variablen? Argumentiert Boole bei Gleichheit von Termen mittels Symmetrie und Transitivität? Verwendet er das Substitutionsprinzip? Drei Textstellen von MAL möchte ich herausgreifen; die erste lautet:

> „The equation $y = z$ implies that the classes Y and Z are equivalent, member for member. Multiply it by a factor x, and we have $xy = xz$, which expresses that the individuals which are common to the classes X and Y are also common to X and Z, and vice versâ."
>
> MAL, S. 19

In dem Zitat geht es um den Zusammenhang zwischen Syntax und Semantik: Boole spricht über zwei Gleichungen, wobei die zweite aus der ersten gemäß Booles „axiom" folgt, und beide Gleichungen können als Aussagen über Mengen gelesen werden, wobei die zweite schwächer als die erste ist. Wir erfahren, dass die Multiplikation der Symbole, bspw. xy, dem Schnitt $X \cap Y$ der zugehörigen Mengen entspricht und dass die Gleichheit zweier Mengen bedeutet, dass sie die gleichen Elemente enthalten.

> „To express the Proposition, All Xs are Ys. As all the Xs which exist are found in the class Y, it is obvious that to select out of the Universe all Ys, and from these to select all Xs, is the same as to select at once from the Universe all Xs. Hence $xy = x$, or $x(1 - y) = 0$."
>
> MAL, S. 21

Hier wird einerseits der Zusammenhang zwischen Syntax und Semantik weiter expliziert, nämlich zwischen Selektionsoperatoren x, y und den zugehörigen Mengen X, Y bzw. deren Elementen; andererseits treten im Hinblick auf die definierenden Gleichungen drei neue Zeichen auf: 1, 0 und das Minus. Das Symbol 1 wird in MAL von Boole noch vor den definierenden Gleichungen semantisch eingeführt, insofern es für das Universum stehe, und syntaktisch bestimmt, insofern für jeden Selektionsoperator $x1 = x$ gelte, d. h. die Auswahl aus dem Universum erfolge:

> „When no subject is expressed, we shall suppose 1 (the Universe) to be the subject understood, so that we shall have $x = x(1)$, the meaning of either term being the selection from the Universe of all the Xs which it contains, and the result of the operation being in common language, the class X, i.e. the class of which each member is an X."
>
> MAL, S. 15 f.

Nehmen wir die beiden Zitate ergänzt um ihren jeweiligen Kontext zusammen, so können wir feststellen, dass das Symbol 1 doppeldeutig verwendet wird, nämlich als (Grund-) Menge in $x(1)$ und als Operator in $1 - x$; vgl. (Hailperin 1986, 174–179) bzgl. der strikten Unterscheidung zwischen Mengen und Operatoren sowie zwischen Gleichheit von Mengen und von Operatoren. Boole folgert unter Verwendung der Doppeldeutigkeit von 1, dass $1 - x$ das Symbol für die Menge „not-X" ist, denn x wird durch $1 - x$ zum Operator 1 ergänzt wie X durch not-X zur Grundmenge 1. – Setzt man $s - t := s + (-t)$, wodurch insb. das zweistellige Minus auf ein einstelliges zurückgeführt wird, so ergibt sich das „or" in der durch „Hence $xy = x$, or $x(1-y) = 0$" angezeigten Äquivalenz mittels Booles „axiom" wie in der Arithmetik ganzer Zahlen: Wird $-xy$ beidseitig zu $xy = x$ addiert, $(xy) + (-xy) = (x) + (-xy)$, dann die linke Seite zu 0 vereinfacht, (x) als $(x1)$ gelesen und rechtsseitig x ausgeklammert, so darf tatsächlich $0 = x(1 + (-y))$ bzw. $0 = x(1 - y)$ behauptet werden.

Auf eine vierte Stelle im Text möchte ich lediglich verweisen: In Booles Algebra tragen $x + y, x + y - xy$ und $x + y - 2xy$ für $xy \neq 0$ voneinander paarweise verschiedene Bedeutungen (vgl. MAL, S. 51–53). Daraus lässt sich ablesen, dass Boole die Terme auch ohne Klammern für wohldefiniert hält, und weiter, dass den Differenzen von Termen in Auswahlakten nicht i. A. einfache bzw. symmetrische Mengendifferenzen entsprechen. Denn für beliebige Mengen X, Y gilt $(X + Y) \setminus XY = ((X + Y) \setminus XY) \setminus XY$ und $X + Y = ((X+Y) \triangle XY) \triangle XY$, wenn man $x + y - 2xy$ als $((x+y) - xy) - xy$ liest; in MAL sind $2, 2t, -2t$ (t ein Term) nicht bestimmt. – Die für Boolesche Algebren gültige Gleichung $x + x = x$ lehnt Boole übrigens explizit ab (vgl. Hailperin 1986, S. 121).

Damit ist gezeigt, dass Boole nicht in Mengenalgebren wie einem Booleschen Ring oder einer Booleschen Algebra rechnet, obwohl dies manchmal in Zusammenhängen zu lesen ist, in denen die Details nicht besser gewusst werden bzw. nicht so entscheidend sind (vgl. Schreiber 1977, S. 217 f.). Theodore Hailperin dagegen hat die Logikwerke Booles sorgfältig analysiert:

> „While he never made his algebra fully explicit, we inferred that what he did use was, if clarified, a commutative ring with unit, whitout nilpotents, and having idempotents which stood for classes. By thus hewing closely to "common" algebra Boole could use familiar procedures and techniques."
>
> Hailperin 1981, S. 77

Booles Algebra ist demnach ein kommutativer Ring (mit Eins) ohne nilpotente Elemente (ungleich Null), weder additiven noch multiplikativen. Die Ringstruktur liefert die eindeutige Lösbarkeit von Gleichungen in x der Form $r + x = s$.[4]

5.3.3 Ein Kalkül mit zwei Modellen

> „[T]he laws of his algebra of logic were, for the most part, already given by what one learns in high school. We claim that the guiding principle of Boole's development was to *keep the algebra of logic as close as possible to high school algebra*. This is such a simple thesis, and yet it does not seem to have been expressed before."
>
> Burris 2000, S. 2

---

[4] Boole untersucht auch Gleichungen in x der Form $rx = s$ (vgl. MAL, S. 70–81); vgl. (Hailperin 1981, S. 69–76) und (Burris 2001, S. 120 f.) bzgl. einer Rekonstruktion von Booles Lösungsverfahren.

Ich werde in diesem Abschnitt die beiden letzten Zitate und die Ausführungen zu $\mathbf{M_B}$ in Abschnitt 5.2 spezifizieren, indem ich einen Beweiskalkül angebe.

Es mag irritieren, dass nach Abschnitt 5.2 einzig die gewöhnlichen unter den verallgemeinerten charakteristischen Funktionen, die χ_E unter den c_E, idempotent sind, dass aber $x^n = x$ und damit insb. $xx = x$ zu den definierenden Gleichungen von Booles Kalkül gehört. Ist c_E kein χ_E, die signierte Multimenge also keine Menge, so erfüllt c_E die Gleichung $xx = x$ nicht. Es ist dbzgl. zu erwähnen, dass für Boole nicht alle in seinem Kalkül (syntaktisch wohldefinierten) Terme als *interpretierbar* gelten: Interpretierbar sind genau die Terme, die das Indexgesetz erfüllen, d. h. für vorgestelltes Modell genau die (gewöhnlichen) Mengen (vgl. MAL, S. 18); im Indexgesetz dürfen für x also nicht bel. Terme substituiert werden. Im folgenden Beweiskalkül werden wir nicht mittels x ein(!) Indexgesetz zzgl. eines eingeschränkten Substitutionsprinzips formulieren, sondern für i. W. jedes Konstantensymbol ein *eigenes*; auf das Substitutionsprinzip wird verzichtet, doch muss die Nilpotenzfreiheit durch eine nicht-Birkhoffsche Ableitungsregel repräsentiert werden (vgl. Burris 2001, S. 107 f.):

1. *Sprache*: Die Sprache ist $S_C := S \cup C$ mit $S = \{+, \cdot, \overline{}, 0, 1\}$ und C als Menge weiterer Konstantensymbole für die je interessierenden Mengen.

2. *Terme*: Die Menge T aller S_C-Terme enthält $0, 1, c$ für alle $c \in C$ und weiter mit den Termen r, s, t auch $r + s$, $r \cdot s$, $\overline{t}$. (Anm.: T enthält also keine Variablen.)

3. *Termgleichungen*: Die Menge T_G aller S_C-Termgleichungen enthält alle Symbolfolgen der Form $r = s$ für $r, s \in T$.

4. *Axiomensystem*: Die Menge $G_{B,\text{neu}}$ von S_C-Axiomen ist die Menge G_C von Axiomen für Konstantensymbole vereinigt mit der Menge G_T weiterer Termgleichungen (Anm.: r, s, t sind Mitteilungszeichen für Terme, keine Variablen im Kalkül):

$$G_C := \bigcup_{c \in C} \{c \cdot c = c\}$$
$$G_T := \bigcup_{r,s,t \in T} \{(r \cdot s) \cdot t = r \cdot (s \cdot t), \quad r \cdot s = s \cdot r, \quad 1 \cdot t = t,$$
$$(r + s) + t = r + (s + t), \quad r + s = s + r, \quad 0 + t = t, \quad \overline{t} + t = 0,$$
$$(r + s) \cdot t = (r \cdot t) + (s \cdot t)\}.$$

5. *System von Ableitungsregeln R_{neu}*:

   a) *Gleichheit*: Die Gleichheit ist eine Äquivalenzrelation auf der Menge T.

   b) *Ersetzung*: Gilt eine Termgleichung $r = s$ und ist t ein Term, so gelten auch die Termgleichungen $\overline{r} = \overline{s}$, $r \cdot t = s \cdot t$ und $r + t = s + t$.

   c) *Nilpotenzfreiheit (additiv)*: Gilt $t + \ldots + t = 0$ für die n-fache Summe von $t \in T$, wobei n eine positive ganze Zahl ist, so gilt bereits $t = 0$.

Die multiplikative Nilpotenzfreiheit lässt sich leicht aus den Idempotenzgesetzen ableiten, wobei $0 \cdot 0 = 0$ und $1 \cdot 1 = 1$ nicht explizit axiomatisiert sein mussten, da sie sich bereits aus G_T mittels R_{neu} ableiten lassen. Weiters sind r, s, t nicht selbst Terme, sondern lediglich Mitteilungszeichen für Terme; sie stehen außerhalb des Kalküls und sind Termvariablen der Metasprache. Die im Substitutionsprinzip auftretenden Variablen würden dem Kalkül angehören; eben solche Variablen zzgl. Substitutionsprinzip gibt es in vorgestelltem System nicht. Burris' Rekonstruktion von Booles Logikkalkül, halte ich für adäquat und für adäquat gerechtfertigt (vgl. Burris 2001).

Booles Kalkül für Symbole für Selektionsoperatoren ist eine *mathematische Rechtfertigung* der Regeln der traditionellen Logik seiner Zeit; Boole behandelt also zwei Teile der *aristotelischen Syllogistik*: Im ersten Teil geht es um *primäre Aussagen*, d. s. Aussagen über Mengen von Dingen; im zweiten Teil geht es um *sekundäre Aussagen*, d. s. Aussagen über Aussagen über Sachverhalte. Boole stellt die primären und gleichermaßen die sekundären Aussagen durch Gleichungen in seinen Symbolen dar und leitet aus diesen *darstellenden Gleichungen* in seinem Kalkül weitere Gleichungen ab; diese *abgeleiteten Gleichungen* rückübersetzt er dann wieder in Aussagen. – Der in MAL durch die *definierenden Gleichungen* vermeintlich eindeutig bestimmte und mit einer expliziten Regel („axiom") versehene Kalkül wird also bzgl. zwei verschiedener Universalmengen U interpretiert. Für *primäre* Aussagen gilt: „let us understand [the categorical Universe; M.R.] as comprehending every conceivable class of objects" (S. 15); dagegen gilt für *sekundäre* Aussagen: „The hypothetical Universe, 1, shall comprehend all conceivable cases and conjectures of circumstances" (S. 49).

Diese Vorstellungen Booles bzgl. der Universen sind allerdings noch *work in progress*, insofern Boole in LT neu ansetzt. Das in MAL präsentierte kategorische Universum schlechthin aller Objekte schränkt er in LT auf die Objekte eines Diskursuniversums ein und hat sich damit der Auffassung De Morgans angeschlossen (vgl. Hailperin 1986, S. 67). Entsprechend geht Boole von seinem hypothetischen Universum aller Sachverhalte (vgl. MAL, S. 49) über zu einem Universum der „eternity" bzw. „whole duration of time" (LT, S. 166–168); Hailperin argumentiert dafür, dass diese Ausrichtung auf die Zeit hin nicht nötig ist (vgl. Hailperin 1986, S. 174, 184–189).

5.3.4 Kategorische Propositionen, darstellende Gleichungen, Transformationen

Folgende Tabelle zeigt die vier traditionellen kategorischen Propositionen in drei Formulierungen: normalsprachlich, prädikatenlogisch (vgl. Lorenzen 1970, S. 116 ff.) und klassenlogisch (vgl. Burris 1998, S. 32), d. s. nicht Booles Formulierungen:

Bez.	Kategor. Proposition	Prädikatenlogik	Klassenlogik
A	Alle X sind Y.	$\forall x : (X(x) \rightarrow Y(y))$	$X \cap Y' = \emptyset.$
E	Kein X ist Y.	$\forall x : (X(x) \rightarrow \neg Y(y))$	$X \cap Y = \emptyset.$
I	Einige X sind Y.	$\exists x : (X(x) \rightarrow Y(y))$	$X \cap Y \neq \emptyset.$
O	Einige X sind nicht Y.	$\exists x : (X(x) \rightarrow \neg Y(y))$	$X \cap Y' \neq \emptyset.$

Die Formalisierungen von (A) und (E) sind nur ‚grob', insofern traditionell zu den Allaussagen Existenzaussagen hinzugehören; d. h. Adäquatheit ist erst erreicht, wenn noch $\exists x : X(x)$ bzw. $X \neq \emptyset$ formuliert wird (vgl. Lorenzen 1970, S. 118).[5] – Folgende

---

[5] Die Ableitung von Existenzaussagen aus Allaussagen ist heutzutage nicht mehr üblich, weil Peirce einen *Wandel* in der logischen bzw. mathematischen Semantik angestoßen hat, wonach mit Allaussagen auch über die Elemente der leeren Menge gesprochen werden darf.

Beispiele illustrieren die kategorischen Propositionen und lassen auf die Allaussagen die jeweilige Existenzaussage folgen: Alle Primzahlen sind positive ganze Zahlen; einige Primzahlen sind positive ganze Zahlen; keine Primzahl ist eine negative ganze Zahl; einige Primzahlen sind nicht negative ganze Zahlen.

Booles Darstellung der kategorischen Propositionen in MAL ist *work in progress*, denn die als „primary canonical forms" (MAL, S. 26) ausgewiesenen Gleichungen sind nicht die in LT derart ausgewiesenen. Sogar innerhalb von MAL schwankt Boole in seinem Urteil: Auf S. 26 wählt er vier bevorzugte Gleichungen aus, stellt ihnen auf S. 43 andere vier gegenüber, merkt auf S. 44 f. an, dass beide Systeme ihre Vorzüge bzgl. verschiedener Kriterien hätten, und formuliert im Nachwort zu MAL: Das zweite System ist „*allways* preferable to the one before" (S. 82). Die Gleichungen dieses zweiten Systems gelten in LT weiterhin als primäre kanonische Formen. Burris nutzt in (Burris-FRAG) für seine Behandlung der kategorischen Syllogistik darstellende Gleichungen die ‚zwischen' denen in MAL und LT liegen und er benötigt anders als Boole keine sekundäre Formen der Darstellung (vgl. Abschnitt 5.4).

Bez.	MAL, S. 26	Bez.	MAL, S. 26	LT, S. 241
A	All Xs are Ys.	a	$x(1-y)=0$	$x=vy$
E	No Xs are Ys.	e	$xy=0$	$x=v(1-y)$
I	Some Xs are Ys.	i	$v=xy$	$vx=vy$
O	Some Xs are not Ys.	o	$v=x(1-y)$	$vx=v(1-y)$

Dem Leser mit geübtem mathematischen Blick fallen in der Tabelle gewisse Muster auf und weiters Möglichkeiten, aus Gleichungen äquivalente oder schwächere Gleichungen zu folgern. Bspw. tritt in den MAL-Gleichungen xy als *Muster* auf: (e) $xy=0$, (a) $xy=x$, (i) $xy=v$, (o) $xy=x-v$; in den LT-Gleichungen dagegen stehen links Ausdrücke der Form αx mit $\alpha \in \{1,v\}$, da $1x=x$ gilt, und rechts $v\beta_y$ mit $\beta_y \in \{y,1-y\}$. In MAL bleibt offensichtlich (i) (bzw. (e)) unverändert, wenn man in (I) (bzw. (E)) X und Y vertauscht; d. i. Booles drittes Transformationsgesetz. In LT folgt (i) sofort aus (a) und (o) sofort aus (e), indem mit v multipliziert und $vv=v$ verwendet wird; d. i. Booles zweites Transformationsgesetz. In MAL wechselt man zwischen (a) und (e) sowie zwischen (i) und (o) hin und her, so man y durch $1-y$ ersetzt und dabei $1-(1-y)=y$ berücksichtigt; d. i. Booles erstes Transformationsgesetz.

Überlegungen zu den darstellenden Gleichungen führen Boole also auf drei *Transformationsgesetze*. Mit ihnen kann Boole die klassischen *Konversionen*, bei denen aus einer Proposition eine äquivalente oder schwächere Proposition abgeleitet wird, beweisen und ergänzen; so ist bspw. die Konversion von ‚Kein X sind Y' in ‚Alle Y sind nicht-X' keine klassische. – Für die Syllogistik gilt entsprechend: Die etablierten Regeln werden von Boole mittels seiner mathematischen Überlegungen bewiesen und neu klassifiziert; ein Beispiel wird in Abschnitt 5.4 skizziert. Booles Methoden zeigen, dass in klassischen Figuren unnötige konventionelle Beschränkungen liegen.

Offensichtlich tauchen in den Gleichungen nicht nur x für X und y für Y auf, sondern zudem v für eine z. T. unbestimmte Menge V. Nach Boole kann und soll v als „some" (inkl. Bindungsregeln) interpretiert werden (vgl. MAL, S. 21, 35); d. h. insbesondere, dass v keine freie Variable, sondern ,quasi-konstant' und durch einen unterschlagenen Existenzquantor gebunden ist (vgl. Hailperin 1986, S. 152–155). In der Rezeption von MAL und LT ist dieser Versuch, Existenzaussagen (auch in Allaussagen enthaltene) abzubilden, umstritten: Er wird von Hailperin und in (Burris 1998, S. 31) abgelehnt; dagegen wird in (Burris 2000) die MAL-Version verteidigt, insofern vorausgesetzt wird: „that all named classes be nonempty" (S. 4); d.h. $v \neq 0$ und $V \neq \emptyset$.

5.4   Burris' Algebraisierung der Logik Booles

Thema von Burris-FRAG ist die traditionelle kategorische Syllogistik im Stile Booles: Unter Verwendung anderer darstellender Gleichungen beweist Burris die 24 gültigen Syllogismen sowie einige klass. Konversionen jeweils durch einzeilige Rechnungen mittels „high school equational algebra applied to idempotent simple names" (S. 2). Dabei bezeichnen die „simple names" nach Vereinbarung nicht-leere(!), echte(!) Teilmengen der Grundmenge; damit sind Existenzaussagen durch Gleichungen formulierbar. Die kleine Modifikation an den (i)- und (o)-Gleichungen tilgt die bei Boole an v gestellten Sonderbedingungen: Statt v kann in den Gleichungen von 0 und 1 abgesehen jeder Name verwendet werden und so zeigt bspw. die Wahl von v als x, dass (i) in (a) mitformuliert ist (vgl. Burris-FRAG, S. 7, 9):

Bez.	MAL, S. 26	Burris-FRAG, S. 9	LT, S. 61ff
a	$x(1-y) = 0$	$xy = x$	$x = vy$
e	$xy = 0$	$xy = 0$	$x = v(1-y)$
i	$v = xy$	$v = vxy$	$vx = vy$
o	$v = x(1-y)$	$v = vx(1-y)$	$vx = v(1-y)$

Burris Gleichungen (a) und (e) sind offensichtlich äquivalent zu denen in MAL, die selbst äquivalent zu denen in LT sind; Burris Gleichungen (i) und (o) liegen dagegen bzgl. ihrer Aussagekraft in folgendem Sinne ,zwischen' denen in MAL und LT:

1. Aus (i)-MAL folgt (i)-Burris: $v = vv = v(xy) = vxy$.

2. Aus (i)-Burris folgt (i)-LT: $vx = (vxy)x = vxy = (vxy)y = vy$.

3. Aus (o)-MAL folgt (o)-Burris: $v = vv = v(x(1-y)) = vx(1-y)$.

4. Aus (o)-Burris folgt (o)-LT: $vx = (vx(1-y))x = vx(1-y)$.

Pars pro toto gebe ich einen Syllogismus an, den sog. Syllogismus AAI der dritten Figur, wie er bei Boole (vgl. MAL, S. 36 für die beiden mittleren Spalten) und bei Burris (vgl. Burris-FRAG, S. 6f. für die rechte Spalte) behandelt wird:

All Ys are Xs.	$y(1-x) = 0$	$y = vx$	$y = yz$
All Ys are Zs.	$y(1-z) = 0$	$0 = y(1-z)$	$y = yx$
Some Xs are Zs.		$0 = vx(1-z)$	$y = yxz$

Bei Burris ist die Argumentation eine straight-forward-Bestätigung der dritten Gleichung durch die beiden ersten, wobei die Gleichungen jeweils eine Proposition gemäß

Tabelle darstellen: $yxz = (yx)z = yz = y$.

Bei Boole dagegen muss eine der beiden ersten Gleichungen umgeschrieben werden, indem sie selbst ‚gelöst' wird; daraus ergibt sich die dritte: $vx(1 - z) = y(1 - z) = 0$. Boole interpretiert sie wohl als (a)-Gleichung für vx und z, also im Sinne von ‚Alle (einige X) sind Z'; kurz: Einige X sind Z.

Statt weitere Beispiele zu geben, zitiere ich Burris mit einer Würdigung Booles:

> „Thus Boole gave a reasonably uniform, but quite complicated, algebraic treatment of the syllogism. In the past 150 years no one has managed to do any better."
>
> Burris-FRAG, S. 11

5.5 Epilog mit Engführung der Themenfäden

George Spencer-Brown hat in *Laws of Form* (1969) einen Kalkül vorgelegt, der bei geeigneter Lesart in einem seiner Teile eine Axiomatisierung und Kalkülisierung der Struktur ‚Boolesche Algebra' ist. Bei geneigter Lesart ist dieser mathematische Essay darüber hinaus ‚math in a nutshell' inkl. eines Vorschlags ihrer Grundlegung.

Die von Spencer-Brown demonstrierte Auffassung von Mathematik ist eine Grundlegung von Mathematik als *Sprache im Prozess*: Schlüssel dazu ist das Hand-in-Hand-Gehen von Zeichen und Sache bzw. Syntax und Semantik in einer Pragmatik des Zeichengebrauchs. Vor dem am je Vorgefundenen, am eigens Erfahrenen und den dadurch aufgeworfenen Fragestellungen orientierten Leser der *Laws*, der dadurch selbst zum Mathematiker wird, ersteht Mathematik als eine mal spezifizierende, mal generalisierende Sprache, die schrittweise ermächtigt wird und zwischen Mathematik und Metamathematik wiederholt wechselt.

Booles Ansinnen und Vorgehen, nämlich Mathematik zur Logikanalyse zu verwenden, sind der falsche Ansatz für Spencer-Browns Anliegen, nämlich eine als Protologik taugliche Mathematik erst zu entwickeln. Boole geht es also um eine *Algebraisierung der Logik mittels einer modifizierten schulmathematischen Gleichungslehre*, Spencer-Brown dagegen insbesondere um eine *Arithmetisierung Boolescher Algebren mittels einer Selbstthematisierung des Zeichengebrauchs*.

Dass Boole sich mit Voraussetzungen begnügt, insofern er (Schul-) Mathematik als Voraussetzung der Logik nimmt und nicht deren Setzungen untersucht, nicht nach deren Anfänge bzw. einem voraussetzungsärmeren Anfang sucht,[6] steht also Spencer-Browns Anliegen entgegen; doch muss Spencer-Browns eingangs zitiertes Urteil, wonach Boole „die Regeln seiner Algebra" nicht richtig bestimmt habe, zurückgewiesen bzw. bspw. als folgende, in diesem Aufsatz belegte Aussage rekonstruiert werden: Booles Algebra ist keine Boolesche Algebra und auch kein Boolescher Ring.

---

[6] Vgl. bzgl. dieses Themenfeldes den Aufsatz von G. Schneider in diesem Band.

Boole wirbt in der Einleitung zu MAL zwar dafür, ihn nicht vorzuverurteilen hinsichtlich dessen, dass er der Kunst des Denkens, der Logik, mit einer Wissenschaft, der Mathematik, zu Leibe rückt, doch sitzt er dabei selbst dem Vorurteil auf, dass keine Rechtfertigung der verwendeten Mathematik im Allgemeinen und ihrer Adäquatheit für den Zweck im Speziellen nötig ist. Das deduktive Argumentieren steht also auf einer nur induktiv gesicherten Basis, nämlich durch einzelne gelingende Beispiele. Für Boole ist die(!) *symbolische Algebra* das(!) alternativlose mitunter bewährte Rechnen mit Symbolen, das analog zu dem mit ganzen Zahlen praktiziert wird und so pflegt er einen ungerechtfertigt vertrauensvollen Umgang mit Symbolen für Konstanten und Operationen, mit den Rechenoperationen, dem Ersetzungsprinzip (und bei anderer Interpretation evtl. auch mit Variablen und dem Substitutionsprinzip).

Zu dem Prozess um die Sache, um Boolesche Algebren im Hinblick auf die Unterscheidung zwischen Axiomensystemen, Beweissystemen und Modellen, hat Huntington Wesentliches geleistet.[7] – Boole wiederum hat mit seiner Algebra zwar keine sog. Boolesche Algebra vorgelegt, wohl aber einen Anstoß zur Entwicklung konkret dieser Struktur und zur Trennung zwischen Kalkül und Modell i. A. gegeben.

Zu dem Interpretationsprozess der Logikwerke Booles haben Hailperin und Burris wesentliche Beiträge geleistet. Hailperin hat die Struktur von Booles Algebra zu Tage gefördert, mit moderner Ringtheorie rekonstruiert und damit Booles Rechnungen gerechtfertigt. Burris hat gezeigt, dass man den von Boole eingeschlagenen Weg und die von Hailperin vorgelegte Analyse noch etwas glätten kann. Seine Behandlung der Syllogismen erfolgt zwar im Stile Booles, aber durch eine Variante der darstellenden Gleichungen kürzer und bündiger.

Als *Sprache im Prozess* ist Mathematik in Spencer-Browns *Laws of Form* dargestellt; der Autor zeigt darin kein Wissen darüber, dass die Logik tatsächlich so behandelt werden darf, wie Boole es getan hat; er hielt Booles Rechnungen fälschlicherweise schlichtweg für falsch –, wusste Booles Genius aber trotzdem zu würdigen.

Literatur

[Burris 1998] BURRIS, Stanley: *Logic for mathematics and computer science.* New Jersey: Prentice Hall, 1998.

[Burris 2000] BURRIS, Stanley: *The Laws of Boole's Thought.* http://www.math.uwaterloo.ca/~snburris/htdocs/MYWORKS/PREPRINTS/aboole.pdf. Stand: 28. Oktober 2012.

[Burris 2001] BURRIS, Stanley: *Contributions of the The Logicians. Part I.* http://www.math.uwaterloo.ca/~snburris/htdocs/LOGIC/LOGICIANS/notes1.pdf. Stand: 19. Januar 2013.

[Burris-FRAG] BURRIS, Stanley: *A Fragment of Boole's Algebraic Logic Suitable for Traditional Syllogistic Logic.* http://www.math.uwaterloo.ca/~snburris/htdocs/MYWORKS/SYLL/syll.pdf. Stand: 17. Februar 2013.

---

[7] Vgl. Transactions of the American Mathematical Society: Vol. 5, No. 3 (Jul., 1904), S. 288–309; Vol. 35, No. 1 (Jan., 1933), S. 274–304; Vol. 35, No. 2 (Apr., 1933), S. 557–558.

[Hailperin 1981] HAILPERIN, Theodore: Boole's Algebra Isn't Boolean Algebra. In: GASSER, James (Hrsg.): *A Boole Anthology: Recent and classical studies in the logic of George Boole.* (Synthese Library / Volume 291) Dordrecht [u. a.]: Kluwer Academic Publshers, 2000, S. 61–77.

[Hailperin 1986] HAILPERIN, Theodore: *Boole's logic and probability. A critical exposition from the standpoint of contemporary algebra, logic and probability theory.* Amsterdam [u.a.]: North-Holland, 1986. (Second edition. Revised and enlarged).

[LT] BOOLE, George: *An investigation of the laws of thought, on which are founded the mathematical theories of logic and probabilities.* Repr. der Ausg. London u. a., 1854. La Salle, Illinois: Open Court Publishing Company, 1952.

[Lorenzen 1970] LORENZEN, Paul: *Formale Logik.* Berlin: Walter de Gruyter, 1970.

[MAL] BOOLE, George: *The mathematical analysis of logic. Being an essay towards a calculus of deductive reasoning / Die mathematische Analyse der Logik. Der Versuch eines Kalküls des deduktiven Schließens.* Aus dem Englischen übertragen, kommentiert und mit einem Nachwort und Anhängen versehen von Tilman Bergt. Halle: Hallescher Verlag, 2001.

[Schreiber 1977] SCHREIBER, Peter: *Grundlagen der Mathematik.* Berlin: VEB Deutscher Verlag der Wissenschaften, 1977.

[Spencer-Brown 1997] SPENCER-BROWN, George; WOLF, Thomas (Übers.): *Laws of Form / Gesetze der Form.* Leipzig: Bohmeier Verlag, 1997.

6 Was würden Peirce oder Wittgenstein zu Kompetenzmodellen sagen?

WILLI DÖRFLER

6.1 Bedeutung, Sinn und Verständnis

Ein globales und wie selbstverständlich akzeptiertes Ziel jedes Mathematikunterrichts ist Verständnis auf Seite der Lernenden, was oft gleichgesetzt wird mit dem Erfassen von Sinn und Bedeutung der mathematischen Inhalte. Und darin liegt auch schon eine gravierende Problematik, denn auf die Frage nach Sinn und Bedeutung gibt es viele verschiedene und durchaus einander widersprechende Antworten und allgemeinere Positionen, die sich auch historisch und gesellschaftlich immer wieder verändern und entwickeln, natürlich auch im Zusammenhang mit Entwicklungen in der Mathematik als Wissenschaft. Im Zuge der Verbreitung und Einführung von Bildungsstandards und Kompetenzmodellen, bei der Konzeption und Konstruktion von Tests und Vergleichsuntersuchungen sowie von zentralen Prüfungen spiegelt sich in den jeweiligen Aufgaben, etwa zur Explikation oder Überprüfung von erwünschten Kompetenzen, konsequenterweise eine bestimmte Sicht auf Bedeutung und Verständnis von Mathematik. Diese Sicht hat dann zwangsweise gravierende Rückwirkungen auf den Unterricht. Ein zugegeben nur unsystematischer Blick auf die hierarchische Struktur der Kompetenzmodelle und die sie explizierenden Aufgabensysteme ergibt für mich den Eindruck einer Position gegenüber dem Lernen von Mathematik und der Mathematik selbst, die ich als empiristische Sicht auf diese einordnen möchte. Grob gesprochen besteht diese Sicht unter anderem darin, dass die Kalküle und Formalismen also die Zeichensysteme der Mathematik primär instrumentell als bloße Werkzeuge gesehen werden, deren Sinn und Bedeutung sich (ausschließlich oder vorwiegend) aus ihren Anwendungen erschließen oder sogar in diesen bestehen. Dabei haben die mathematischen Zeichen und Formeln selbst keine Bedeutung; diese ergibt sich erst aus ihren Anwendungen, also durch den Bezug auf Gegenstände und Situationen außerhalb der Mathematik, in denen die Bedeutung der Zeichen und Terme quasi vorgegeben oder eingebettet ist und aus diesen entdeckt oder rekonstruiert werden kann (eben auch durch die Lernenden). Indikatoren für diese Tendenz sehe ich u. a. in folgenden Aspekten bei vielen, mit verschiedenen Zielen gestellten Aufgaben:

- Anwendungs- und Praxisorientierung vorwiegend auf lebensweltliche Probleme (oft allerdings sehr artifiziell und konstruiert).

- Anbindung an und Einbettung in einen konkreten Kontext, dessen Verständnis unterstellt bzw. vorausgesetzt wird.

- Ein Minimum an (oft nur elementaren) mathematischen Verfahren ist erforderlich, oft muss gar nicht gerechnet, sondern nur überlegt, interpretiert, diskutiert werden.

- Hoher Stellenwert von Interpretation, Deutung, Diskussion, Reflexion, Bewertungen, oft von nichtmathematischen Aspekten.

- Die eigentliche Problemstellung ist gar nicht mathematischer, sondern etwa sozialer, moralischer, politischer oder ökologischer Natur; dadurch gibt es oft auch keine „Lösung", sondern bestenfalls eine „Erörterung".

- Keine klare Trennung von Mathematik und Anwendungskontext.

- Aufzeigen von Grenzen der Mathematik: was man mit Mathematik nicht beantworten kann (ist vielleicht nicht sehr motivierend für das Lernen).

Ich möchte hier betonen, dass ich mich mit diesen Punkten und überhaupt in diesem Teil des Beitrages nicht auf den realen Mathematikunterricht beziehe (dort wird ja sicher viel gerechnet), sondern nur auf die mir bekannten Bildungsstandards und Kompetenzmodelle und die Diskussion dazu (exemplarisch erwähne ich als Literatur: (Kröpfl u. a. 2012). Ich beschreibe also nicht Aspekte des konkreten Unterrichts, sondern normative Züge in den Bildungsstandards in zugegeben pointierter und anekdotischer Form. Die bekannten Standards für den Mathematikunterricht zielen selbstverständlich auf vielfältige Lernerfahrungen ab, wobei für mich eben die Gewichtung interessant ist und diese natürlich eine detaillierte Analyse erfordern würde. Insofern formuliere ich hier eine Art von Thesen, die vielleicht im Konnex mit den weiteren Teilen des Beitrages zu Reflexion anregen können. Diese Thesen sind zwar kritisch aber nicht wertend gemeint, ich mache keine Aussage darüber, welche Ausrichtung des Mathematikunterrichts in irgendeinem Sinne „besser" ist, sondern hoffe, durch meine Überlegungen didaktische Entscheidungen zu unterstützen. Man kann meinen Beitrag auch als eine Gegenüberstellung von empiristischer Sicht mit den Positionen von Peirce und Wittgenstein sehen, der allerdings durch meine Interpretation von Tendenzen in den Standards und der zugehörigen Diskussion ausgelöst wurde.

In den genannten Beobachtungen zu den Bildungsstandards zeigt sich meines Erachtens tendenziell eine allgemeine, aber grundlegende Einstellung zur Mathematik, jedenfalls aber dazu, was für den Mathematikunterricht wichtig ist, was und wie Schulmathematik sein soll. Die Errungenschaften der „Formel", der Algebra und der Kalküle im weiten Sinne werden marginalisiert zugunsten eines vagen Begriffs von „Bedeutung" (im Sinne des englischen „meaning") und dem darauf aufbauenden Begriff von „Verständnis". Es spiegelt sich darin eine empiristische Sicht auf die Mathematik: deren Gegenstand und vor allem die Bedeutungen der Zeichen und Terme sind aus der materiellen Erfahrung ableitbar und können durch diese begründet werden (wie dies bei der Aristotelischen Abstraktion und besonders bei J. St. Mill der Fall ist, siehe dazu (Shapiro 2000). Um einen mathematischen Begriff zu verstehen, muss man seine (praktischen) Anwendungen kennen, und dies ist auch hinreichend für sein Verständnis (Bedeutung als Referenz). Das zeigt sich schon beim Zahlbegriff, der im Mathematikunterricht meist auf den praktischen Anzahlbegriff (für kleine Mengen) zurückgeführt wird. Zuerst müssen die Lernenden wissen, was die Zahlen sind, was die Zahlzeichen bedeuten oder bezeichnen, erst dann kann gerechnet werden. Mathematik erhält dadurch auch einen naturwissenschaftlichen Charakter, indem sie Aussagen über allgemeine quantitative und räumliche Beziehungen macht. Sie hat also keinerlei Sonderstatus und unterscheidet sich von anderen Wissenschaften höchstens graduell (so etwa in der Philosophie von Quine oder in quasi-empiristischen Entwürfen, siehe wieder Shapiro 2000). Mathematische Tätigkeiten wie das Arbeiten in einem Kalkül oder das Beweisen werden in diesen Sichtweisen gering geschätzt, oft wird ihnen ein rein formales oder bedeutungsloses Hantieren mit bedeutungslosen Symbolen vorgeworfen. Zumindest wird durch die Gestaltung von Aufgaben und die Struktur von Kompetenzen in den heute vorgeschlagenen Kompetenzmodellen suggeriert, diese Tätigkeiten soll man besser den „richtigen" Mathematikern überlassen, in der Schule soll man sich dagegen auf ein allgemeines Verstehen, Bewerten, Interpretieren, etc. ohne die lästigen Rechnungen konzentrieren.

Die empiristische Doktrin hat viele Schwachstellen, indem sie nicht in der Lage ist, der Mathematik zugeschriebene Charakteristika vernünftig aufzuklären. Dazu gehören etwa die logische Notwendigkeit und die historische Konstanz mathematischer Resultate, die eigentlich nie revidiert werden müssen. Unlösbar erscheint auch die Frage, wie mathematische Begriffe des Unendlichen empiristisch aufklärbar wären (etwa schon die reellen Zahlen).

Aber hier soll diese Kritik nicht weiter ausgeführt werden, sondern ich werde die Grundansichten zweier Philosophen, Peirce und Wittgenstein, zur Mathematik skizzieren (aus meiner Interpretation), die im Gegensatz zur empiristischen Sicht Bedeutung (auch) innerhalb der im engeren Sinne mathematischen und regelgeleiteten Tätigkeiten, etwa des arithmetischen und algebraischen Rechnens, ansiedeln. Bei beiden findet sich eine starke Betonung der Rolle der mathematischen Zeichen, der Notationssysteme und der damit verbundenen Kalküle; mathematisches Tun ist dann primär eine Zeichentätigkeit, ein Agieren in Zeichen- und Diagrammsystemen, das nicht durch äußere Referenzen, sondern durch interne Regeln geleitet wird. Motivation, Relevanz sowie Legitimation, im Gegensatz zu Bedeutung, kommen jedoch weiterhin von „außen". Beispielsweise ist bei Peirce (in einem nie vollendeten Schulbuch) Zahlverständnis gegründet auf das flexible Operieren (sich Bewegen) in der Zählreihe. Die Bedeutung eines Zahlzeichens ist dann seine Stellung in der Zählreihe und die damit verbundene „Rolle", die dann erst die Anwendung (Anzahlbestimmung) ermöglicht (für eine Analyse der Entwürfe zu diesem Schulbuch siehe (Radu 2003)).

6.2 Diagramme bei Peirce

Charles Sanders Peirce (1839–1914) war ein amerikanischer Mathematiker, Logiker und Philosoph, bekannt als einer der Begründer und Vertreter des Pragmatismus und der modernen Semiotik, die er durch Begriffe wie Ikon, Index und Symbol ganz wesentlich geprägt hat. Als diesbezügliche Literatur sei besonders verwiesen auf (Hoff-

mann 2005), für die Konzepte Diagramm und diagrammatisches Denken auch auf
die Arbeiten (Dörfler 2006), (Dörfler 2008) und (Dörfler 2010). Wir konzentrieren
uns hier auf diese beiden letzteren Konzepte von Peirce, weil sie besonders relevant
erscheinen im Hinblick auf eine Klärung, was man in rationaler Weise als genuin
mathematische Tätigkeit bezeichnen kann, und wie dies im Hinblick auf die oben
geschilderten Tendenzen im Mathematikunterricht und in seiner Evaluation zu bewerten ist. Als mögliches Ergebnis sei vorweggenommen: durch die Peircesche Identifizierung von mathematischer und diagrammatischer Tätigkeit wird es sehr plausibel,
dass Mathematik verstanden als Zeichentätigkeit für ihre Bedeutung und ihr Verständnis eine aktive Beteiligung an den diagrammatischen Tätigkeiten durch die Lernenden
erfordert. Mathematik kann in diesem Sinne nicht von außen verstanden werden; die
Diagramme nach Peirce und ihre Manipulationen haben eine große Eigenständigkeit.
Diagrammatisches Denken erfordert Erfahrung in einer diagrammatischen Praxis, die
jedenfalls in der Schule auch das manchmal verpönte Üben, das arithmetische und
algebraische Rechnen, das geometrische Zeichnen, aber auch das Erkunden von Diagrammen und ihren Eigenschaften umfasst. Am Beginn soll nun ein Originaltext von
Peirce stehen:

> „By diagrammatic reasoning, I mean reasoning which constructs a dia-
> gram according to a precept expressed in general terms, performs expe-
> riments upon this diagram, notes their results, assures itself that similar
> experiments performed upon any diagram constructed according to the
> same precept would have the same results, and expresses this in general
> terms. This was a discovery of no little importance, showing, as it does,
> that all knowledge without exception comes from observation."
>
> Peirce 1976, Bd. IV, S. 47 f.

Oder etwas anders formuliert: „In der Logik sind Diagramme seit Aristoteles Zeiten
ständig verwendet worden; und keine schwierige Schlussfolgerung kann ohne sie gezogen werden. Die Algebra hat ihre Formeln, die eine Art von Diagrammen sind. Und
wozu dienen diese Diagramme? Um Experimente mit ihnen anzustellen. Die Ergebnisse dieser Experimente sind oft ganz überraschend. Wer hätte vorher vermutet, dass
das Quadrat über der Hypotenuse eines rechtwinkeligen Dreiecks gleich der Summe
der Quadrate über den Schenkeln ist?" (zitiert nach Hoffmann 2000, S. 40, wobei
Peirce hier die üblichen Euklidischen Diagramme für den Pythagoras meint).

Für das Folgende sollen Inskriptionen das sein, was Mathematiker aufschreiben, oder
was gedruckt erscheint, oder am Bildschirm ersichtlich ist. Ein Diagramm im Sinne
von Peirce kann dann beschrieben werden als eine Inskription mit einer wohl definier-
ten Struktur, meistens festgelegt durch Beziehungen zwischen Teilen oder Elementen,
zusammen mit Regeln für Umformungen, Transformationen, Kompositionen, Kombinationen, Zerlegungen, etc. Diagramme sind dabei stets in Systemen organisiert
und ein Diagrammsystem ergibt eine Art von Kalkül (vergleiche dazu unten Wittgenstein), zu dem eine Praxis des Operierens mit den Diagrammen gehört. Ein Blick
in die Mathematik liefert viele Beispiele: Arithmetik der Dezimalzahlen, Bruchrechnung, euklidische Geometrie, elementare Algebra, Algebra der Polynome, komplexe

Zahlen, formale Logiken, etc. Der Peircesche Gesichtspunkt ist dabei der, dass die mathematische Tätigkeit sich auf die Diagramme und damit auch auf die Inskriptionen konzentriert und im Sinne der obigen Zitate diese Diagramme experimentell und durch Beobachtung „erforscht". Der Untersuchungsgegenstand der Mathematik sind also nicht abstrakte Objekte, sondern die Formen der Diagramme und die sich aus den diagrammatischen Operationsregeln ergebenden Konsequenzen. Die einfachsten Fälle sind etwa Rechnungen mit Dezimalzahlen, mit algebraischen Formeln, mit Polynomen, aber auch Beweise gehören dazu, mit dem Prototyp der euklidischen Beweise. Weitere instruktive Beispiele wären die komplexen Zahlen als $a + bi$ oder als Matrizen und analog die Quaternionen $a + bi + cj + dk$. Sieht man sie als Diagramme, als ein Diagrammsystem, so sind die Inskriptionen nicht mehr „Darstellungen" oder Zeichen abstrakter Zahlen, sondern sie selbst sind im diagrammatischen Sinn die mathematischen Objekte. Das heißt nun aber nicht, dass die Mathematik Inskriptionen auf dem Papier untersucht, sondern das Mathematische besteht in den Operationen mit den Zeichen. Man kann das beispielsweise so ausdrücken, dass die Zahlzeichen (welche auch immer) durch das Rechnen mit ihnen zu Diagrammen werden. Dieser Verwendungsaspekt wird dann bei der Besprechung von Wittgenstein noch deutlicher in den Vordergrund rücken. Ähnliches gilt für die Matrizenrechnung, siehe dazu (Dörfler 2007). Matrizen sind demnach Inskriptionen mit einer gewissen Struktur (rechteckiges oder quadratisches Schema aus Zahlen), die durch die diversen Operationen (Addition, Multiplikation, Transponierung, Determinante) zu Diagrammen und damit zu mathematischen Gegenständen gemacht werden. Das Mathematische daran ist wieder die Verwendung der Inskriptionen als Diagramme. Im Konzept des Diagramms ist somit nicht die Referenz der Zeichen bedeutungsstiftend, die Diagramme haben eine gleichsam interne und autonome Bedeutung durch ihre Struktur und die Regeln für ihre Transformationen, allerdings nicht in einem passiven Sinn, sondern durch das konkrete Handeln der Mathematiker und damit auch der Lernenden. Auch Peirce merkt an, dass das Objekt eines Diagramms (in seiner Zeichen-Triade, siehe (Hoffmann 2005)) fiktiv sein kann bzw. in seiner „Form" besteht. In anderen Worten: Diagramme „erzeugen" ihre Objekte (Referenz) selbst, man könnte auch sagen, dass die Diagramme ihre Objekte „zeigen"; oder vielleicht so: die Praxis des diagrammatischen Operierens in einem Diagrammsystem konstituiert die mathematischen Objekte. Etwa: im System der komplexen „Zahlen" wird i durch das Rechnen mit dem Symbol zur Zahl. Man vergleiche dazu (Krämer 1988) und (Krämer 1991), die von der symbolischen Konstitution der mathematischen Gegenstände spricht. Referentielle Bedeutung und damit auch Relevanz gewinnen die Diagramme durch Anwendungen innerhalb und außerhalb der Mathematik (im engeren Sinne). Eine diagrammatische Sicht löst m. E. Fragen auf wie etwa: „Was ist i?"; oder auch schon: „Was ist -1?". Es ist dadurch eine Deontologisierung möglich, durch die vielleicht manche Verständnisprobleme zumindest deutlich verschoben werden: man braucht für die Mathematik und das mathematische Tun nicht mehr irgendwelche mystischen abstrakten Objekte!

Zur weiteren Erläuterung folgen noch einige Anmerkungen zum diagrammatischen Denken oder Schließen im Anschluss an Peirce. Diagrammatisches Denken ist regelbasiert innerhalb eines Diagrammsystems und des damit verbundenen Kalküls, der aber im Allgemeinen in jedem Schritt viele alternative Wege offenlässt (Unterschied zum Algorithmus). Damit ist diagrammatisches Denken oft konstruktiv und kreativ, es ist ein einfallsreiches Manipulieren von Diagrammen zur Aufdeckung noch verborgener Beziehungen und Eigenschaften (der Diagramme!). Das wird in Schule schon in der Arithmetik weitgehend genützt bei Entdeckung von Zahlenbeziehungen, beispielsweise bei den so genannten und viel eingesetzten Zahlenmauern (siehe dazu etwa www.matheaufgaben.net/arbeitsblaetter/zahlenmauern/). Entdeckender oder explorativer Unterricht liefert viele gute Beispiele für diagrammatisches Handeln: Kinder erkunden Diagramme ausgehend von der Frage „Was geschieht, wenn...?". In der Geometrie müssen so Hilfslinien gezogen werden, in der Algebra Formeln kreativ umgeformt werden, in vielen Beweisen der Analysis muss geschickt mit Ungleichungen operiert werden; oft muss für einen Beweis einfach ein neues Diagramm erfunden werden. In der zitierten Literatur finden sich dafür viele Beispiele, für die Analysis siehe etwa (Dörfler 2010). Wichtig erscheint dabei, dass sich in dieser Sicht Mathematik auf dem Papier ereignet bzw. dort ausgeführt wird. Der Gegenstand und das Mittel dieses Denkens und Schließens sind die Diagramme selbst und ihre Eigenschaften; potentielle Referenten spielen dabei keine Rolle, außer vielleicht bei der Motivation für dieses Tun. Erfolgreiches diagrammatisches Denken erfordert dementsprechend intensive und extensive Erfahrung und Praxis im Umgang mit den jeweiligen Diagrammen, deren Transformationen und Kombinationen. Ein reichhaltiger und verfügbarer „Vorrat" an Diagrammen, ihren Eigenschaften und Beziehungen unterstützt und ermöglicht die kreative Manipulation, Erfindung und Beobachtung der Diagramme. Insbesondere muss Lernen von (so gesehener) Mathematik umfangreiches und effektives „diagrammatisches Wissen" (altmodisch: Formelwissen) und diagrammatische Erfahrung beinhalten (durch Rechnen, Umformen, Ableiten, Beweisen, aber auch durch Beobachten, also Lesen von diagrammatischen Prozessen bei anderen Lernenden). Mathematische Tätigkeit als diagrammatisches Denken ist nicht eine geheimnisvolle mentale Tätigkeit, sondern eine beobachtbare, nachvollziehbare und nachahmbare, eine soziale und öffentliche Tätigkeit: Mathematik verlagert sich vom Kopf auf das Papier und wird dadurch auch von einer individuellen zu einer sozial teilbaren und vermittelbaren Tätigkeit. Die Lehrbarkeit und Lernbarkeit der Mathematik ist bei einem Verständnis als Wissenschaft von abstrakten Objekten (vermittelt nur durch ihre Darstellungen) ein sehr mystischer Vorgang. In diagrammatischer Sicht kann das Lernen von Mathematik noch immer schwierig und komplex sein, jedoch sind die mathematischen Objekte als Diagramme (in einem System von Inskriptionen und Operationen, Transformationen und Konstruktionen) nun möglicher Inhalt und Gegenstand von Kommunikation (etwa durch Vorlesungen als „Vorschreibungen"). Man kann auch so sagen: man nehme den Darstellungen ihren Darstellungscharakter und betrachte sie als Diagramme. Und ich meine, das ist de facto auch das, was die Mathematiker in ihrer professionellen Arbeit tun, auch wenn dort dann wieder von den abstrakten Objekten die Rede ist.

Die Identifizierung des Diagrammatischen mit dem Mathematischen, siehe auch (Stjernfelt 2000), kann aber nicht ohne Schwierigkeiten durchgängig aufrecht gehalten werden. So gibt es ja weite Teile der Mathematik einschließlich komplexer

Beweise, die jedenfalls nicht direkt oder explizit Diagramme (auch im weiten Sinne von Peirce) verwenden, und wo verbal und begrifflich argumentiert wird (auch schon bei Euklid). Eine bei Peirce angedeutete Lösung bestünde darin, auch sprachliche Ausdrücke als Diagramme aufzufassen, die wiederum nach den vereinbarten Regeln manipuliert werden. Aber diese Sicht führt dann schon sehr nahe an Positionen von Ludwig Wittgenstein heran, die aus meiner Sicht eine umfassendere Beschreibung mathematischer Tätigkeiten anbieten. Für Peirce können wir jedoch festhalten, dass in seiner Position das Mathematische in diagrammatischen Tätigkeiten besteht und diese auch die Voraussetzungen für die Anwendungen der Mathematik schaffen. Das schon erwähnte Beispiel der Arithmetik kann nun so gesehen werden: das Diagramm „Zählreihe" ist konstitutiv für die Zahlen und für das Zählen. Es spielen hier jedenfalls die Anwendungen keine primäre bedeutungsgebende Rolle, die Diagramme (etwa die Zahlwörter und Zahlzeichen; man denke an „sehr große" Zahlen) erhalten ihre Bedeutungen aus den diagrammatischen Handlungen an und mit ihnen. Das ist sicher ein extremer Standpunkt (als Schlagwort „Zählen vor Anzahlen"), der auch nicht schulisch realisierbar ist oder sein soll, der aber die Rolle des diagrammatischen Handelns (hier letztlich des arithmetischen Rechnens) unterstreichen soll. Für die euklidische Geometrie kann das analog heißen, dass ihre Diagramme (die Zeichnungen oder Figuren) nicht als approximative Bilder idealer Objekte verwendet werden, sondern als Peircesche Diagramme entsprechend den in den Postulaten festgelegten Regeln manipuliert werden. Nicht das Aussehen, sondern die Verwendung legt fest, was ein Punkt ist, was eine Gerade ist, was ein rechter Winkel ist, etc. Kurz: will man Mathematik lernen, so muss man mit Inskriptionen (also: Formeln, Figuren, Graphen, Termen) diagrammatisch handeln. In dieser diagrammatischen Praxis erschließen sich dann auch Sinn und Bedeutung. Eine verwandte Diskussion findet sich in (Radu 2002).

6.3 Wittgenstein: Zeichenspiele

Obwohl sich Ludwig Wittgenstein (1889–1951) vielleicht intensiver und extensiver als die meisten anderen Philosophen mit der Mathematik auseinander gesetzt hat, werden seine Sichtweisen und Positionen wahrscheinlich wegen ihrer Radikalität in der Philosophie der Mathematik meist ebenso radikal abgelehnt und kritisiert oder gleich gar nicht zur Kenntnis genommen. Das, obwohl Wittgenstein streng genommen keine Thesen über die Mathematik äußert, sondern Vorschläge dazu macht, wie das weithin unverstandene, aber jedenfalls kontroverse Phänomen „Mathematik" philosophisch zu untersuchen wäre. Die Mathematiker selbst wissen wahrscheinlich in ihrer großen Mehrheit nur sehr wenig über Wittgensteins Vorschläge, wie man sich der Mathematik aus philosophischer Sicht nähern könnte, obwohl er prinzipiell die Methoden der Mathematik nicht kritisiert und sie auch nicht verändern möchte. Ein Bestreben bei Wittgenstein besteht darin, eine nicht metaphysische Sicht auf die Mathematik zu entwickeln, in der sie als eine Zeichentätigkeit, ein Zeichenspiel erscheint, das deutliche formale Züge in dem Sinne trägt, dass referentielle Bedeutungen dafür keine leitende Rolle spielen beziehungsweise überhaupt erst durch die und in der Zeichentätigkeit gesetzt werden. Also nicht vorgegebene Bedeutungen als das von den Zeichen Bezeichnete, etwa in der Form mathematischer Gegenstände, regulieren die mathematische Zeichentätigkeit (wie etwa das Rechnen oder das Beweisen), sondern dies erfolgt genau umgekehrt. Die mangelnde Rezeption von Wittgenstein liegt teilweise auch an Wittgensteins Stil, denn es gibt keinen zusammenhängenden Text, der seine Sicht auf die Mathematik klar und übersichtlich darstellt. Diese hat sich auch von Anfängen im Tractatus logico-philosophicus hin zur Spätphase seines Denkens gravierend verändert und liegt in Form postum herausgegebener Schiften mit teilweise fragwürdigen Auslassungen vor (Bemerkungen zu den Grundlagen der Mathematik, Philosophische Untersuchungen, Philosophische Grammatik, Philosophische Bemerkungen u. a. in der Werkausgabe bei Suhrkamp, Bd. 1–8). Für eine gründlichere Auseinandersetzung mit Wittgensteins Philosophie (der Mathematik) und weitere Literatur verweise ich beispielsweise auf (Mühlhölzer 2010), oder (Kienzler 1997). Hier kann es nur darum gehen, die für unser Thema relevanten Konzepte bei Wittgenstein in aller Knappheit – und damit notwendig verkürzt – vorzustellen.

Nicht nur für die Mathematik sondern für Wittgensteins gesamte Sprachphilosophie grundlegend ist die Idee des Sprachspieles (die ich hier auf das Zeichenspiel erweitere), in der zum Ausdruck kommt, dass sprachliche Bedeutung von Wörtern und Zeichen ganz allgemein in deren Gebrauch innerhalb der Praxis dieser Sprachspiele besteht. Zeichen und Wörter spielen in diesen mannigfaltigen Sprachspielen verschiedene Rollen, die von Kontext zu Kontext sich ändern und verschieben. Die Rollen entsprechen der Verwendung im jeweiligen Sprach- oder Zeichenspiel. Dabei ist es aber nicht so, dass Bedeutungen zu den jeweils verwendeten Zeichen (Wörter, mathematische Symbole) additiv hinzutreten oder gleichsam an diese angehängt werden. Die Bedeutung ist integrierender und inhärenter Aspekt des Sprachspieles oder allgemeiner des Zeichenspieles und lässt sich aus diesem auch nicht isolieren und getrennt betrachten. Das Sprach- oder Zeichenspiel hat dabei formale Aspekte, indem es auf expliziten und impliziten Regeln für den Zeichengebrauch beruht, und es ist eingebettet in eine Praxis von Zeichentätigkeiten, in denen die Zeichen vielfältig verwendet werden und dadurch zu – wie Wittgenstein sagt – lebendigen Zeichen werden. Nur die aktive und extensive Teilnahme an dieser Praxis, an den Zeichenspielen, ermöglicht daher auch Lernenden erst subjektiv Bedeutung (das heißt aber wieder die jeweilige Zeichenpraxis) zu entwickeln, weil diese ja quasi in der Verwendung der Zeichen im jeweiligen Zeichenspiel besteht. Vorweg Bedeutungen zu lernen, die dann das mathematische Handeln anleiten sollen, betrachtet Wittgenstein als ein Missverständnis (das er etwa Frege zuschreibt; vergleiche dazu Kienzler 1997, Kapitel 5.4. und 5.5). Das gilt jedoch auch für die praktischen Referenzen mathematischer Zeichen in Anwendungen, aus denen also ebenso die mathematische Praxis nicht ableitbar ist. Es besteht somit hier eine gewisse Autonomie der Mathematik gegenüber ihren Anwendungen. Wittgenstein drückt dies so aus: Würde im Arithmetikunterricht beim Zählen von Bohnen öfters zwei plus zwei drei (Bohnen) ergeben, so würden wir Bohnen nicht mehr für den Arithmetikunterricht verwenden (siehe dazu ausführlicher Ramharter u. a. 2006, S. 109 ff. oder den Beitrag von Anja Weiberg in Kroß 2008, S. 17–40). Hier sehe ich eine Parallele zu Peirce in seinem didaktischen Vorschlag für die Entwicklung der Zählreihe als ein Diagramm, was wir hier nun als Zeichenspiel interpretieren können. Wenn Wittgenstein dennoch sagt: „Was sind die Zahlen? Die Bedeutungen der Zahlzeichen!", so ist Bedeutung hier in diesem Sinne von Verwendung zu lesen. Auch schließt Wittgenstein nicht die Referenz von Zeichen, also das Bezeichnen durch die Zeichen aus, meint aber, dass dieses Bezeichnen sich auch nur in der Verwendung der Zeichen zeigt: die Zeichenpraxis, das Zeichenspiel führt zur Referenz der Zeichen in ihrer Verwendung; nicht die Referenz bestimmt die Zeichenspiele, sondern letztere die Referenz, so jedenfalls Wittgensteins Vorschlag. Diese formalistische Ausrichtung bei Wittgenstein wird in (Mühlhölzer 2008) erörtert. Das Verhältnis von Wittgenstein zu Frege und Hilbert (siehe dazu auch den nächsten Paragraphen) wird in (Mühlhölzer 2010, Kapitel I.7.) erörtert.

Damit steht Wittgenstein im schroffen Gegensatz zur sonst üblichen Sicht, dass Zeichen allgemein, und somit auch die Zeichen und Symbole der Mathematik, ihre Bedeutung durch den Verweis auf das von ihnen Bezeichnete (etwa materielle oder abstrakte Gegenstände) erhalten. Ein extremer Vertreter dieser Sichtweise war Gottlob Frege, vergleiche dazu etwa seine Grundlagen der Arithmetik, (Frege 1987), wo die (natürlichen) Zahlen als (nichtsinnliche) Gegenstände angesehen werden, für die die Zahlzeichen stehen. So sind für Frege im Gegensatz zu Hilbert die Axiome der Arithmetik wahre Aussagen über die Zahlen (bei Frege logische Gegenstände vor der Mathematik), und die Bedeutung der Zahlzeichen in diesen Axiomen muss schon vor deren Formulierung und für deren Verständnis gegeben sein. Das Bezeichnete (bei Frege eben die Zahlen) reguliert in dieser Sicht von Bedeutung als Referenz auch die Verwendung der Zeichen und Wörter. Eine ähnliche Sicht hat Gödel (Gödel 1947) hinsichtlich der Axiome der Mengenlehre vertreten, die sich nach ihm dem Mathematiker „aufzwingen" in einer Art von direkter Intuition der abstrakten Mengen.

Ein Sprachspiel oder für die Zwecke hier noch allgemeiner ein Zeichenspiel (wie etwa in der Mathematik) verwendet dagegen ein System aus Zeichen nach (oft impliziten und konventionellen) Regeln, die konstitutiv für die nun interne, primär und wesentlich operative Bedeutung der Zeichen sind. Diese entsteht also im Handeln mit den Zeichen, in der Zeichentätigkeit (also etwa in der Praxis des Sprechens oder Rechnens) und ist nicht bloß ein statischer, kontemplativer Bezug auf irgendwelche Gegenstände außerhalb von und unabhängig vom Sprach-/Zeichenspiel. Zur Verdeutlichung verwendet Wittgenstein mehrfach die Analogie zum Schachspiel, wie dies schon beispielsweise die Vertreter der formalen Arithmetik, E. Heine und J. Thomae, gemacht haben, (vgl. Epple 1994). Dazu Zitate von Wittgenstein:

> „Für Frege stand die Alternative so: Entweder wir haben es mit Tintenstrichen auf dem Papier zu tun (etwa mit Zahlzeichen, W. D.), oder diese Tintenstriche sind Zeichen von etwas, und das, was sie vertreten, ist ihre Bedeutung. Dass diese Alternative nicht richtig ist, zeigt gerade das Schachspiel: Hier haben wir es nicht mit den Holzfiguren zu tun, und dennoch vertreten die Figuren nichts, sie haben in Freges Sinn keine Bedeutung. Es gibt eben noch etwas Drittes, die Zeichen können verwendet werden wie im Spiel."

> Zitiert in Kienzler 1997, S. 201

„Man hat mich in Cambridge gefragt, ob ich denn glaube, dass es die Mathematik mit den Tintenstrichen auf dem Papier zu tun habe. Darauf antworte ich: In genau demselben Sinn, wie es das Schachspiel mit den Holzfiguren zu tun hat. Das Schachspiel besteht nämlich nicht darin, dass ich Holzfiguren auf dem Brett herumschiebe. [...] Es ist egal, wie ein Bauer aussieht. Es ist vielmehr so, dass die Gesamtheit der Spielregeln den logischen Ort des Bauern ergibt."

Zitiert nach Epple 1994

Wittgenstein meint nun nicht, dass Mathematik ein Spiel ist, sondern dass mit der Analogie zum Schachspiel charakteristische Züge mathematischer Tätigkeiten untersucht werden können. Wie die Figuren des Schachspieles nach Regeln bewegt werden, so verwendet der Mathematiker seine Zeichen quasi als Figuren im mathematischen Zeichenspiel. Und so wie die Rolle (die Bedeutung) der Schachfiguren durch das gesamte Schachspiel festgelegt wird, wird die (innermathematische) Bedeutung der mathematischen Zeichen durch die Praxis des mathematischen Zeichenspieles festgelegt. Genauso wenig wie das Schachspiel von den Schachfiguren handelt, sondern im Handeln mit diesen besteht, so handelt auch die Mathematik nicht von den Zeichen auf dem Papier, sondern ist ganz wesentlich das regelgeleitete Handeln mit den Zeichen. Die Zeichen werden erst durch das Handeln mit ihnen (das Rechnen, Umformen, Beweisen, etc.) zu mathematischen Zeichen, indem sie ganz bestimmte Rollen im Zeichenspiel spielen.

Wenn in den obigen Zitaten auch zum Ausdruck kommt, dass die konkrete Gestalt von Zeichen für das Zeichenspiel sekundär ist, bleibt festzuhalten, dass es dennoch solche Zeichen geben muss und zwar als materielle Gegenstände, quasi zum Angreifen und Bewegen, die wir dann nach den entsprechenden Regeln verwenden und mit ihnen operieren. Allerdings sei angemerkt, dass die Beliebigkeit der Zeichen (das heißt hier der Figuren) beim Schachspiel zwar gegeben sein mag und auch auf die Wörter der natürlichen Sprache zutrifft, dass aber in der Mathematik die Form einer Notation weitreichenden Einfluss auf die Möglichkeiten des jeweiligen Zeichenspiels hat, das sich gleichsam mit der Notation verändert. Eine neue Notation ermöglicht neue Begriffsbildungen und neue Beweismethoden, wie dies etwa die Einführung der Potenzschreibweise deutlich macht. Aber dies ändert nichts an der Grundposition, dass die Bedeutungen der Zeichen in deren operativen Gebrauch im Zeichenspiel liegen. Das Handeln mit den Zeichen (in der Mathematik also das Rechnen, das Konstruieren, das Umformen, das Beweisen, etc.) steht dabei autonom für sich selbst und es ist nicht sinnvoll, eine Bedeutung der Zeichen als irgendwie von den Operationen mit den Zeichen „erzeugt" anzusehen, die dann außerhalb der Zeichentätigkeit liegt. Im Grunde ist die mathematische Tätigkeit das Operieren in einem Zeichenkalkül, jedenfalls kann Wittgenstein in diesem Sinne interpretiert werden. Das heißt jetzt wiederum nicht, dass ein solches Zeichenspiel (wie das der Arithmetik, der Bruchrechnung, der komplexen Zahlen, der Matrizenrechnung, des Infinitesimalkalküls, etc.) nicht „angewendet" werden kann, das heißt zur Beschreibung von Situationen und Abläufen außerhalb des jeweiligen Spiels und innerhalb und außerhalb der Mathematik verwendet werden kann. Wittgenstein sieht in dieser Möglichkeit gerade die Rechtfertigung (relevance) der Mathematik, aber eben nicht ihre Bedeutung (meaning). Wittgenstein sagt an vielen Stellen (beispielsweise in Wittgenstein 2005, S. 748 ff.) sinngemäß: In der Mathematik ist nichts Bedeutung (Referenz bzw. Beschreibung) und alles Kalkül. Dabei spielt „Kalkül" eine ähnliche Rolle wie „Sprachspiel", und diese Äußerung bezieht sich natürlich nur auf die „reine" Mathematik eben als Zeichenspiel im Sinne von Wittgenstein. Auch ist diese Wittgensteinsche Position vom Formalismus etwa im Sinne von Hilbert klar zu unterscheiden. In den formalen Systemen des Formalismus wird nämlich nicht konkret und aktuell operiert, also eigentlich keine Mathematik betrieben, denn sie dienen ganz anderen Zwecken (Beweistheorie, Metamathematik; siehe auch Mühlhölzer 2012). Bei Wittgenstein ist immer die tatsächliche, real vorgefundene Mathematik mit ihren vielfältigen Zeichentätigkeiten im Fokus des Interesses (er sagt etwa: Mathematik ist ein buntes Gemisch von Beweisen) und nicht irgendeine Begründung oder Rechtfertigung dieser (wie bei Hilbert, Frege oder Brouwer, siehe dazu wieder (Shapiro 2000)). Im Grunde geht er also beschreibend vor und möchte uns nur die Augen öffnen für so manche Missverständnisse und Irrtümer bei gängigen Interpretationen von Mathematik.

Diese doch recht radikale Sicht Wittgensteins sei an Beispielen kurz illustriert (nicht bei Wittgenstein). Der „logische Ort" der Null als Zahl in der Arithmetik ist durch die auf sie bezogenen Rechenregeln festgelegt ($0 + a = a$ oder $0 \cdot a = 0$), was besonders deutlich wird beim Blick etwa auf die Algebra der Ringe (und nicht durch die Referenz auf ein metaphysisches „Nichts"). Die Null wurde auch historisch erst zur „Zahl", als man mit ihr im Stellenwertsystem anfing zu rechnen, also nachdem die Verwendungsregeln festgelegt waren. Wofür ein Zeichen mit der Rolle „Null" steht, ob und was es bezeichnet, ist für die Arithmetik vollkommen irrelevant. Auch „sehr große" natürliche Zahlen entbehren zwangsweise eines (nichtmathematischen) Referenten, etwa als Anzahlen, und haben nur Sinn und Bedeutung im Zeichenspiel der Arithmetik. Analoges gilt für die negativen ganzen Zahlen, insbesondere -1, und ganz besonders deutlich für das notorische i der komplexen Zahlen. Dieses ist ja durch die Ersetzungsregel $i \cdot i = -1$ bestimmt, und für den ganzen Kalkül genügt dies auch. Das Zeichen i ist also nicht der Name eines abstrakten Objektes, es steht für nichts, aber es spielt eine wohl definierte Rolle im Zeichenspiel der komplexen Zahlen. Die sogenannten Veranschaulichungen der komplexen Zahlen bzw. ihre diversen Modelle sind im Sinne von Wittgenstein „nur" andere Zeichenspiele, die man aufeinander beziehen kann (mathematisch durch Isomorphie). Noch deutlicher wird diese exklusiv operative Festlegung der Rolle von Zeichen in einem Zeichenspiel oder Kalkül bei den drei imaginären Einheiten i, j, k im System der Quaternionen, siehe dazu de.wikipedia.org/wiki/Quaternion. Genau genommen ist dieses Charakteristikum auch schon in den „Elementen" des Euklid gegeben, in denen ja Konstruktionsregeln als Postulate (Axiome) an den Anfang gestellt werden. Dabei ist ferner wichtig, dass es sich bei diesen und vielen anderen möglichen Beispielen nicht um künstliche Formalisierungen inhaltlich gegebener mathematischer Bereiche handelt, sondern um Standardkalküle bzw. übliche mathematische Systeme. So kann auch der Leibnizsche Kalkül mit Infinitesimalien durch Regeln für diese, nun aufgefasst als Symbole ohne Referenten, festgelegt werden, worauf schon Leibniz selbst angesichts der unlösbaren Probleme mit geeigneten Referenten für die dx und dy etc. hingewiesen hat, siehe (Krämer 1991). Wittgenstein geht es also nicht um Formalisierungen mathematischer Theorien wie bei Hilbert oder um formale Systeme wie in der Logik, sondern wie schon gesagt, sein Interesse gilt der lebendigen Praxis der Mathematik, an der er eben derartige formale Züge beschreibend feststellt. Dabei unterscheidet er zwischen dem Kalkül, dem eigentlichen Zeichenspiel und dem, was er „Prosa" nennt, also das zum Teil metaphysische oder platonistische Sprechen über den Kalkül, quasi die nichtmathematischen Interpretationen. Diese haben sicher auch ihre Funktion des Motivierens oder Ordnens, sind aber für die mathematische Zeichentätigkeit selbst irrelevant: Fiktionalisten und Platonisten beweisen dieselben Sätze! Das lässt die Frage beiseite, woher denn die mathematischen Zeichen und die Regeln für die jeweilige Zeichentätigkeit kommen, weil wir hier sozusagen über „fertige" Kalküle und Theorien sprechen. Deren Gewordensein als Beschreibungen oder als rein mathematische Konstruktionen (man denke wieder an die Quaternionen oder an Nichteuklidische Geometrien) kann hier nicht erörtert werden, ist aber für den Mathematikunterricht sicher von großer Relevanz.

Wie im obigen schon angeklungen ist, spielt der Begriff der Regel und des Regelfolgens bei Wittgenstein in seiner Auseinandersetzung mit der Mathematik eine große Rolle, und dies hat auch für unser Thema einige Relevanz. So sagt er etwa sinngemäß, dass Mathematik keine Beschreibungen von Sachverhalten liefert (im Gegensatz zu Naturwissenschaften oder Sozialwissenschaften), sondern Regeln für Beschreibungen aufstellt und ableitet. Dies wird auch gegen den prima facie Eindruck gesagt, dass mathematische Aussagen in durchaus physikalistischer Manier meist als Aussagen über mathematische Objekte formuliert werden. Dies kann jedoch als ein Effekt einer fast notwendigen Pragmatik gesehen werden: die Regeln für Beschreibungen werden als Beschreibungen formuliert. In modernen Axiomensystemen wird dieser Regelcharakter sehr deutlich, wo (Grund-) Objekte ja nur mehr als Variable, als Zeichen für undefinierte Grundelemente auftreten, deren Rolle im jeweiligen Zeichenspiel (= mathematische Theorie) durch Operationsregeln festgelegt wird. Genau genommen sind diese Regeln vorwiegend oder ausschließlich Regeln für den Gebrauch der Zeichen in dem jeweiligen Kalkül (Rechenregeln in der Arithmetik und Algebra aber auch in der Analysis, Konstruktionsregeln in der Geometrie), und Wittgenstein spricht von grammatischen Regeln zur Abgrenzung von jeder Sicht, in der Mathematik Beschreibungen von Sachverhalten liefert. Jeder neue Satz, jede neue Formel ist für ihn dann eine neue Regel, die die Grammatik der verwendeten Zeichen und Begriffe betrifft und nicht einen speziellen Inhalt beschreibt: so wollen wir die Zeichen in Zukunft verwenden. Das ergibt nun eine gute Möglichkeit, die notorische Wahrheit, Sicherheit und Zweifellosigkeit sowie die Unzeitlichkeit mathematischer Aussagen (vgl. zu diesem Thema Heintz 2000) nüchtern zu klären: Regeln können im Unterschied zu Beschreibungen weder wahr noch falsch sein, sie sind bestenfalls mehr oder weniger praktikabel oder fruchtbar. Damit im Einklang steht auch, dass im historischen Ablauf mathematische Aussagen nie falsifiziert wurden. Das heißt natürlich nicht, dass es in Beweisen keine „Fehler" gibt, aber das ist keine Falsifizierung, die ja durch einen vom Satz zu beschreibenden Sachverhalt geleistet werden muss (was es nach Wittgenstein in der Mathematik eben nicht gibt). Wittgenstein wendet seinen Regelbegriff auch auf Sprachspiele an: auch Wörter werden vorwiegend nach Regeln verwendet. Damit kann die Mathematik auch dort, wo sie auf den ersten Blick nicht diagrammatisch im Sinne von Peirce vorgeht, also wo sie ihre Aussagen und Beweise sprachlich mit Wörtern und nicht mit Formeln und Figuren formuliert, als ein „System von Normen und Regeln" beschrieben werden, vergleiche dazu (Ramharter u. a. 2006) sowie (Kroß 2008). In diesem Sinne sind dann (verbale) Definitionen Regeln zum Gebrauch gewisser Wörter und nicht Beschreibungen oder Konstruktionen von Objekten: Es wird die „Grammatik" der Wörter festgelegt und nicht irgendeine referentielle Bedeutung. In diesem Sinne spricht beispielsweise die Mathematik auch nicht über Unendliches, sondern regelt den Gebrauch von „unendlich" und untersucht die Konsequenzen der vereinbarten „Sprechregeln" (für eine drastische platonistische Gegenposition vergleiche Deiser 2010). Damit sei jedoch wiederum nicht abgestritten, dass für die Mathematikerin in ihrer Arbeit mit und innerhalb der Regeln eine Fülle von Vorstellungen, Intuitionen, Bildern und dergleichen motivierende und auch kreative Funktionen haben kann. Aber letztendlich muss sie sich regelkonform verhalten, was keineswegs im Gegensatz zu Kreativität und Einfallsreichtum steht. In der Formulierung von Regeln gibt es in der Mathematik eine große Vielfalt (Formeln aller Art, Gleichungen, Figuren und Diagramme, natürlich- sprachliche Sätze, etc.) und es wäre eine lohnende Aufgabe, den Regelcharakter verschiedenster mathematischer Zeichensysteme zu analysieren.

Ich beende den Abschnitt über Wittgenstein mit einem (drastischen) Zitat, das – wohl verstanden – klar eine seiner Grundansichten ausdrückt und eine Nähe zu Peirce nicht leugnen kann:

> „Wir können sagen, dass Denken im Wesentlichen eine Tätigkeit des Operierens mit Zeichen ist. Diese Tätigkeit wird mit der Hand ausgeführt, wenn wir schreibend denken; [...] Wenn wir über den Ort sprechen, wo das Denken stattfindet, haben wir ein Recht zu sagen, dass dieser Ort das Papier ist, auf dem wir schreiben [...]"
>
> Blaues Buch, zitiert nach Mühlhölzer 2010, S. 78

6.4 Resümee

Die gewiss sehr kursorische Skizze von Meinungen zur Mathematik und zum typisch Mathematischen bei Peirce und Wittgenstein hat hoffentlich klar gemacht, dass beide Philosophen (Peirce war auch Mathematiker und Logiker) den Zeichen am Papier und ihrer Verwendung eine zentrale Rolle zuweisen. Dabei ist mir nicht bekannt, ob Wittgenstein Kenntnis von Peirceschen Positionen hatte. In der Literatur zu Wittgenstein wird ebenfalls nicht auf die Peircesche Semiotik Bezug genommen, obwohl ein tiefer gehender Vergleich sicher ergiebig wäre. Bei beiden ist die Funktion des Bezeichnens dieser Zeichen, also die Referenzfunktion, für die (inner-) mathematischen Tätigkeiten weitgehend ohne Relevanz, weil diese nach (autonomen) Regeln erfolgen, die ihre Berechtigung nicht unmittelbar nachweisen müssen. Anwendungen haben einen Rechtfertigungscharakter, aber keinen Begründungscharakter, explizit so jedenfalls bei Wittgenstein. Hier sehe ich einen interessanten und vielleicht produktiven Kontrast zu einer m. E. doch weit verbreiteten, sich auch in den Standards zeigenden, naturwissenschaftlichen und empiristischen Sicht auf die Mathematik (Mathematik als Sprache zur Beschreibung von Situationen und Prozessen), in der der Zeichentätigkeit primär eine instrumentelle Funktion zukommt, diese selbst aber nicht zum Gegenstand von Untersuchungen und Reflexionen wird. In einem derart orientierten Unterricht werden aber die Lernenden keine Möglichkeit erhalten, das Mathematische im Sinne von Peirce oder Wittgenstein kennen zu lernen. Dieses besteht eben in einem explorativen und höchst sinnvollen und bedeutungsvollen Arbeiten mit Diagrammen und Zeichensystemen und ist dabei strikt von einem Formalismus als Begründungstheorie der Mathematik zu unterscheiden. Der symbolische und damit eigenständige und autonome Charakter der Mathematik kommt jedoch gar nicht in den Blick, wenn Mathematik stets oder vorwiegend nur als Beschreibung erfahren wird. Dabei ist es natürlich eine offene Frage, ob man das für die Schule überhaupt will oder wollen soll. Dieser Gegensatz von symbolischem Handeln gegenüber Interpretieren ist natürlich nicht neu und es bedarf immer wieder einer ausgewogenen Lösung im MU, wenn dieser jedenfalls auch Mathematik-Unterricht sein will. Genau dies wurde natürlich in der Mathematikdidaktik auch schon geleistet (etwa durch Winter 1995) und eine Motivation für diesen Beitrag war auch die Befürchtung, dass früher bereits erlangte Balance durch die neuen normativen Sichtweisen verloren gehen könnte.

Literatur

[Deiser 2010] DEISER, Oliver: *Einführung in die Mengenlehre*. Berlin: Springer, 2010.

[Dörfler 2006] DÖRFLER, Willi: Diagramme und Mathematikunterricht. In: *Journal für Mathematikdidaktik* 27 (2006), S. 200–219.

[Dörfler 2007] DÖRFLER, Willi: Matrizenrechnung: Denken als symbolisches Handwerk. In: BARZEL, B. (Hrsg.): *Algebraisches Denken. Festschrift für Lisa Hefendehl-Hebeker*. Hildesheim: Franzbecker, 2007, S. 53–60.

[Dörfler 2008] DÖRFLER, Willi: Mathematical Reasoning: Mental Activity or Practice with Diagrams. In: NISS, M. (Hrsg.): *ICME-10 Proceedings, Regular Lectures, CD-ROM*. Roskilde: Roskilde University, IMFUFA, 2008, S. 17.

[Dörfler 2010] DÖRFLER, Willi: Mathematische Objekte als Indizes in Diagrammen. Funktionen in der Analysis. In: KADUNZ, G. (Hrsg.): *Sprache und Zeichen. Zur Verwendung von Linguistik und Semiotik in der Mathematikdidaktik*. Hildesheim: Franzbecker, 2010, S. 25–48.

[Epple 1994] EPPLE, Martin: Das bunte Geflecht der mathematischen Spiele. In: *Mathematische Semesterberichte* 41 (1994), S. 113–133.

[Frege 1987] FREGE, Gottlob: *Die Grundlagen der Arithmetik*. Stuttgart: Reclam, 1987.

[Gödel 1947] GÖDEL, Kurt: What is Cantor's Continuum Problem?. In: *The American Mathematical Monthly* 54 (1947), No. 9, S. 515–525.

[Heintz 2000] HEINTZ, Bettina: *Die Innenwelt der Mathematik. Zur Kultur und Praxis einer beweisenden Disziplin.* New York, Wien: Springer, 2000.

[Hoffmann 2000] HOFFMANN, Michael: Die Paradoxie des Lernens und ein semiotischer Ansatz zu ihrer Auflösung. In: *Zeitschrift für Semiotik* 22 (2000), Nr. 1, S. 31–50.

[Hoffmann 2005] HOFFMANN, Michael: Erkenntnisentwicklung. Ein semiotisch-pragmatischer Ansatz. *Philosophische Abhandlungen, Bd. 90.* Frankfurt a. M.: Vittorio Klostermann, 2005.

[Kienzler 1997] KIENZLER, Wolfgang: *Wittgensteins Wende zu seiner Spätphilosophie 1930– 1932.* Frankfurt: Suhrkamp, 1997.

[Krämer 1988] KRÄMER, Sybille: *Symbolische Maschinen. Die Idee der Formalisierung im geschichtlichen Abriss.* Darmstadt: Wissenschaftliche Buchgesellschaft, 1988.

[Krämer 1991] KRÄMER, Sybille: *Berechenbare Vernunft.* Berlin: De Gruyter, 1991.

[Kröpfl u. a. 2012] KRÖPFL, Bernhard; SCHNEIDER, Edith (Hrsg.): Standards Mathematik unter der Lupe. In: *Klagenfurter Beiträge zur Didaktik der Mathematik, Bd. 10.* München: Profil, 2012.

[Kroß 2008] KROSS, Matthias (Hrsg.): *Ein Netz von Normen. Wittgenstein und die Mathematik.* Berlin: Parerga, 2008.

[Mühlhölzer 2008] MÜHLHÖLZER, Felix: Wittgenstein und der Formalismus. In: KROSS, Mathias (Hrsg.): *Ein Netz von Normen. Wittgenstein und die Mathematik.* Berlin: Parerga, 2008, S. 107–148.

[Mühlhölzer 2010] MÜHLHÖLZER, Felix: *Braucht die Mathematik eine Grundlegung? Ein Kommentar des Teils III von Wittgensteins „Bemerkungen über die Grundlagen der Mathematik".* Frankfurt a. M.: Vittorio Klostermann, 2010.

[Mühlhölzer 2012] MÜHLHÖLZER, Felix: On live and dead signs in mathematics. In: DETLEFSEN, M. (Hrsg.); LINK, G. (Hrsg.): *Formalism and Beyond. On the Nature of Mathematical Discourses.* Frankfurt: Ontos Publisher, 2012.

[Peirce 1976] PEIRCE, Charles Sanders; EISELE, C. (Hrsg.): *The New Elements of Mathematics I–IV.* Den Haag, Paris, Amsterdam: Mouton / Humanities Press, 1976.

[Radu 2002] RADU, Mircea: Basic Skills Versus Conceptual Understanding in Mathematics Education: The Case of Fractions. In: *Zentralblatt für Didaktik der Mathematik* 34 (2002), Nr. 3, S. 93–95.

[Radu 2003] RADU, Mircea: Peirces Didaktik der Arithmetik: Möglichkeiten ihrer semiotischen Grundlegung. In: HOFFMANN, Michael (Hrsg.): *Mathematik verstehen. Semiotische Perspektiven.* Hildesheim: Franzbecker, 2003.

[Ramharter u. a. 2006] RAMHARTER, Esther; WEIBERG, Anja: *Die Härte des logischen Muss. Wittgensteins Bemerkungen über die Grundlagen der Mathematik.* Berlin: Parerga, 2006.

[Shapiro 2000] SHAPIRO, Stewart: *Thinking about Mathematics. The Philosophy of Mathematics.* Oxford: Oxford University Press, 2000.

[Stjernfelt 2000] STJERNFELT, Frederic: Diagrams as Centerpiece of a Peircean Epistemology. In: *Transactions of the C. S. Peirce Society* 36 (2000), Nr. 3, S. 357–392.

[Winter 1995] WINTER, Heinrich: Mathematik und Allgemeinbildung. In: *Mitteilungen der Gesellschaft für Didaktik der Mathematik* 61 (1995), S. 37–49.

[Wittgenstein 2005] WITTGENSTEIN, Ludwig: *The Big Typescript.* German-English Scholar's Edition. Chichester: Wiley & Blackwell, 2005.

7 Mathematische Prozesse im Widerstreit

REINHARD WINKLER

7.1 Die Vielfalt mathematischer Prozesse

Zu Beginn sollen einige Gesichtspunkte behandelt werden, unter die mathematische Prozesse gestellt werden können. Ziel ist keinesfalls Vollständigkeit, geschweige denn eine verbindliche Systematik. Lediglich die Vielfalt der Möglichkeiten soll plausibel und für das Weitere greifbar gemacht werden. Dabei machen historische Prozesse den Anfang, sodann folgen gesellschaftliche, technologische, psychologische und schließlich innermathematische Prozesse. In allen Fällen führt eine Unterscheidung dahingehend, ob die Prozesse in einem kleinen oder großen Maßstab verstanden werden, zu weiteren Überlegungen.

7.1.1 Historische Prozesse

Historie ist nicht unbedingt jedes Mathematikers Sache. Interessiert den Historiker der Wandel der Welt im Laufe der Zeit, so kommen für den Mathematiker als Gegenstand seiner Disziplin vor allem solche Phänomene in Frage, die nicht nur für den Menschen unwandelbar sind, sondern die sogar in anderen möglichen Welten als logisch zwingende Zusammenhänge anerkannt würden. Diesen inhaltlichen Unterschieden beider Disziplinen entsprechen Gegensätze in der Methode und im erkenntnistheoretischen Status ihrer Ergebnisse. Man kann Mathematik und Geschichte sogar als entgegengesetzte Pole in einem Spektrum der Wissenschaften zwischen Allgemeinem und Besonderem auffassen.

Dennoch empfinden viele Mathematiker auch historische Prozesse als wichtig für ein adäquates Verständnis ihrer eigenen Disziplin. Dabei will ich zwei Herangehensweisen unterscheiden, gewissermaßen Geschichte der Mathematik im Kleinen (episodisch) bzw. im Großen (ideengeschichtlich).

Im Kleinen interessiert die Dramaturgie bemerkenswerter Einzelereignisse, sofern diese gemeinhin als wichtige Fortschritte in der wissenschaftlichen Erkenntnis empfunden werden. Ich erwähne die Legenden rund um die Entdeckung irrationaler Zahlen zur Zeit des Pythagoras, den Apfel, dessen Herabfallen Newton die Idee der Gravitation eingegeben haben soll, die dramatischen letzten Stunden im Leben von Galois oder die in (Singh 2012) dargestellte Geschichte von Fermats letztem Satz. Auch wenn manchem Mathematiker dabei eher zum Schmunzeln zumute sein mag – dergleichen heroisch angehauchte Erzählungen können und dürfen auch durchaus fesseln.

Dem gegenüberstellen möchte ich Geschichte der Mathematik im Großen, und zwar als Ideengeschichte sowohl innermathematisch als auch im Wechselspiel mit den Entwicklungen in anderen Disziplinen aus Wissenschaft, Kunst und Kultur. Historiker wie auch Mathematiker werden dieser Betrachtungsweise vermutlich mehr Bedeutung beimessen als dem Episodischen. Umso anspruchsvoller sind Fragen wie etwa die folgenden: Inwiefern hat uns die Abfolge der Entwicklung verschiedener Teildisziplinen der Mathematik etwas Wesentliches zu sagen? Ist sie repräsentativ für die Entfaltung unserer Zivilisation als Ganzer? Folgte die Entwicklung der Mathematik in Europa, wie sie das Bild der modernen Mathematik immer noch prägt, einer kulturübergreifenden Notwendigkeit? Oder fänden wir eine andere Weltmathematik vor, wäre anstelle der abendländischen eine andere Kultur global ähnlich einflussreich gewesen? All diese Fragen beziehen sich auf historische Prozesse im großen Maßstab. Es mag sein, dass wir darauf keine vollständigen und abschließenden Antworten erwarten dürfen. Anregend nicht nur für Mathematiker und Historiker sind sie zweifellos.

Unterschiede zwischen episodischer und ideengeschichtlicher Aufarbeitung historischer Prozesse brauchen nicht näher erörtert zu werden, sie liegen auf der Hand. Überspitzt könnte man sagen: In der Episode werden mathematische Ideen zum Vehikel für ein Narrativ, welches das Objekt des Interesses ist. In der Ideengeschichte sind umgekehrt Erzählungen nur Vehikel für die Lieblinge des Mathematikers, die mathematischen Ideen.

7.1.2 Gesellschaftliche Prozesse

Auch unter einem gesellschaftlichen Gesichtspunkt bietet sich ein kleinerer Ausschnitt, jener der Forschungsgemeinschaft an, neben einem größeren, der die Gesellschaft als Ganzes auch im Sinne einer allgemeinen Öffentlichkeit vor Augen hat.

Alle Wissenschaften und die Mathematik ganz besonders erfahren heutzutage eine zunehmend den ganzen Globus umspannende Internationalisierung (was gewisse Tendenzen im Wissenschaftsbetrieb betrifft, könnte man auch sagen: Angloamerikanisierung). Das bedeutet aber auch eine Ausdifferenzierung und Verfeinerung bis hin zur Unterscheidung hunderter, wenn nicht gar tausender verschiedener Spezialgebiete, von denen viele nur mehr jeweils von einer Handvoll Experten weltweit betrieben und/oder verstanden werden. Nicht alle Gründe dafür liegen in der Natur des Gegenstandes selbst. In 7.2.3 und 7.3.3 werden wir uns noch eingehender damit beschäftigen.

Ganz anders ist das Bild, wenn man die Gesellschaft als Ganzes im Auge hat. Hier geht es nicht um Ausdifferenzierung, sondern um Breitenwirkung. Nicht Verfeinerung, sondern Vergröberung verspricht hier Erfolg in der vielzitierten Ökonomie der Aufmerksamkeit (Franck 1998). Dennoch ist eine mindestens ebenso große Professionalität gefragt, wenn auch unter ganz anderen Zielvorgaben, und es gibt keinen

Grund für eine grundsätzlich despektierliche Haltung von Forschern gegenüber Popularisierern. Denn nicht nur der Befriedigung narzisstischer Bedürfnisse dient eine große Breitenwirkung. Selbst aus einem aufklärerisch-idealistisch aufgefassten demokratischen Grundverständnis heraus muss uns daran gelegen sein, der nicht fachkundigen Mehrheit die Sinnhaftigkeit wissenschaftlicher Forschung verständlich zu machen. So unterschiedlich also die Tendenzen in Fach- und Populärwissenschaft auch sein mögen, ihre Koexistenz hat gute Gründe.

7.1.3 Technologische Prozesse

Dass unsere Zivilisation und damit nicht zuletzt die Ernährung von über sieben Milliarden Menschen zu einem guten Teil auf Mathematik basiert, ist schon fast ein Allgemeinplatz. Hier will ich hinsichtlich technologischer Prozesse weiter unterscheiden. Der Betrachtungsweise im kleinen Maßstab entspricht hier die (eventuell sehr originelle) mathematische Lösung einer speziellen, sehr konkret und lokal auftretenden Problemstellung.

Dem gegenüber steht im großen Maßstab eine systematische Methodik, die sich mathematischer Theorie auf der Höhe der Zeit bedient und diversen, teils standardisierten technologischen Prozessen als Grundlage dient.

Hinsichtlich der dem einzelnen Mathematiker abverlangten Fähigkeiten kann das durchaus einen Zwiespalt bedeuten. Denn originelle Problemlösung einerseits und Durchdringung von systematischer Theorie andererseits sind Fähigkeiten, die sich bekanntlich individuell sehr unterschiedlich ausprägen können. Auf den Arbeitsmarkt bezogen ergibt sich daraus das anspruchsvolle Anliegen, vorhandene Kompetenzen dort verfügbar zu machen, wo sie die wertvollste Wirkung entfalten. Nicht nur die Prozesse im eigentlichen technologischen Sinn verdienen also Aufmerksamkeit, sondern auch jene, welche den Arbeitsmarkt bestimmen.

Doch auch (patent-) rechtliche Fragen stellen sich: Können bzw. dürfen mathematische Erkenntnisse geheim gehalten werden (die Innovation sollte in der Privatwirtschaft dem Erfinder zugute kommen), oder sind sie Eigentum der gesamten Gesellschaft oder gar der Menschheit (möglichst alle sollen von den technischen Möglichkeiten profitieren)? Erstmals konstatieren wir also einen Widerstreit, der echte, nichttriviale Probleme aufwirft.

7.1.4 Psychologische Prozesse

Die bisherigen Betrachtungen bestanden quasi in einer Außenschau der Mathematik, die nun durch eine Innenschau vervollständigt werden soll. Eine Möglichkeit dazu besteht in der Orientierung hin zum Subjekt. Wie also ereignet sich Mathematik aus der Sicht des Mathematik-Lernenden, -Lehrenden oder -Forschenden?

Denken wir dabei (im Kleinen) an das einzelne Individuum, so lässt sich dazu wenig Pauschales sagen, weil der eigentlich kreative Prozess schwer zu fassen ist. Umsomehr ergibt sich daraus aber eine große Herausforderung für Lehrende. Denn Vermittlung ist Kommunikation, und wirkungsvolle Kommunikation lebt von Individualität und Originalität. Gefragt ist die (sonst am ehesten von Künstlern erwartete) Fähigkeit, mathematische Prozesse vom eigenen Unbewussten ins Bewusstsein zu heben und dort in eine kommunizierbare Form zu übersetzen.

Demgegenüber bieten sich zum Studium allgemein verbreiteter psychologisch-mathematischer Prozesse (im Großen) jene Disziplinen an, die, unabhängig von individuellen künstlerischen Begabungen, empirisch abgesicherte Aussagen über Erwerb, Vermittlung und Verarbeitung mathematischer Inhalte im Bewusstsein machen können. Das sind vor allem Psychologie, Pädagogik und (Fach-)Didaktik. Da es sich hierbei um etablierte Wissenschaften handelt, die selbst einen Wissenschaftsbetrieb entwickelt haben, ließe sich auch dieser näher auf Prozesse untersuchen. Jedenfalls kommt es zu einer weiteren Auffächerung dessen, was wir (wenn auch vielleicht nur im weiteren Sinne) unter mathematischen Prozessen subsumieren können.

Auch echte Probleme erwachsen aus der Polarität zwischen Individualität und Allgemeinheit: Wer kennt keinen Mathematiklehrer mit einer Naturbegabung, die es ihm ermöglicht, alle wissenschaftlichen Erkenntnisse von Psychologie, Pädagogik und Didaktik beiseite zu wischen und dennoch sein Fach so zu vermitteln, dass viele brave Pädagogik- und Didaktikabsolventen daneben nur blass erscheinen? Doch folgt daraus keineswegs, dass wir aufgrund schillernder Einzelbeispiele systematische und empirisch abgesicherte Wissenschaften über Bord werfen sollen. Denn sie geben erstens der Vielzahl der nur durchschnittlich begabten Lehrenden wertvolle Hilfen und liefern zweitens unverzichtbare Orientierungen für bildungspolitische Maßnahmen. Umgekehrt wäre es aber auch problematisch, begabten Individualisten mutwillig Ketten anzulegen, nur um irgendeine, abstrakt vielleicht wünschenswerte Standardisierung oder Objektivierung zu erzwingen.

7.1.5 Innermathematische Prozesse

Anstatt im Inneren des Subjektes kann man auch im Inneren des Objektes nach mathematischen Prozessen suchen. Denn obwohl manch einer die Mathematik in ihrer Beständigkeit durchaus als statisch empfinden mag, sind dennoch auch prozesshafte Aspekte an ihr nicht von der Hand zu weisen. In mancherlei Hinsicht bestimmen sie sogar die Art und Weise, wie Mathematik in unserem Bewusstsein repräsentiert wird. (Wohlgemerkt: Davon zu unterscheiden sind die psychologischen Prozesse der Aneignung von Mathematik.)

Im Kleinen verstehe ich darunter die Konstruktion mathematischer Objekte, den logisch folgerichtigen Ablauf mathematischer Beweise oder auch das offensichtlich Prozesshafte an mathematischen Algorithmen.

Spricht man dagegen vom *Aufbau einer Theorie* oder gar *des gesamten mathematischen Lehrgebäudes* so ist damit ein Prozess mitgedacht, der die Mathematik im Großen betrifft (ich darf auch auf Winkler 2011a verweisen). Der berühmteste, weil am weitesten ausholende systematische Anlauf in diese Richtung wurde von führenden französischen Mathematikern unternommen, die unter dem Pseudonym *Nicolas Bourbaki* seit 1939 die mehrbändigen *Élementes de Mathématique* herausgaben. Beginnend mit dem (im systematischen Sinne) ersten Band über Mengenlehre (Neuauflage Bourbaki 2006) wird Mathematik darin als ein umfassendes und dennoch einheitlich konzipiertes Gebilde vor dem geistigen Auge des Lesers, ja man möchte sagen: des Betrachters aufgebaut. Dieser Prozess ist langsam, aber extrem mächtig und nachhaltig. Die Wirkung ergibt sich aus der Vereinheitlichung, die allerdings ein beträchtliches Abstraktionsniveau erfordert. Abstraktion ist also nicht Selbstzweck, sondern dient als Fundament für ein außerordentlich breit konzipiertes Lehrgebäude. Eine besondere Ökonomie – man kann auch sagen: ästhetische Qualität – besteht darin, dass die Wiederholung weitgehend identischer Beweisfiguren für ähnlich wiederkehrende Zwecke tunlichst vermieden wird. Anstelle dessen wird der gemeinsame, allgemeine Sachverhalt herausgearbeitet und möglichst klar zur Geltung gebracht. Obwohl es sich bei den mitwirkenden Autoren der *Élementes* bekanntermaßen um Mathematiker allerersten Ranges handelte, wurde in den Büchern selbst keiner von ihnen individuell erwähnt. Damit kommt zum Ausdruck, dass die Mathematik eine kollektive Errungenschaft ist und keine Ansammlung klar voneinander unterscheidbarer Einzelleistungen. Hierin besteht trotz aller Analogien vielleicht auch der wichtigste Unterschied zur Kunst, wo die individuelle Leistung ein viel größeres Gewicht hat. Denn kaum eine mathematische Einzelleistung wäre mittelfristig nicht auch von jemand anderem zu erwarten gewesen. Im Gegensatz dazu scheint der Gedanke absurd, dass Michelangelos, Shakespeares oder Beethovens Meisterwerke, hätten ihre Schöpfer nicht gelebt, von jemand anderem nachgeliefert worden wären.

Für das Weitere von besonderem Interesse ist die Spannung, die zwischen Differenzierung (als Tendenz im Kleinen) einerseits und Vereinheitlichung (als Tendenz im Großen) andererseits zutage tritt. Differenzierung erwächst innermathematisch aus dem Bedürfnis, wichtige Einzelheiten genauer zu verstehen, sofern diese an zu simplen Objekten nicht unterscheidbar sind. Folglich untersucht man kompliziertere Objekte, was das Gesamtbild bereichert aber auch verkompliziert. Besonders in der Mathematik ist aber die gegenläufige Tendenz, nämlich Vereinheitlichung, mindestens ebenso bedeutend. Sie ist der Hauptgrund dafür, dass im Laufe eines nur fünfjährigen Universitätsstudiums Jahrtausende mathematischer Entwicklung gebündelt und junge Menschen auf manchen Spezialgebieten sogar an die Front der Forschung gebracht werden können. Natürlich gilt das auch für andere Wissenschaften, bei der Mathematik ist es aber besonders bemerkenswert. Denn anders als in den empirischen Wissenschaften, wo kaum eine Theorie die Jahrhunderte ohne große Revision übersteht, gelten die mathematischen Erkenntnisse aller Zeiten im Wesentlichen unverändert. Trotz der resultierenden Wissensakkumulation hat – Dank der für die Mathematik charakteristischen Tendenz zur Vereinheitlichung – jede neue Generation die Chance, das gerade aktuelle Gebäude zu erklimmen und sogar noch weiter auszubauen.

7.2   Drei ausgewählte Gegenläufigkeiten

In diesem Kapitel sollen drei Arten von Prozessen ausgewählt und im Hinblick auf ihre teils problematischen Gegenläufigkeiten noch näher als bisher untersucht werden: der Forschungsbetrieb (als gesellschaftlicher Prozess), psychologische Prozesse unter dem Gesichtspunkt der Vermittlung von Mathematik und jene innermathematischen Prozesse, die das mathematische Lehrgebäude prägen.

7.2.1 Forschungsbetrieb versus Vermittlung von Mathematik

Nach allgemeinem Verständnis sind Universitäten neben ihrem Forschungsauftrag auch zuständig für die mathematische Lehre im sogenannten tertiären Bildungsbereich. Wissenschaftliche Laufbahnen werden aber fast ausschließlich durch die Erfolge auf dem Gebiet der Forschung bestimmt. Engagement und Reflexion im Bereich der Lehre wird daher von vielen Forschern als eine Vergeudung von Zeit und Energie empfunden. Obwohl wissenschaftliche Exzellenz einen wichtigen Einfluss auf die Qualität der Lehre hat, lässt sich vor allem angesichts der Spezifika von Massenuniversitäten (und diese stellen auch eine gesellschaftliche Errungenschaft dar!) deshalb ein Widerstreit zwischen Forschung und Lehre nicht leugnen.

7.2.2 Lehrgebäude versus Vermittlung von Mathematik

Offensichtlich wäre es absurd, Bourbakis *Élementes* als Grundlage für eine erste Einführung in die Mathematik zu verwenden. Und doch ist die Dissonanz hier vielleicht weniger schräg, als sie auf den ersten Blick anmutet. Denn jede gelungene systematische Darstellung bietet die klug strukturierte Zusammenschau gewisser Inhalte. Auf einem entsprechenden (im Falle Bourbakis zweifellos sehr hohen) Niveau der Vorbildung stößt eine solche Darstellung des Lehrgebäudes auch im didaktischen Sinn auf Resonanz und erzeugt das Gefühl: So und nur so sind diese Zusammenhänge am besten zu verstehen. Ungeachtet dessen stehen die Unterschiede zwischen systematischem und didaktischem Gesichtspunkt außer Frage.

7.2.3 Forschungsbetrieb versus Lehrgebäude

Die Gegenüberstellung von Prozessen im Forschungsbetrieb und jenen, die ein allgemein akzeptiertes Lehrgebäude hervorbringen, ist vielleicht die brisanteste. Denn der einzelne Forscher, sofern es ihm nicht vergönnt ist, an den bedeutendsten Fortschritten der Weltmathematik mitzuwirken (nämlich dort wo aktuelle Lehrgebäude um- und weitergeschrieben werden), sieht sich genötigt, den im Forschungsbetrieb wirksamen Erfolgskriterien Genüge zu tun. Und dieses Ziel erreicht man nicht zuletzt durch Quantität und Auffächerung der Aktivitäten. Diversifikation ist also eine natürliche Tendenz des Forschungsbetriebs, während ein Lehrgebäude vor allem durch Einheitlichkeit überzeugt.

Wir dürfen in Frage stellen, ob alle erwähnten Tendenzen auch in ihrem Widerstreit wünschenswert sind. Deshalb wollen wir die bisherige deskriptive Darstellung durch Erwägungen mit normativen Schlussfolgerungen ergänzen.

7.3 Ziele (Cui bono?)

Wollen wir widerstreitende Prozesse beurteilen und eventuell in positiver Weise beeinflussen, kommen wir nicht an den grundlegenden Fragen vorbei: Wie soll Mathematik sein, damit die Welt besser wird bzw. damit es den Menschen besser geht? Dies schließt die Frage mit ein: Wessen Wohlergehen wird überhaupt durch Mathematik berührt?

7.3.1 Mögliche Nutznießer der Mathematik

Denken wir an den einzelnen Menschen als Nutznießer (eventuell auch als Geschädigten) der Mathematik, so können wir unterscheiden: die Privatperson mit ihren individuellen Interessen, Neigungen und Bedürfnissen; den Menschen in seinem beruflichen Umfeld und auf dem Arbeitsmarkt; den Fachmathematiker. Andererseits kommen auch Kollektive und Institutionen in Betracht: wissenschaftliche Einrichtungen; die Volkswirtschaft und allgemeine Wohlfahrt eines Gemeinwesens; die Menschheit in ihrer Gesamtheit. Aber nicht all diese Instanzen treten als unabhängige Interessensträger auf.

7.3.2 Privatperson und Menschheit im Wettbewerb

Als Erben der abendländischen Aufklärung ist uns das Wohlergehen des Einzelnen und seine Chance auf ein Leben in Freiheit, Mündigkeit und Würde ein unbedingtes Anliegen. Über die Rolle, die ich dabei der Mathematik und insbesondere mathematischer Bildung beimesse, findet sich einiges in meinen Aufsätzen (Winkler 2006) und (Winkler 2009). Gleichfalls vorbehaltlos begrüßen wir alles, was der Menschheit als Ganzer zugute kommt. Man kann dabei an auf Mathematik basierende Technologien denken, die der Produktion oder Allokation knapper Güter oder der Nachhaltigkeit bei der Nutzung von Ressourcen dienen; oder an eine politische Aufklärung mit dem Ziel der Befreiung unterdrückter Menschen oder der Befriedung irrational geschürter

Konflikte etc. In allen genannten Fällen wirkt das kollektive Wohl in offensichtlicher und positiver Weise zurück auf das Wohl (fast) jedes Einzelnen.

Ein weniger klares Bild zeigt sich unter anderen Gesichtspunkten: Berufliches Fortkommen des Einen bedeutet oft Misserfolg und Frustration des Anderen, und Ähnliches gilt für Forschungsinstitutionen wie auch für ganze Volkswirtschaften. Das all diesen Konstellationen gemeinsame Element ist der Wettbewerb oder, spieltheoretisch ausgedrückt, das Nullsummenspiel. Klarerweise ist es weder möglich noch wünschenswert, Wettbewerb überall zu verhindern. Er kann aber nicht als Wert an sich gelten und bedarf einer Rechtfertigung, die sich auf ein übergeordnetes Ziel bezieht. Diese Erkenntnis wird uns nun mehrfach bei der Entscheidung helfen, wie mit Prozessen im Widerstreit umzugehen ist.

7.3.3 Diversifizierung versus Vereinheitlichung

Wir haben gesehen: Die Vereinheitlichung ist eine der Mathematik immanente Tendenz, vor allem wenn man das Lehrgebäude als Ganzes betrachtet. Auch die dazu gegenläufige Diversifizierung hat teilweise innermathematische, also in der Natur des Gegenstandes liegende Gründe. Wir haben aber auch externe Gründe vorgefunden, nämlich im Wissenschaftsbetrieb, wo für den einzelnen Akteur Anreize entstehen, sich in der Forschungslandschaft (hinreichend kleine) eigene Nischen einzurichten. Bei kleiner Konkurrenz stehen die Chancen, Sieger zu sein, besser. Das kann in einer hochkompetitiven Forschungslandschaft überlebensnotwendig sein. Wie bereits festgehalten, wollen wir aber den Wettbewerb alleine, wenn auch vielleicht als Erklärung, so doch nicht als Rechtfertigung für die resultierende Zersplitterung anerkennen. Maßgeblicher sind für uns – ganz im Sinne von 7.3.2 – das Wohl des Einzelnen wie auch der Menschheit als Ganzer. Und hier spricht wenig für Zersplitterung. In einzelnen Fällen nützlicher Anwendungen mag es wünschenswert sein, einen spezifischen mathematischen Inhalt unabhängig von größeren Zusammenhängen zu verstehen. Der Normalfall ist das jedoch nicht.

Zu Gunsten der Vereinheitlichung hingegen finden sich auf allen Ebenen und in allen erdenklichen Kontexten übermächtige Argumente. Das liegt nicht an einem beiläufigen Zusammentreffen unabhängiger Aspekte, die zufällig in eine ähnliche Richtung weisen. Sondern es gibt unzweifelhaft ein allgemeines, menschliches Bedürfnis nach Einheit, dem die Mathematik besonders tiefe Befriedigung zu bieten imstande ist. Wir können das auch unter ökonomischen Gesichtspunkten begreifen, indem wir die Mathematik als Wissenschaft von der Ökonomie analytischen, begrifflichen Denkens ansehen. Denn Abstraktion und Verallgemeinerung im mathematischen Sinne bezwecken nichts anderes als Verbesserung der Denkökonomie: Bei gleichem oder nur geringfügig erhöhtem Einsatz der Mittel (d. h. des Begriffsapparates) lässt sich die Wirkung (d. h. das Verständnis) überproportional steigern. Und hierin liegt die Erklärung für die vereinheitlichende Tendenz, die an der Entwicklung des mathematischen Lehrgebäudes zu beobachten ist. Analoges gilt für die Vermittlung von Mathematik und für ihre effektive Nutzung in technologischen Prozessen im weitesten Sinn.

7.4   Konsequenzen – Prozess als Progress

Abschließend wollen wir uns die Frage stellen, ob beziehungsweise wie mathematische Prozesse in wünschenswerter Weise beeinflusst werden können.

7.4.1   Macht und Ohnmacht politischer Gestaltung

Bereits ein kurzer Blick auf die behandelten mathematischen Prozesse zeigt deutlich die engen Grenzen unserer Möglichkeiten: Historische Prozesse gezielt zu beeinflussen, ist wohl von vornherein unrealistisch. Innermathematische Prozesse, d. h. die Art und Weise, wie Theoreme bewiesen und Theorien entwickelt werden, unmittelbar kontrollieren zu wollen, bedeutete völlig absurden autoritären Durchgriff, den wir nicht in Betracht ziehen. Sehr wohl nachzudenken hat man aber über Initiativen zur Förderung des technologischen Transfers und – worauf ich mich im Folgenden konzentrieren möchte – über bildungs- sowie forschungspolitische Maßnahmen.

7.4.2   Wertschätzung von Lehre auf allen Ebenen

Die Diskrepanz zwischen den Bedürfnissen der Lehre an unseren Massenuniversitäten einerseits und den forschungsorientierten Bedingungen für wissenschaftliche Karrieren andererseits wurde bereits angesprochen. Es überrascht nicht, dass in der gegenwärtigen akademischen Welt, wo vor allem von wissenschaftlicher Exzellenz die Rede ist, qualitätsvoller Lehre selten jene Wertschätzung entgegengebracht wird, die ihr zustünde. Das gilt, obwohl eine (diesbezüglich nicht besonders gut informierte) Öffentlichkeit umgekehrt die Universität fast ausschließlich als fortgesetzte Schule ansieht. Entsprechend widersprüchlich können Vergleiche von Universitäten ausfallen, je nachdem, ob die üblichen forschungspolitischen Parameter die Kriterien sind oder beispielsweise das subjektive Wohlbefinden von Studierenden. Allerdings wird in beiden Fällen wenig über die Qualität der Lehre ausgesagt, wie sie hier verstanden wird. Denn weder ist garantiert, dass hervorragende Forscher sich auch um die Lehre bemühen, noch sagt (besonders in den ersten Semestern) das subjektive Behagen von Studierenden viel über die Qualität des Gelernten aus. Noch aussagekräftiger als die zweifellos wertvollen üblichen Bewertungen von Hochschullehrern durch Studierende unmittelbar nach Ende einer Lehrveranstaltung zu Semesterschluss wären deshalb Befragungen von Absolventen mit größerem zeitlichen Abstand.

Bei der Mathematikvermittlung für andere Altersstufen verschieben sich die Gewichte graduell, aber nicht grundsätzlich. Ein besonderes Anliegen sollte die Verbesserung des Ansehens und somit der Attraktivität des Lehrerberufes sein. Dass es diesbezüglich nicht zum Besten steht, hängt speziell in der Mathematik mit einem weit verbreiteten Mangel an Einsicht in die subtile Beziehung zwischen fachlicher und didaktischer Kompetenz zusammen. Dabei geht es nicht zuletzt um den vereinheitlichenden Charakter der Mathematik und das damit verbundene Verständnis inner- und außermathematischer Zusammenhänge, sowohl aus fachmathematischer wie aus didaktischer Sicht (siehe Neuweg 2011 und Winkler 2011b). Eine stärkere Kooperation beider Bereiche mit entsprechendem Arbeitsauftrag scheint daher wünschenswert, und zwar auf allen Ebenen des Bildungssystems.

7.4.3   Kritische Sensibilität gegenüber wissenschaftlicher Inflation

Hieß es vor einigen Jahren noch *publish or perish*, so werden im heutigen Wissenschaftsbetrieb vom Einzelnen nicht nur Publikationen erwartet, sondern außerdem die Einwerbung von sogenannten Drittmitteln, eine rege Vortragstätigkeit (möglichst auf Einladung, idealerweise als Hauptvortragender auf Tagungen), die Organisation von wissenschaftlichen Veranstaltungen, die Herausgabe von wissenschaftlichen Publikationen, die Beachtung durch Massenmedien etc. Entsprechende Evaluierungen nach komplizierten Schlüsseln mit anschließenden Rankings sind zunehmend der Forschungsinstitutionen und ihrer Vertreter täglich Brot. Zwar ist es sinnvoll, die Palette der Aktivitäten, die einem Wissenschaftler gutgeschrieben werden, zu erweitern anstatt sie zu eng zu fassen. Doch entsteht, wenn der Wettbewerb zu sehr in den Vordergrund rückt, eine höchst fragwürdige Ankurbelung der Quantität, wobei sich Erfolge der Sieger schnell vervielfachen, während dauerhaft ins Abseits gerät, wer sich dieser Diktatur der Geschäftigkeit, wie der Philosoph und Schriftsteller Peter Bieri sie nennt, nicht unterordnet. Dabei spielen auch die explodierenden Entwicklungen im Bereich der elektronischen Kommunikation eine fragwürdige, weil inflationierende Rolle. Denn Beschleunigung der Übermittlung und resultierende Anhäufung von immer mehr Information alleine haben noch herzlich wenig mit dem zu tun, worum es in der Mathematik geht: um Gedanken, Ideen und um tiefes Verständnis – ganz im Sinne der vereinheitlichenden Kraft der Mathematik. Inflation wissenschaftlicher Aktivitäten bedeutet notgedrungen auch Entwertung. Mehr kritische Sensibilität diesbezüglich könnte ein erstes Ziel sein (vgl. auch Liessmann 2006).

7.4.4   Laufbahnmodelle für junge Mathematiker

Wer nach Abschluss eines Mathematikstudiums in die Forschung einsteigt, muss zeigen, dass er mathematische Ideen hat, diese methodisch einwandfrei zu Beweisen auszuarbeiten und schließlich in ansprechender Form niederzuschreiben imstande ist. Gleichzeitig ist ein umfassender Überblick über die gesamte Mathematik schon längst auch für sehr erfahrene Wissenschaftler unmöglich. Damit sich trotzdem auch Neulinge in der Forschung beweisen können, müssen sie sich meist mit relativ überschaubaren Spezialgebieten begnügen. Doch immer wieder gelingen jungen, beweglichen Geistern Erfolge, die ihren älteren Kollegen trotz größerer Erfahrung verwehrt sind. Wir haben es hier also mit einem Spezialistentum zu tun, das durchaus seine Meriten, wenn nicht gar seine innere Notwendigkeit hat.

Mit fortschreitendem Alter verliert sich aber oft die Begeisterung für das ursprüngliche, enge Spezialgebiet und weitere Ausblicke mit entsprechend universelleren, anspruchsvolleren mathematischen Fragen gewinnen an Attraktivität. Leider bedeutet das aber nur selten, dass sich auch die mathematische Virtuosität im selben Ausmaß weiterentwickelt. Denn dafür bleibt vielen neben immer schwerer lastenden Aufgaben im Hochschulbetrieb zu wenig Zeit und Muße übrig. Entsprechend zäher fließen die Publikationen und umso wertvoller ist es, wenn statt dessen bei der Vermittlung von Mathematik Einsichten in größere Zusammenhänge wirksam werden. Deshalb entwickeln sich viele Mathematiker durch ihre gesamte Aktivzeit hindurch als Lehrer substantiell weiter, während das als Forscher nur Ausnahmeerscheinungen gelingt.

Diese Not lässt sich zur Tugend wenden, wenn wir uns am Ziel der Vereinheitlichung orientieren. Die Produktion an neuer Mathematik ist weltweit unüberschaubar, nur ein kleiner Teil kann gewürdigt werden. Von großem Interesse jedoch wäre ein übersichtliches System zur Orientierung durch das Dickicht des Verfügbaren. Eine wertvolle Ergänzung zur üblichen Klassifikation der AMS (American Mathematical Society) wäre ein Referenzsystem mit mehr inhaltlichen Anknüpfungspunkten. Nicht für diesen Zweck konzipiert aber jedenfalls beachtenswert ist (Gowers 2009). Zahlreiche höchstrangige Autoren haben an diesem Werk mitgearbeitet. Im Gegensatz zu Bourbaki wird darin nicht eine systematische Gesamtdarstellung als zentral erachteter Teile der Mathematik angestrebt, sondern eine ausgewogene, repräsentative und relativ leicht zugängliche Zusammenschau der wichtigsten Teilgebiete und Aspekte der Mathematik.

In der typischen Karriere eines Mathematikers darf die bereits zitierte Diktatur der Geschäftigkeit nicht von Dauer sein. Die wertvollsten Beiträge sind immer noch dann zu erwarten, wenn es weitgehend dem Experten selbst überlassen ist, in welcher Weise er seine jeweiligen individuellen Stärken am sinnvollsten einbringt. Natürlich bedarf es dabei guter Auswahlmechanismen beim wissenschaftlichen Nachwuchs. Wichtig aber ist, dass die Auswahl rechtzeitig erfolgt. Gegenwärtig gibt es zum Beispiel in Österreich eine große Zahl ausgezeichneter Mathematiker an die 40 oder auch schon darüber, die trotz sehr solider Leistungen noch immer keine dauerhafte, ihren Lebensunterhalt sichernde Position im wissenschaftlichen Bereich ergattert haben und permanent den unterschiedlichsten Frustrationen ausgesetzt sind. Die Gelegenheit für einen Umstieg in einen anderen Beruf haben sie verpasst, weil ihnen das akademische System trügerische Hoffnungen gemacht hatte. Deshalb kann man zur Zeit selbst herausragenden jungen Talenten die wissenschaftliche Laufbahn kaum vorbehaltlos empfehlen. Angesichts der allgemein anerkannten Wichtigkeit von Wissenschaft und Forschung, insbesondere auch in der Mathematik, ist dieser Zustand nicht nur für den Einzelnen höchst problematisch, sondern auch für die gesamte Gesellschaft. Wissenschaftliche Karrieren müssen sich früher entscheiden, so dass die Ausgeschiedenen rechtzeitig nach einer anderen Berufslaufbahn Ausschau halten können. Wer sich für den Verbleib in der Wissenschaft über sein 30. bis 35. Lebensjahr hinaus qualifiziert hat, soll weitgehend in Ruhe arbeiten können. Maßgeblich für die Arbeit soll sein eigenes mathematisches Gewissen sein und nicht das Diktat anonymer Mächte und kafkaesker Prozesse.

Literatur

[Bourbaki 2006] BOURBAKI, Nicolas: *Théorie des ensembles*. Berlin, Heidelberg: Springer, 2006 (Nachdruck).

[Franck 1998] FRANCK, Georg: *Die Ökonomie der Aufmerksamkeit*. 10. Aufl., München: Hanser Verlag, 1998.

[Gowers 2009] GOWERS, Timothy (Hrsg.); BARROW-GREEN, June (Hrsg.); LEADER, Imre (Hrsg.): *The Princeton Companion to Mathematics*. Princeton: Princeton University Press, 2008.

[Liessmann 2006] LIESSMANN, Konrad Paul: *Theorie der Unbildung – Die Irrtümer der Wissensgesellschaft*. Wien: Paul Zsolnay Verlag, 2006.

[Neuweg 2011] NEUWEG, Georg Hans: Das Wissen der Wissensvermittler – Problemstellungen, Befunde und Perspektiven der Forschung zum Lehrerwissen. In: TERHART, Ewald (Hrsg.); BENNEWITZ, Hedda (Hrsg.); ROTHLAND, Martin (Hrsg.): *Handbuch der Forschung zum Lehrerberuf*. Münster, New York, München, Berlin: Waxmann, 2011, S. 451–477.

[Singh 2012] SINGH, Simon: *Fermats letzter Satz*. München: dtv, 2012.

[Winkler 2006] WINKLER, Reinhard: Von Nutzen, Wert und Wesen mathematischer Bildung. In: GEPP, Roman (Hrsg.); MÜLLER-FUNK, Wolfgang (Hrsg.); PFISTERER, Eva (Hrsg.): *Bildung zwischen Nutzen und Notwendigkeit*. Münster: Lit-Verlag, 2006, S. 163–183.

[Winkler 2009] WINKLER, Reinhard: Nachhaltigkeit von Mathematikunterricht durch Förderung der Phantasie. In: SCHRITTESSER, Ilse (Hrsg.): *Professionalität und Professionalisierung. Einige aktuelle Fragen und Ansätze der universitären LehrerInnenbildung*. Frankfurt a. M.: Peter Lang GmbH Internationaler Verlag der Wissenschaften, 2009, S. 179–205.

[Winkler 2011a] WINKLER, Reinhard: Der Organismus der Mathematik – mikro-, makro- und mesoskopisch betrachtet. In: HELMERICH, Markus (Hrsg.); LENGNINK, Katja (Hrsg.); NICKEL, Gregor (Hrsg.); RATHGEB, Martin (Hrsg.): *Mathematik Verstehen – Philosophische und Didaktische Perspektiven*. Wiesbaden: Vieweg + Teubner, 2011, S. 59–70.

[Winkler 2011b] WINKLER, Reinhard: Mathematik: Die unauflösliche Verflochtenheit von Fachwissenschaft und Didaktik. In: *Best Spirit: Best Practice – Lehramt an Österreichischen Universitäten*. Wien: Braumüller Verlag. Gedruckt mit Förderung aller beteiligten Universitäten sowie der Österreichischen Universitätenkonferenz, 2011, S. 90–99.

Teil II

Mathematik und Mathematikunterricht im historischen Prozess

8 „Geschichte" – was ist das eigentlich?

THOMAS ZWENGER

Die Frage, was Geschichte eigentlich sei, klingt reichlich banal. Jeder weiß irgendwie, was das ist – die Geschichte. „Geschichtsbewusstsein" ist für den mündigen Bürger ein hohes Bildungsgut – vielleicht heute nicht mehr so sehr, wie die gute Orientierung im Internet, aber immerhin: Eine einigermaßen sichere Kenntnis vor allem der jüngeren deutschen Geschichte, sowie der halbwegs kompetente Umgang mit Epochenbegriffen wie „Antike – Mittelalter – Neuzeit", mit wichtigen historischen Ereignissen („dreidreidrei – Issos-Keilerei") und mit großen Gestalten der Weltgeschichte wie „Cäsar", „Karl der Große" oder „Kolumbus": so etwas sollte – zumindest der in der Öffentlichkeit stehende, mit dem „Zeugnis der Reife" ausgestattete Citoyen schon drauf haben!

Aus dem Geschichtsunterricht des Gymnasiums haben wir in aller Regel eine gute Kenntnis dessen mitgenommen, was sich „in der Geschichte" ereignet hat, und wir sagen dann, Geschichte ist das, was vormals geschehen ist – und was von den großen Historikern als „historisch bedeutsam" eingestuft worden ist, so dass man sagen könnte: „Geschichte, das ist das, was in den Geschichtsbüchern steht." – Wir haben analoge Fälle in der Mathematik, die sich vornehmlich als das zeigt, was in einer Formelsammlung steht, und in der Philosophie, die bekanntlich das ist, „was Philosophen tun" (*Ludwig Wittgenstein*).

„Normalerweise", in unseren alltäglichen Diskursen und für unsere gewöhnliche Meinungsbildung über die allgemeine Weltlage genügt es zu wissen, wo wir nachschlagen müssen, um über ein bestimmtes historisches Phänomen Klarheit zu gewinnen. Aber es gibt auch immerhin Situationen, in denen plötzlich die Geschichte selbst unter Sinnlosigkeitsverdacht gerät und die „Wirklichkeit" oder die „Objektivität" oder eben „die ganze Geschichte als solche" fraglich wird. In solchen Situationen muss auf einer anderen Ebene über die Geschichte nachgedacht werden, es muss grundsätzlich geklärt werden, was denn das eigentlich sei – die Geschichte, und worin sie sich von dem, was *nicht* Geschichte ist, unterscheide. Mit anderen Worten: Wir müssen von der „normalen" zur „philosophischen" Frage nach der Geschichte übergehen. – Der folgende Text untersucht die möglichen Erwartungen an das philosophische Fragen nach der Geschichte und kommt zu einem zwar bekannten, aber in wissenschaftstheoretischen Kreisen gar nicht gern gesehenen Ergebnis: Geschichte und Wissenschaft sind keine engen Freunde!

8.1 *Materiale* Geschichtsphilosophie

Die Frage, „was etwas sei", gehört zu den Grundaufgaben der Philosophie. Die Antwort auf solch „philosophisches" Fragen – also das, „*was*-etwas-ist" – wird seit alters als sein λόγος bestimmt, ein Wort, das herkömmlich mit dem rätselhaften und oft missverständlichen Wort „Begriff" übersetzt wird. Damit verschiebt sich die philosophische Aufgabe, zu sagen, „was etwas sei" auf die andere Aufgabe, den „Begriff von *etwas*" anzugeben. – Es kommt für die Philosophie darauf an, zu verstehen, in welcher Weise ein Begriff dazu dienen kann, auszusagen, „was *etwas* sei". Auf *philosophische* Weise zu fragen, „was etwas sei", bedeutet, es zu „denken". Es bedeutet, das „was-es-ist" einer Sache auf einen Begriff zu bringen, das ὑποκείμενον[1] dieser Sache auszusagen, sich einen Begriff davon zu machen, was dieses Seiende allererst zu einem Seienden macht. Wir verstehen dieses „was-es-ist" als sein innerstes *Wesen*.[2] – Die Philosophie befasst sich, indem sie nach dem, „was *etwas* ist" fragt, *nicht* – auch und vor allem nicht „wissenschaftlich" – mit „dem, *was* ist", also mit einem „Seienden", sondern ausschließlich mit den „Gründen" oder „Prinzipien" dieses Seienden, eben mit seinem λόγος. In den unterschiedlichen Auffassungen des Logos – ob er nämlich als „Prinzip" ausgelegt wird oder etwa bloß als „diskursiver Begriff", der angibt, „von welcher Art etwas ist" – zeigen sich nicht nur die verschiedenen philosophischen Grundpositionen, wie Idealismus oder Materialismus, sondern es wird auch deutlich, in welchem Denkbereich die Frage nach dem „was-es-ist" einer Sache zu verorten ist. Genau hier liegt die besondere Schwierigkeit unserer Frage nach der Geschichte.

Aber das ist ersichtlich nicht die *normale* Art und Weise, mit der Frage „was etwas sei" umzugehen. *Normaler*weise, also in unserem alltäglichen Vorstellen, spielt das „was-es-ist" einer Sache keine Rolle, wir kümmern uns gar nicht darum. Wenn wir „normalerweise" fragen, „was etwas sei", bedeutet dies nicht die Frage nach dem „was-es-ist". Die Antwort auf die „normale" Frage, „was etwas sei", zielt nicht auf ein „Denken", sondern verlangt ein spezifisches Handeln im Sinne eines bestimmten „Umgangs" mit dieser Sache.

Dies soll an einem einfachen Beispiel, dem Beispiel der „Natur" verdeutlicht werden: Der „*normale*" Umgang mit der Natur besteht darin, sie zu „erforschen". Die Naturwissenschaft ist die methodisch angeleitete Erforschung der Natur. Demgegenüber ist die Frage, „was die Natur sei" – also die *philosophische* Frage nach dem „was-es-ist" der Natur – die Frage nach ihrem „Begriff". Während sich also die Natur*wissenschaft* mit der „Natur selbst", das heißt mit der Erforschung der Natur-*Dinge* beschäftigt, beschäftigt sich die Natur*philosophie* nicht mit der Natur *selbst*, sondern nur mit ihrem „was-es-ist", das heißt mit ihrem *Begriff*. Natur*wissenschaft* „erforscht" die Natur, Natur*philosophie* „denkt" die Natur.

Kommen wir nun zurück zu unserer Themafrage, „was das eigentlich sei, die *Geschichte*", so müssen wir auch hier zunächst – analog zum Natur-Beispiel – die *philosophi*-

---

[1] Das „Zugrundeliegende"; vgl. Aristoteles 1922, passim.

[2] Seit Aristoteles bezeichnet man dieses „Wesenswas" einer Sache als das τὸ τί ἦν εἶναι, wörtlich „das, was es immer schon war" (Aristoteles 1994, VII 2, 1043 a 21).

sche Frage nach dem „was-es-ist" der Geschichte, also das *Denken* der Geschichte, von der „Geschichte selbst", von der Erforschung der Geschichte in der Geschichtswissenschaft oder Geschichtsschreibung unterscheiden. Wenn wir nach dem „was-es-ist" der Geschichte fragen, dann befinden wir uns – so sollte man meinen – definitiv nicht in der Geschichts*wissenschaft*. Es ist nicht die Sache der Historiker, gleichsam aus der Erforschung der Geschichte heraus eine Antwort auf die Frage zu finden, „was die Geschichte eigentlich sei". Sondern wir befinden uns dann geistig in einem anderen Bereich, im Bereich des *Denkens* bzw. der „*Philosophie* der Geschichte". Geschichts*philosophie* „denkt" die Geschichte, die Geschichts*schreibung* „schreibt", „erforscht", „erzählt" die Geschichte.

Dies wäre ein erstes klares Ergebnis, das geeignet wäre, uns für die Beantwortung unserer Ausgangsfrage immerhin auf eine vernünftige Fährte zu setzen. Allerdings kommt an dieser Stelle ein Umstand zum Tragen, der die Sache ungemein kompliziert. Nehmen wir nochmal den Vergleich mit der Natur: Die philosophische Diskussion um den Naturbegriff ist so alt wie die Philosophie. Aber was immer man sonst noch über das „was-es-ist" der Natur sagen will: Mit dem Natur-Begriff bezeichnen wir immer einen Wirklichkeitsbereich, der dem menschlichen Denken *transzendent* ist. Wir „denken" die Natur vornehmlich als *Substanz*, als etwas, was außerhalb des menschlichen Geistes – gewissermaßen „an sich" – vorhanden ist. Der Seinsmodus der Natur*dinge* ist der des „Existierens", nämlich unabhängig vom Denken.[3] – Wegen dieser Transzendenz ist das „was-es-ist" der Natur eigentlich gar nicht zu *denken*, die „Substanz" ist dem menschlichen Denken unerreichbar. Deshalb kann eine *Ontologie* als philosophische Lehre „von den Gründen des Seienden" – die alte „*metaphysica generalis*" – nach der neuzeitlichen Wende zum Rationalismus nicht mehr ernsthaft betrieben werden. Somit bleibt die Natur-*Wissenschaft* die einzig sinnvolle – „normale" und „nicht-philosophische" – Beschäftigung mit der Frage, „was die Natur sei" bzw. was es mit den Natur*dingen* auf sich habe. Zwar gibt es heute (natürlich) eine „Natur-Philosophie", aber nicht mehr als Metaphysik, sondern nur noch in der sozusagen abgespeckten Version einer „Wissenschaftstheorie der Naturwissenschaften".

Mit der Geschichte verhält es sich nun interessanterweise nicht so einfach: Auch der Geschichtsbegriff ist sehr alt. Seit der „Erfindung"[4] der Geschichte durch *Herodot* und *Thukydides* wird ständig – „normal" und „philosophisch" – die Frage diskutiert, „was die Geschichte sei". Was immer man sonst noch über das „was-es-ist" der Geschichte sagen will: In unserer Geschichtsvorstellung verschränken sich quasi-natürliche Anteile mit einem Wirklichkeitsbereich, der der Natur insofern entgegenzusetzen ist, als er dem menschlichen Denken gerade *nicht* transzendent ist, sondern etwas „Geistiges" darstellt. Geschichte kann als ein echtes – vielleicht das echte – *Humanum* bezeichnet werden, in welchem sowohl Objektives wie auch Subjektives enthalten sind.

---

[3] Von lat. „ex stare", Heraustehen. – Eine der Folgen dieser Einsicht ist die Tatsache, dass die „Erfahrungs-Erkenntnis" der dem Menschen als „ζόον λόγον ἔχον" (zóon lógon échon) einzig adäquate Zugang zur Natur ist. Vgl. z. B. Aristoteles 1973, 1253a, S. 7–10.

[4] Wie wir gleich sehen werden, ist die Geschichte ein *Artefakt*, nämlich ein von Menschen produzierter Text. Deshalb kann man sagen, dass die Geschichte eine besondere menschliche Form symbolischer Welterschließung ist, die von bestimmten Menschen zu einem bestimmten Zeitpunkt „erfunden" worden ist.

Nach wie vor kann die Charakterisierung der Geschichte, die *Herodot* im Proömium zu seinen „Historien" gibt, als das Grundsätzlichste und in allen Facetten Gültige angesehen werden, das über die Geschichte gesagt werden kann. Nach Herodot nämlich gehe es in der Geschichte um das,

> „was von Menschen geschehen ist (τὰ γενόμενα ἐχ ἀνθρώπων), und von großen und wunderbaren Werken (ἔργα), die von Griechen und Barbaren aufgewiesen wurden",

sowie darum,

> „zu ermitteln, aus welchem Grunde und durch welche Schuld (δι ν αἰτίην) sie miteinander Krieg führten."

Herodot 1971, S. 6

Dieses „von Menschen geschehen" kann nichts anderes heißen, als dass die Geschichte oder das geschichtliche Geschehen nicht einfach „von Natur aus vorhanden" und vom menschlichen Denken (und Wollen) unabhängig sein kann. Nach dem „was-es-ist" zu fragen, ist bei der Geschichte nicht dasselbe wie bei der Natur. Vielmehr ist Geschichte eine spezifisch menschliche *Bedeutungsgebung*, die zugleich „ist" und „bedeutet". Substanzbegriffe reichen nicht hin, das Wesentliche der Geschichte zu charakterisieren. Sie fällt vielmehr in den Bereich der *„Funktionen"* der menschlichen Vernunft bzw. „Urteilskraft" und gehört damit – mit dem entsprechenden Terminus von *Ernst Cassirer* – zu den „symbolischen Formen der Welterschließung" (vgl. Cassirer 1977).

Auch hierin zeigt sich übrigens die geistige Verwandtschaft der Geschichte mit der Mathematik: Das „was-es-ist" der Geschichte wie der Mathematik – sei es aufgefasst als ihr „Urheber", ihre „Ursache", ihr „Prinzip", ihr „Grund" oder ihr „Begriff" – ist selbst ein Geistiges, das heißt nur eben selbst im „Denken der Geschichte bzw. der Mathematik" aufzufinden. – Wie der Mathematiker, so muss auch der Historiker sich dem Problem stellen, ob er den Gegenstand seiner Forschung eigentlich „entdeckt" oder „erfindet".[5]

Nun haben die Menschen die Geschichte von Anfang an – sozusagen *analog* zur Natur – als einen vom subjektiven menschlichen Geist unabhängigen, objektiven Wirklichkeitsbereich gedacht. Das eben war ja die große Entdeckung der ersten griechischen Historiker, dass sie von der „Wirklichkeit der Menschen" berichten konnten, die sich von den irrealen Göttergeschichten der Mythologie unterschieden. Wir fühlen uns genauso in die „objektive" Wirklichkeit der Geschichte hineingestellt wie in die objektive Wirklichkeit der Natur und halten uns genauso für geschichtliche- wie für Naturwesen. Es gehört zu den banalsten Selbstverständlichkeiten, dass die historischen Ereignisse „wirklich" vorgefallen sind und nicht von den Historikern einfach erdichtet worden sind. Wir schreiben uns schließlich ein Geschichtsbewusstsein zu, in dem Sinne, dass wir in der Lage sind, „wahre" von bloß „erfundenen" Geschichten unterscheiden zu können.

Die antiken „Erfinder" der Geschichte – wie *Herodot* und *Thukydides* – waren als Histo-

---

[5] Demgegenüber ist natürlich der Naturforscher immer nur in einem herausgehobenen Sinn der „Entdecker" der Natur.

riker natürlich nur an der „normalen" Aufgabe der Geschichts*schreibung* interessiert. Aber parallel zu – und völlig unabhängig von – der fraglos äußerst reichhaltigen und erfolgreichen Tradition der europäischen Geschichtsschreibung bildet sich im Gefolge jüdisch/christlicher Geistigkeit ein völlig neuartiges „philosophisches" Denken der Geschichte heraus. Aus der notwendigen Annahme der Geschichte als eines vom Menschen – wenigstens äußerlich – unabhängigen Wirklichkeitsbereichs, und der gleichzeitig unabweisbaren Einsicht in die Geschichte als einer geistigen Bedeutungsgebung („das von Menschen Geschehene") folgt für diese frühen Geschichtsphilosophen das Postulat eines *transzendenten*, aber dennoch nicht „naturalen", sondern „geistigen Wesens", welches als der „wirkliche" Urheber, als „Planer", als „Grund" und „Prinzip" – also als das eigentliche „was-es-ist" – der Geschichte angenommen wird. Ein solcher Geist – so musste man annehmen – legt Ursprung und Ziel der Geschichte fest und bestimmt die Entwicklungsgesetze der Geschichte.

Natürlich springt sofort ins Auge, dass durch eine solche „Hypostasierung" oder „Substantialisierung" eines *materialen* Prinzips der Geschichte, sei es in der Figur Gottes, sei es in der Gestalt eines „absoluten Geistes" [bzw. eines sich in der und durch die Geschichte realisierenden und zu sich selbst kommenden, d. h. absolut *werdenden* Geistes] der eigentliche Gegenstand der Geschichte bzw. das, was die Geschichte eigentlich ist, der menschlichen Erfahrung und Beobachtung völlig enthoben ist. Und so wie eine *materiale* Naturphilosophie eine irrationale Ontologie ist, so wird diese „*materiale Geschichtsphilosophie*" zu einer Art irrationaler „Onto-Theologie". Das klassische Beispiel dieser „substantialistischen Geschichtsphilosophie"[6] – zugleich Kulmination und Peripetie der „historischen Formation" der Geschichtsphilosophie (vgl. Marquard 1973, S. 22 ff.) – finden wir in Hegels Theorie des „Objektiven Geistes".

Das große Problem dieser Art der Geschichtsbetrachtung besteht darin, dass unter diesen Voraussetzungen die Geschichte in praktischer Hinsicht determiniert erscheint und der Mensch als *freies* Vernunftwesen und damit autonomer Gestalter seiner Lebenswelt und Geschichte nicht mehr zu halten ist. Das ist Kants Problem einer „Geschichte in weltbürgerlicher Absicht"[7]: Wie sollen die Menschen als in der Geschichte frei handelnde Wesen gedacht werden können, wenn diese Geschichte durch den Plan einer übermenschlichen Vernunft festgelegt ist? – Es sind hauptsächlich solche Einwände, die diese Art des Geschichtsdenkens mit Hegel philosophisch irrelevant werden lassen. Trotz des im 19. Jahrhundert erstarkenden gegenaufklärerischen Irrationalismus in der Philosophie konnte das substantialistische Verständnis der Geschichte kein befriedigendes Erklärungsmodell mehr für die philosophische Frage nach dem „was-es-ist" der Geschichte entwerfen. – Das heißt aber nicht, dass es nicht mehr existierte. Es hat sich im menschlichen Denken als eine Form des „Anderen der Vernunft" erhalten. Das heißt, dass der „Sinn", die „Einheit", überhaupt allgemein der Zusammenhang der Geschichte nicht als ein *gedachter* Sinn, eine *gedachte* Einheit bzw. ein *gedachter* Zusammenhang vorgestellt wird, sondern – vermeintlich unabhängig vom Denken – direkt aus der Geschichte herausgelesen wird. Diese Art des „mythischen

---

[6] Dieser Ausdruck stammt von A. C. Danto (vgl. Danto 1965, S. 36 f.).
[7] So der Titel einer der geschichtsphilosophischen Schriften Kants aus dem Jahre 1784.

Denkens" ist im Großen – etwa im politischen Denken – wie im Kleinen, in unseren „Alltags-Mythen" sehr präsent. Überall, wo sich rationale Begründung irgendwo in einem nebulösen „semantischen Untergrund"[8] verliert, wo „Schicksal" oder „Zufall" die Geschichte regieren, wo der „richtige Zeitpunkt"[9] beschworen wird oder wo „natürliche" Ursachen für die Geschichtsentwicklung namhaft gemacht werden, überall dort hört der Mensch auf, sich selbst als Gestalter der Geschichte zu betrachten. Alles scheint auf mysteriöse Weise zusammenzuhängen, und wir werden nur halbwegs unversehrt davonkommen, wenn wir diese geheimnisvollen Verbindungen zu durchschauen versuchen.[10] Jede Form des Aberglaubens („Katze von links – gelingt's") und jede „Verschwörungstheorie" sind solche mythischen Formen des geschichtsphilosophischen Denkens. Aber auch der (technologische, politische, moralische) „Fortschrittsgedanke" ist ein klassischer geschichtsphilosophischer Irrationalismus.

Strenggenommen ist mit der eben angesprochenen Peripetie der *substantialistischen* Geschichtsphilosophie" Anfang des 19. Jahrhunderts diese metaphysische Weise der philosophischen Frage nach der Geschichte systematisch an ihr Ende gekommen.[11] Die philosophische Frage nach der Geschichte kann nicht durch Aufsuchen eines materialen „was-es-ist" beantwortet werden.

8.2 *Formale* Philosophie der Geschichte

Mit diesem negativen Resultat ist freilich eine „Philosophie der Geschichte" noch nicht gänzlich vom Tisch. Aber wir müssen für das „Denken der Geschichte" – mit einem Ausdruck Schellings – „neue Anfassungspunkte" (Schelling 1842, S. 66) finden. Eine „Philosophie der Geschichte nach dem Ende der Geschichtsphilosophie"[12] ist gefordert. Eine solche alternative Auffassung der Philosophie lässt sich durch den historisch an der Wende zur Neuzeit vollzogenen Übergang von einem „ontologischen" zu einem „mentalistischen" Paradigma philosophischen Denkens markieren.[13] Entsprechend den von *Immanuel Kant* formulierten aufklärerischen Prinzipien einer „Kritischen Philosophie", die sich als „Reflexion", das heißt als „Selbstaufklärung" der Vernunft versteht, wird die Geschichte nunmehr in ihrem Charakter als einer bestimm-

---

[8] W. Hogrebe, gesprächsweise.

[9] Die Vorstellung (boshaft: der Aberglaube!), dass der καιρὸς, der „richtige Zeitpunkt" eine bestimmende Rolle für den Gang der Geschichte spielt, findet sich in vielen geschichts-metaphysischen Arbeiten; z. B. auch bei (Müller 1971).

[10] Motto zum *Lexikon der Verschwörungstheorien* von Robert Wilson: „Die Tatsache, dass Du nicht paranoid bist, bedeutet nicht, dass sie nicht hinter Dir her sind." (Wilson 2000)

[11] Parallel zu dieser Entwicklung hat die „normale" Beschäftigung mit der Geschichte im 19. Jahrhundert einen enormen Aufschwung erlebt. Für diesen Aufschwung waren vor allem drei Faktoren maßgeblich: (1) Quellenstudium, (2) Institutionalisierung an den Universitäten und damit Bildung einer Diskursgemeinschaft der Historiker; (3) Das Auftreten einer ganzen Reihe „Großer Geschichtserzähler" wie Ranke, Droysen, Treitschke, Burckhardt, bis Mommsen etc.

[12] Vgl. den Aufsatz dieses Titels von Odo Marquard in (Marquard 1973).

[13] Zur Unterscheidung von „ontologischem", „mentalistischem" und „linguistischem" Paradigma der Philosophie vgl. (Schnädelbach 1998, S. 37–77).

ten „Art des Vorstellens" erkannt. Indem das „was-es-ist" der Geschichte damit nicht mehr *materialiter* unter (metaphysischen) *Substanz*begriffen, sondern *formaliter* unter „*Funktions*begriffen" (der Vernunft) gesucht wird, wird die Geschichtsphilosophie zum bloß „formalen" Geschäft der *erkenntnistheoretischen* Explikation eines „Begriffs der Geschichte". Die philosophische Frage nach der Geschichte fragt jetzt nicht mehr, „*was* die Geschichte eigentlich sei", sondern vielmehr, wie das menschliche Bewusstsein – als ζόον λόγον ἔχον (zóon lógon échon)[14] – beschrieben werden kann, insofern es sich selbst als *geschichtlich* versteht.

Ausgangspunkt einer solchen „*Formalen* Philosophie der Geschichte"[15] ist gleichsam ein phänomenologisches Vorverständnis des Geschichts-Begriffs. Gehen wir von der Wortbedeutung von „Geschichte" aus, so müssen wir zwei Differenzierungen wahrnehmen:

(1) Wir haben bisher von *der einen* Geschichte gesprochen, müssen aber sehen, dass dieser Begriff, dass dieser Kollektiv-Singular „*die* Geschichte", womit wir – seit dem 18. Jahrhundert, wie Reinhard Koselleck gezeigt hat[16] – den großen Zusammenhang der einen Menschheitsgeschichte, den Gegenstand der Geschichtswissenschaft bezeichnen, ein abgeleiteter Begriff ist, der sich von der Bezeichnung der unendlich vielen einzelnen „*Geschichten*" herleitet, die sich die Menschen seit eh und je gegenseitig erzählen und in welche sie sich täglich ihr Leben lang und noch darüber hinaus „verstrickt" sehen.[17] Wenn wir sagen wollen, was es mit *der* Geschichte auf sich hat, müssen wir die strukturellen Beziehungen zwischen der *einen* Geschichte und den *vielen* Geschichten klären.

(2) Jenseits und diesseits der historischen *genómena ex anthropōn* machen wir bezüglich aller nur möglichen Geschichten, denen wir in unserem Leben begegnen, – seien sie mündlich oder schriftlich von beliebigen Erzählern überliefert, seien sie von Dichtern ersonnen oder von Zeugen vor Gericht unter Eid vertreten – eine grundsätzlich nicht verzichtbare Unterscheidung, die für jede Beurteilung einer Geschichte gilt: die Unterscheidung zwischen „wahrer" oder „erfundener" Geschichte. Wenn wir sagen wollen, was es mit der Geschichte auf sich hat, müssen wir die spezifischen Wahrheitsbedingungen der *einen* Geschichte aus der allgemeinen Unterscheidung *faktualer* von *fiktionalen* Geschichten ableiten.

Wir sehen sofort, dass unter der neuen Hinsicht auf Geschichte als *Funktionsbegriff* menschlichen Denkens diese Unterscheidungen an ein- und derselben symbolischen Form menschlicher Welterschließung stattfinden. Wir kehren daher zu dem allerersten Vorbegriff von Geschichte zurück, wie wir ihn bei *Herodot* gefunden haben. Bis heute hat sich die grundlegende Absicht der Historiker nicht geändert, nämlich nichts als die menschliche Wirklichkeit zu beschreiben. Darin kommen *Herodots* „genóme-

---

[14] Das Vernunftwesen oder „animal rationale"; vgl. Aristoteles, s. o. Anm. 3.

[15] In den Begriffsbildungen „Geschichtsphilosophie" für materiales Denken der Geschichte und „Philosophie der Geschichte" für das formale Denken der Geschichte machen wir uns die in der deutschen Sprache einzigartige Möglichkeit zweier verschiedener Genitivattribut-Bildungen zunutze. Vgl. dazu (Zwenger 2008, S. 17 f.)

[16] Vgl. Koselleck 1973.

[17] Vgl. Schapp 1976.

na ex anthropōn" mit *Rankes* Forderung, sich als Historiker darauf zu beschränken, zu „zeigen, wie es eigentlich gewesen",[18] überein. – In den Partizip-Perfekt-Formen des Gewesenen und des Geschehenen (tò genómenon) drückt sich schon sprachlich der notwendige Vergangenheitsbezug der Geschichte aus: Das, was geschehen ist, geschieht nicht aktual und gegenwärtig, sondern hat sich vormals ereignet. Die Vergangenheit aber ist dahin, nicht mehr da, eben „vergangen". Und als zeitlich Vergangenes drückt das Geschehene den funktionalen Bezug zum Menschen als Subjektivität aus. Denn im Subjekt ist die Vergangenheit nichts anderes als eine Funktion der *Erinnerung*, so, wie die Gegenwart nichts als das aktuale Erleben kennzeichnet.

Mit dem in der Geschichtsvorstellung vollzogenen Übergang von der äußerlichen, objektiven Wirklichkeit der Natur hin zu einer subjektiven, sozusagen innerlichen „Erlebens-Wirklichkeit" der Geschichte eröffnet sich diese erkenntnistheoretische Dimension der *formalen* Philosophie der Geschichte. Legen wir die berühmte Textstelle aus *Hegels* Einleitung zu seinen „Vorlesungen über Philosophie der Geschichte" zu Grunde:

> „Geschichte vereinigt in unserer Sprache die objektive sowohl als subjektive Seite und bedeutet ebenso gut die *historiam rerum gestarum* als die *res gestas* selbst; sie ist das *Geschehene* nicht minder wie die *Geschichtserzählung*."
>
> Hegel 1970, S. 82

Geschichte ist also sowohl – *objektive* – das, was „wirklich" in der Vergangenheit geschehen ist, als auch – *subjektive* – das, was Menschen, etwa Historiker, von diesem vergangenen Geschehen zu berichten wissen. Als diese „subjektive" Geschichte ist sie Überlieferung in der Form eines sprachlichen *„Textes"*. Diese Unterscheidung ist notwendig und für uns Menschen unaufhebbar (*tertium non datur*). Es gibt keine Möglichkeit, etwa aus einer übergeordneten Perspektive zu entscheiden, was es denn mit der Geschichte „in Wirklichkeit" auf sich hat, das heißt es gibt – wie wir gesehen haben – kein denkunabhängiges „was-es-ist" der Geschichte.

Aus *Hegels* Unterscheidung ergeben sich bezüglich der Form der historischen Erkenntnis zwangsläufig zwei spezifisch philosophische Problemfelder, die ich als das *„Objektivitätsproblem"* und das *„Subjektivitätsproblem"* der Geschichte bezeichne.

8.3 Das Objektivitätsproblem der Geschichte

Das *Objektivitätsproblem* der Geschichte ist eigentlich bereits besprochen worden, denn es ist nichts anderes als die erkenntnistheoretische Variante der ontologischen Problematik der *substantialistischen* Geschichtsphilosophie. Es besteht in der Einsicht in die absolute epistemische Unzugänglichkeit der *res gestae*. Erfahrungserkenntnis,

---

[18] Ranke 1885, S. 7: „Man hat der Historie das Amt, die Vergangenheit zu richten, die Mitwelt zum Nutzen zukünftiger Jahre zu belehren, beigemessen: so hoher Aemter unterwindet sich gegenwärtiger Versuch nicht: er will blos zeigen, wie es eigentlich gewesen."

objektive Erkenntnis eines gegebenen Gegenstandes ist nur möglich unter eben den Bedingungen des „Gegebenseins" eines Seienden in der empirischen Wahrnehmung. Zu diesen Bedingungen des Gegebenseins gehört zweierlei:

(1) Objekt heißt ein Gegenstand, der gleichsam „für sich", das heißt [logisch] unabhängig von einem erkennenden Bewusstsein, einem Erkenntnis-Subjekt, persistiert. Das heißt, dass das Wissen von einem solchen Gegenstand sog. „Beobachtungswissen" ist.

Deshalb muss ein Erkenntnisgegenstand (2) „erkennbar" bzw. „wahrnehmbar" sein. Das bedeutet schlicht, dass es sich bei ihm nicht um eine „Vorstellung" bzw. einen Gegenstand des Denkens handelt. Er muss – platonisch gesprochen – dem κόσμος ὁρατός (kósmos hóratos), also der „sichtbaren Welt" zuzurechnen sein, nicht dem „Denkbaren". Objektiv erkennbar heißt vor allem, für einen beliebigen Erkennenden Gegenstand *möglicher* – nicht wirklicher – Wahrnehmung zu sein. Deshalb ist der Gegenstand objektiver Erkenntnis auch nicht in seiner individuellen Besonderheit, sondern nur als „Exemplar" eines allgemeinen Begriffs von Bedeutung.

Unter diesen Voraussetzungen muss gesagt werden, dass zu dem „von Menschen Geschehenen" bzw. dem, was „eigentlich gewesen" ist, kein epistemischer Zugang möglich ist. Denn es kann kein Beobachtungswissen von ihm geben, es ist nicht in dem Sinne „vorhanden", dass es Gegenstand empirischer Erkenntnis sein könnte. Es gehört nicht zum „Positiven" im Sinne *Auguste Comtes*.[19] Deshalb ist es grundsätzlich ausgeschlossen, die Geschichtsschreibung als quasi „positive" Wissenschaft nach dem Vorbild der Naturwissenschaften zu konzipieren. Dazu fehlt die objektive Erkenntnis bzw. die „Theorien".

8.4 Subjektivitätsproblem der Geschichte

Die erkenntnistheoretische Erörterung des „Objektivitäts-Problems" der Geschichte bestätigt also das, was zuvor bereits über die vergeblichen Versuche einer *substantialistischen* Geschichtsphilosophie und der Metaphysik des „was-es-ist" der Geschichte gesagt worden war: Geschichte kann nicht als wie immer geartetes substantielles Zugrundeliegendes angesehen werden. Eine „objektive" Geschichte kann es nicht geben. Die *res gestae* sind epistemisch unzugänglich; sie sind, so wie Kant es von den „Dingen, wie sie an sich selbst sein mögen" sagt, „für uns nichts."[20] Das „von Menschen Geschehene" ist nicht von der Art, dass davon ein Beobachtungswissen möglich wäre. – Aus diesem Scheitern der Objektivitätsannahme ergibt sich eine vollständige Umwendung der philosophischen Fragestellung im Sinne einer Art *reditus in se ipsum*: Wenn die Geschichte nicht als etwas dem Vernunftwesen Äußerliches angesehen werden kann, das sozusagen passiv Gegenstand einer Zeigehandlung, also das objektive erkennende Bestimmen Erleidendes ist (*Impression*), so muss es umgekehrt als aktiv aus

---

[19] Zum Begriff des „Positiven" bzw. des „Positivismus" vgl. (Comte 1994).
[20] Kant 1787, B 345.

dem Subjekt Geschöpftes aufgefasst werden. Dieses aktive aus dem Subjekt Schöpfen muss als Bedeutung setzende Tätigkeit des Überlieferns aufgefasst werden. Die einzig mögliche uns präsente Gestalt der *res gestae* bzw. des „von Menschen Geschehenen" ist ein von Menschen geschaffener bedeutungsvoller Ausdruck (*Expression*), das heißt ein „Text".

Das Subjektivitäts-Problem der Geschichte besteht darin, dass Geschichte nunmehr als „Funktion" eines sich seiner selbst bewussten und als im Bewusstsein seiner Freiheit selbst realisierenden Vernunft-Wesens angesehen wird. Wir erzählen Geschichten, und wir können *die* Geschichte haben, wir haben Geschichtsbewusstsein und „schreiben" unsere Geschichte, weil und insofern wir unsere individuelle Vernunft als *Geschichtlichkeit*[21] begreifen.

Wir haben damit eine Antwort auf die Frage nach dem „was-es-ist" der Geschichte gefunden: Geschichte ist eine besondere Sorte sprachlichen Textes – *Erzähl-Text*. Mit dieser Kennzeichnung sind zugleich die beiden zusätzlichen Fragen entschieden, die im Umfeld der Hauptfrage zu beantworten waren:

(1) *Jede* Geschichte – also sowohl die *vielen* einzelnen Geschichten, als auch die *eine* (Menschheits-) Geschichte – hat diese selbe Struktur des Erzähltextes.

(2) Und auch wahre und bloß ausgedachte – also sowohl *faktuale* wie *fiktionale* – Geschichten haben immer dieselbe *narrative Form*. – Geschichte ist Erzähltext, bedeutet, sie ist von einem Autor bzw. Erzähler *wirklich* erzählter Text. Das ist ein sprachliches Gebilde, das entweder in schriftlicher Form handschriftlich oder gedruckt vorliegt und – laut oder still – gelesen oder vor-gelesen werden kann, oder von einem leibhaftigen Erzähler gesprochen oder gesungen wird, oder von dessen leibhaftigem Vortrag oder Gesang es eine Tonaufzeichnung gibt, die man mit Hilfe eines entsprechenden Abspielgeräts wiedergeben kann. Geschichte ist also nicht in irgendeinem übertragenen, metaphorischen Sinne, sondern ganz konkret und jederzeit „erzählter Text".

8.5 Erster Schritt: Konstitutionstheorie der Geschichte

Die philosophische Frage nach der Geschichte stellt sich nun also unter Gesichtspunkten einer *formalen* Philosophie der Geschichte als die Frage, *wie* aus Geschichten *Geschichte* werden könne. Die Beantwortung dieser Frage muss in zwei Schritten vorgenommen werden: Zuerst muss gezeigt werden, was es ist, das einen sprachlichen Text zur „Erzählung" qualifiziert. Es geht also um eine „Konstitutionstheorie" des Erzähl-Textes. – Im zweiten Schritt kann dann festgestellt werden, unter welchen Geltungsbedingungen ein Erzähl-Text ein „historischer" oder „historisch relevanter" Erzähl-Text sein kann.

Hier zunächst einige Überlegungen zum ersten Schritt: Eine Konstitutionstheorie der Erzählung unterscheidet sich von einer linguistischen Erzähltheorie dadurch, dass sie

---

[21] Zum Begriff der Geschichtlichkeit vgl. Dilthey 1910.

sich nicht primär mit den verschiedenen formalen Bestimmungen von Erzähl-Texten beschäftigt, etwa der Partikularität, der Selektivität, der Retrospektivität, der Konstruktivität oder Kontiuität, oder auch mit Formmomenten wie der „Szene", dem „Plot", der „Erzählperspektive" oder des „Protagonisten" – all das wären gewissermaßen nur „quid-facti-Fragen". Hier geht es vielmehr um die „quid-juris-Frage" nach den grundlegenden „Bedingungen der Möglichkeit eines Erzähl-Textes" überhaupt, also um die Rechtfertigung eines Wissensanspruchs. Ohne an dieser Stelle den Anspruch auf eine vollständige Darlegung solcher *subjektiv-apriorischer* Konstitutionsmerkmale der Erzählung erheben zu können, beschränken wir uns vorderhand darauf, die beiden unmittelbar ins Auge springenden Merkmale vorzustellen, nämlich das *Strukturprinzip* und das *Einheitsprinzip* der Erzählung. Das erste nenne ich das *Prinzip der Homogenität* und das zweite das *Prinzip der Kontinuität*.

8.5.1 Das Prinzip der Homogenität

„History is all of a piece", sagt der amerikanische Geschichts-Theoretiker Arthur C. Danto.[22] Er meint damit, dass sich Geschichten nicht aus heterogenen Teilen zusammensetzen, wie in dem antiken Beispiel von dem Schiff, das aus Planken, Nägeln, Segeln usw. zusammengesetzt ist. Eine Geschichte setzt sich nicht aus Teilen zusammen, die nicht selbst auch Erzähltext sind. In linguistischer Sprechweise sind Erzähltexte sogenannte „Narreme". Darunter sind grammatikalisch unspezifische sprachliche „Bedeutungseinheiten" unterschiedlichen Umfangs zu verstehen. Und solche Bedeutungseinheiten können logischerweise nichts anderes als „Bedeutung" enthalten.

Deshalb ist es falsch anzunehmen, die Geschichte setze sich aus den „vergangenen Ereignissen" oder menschlichen Handlungen zusammen. Wie die Teile des Raumes ebenfalls Räume sind, *Teil*-Räume, so sind auch die Teile einer Geschichte *Teil*-Geschichten. – Nicht das (vergangene) Ereignis des „Sturms auf die Bastille" ist Teil der „Geschichte der Französischen Revolution", sondern lediglich die Erzählung bzw. eine der unendlich vielen möglichen Gestalten der *Erzählung* von diesem Ereignis ist ein Teil dieser Geschichte bzw. einer der ebenfalls unendlich vielen möglichen anderen Gestalten dieser Geschichte. Und die Geschichte der Französischen Revolution ist selbst auch nur Teil der Geschichte der Menschheit, die wiederum auf unendlich vielfältige Weise erzählt werden kann.

Besonders bedeutsam ist dieser Sachverhalt bei der Beurteilung der von Historikern ständig verwendeten „historischen Begriffe". Solche Begriffe müssen als Siglen, Überschriften oder Abkürzungen für längere Narreme gelesen werden. Epochenbegriffe wie „Neuzeit" oder „Antike", Bezeichnungen für größere oder kleinere Ereigniskomplexe wie der „Dreißigjährige Krieg" oder „die Kreuzzüge" bis hin zu jedem beliebigen Einzelereignis, aber auch Wertungen, Einschätzungen oder Metaphern wie der „Der kranke Mann am Bosporus" sind solche Narreme. Wie alle Narreme, so sind auch diese Begriffe Konstruktionen seitens des Erzählers, deren Bedeutung dem Interesse

---

[22] (Danto 1965, S. 190). In der dt. Übersetzung: „… Geschichte aus einem Guss ist."

des Erzählers entspricht, einen bestimmten sinnvollen Erzählzusammenhang herzustellen.

Da jeder Text – und daher auch jeder Erzähl-Text – Produkt oder Funktion eines Vermögens des Subjekts ist, welches Kant „produktive Einbildungskraft" genannt hat, kann man sagen, dass Texte symbolische Ausdrucksformen der Vorstellungs*welt* von Vernunftwesen sind. Die *Narreme*, aus denen der Erzähl-Text besteht, sind demnach in Sprache oder Schrift veräußerte oder hypostasierte Vorstellungsgehalte von Subjekten. Die Vorstellungswelt des Vernunftwesens ist zugleich die Lebens- bzw. „Er-Lebenssphäre" eines individuellen vernünftigen Subjekts. Wie besonders der Philosoph *Wolfgang Cramer* deutlich gemacht hat, lässt sich die Subjektivität des menschlichen Erlebens am besten in einem „Monaden-Modell" des Selbstbewusstseins darstellen.[23] Die Struktur der Erlebensmonade ist die „innere Zeitlichkeit", die das Spannungsverhältnis des Subjekts zwischen aktualem Erleben und Erinnern des Gewesenen ausmacht.[24] Es ist klar, dass das aktuale Erleben nicht zugleich – gewissermaßen „in Echtzeit" – vorgestellt werden, sondern immer nur *ex post* als in der (subjektiven) „Vergangenheit" Erlebtes „erinnert" werden kann. Da die *Monade* – wie Leibniz sagt – „fensterlos" ist,[25] kann es für das Subjekt kein Beobachtungswissen von dem Erlebten geben. Man muss vielmehr sagen, dass das Erleben gar nichts mit „Wahrnehmung" (von Objekten) zu tun hat. Es kann lediglich in der bloßen „Anwesenheit" des Subjekts, das heißt in der „Präsenz des Erlebenden" bestehen. Die Art des Bewusstseins beim Erleben ist dann keine Art der Erkenntnis, sondern besteht allein im „Bezeugen" der Anwesenheit.

Das Bewusstsein dieser Zeugenschaft ist die *Erinnerung*. Die Erinnerung ist der eigentliche Ort für jede Überlieferung vergangener Ereignisse in Form von „Erinnerungs-Narremen". In Erzähl-Texten kommen demnach auch Narreme vor, die die Erinnerungen des Erzählers der Erzählung an selbst erlebte Ereignisse beschreiben.

Mit dem Begriff der Erinnerung ist eine besondere Funktion der Subjektivität angesprochen. Der Begriff bezeichnet ganz allgemein eine Zuständlichkeit oder ein „Bewusstsein" unseres Zustandes als Subjekt der Erfahrung. Wenn man das endliche Vernunftwesen, also den Menschen, als geistige *Monade* versteht, dann ist das Selbstverständnis eines solchen Wesens nicht durch Gegensätze wie „innen" und „außen" oder „jetzt" und „früher" beschreibbar. In unsere Befindlichkeit im Wachzustand laufen alle Bedeutungsmomente unserer Individualität gewissermaßen in ein „Gesamt-Persönlichkeits-Bild" zusammen, das wir zwar bewusst ordnen können, dessen Teile aber wiederum nicht als etwas anderes (Planken, Nägeln, Segeln usw.) isoliert werden können. Wie die Teile eines Bildes selbst auch Bilder sind, so besteht unser „Selbst-Bild" ebenfalls aus einer Vielzahl von Bedeutungsbildern. Dabei ist dieses Selbst-Bild in fortwährender Bewegung, da in ihm das aktuale „Bild-Erleben" sich teils vor die Erinnerungsbilder schiebt, aber auch bisweilen von diesen überlagert wird. So ist un-

---

[23] Cramer 1954, S. 77 ff.

[24] Mit dem Begriff der „inneren Zeitlichkeit" rekurriert Cramer auf Kants KrV, in welcher von zwei verschiedenen Zeitvorstellungen die Rede ist, einmal als „Anschauungsform" bzw. „Form der äußeren Sinne"; zum anderen als Form des „inneren Sinns" oder des *sensus communis*.

[25] Das ist nur ein anderer Ausdruck für das vorhin beschriebene Objektivitätsproblem!

ser „Erinnerungs-Leben" ein äußerst unbeständiger und subjektiv oft nicht zu durchschauender Prozess. Erinnerung ist – mit dem Worten von *Ernst Cassirer* –

> „[...] keine bloße Wiederholung, sondern eine Wiedergeburt der Vergangenheit. Sie ist verbunden mit einem schöpferischen, konstruktiven Prozess. Es genügt nicht, isolierte Daten aus vergangener Erfahrung herauszugreifen; wir müssen sie wirklich er-innern, neu zusammenstellen, organisieren und synthetisieren und sie zu einem Gedanken verdichten. ...
> Das symbolische Gedächtnis ist der Prozess, in dem der Mensch vergangene Erfahrung nicht nur wiederholt, sondern auch rekonstruiert. Phantasie wird so zu einem notwendigen Moment wirklicher Erinnerung."
>
> Cassirer 1996, S. 86 f.

Alle Erinnerung ist subjektiv, sie ist flüchtig, verändert sich in der Zeit, wird lückenhaft, verwischt sich, jüngere Erinnerungen überlagern ältere oder auch umgekehrt. Erinnerung ist unzuverlässig, weil sie Teile eines lebendigen Subjekts ist, nicht feststehendes gespeichertes Datum. Deshalb ist sie veränderlich. Erfahrungen, Eindrücke, Erinnerungsspuren werden immer wieder aufgrund neuer Erfahrungen umgearbeitet. Sie erhalten somit gleichzeitig einen immer neuen Sinn und eine neue psychische Wirksamkeit. Zum Erinnern gehört ständig das Vergessen, Verdrängen und Umdeuten. – Von Siegmund Freud stammt denn auch der Begriff der „Nachträglichkeit" der Erinnerung:

> „Da die Erscheinungen der Psychoneurosen vermittels der Nachträglichkeit von unbewußten psychischen Spuren aus entstehen, werden sie der Psychotherapie zugänglich, die allerdings hier andere Wege einschlagen muß, als den bis jetzt einzig begangenen der Suggestion mit oder ohne Hypnose. Auf der von J. Breuer angegebenen *kathartischen* Methode fußend, habe ich in den letzten Jahren ein therapeutisches Verfahren nahezu ausgearbeitet, welches ich das *psychoanalytische* heißen will, und dem ich zahlreiche Erfolge verdanke, während ich hoffen darf, seine Wirksamkeit noch erheblich zu steigern."
>
> Freud 1999, Bd. 1, S. 512

Mit der Einsicht in die „innere Zeitlichkeit" der Erlebnis-Monade verbindet sich die notwendige „Retrospektivität" der Erzählung. So schreibt Schelling:

> „Es geht gegen die Natur, dass etwas gleich als vergangen gesetzt werde; zum Vergangenen kann alles nur werden, es muss also erst gegenwärtig gewesen sein. Was ich als Vergangenes empfinden soll, muss ich erst als ein Gegenwärtiges empfunden haben."
>
> Schelling 1842, S. 133 f.

Wenn Geschichte ihrer Struktur nach „Vertextlichung" von Erinnerung ist, Erinnerung aber nichts anderes als die gedankliche Vergegenwärtigung des vergangenen Erlebens, dann ist klar, dass eine Geschichte als *memoria rerum gestarum* immer nur und ausschließlich im Nachhinein von dem „was von Menschen geschehen ist" berichten kann. Daraus folgt auch, dass bloß *potentielles* Erleben – weil „noch nicht" *aktual* – nicht bezeugt werden kann, dass also von zukünftigen Ereignisse nicht erzählt werden kann. – Zwar kann der Erzähltext beliebige sprachliche Form haben – so wird beispielsweise gerne die Gegenwartsform als Stilmittel zur Spannungssteigerung verwendet – , aber das ändert nichts an seiner grundsätzlichen *Retrospektivität.* –

Ganz deutlich wird dies am Beispiel von Zukunftsgeschichten wie etwa in der *Science Fiction.* Da wird zwar von zukünftigen Geschehnissen berichtet, aber damit dieser Bericht überhaupt die Struktur eines Erzähltextes haben kann, muss er die Erinnerungsform der Geschichte aufnehmen, das heißt aus der rückschauenden Perspektive der Zeugenschaft erzählen: „Im Jahre 4000 n. Chr. *gab* es in Europa keine Nationalstaaten mehr ..."

Mit den *Erinnerungen* kann aber nicht der mögliche Inhalt von Geschichten überhaupt vollständig charakterisiert sein. Darin liegt ein Fehler, der von vielen hermeneutischen Geschichtstheoretikern wie vor allem auch von ihren historistischen Kritikern begangen wird. Wäre der Inhalt der Geschichte bloß Erinnerung, dann wäre weder der Unterschied zwischen den vielen individuellen und der einen universalen Geschichte, noch der Unterschied zwischen realen „faktualen" und bloß ausgedachten „fiktionalen" Geschichten erklärbar. Eine zweite Klasse von durch die produktive Einbildungskraft gebildeten Narremen möchte ich „*Phantasmen*" nennen. Während Erinnerungen – wenigstens ihrem Anspruch nach – „faktuale Erzähl-Texte" sind, sind Phantasmen *fiktionale* Geschichten von bloß ausgedachten und nicht selbst oder von anderen bezeugten Ereignissen.

Und schließlich muss noch eine dritte Art von *Narremen* gedacht werden, die einerseits mit den Erinnerungen den Realitätsbezug, mit den Phantasmen das Nicht-Selbst-Erleben gemein hat: Ich nenne sie die „*Quellen*", da es sich hier um Texte handelt, in welchen zwar reale Ereignisse überliefert werden, die aber nicht von dem Erzähler der Geschichte selbst erlebt worden sind. Die Denker des Historismus – allen voran Humboldt, Ranke und Droysen – haben mit großem Recht die zentrale Rolle der Quellen für eine wissenschaftliche Geschichtsschreibung hervorgehoben. Das Verstehen der Bedeutung fremder Texte und Artefakte ist der eigentliche und quasi-objektive Ansatz jeder Geschichts*wissenschaft.* Denn Quellen – seien es dingliche Überreste, menschliche Artefakte oder auch schriftlich oder mündlich überlieferte sprachliche Texte – liegen gleichsam objektiv sedimentiert auf gegenständlichen „Datenträgern" vor. Sofern es um Archivierung, Datierung, Lokalisierung, um objektive Beschreibung, Erklärung und Klassifikation solchen Quellenmaterials geht, ist davon sehr wohl eine positiv-wissenschaftliche Erkenntnis möglich. – Aber die Geschichte *besteht* nicht aus den materialen Quellen und enthält sie auch nicht als ihre Teile. Sondern in die Geschichte (wie auch in allen Geschichten) gehen die Quellen lediglich als Narreme, also als ihrerseits bereits Erzähl-Texte ein. Nur ihre interpretierte und verstandene Bedeutung ist Teil der Geschichte, und als solche verfallen die Quellen genauso wie alles Vergangene dem Subjektivitätsproblem der Geschichte.

Zu den *Quellen* gehören auch Narreme, die Erinnerungs-Zeugnisse anderer Menschen enthalten, also Aussagen oder Berichte von *Zeitzeugen.* Der Zeitzeuge wird in Fachkreisen oftmals als der besondere „Feind des Historikers" dargestellt, weil er gerne beansprucht, aufgrund seiner unmittelbaren Teilhabe am „wirklichen Geschehen" besser beschreiben zu können, „wie es wirklich gewesen", als der professionelle Historiker. Aber Zeitzeugenberichte kranken besonders an dem Phänomen der Unsicherheit und Wandelbarkeit der Erinnerung und sind daher mit denselben Beglaubigungsproblemen behaftet wie die eigenen Erinnerungstexte der Geschichtenerzähler. Darin besteht denn auch die besondere Problematik der vor allem in Amerika bisweilen praktizierten Methode der sog. *Oral History*.[26]

Resümierend lässt sich an dieser Stelle sagen, dass die *Homogenität* des Erzähl-Textes in der unspezifischen metaphernhaften Form der Nareme besteht. Man kann also sagen, dass „eine Geschichte erzählen" so viel heißt wie mit symbolischen Bedeutungen ein Erinnerungs-Bild zu malen. Die Nareme sind wie Bildausschnitte unterschiedlicher Komplexität – vom bloßen Farbklecks oder Strich bis hin zur komplizierten „Technischen Zeichnung" – , die zusammengenommen ein Gesamtbild ergeben.

8.5.2 Zum Prinzip der Kontinuität

Das Prinzip der Kontinuität, des „Sinn-Zusammenhanges" eines Erzähltextes ist seit alters eines der zentralen Themen der Geschichtsphilosophie. Hier wurde immer die Frage diskutiert, von welcher Art die Ordnung oder die Aufeinanderfolge oder überhaupt der Zusammenhang der Ereignisse ist, von denen die Geschichts-Erzählung berichtet. Handelt es sich dabei um einen zeitlichen, gar einen kausalen, also „objektiven" Zusammenhang, der auch gleichsam unabhängig von der erzählten Geschichte besteht, oder wird dieser Zusammenhang erst durch den Erzähler der Erzählung „gesetzt"? Wie soeben, bei der Behandlung des Objektivitätsproblems klar geworden sein dürfte, ist ein solcher äußerer Zusammenhang wegen der erkenntnismäßigen Unzugänglichkeit der Vergangenheit gar nicht denkbar. Im übrigen ist ebenfalls klar, dass wir eine Geschichte, die berichtet, „was von Menschen geschehen ist" gar nicht verstehen könnten, wenn es nicht als reines „Freiheitsgeschehen" aufgefasst würde. So hat *Hans Michael Baumgartner* in seinem Buch „Kontinuität und Geschichte" (Baumgartner 1972) mit guten Gründen gezeigt, dass und wie alle Versuche scheitern müssen, die Kontinuität des Erzähl-Zusammenhangs aus irgendwelchen der Geschichte „äußeren" Gründen herleiten zu wollen. Insbesondere die Vorstellung der zeitlichen Aufeinanderfolge, also einer „Chronik" der Ereignisse kann nicht als „Zusammenhang" verstanden werden. Denn wegen der Notwendigkeit der Selektion der zu erzählenden Geschehnisse muss für den Historiker sozusagen schon vorher feststehen, wie die Ereignisse ausgewählt werden müssen, *damit* ein zeitlicher Zusammenhang erst entsteht.

Kontinuität ist eine formale und subjektive Bedingung für das Verstehen einer Geschichte als solcher. Ohne dieses Einheitsmoment könnten wir Teilgeschichten nicht *einer* Geschichte zuordnen und einen Handlungsverlauf überhaupt erkennen. Daher ist Kontinuität eine konstitutive Bedingung für die Einheit einer Geschichte. Insofern,

---

[26] Vgl. z. B. Vorländer 1990.

als ohne diesen „Sinn-Zusammenhang" überhaupt keine Geschichte erzählt werden
könnte, muss die Kontinuität als eine *apriorische*, wenngleich bloß *subjektive* Ermög-
lichungsbedingung von Geschichten angesehen werden. Jede Geschichte ist die Geschichte *von Jemandem*, der sie erzählt, nämlich dem Autor des Erzähl-Texts. Wenn
die Erzählung eine *Funktion der Urteilkraft* eines Subjekts ist, muss das Prinzip der
Kontinuität auch als (quasi-) *transzendentales* Prinzip der (narrativen) *Urteilskraft* betrachtet werden.[27] Man könnte auch sagen, die Einheit des *monadischen* Bewusstseins
einer Erinnerung drückt sich in der Einheit einer Geschichte aus. Dieser wesentliche
Grundsatz bedeutet nicht nur, dass jede Geschichte als „unbedingtes Freiheitsgeschehen" aufzufassen ist, sondern dass auch jeder Erzähl-Text in einem „freien Akt der
Sinnstiftung" seitens des Erzählers bzw. Historikers besteht.

8.6   Zweiter Schritt: Wie aus Geschichten *die Geschichte* wird

Zunächst ist festzuhalten, dass die eben angesprochenen Strukturbedingungen von
Geschichte für *jede* Geschichte gelten, sei sie „wahr" oder „fiktional", sei sie „klein"
und beträfe nur eine Person, oder sei es die Geschichte eines ganzen Volkes oder
der Menschheit überhaupt. Weiter ist festzuhalten, dass jede Geschichte einen symbolischen Ausdruck der *Freiheit* eines sich als „geschichtlich" selbst verstehenden Vernunftwesens darstellt. Ihrer Form nach ist jede Geschichte als *Funktion der Urteilskraft*
eine „narrative Konstruktion in praktischer Absicht". Es gibt keine Kriterien für die
Wahrheit einer Geschichte. Die besondere Sinnvorstellung, unter der eine Erzählung
erscheint, bleibt sozusagen vollständig in das Belieben des Erzählers gesetzt.

All dies gilt für die vielen kleinen (oder auch großen) Geschichten, die wir uns alle gegenseitig ständig erzählen, es gilt aber in besonderem Maß auch für die *eine* Geschichte, die von vielen, von ganzen Völkern und Nationen bzw. von der ganzen Menschheit
erzählt wird. Eine solche Geschichte von dem, „was von Menschen geschehen" kann
es sinnvollerweise nur geben, wenn es auf irgendeine Weise gelingt, die Glaubwürdigkeit der *rerum gestarum memoria* zu sichern. Welchen Sinn ein Historiker seiner
Geschichts-Erzählung geben möchte, ist nur von seiner Interessenlage und den ihm
zugänglichen Quellen bzw. Zeugnissen abhängig. Das eben ist die Folge des Objektivitätsproblems der Geschichte. Auch der Historiker kann nicht überprüfbar „wahrheits-
gemäß" die Geschichte schreiben. Er kann sie nur mit dem (subjektiven) *Anspruch auf
Wahrheit* schreiben.[28] *Wilhelm von Humboldt*, einer der Gründerväter des *Historismus*,
fordert denn auch von dem Historiker zwei Dinge, nämlich zum einen strikte und präzise Quellenarbeit, also „die parteilose, kritische Ergründung des Geschehenen", aber
andererseits auch die *Phantasie* des Historikers, „Ahndungsvermögen" und „Verknüp-
fungsgabe", d.h. „das Verbinden des Erforschten, das Ahnden des durch jene Mittel

---

[27] Das „quasi" soll andeuten, dass – ähnlich wie das von Kant in der *Kritik der Urteilskraft* erläuterte Prinzip
der *formalen Zweckmäßigkeit* – das Prinzip der *Kontinuität* zwar in gewisser Weise „erkenntnis-konstitutiv"
ist, dennoch aber nicht als Möglichkeitsbedingung einer *objektiven* Erkenntnis gelten kann.
[28] Baumgartner 1972, S. 318.

[sc. die Quellen] nicht Erreichbaren."[29] – Das bedeutet aber, dass es grundsätzlich so viele Geschichten der Menschheit geben muss, wie Historiker, die sie erzählen. Dieser in der Subjektivität des *Kontinuitätsprinzips* begründete „Relativismus" – oder sagen wir besser „Konstruktivismus" – der Geschichtsschreibung ist einerseits die eigentliche Quelle der quantitativ unübersehbaren Fülle und qualitativ alle literarischen Genres umfassenden Vielfältigkeit der Geschichtsdarstellungen. Andererseits aber besteht die Kehrseite dieser Freiheit in der menschlichen Schwäche der „Mythenbildung", der unreflektierten Übernahme ideologischer Vorurteile und überhaupt des Zulassens unbewusster oder emotionaler Beweggründe für einseitige und parteiische Interpretationen. Wir müssen stets ein kritisches Bewusstsein dafür bewahren, dass vor allem dann, wenn politisch oder religiös motivierte Partikularinteressen im Spiel sind, die Gefahr von Geschichts-Verfälschungen unvermeidbar ist. Auch die großen, allgemein akzeptierten und schon längst „kanonisch" gewordenen Geschichtsdeutungen unserer Schulbücher sind von solchen unbewussten Verzerrungen nicht frei.

In dieser Situation kann es immer nur darum gehen, die Glaubwürdigkeit der historischen Berichte gleichsam vor einem „Gerichtshof der Vernunft" zu überprüfen. Als solche Instanz hat sich seit den Tagen des Historismus die Diskursgemeinschaft der Historiker herausgebildet. Es ist bezeichnend, dass der Kollektiv-Singular „*die Geschichte*" historisch erst in dem Moment in Erscheinung trat, als die Geschichtsschreibung sich zu einer institutionalisierten historischen Fachkompetenz zu formieren begann, die als Überprüfungsinstanz der Wahrheits-*Ansprüche* historischer Urteile fungieren konnte. Die wichtigste Aufgabe dieser Kontrollinstanz der „Diskursgemeinschaft der Historiker" ist ohne Zweifel die Sammlung aller möglichen Quellen und die Evaluierung hinsichtlich ihrer Glaubwürdigkeit.

Wir müssen aber bei alledem als Ergebnis einer *formalen* Philosophie der Geschichte kritisch festhalten: Wenn nicht schon die bloße Institutionalisierung der Geschichtsschreibung an Universitätsinstituten, die sorgfältige Archivierungsarbeit und die genaue und kritische Analyse der Quellen als Ausweis ihrer Wissenschaftlichkeit gilt, erscheint es schlicht irreführend, der Historie – etwa im Gewand einer „*Historik*" Droysenscher Provenienz – das methodologische Modell einer „positiven", wohl gar noch empirischen Wissenschaft überstülpen zu wollen.[30] Die Geschichte ist und bleibt „absolutes Freiheitsgeschehen", d. h. als freie Sinngebung eigener Art eine methodisch und kriteriologisch unbestimmte symbolische Ausdrucksform des Menschen als endliches Vernunftwesen.

Es gibt unübersehbar viele Belege dafür, wie sich die Geschichtsdeutungen trotz ihres gemeinsamen Wahrheitsanspruchs in geradezu grotesker Weise widersprechen. Ich möchte dies zum Abschluss am Beispiel eines gerade erschienenen Werks über den Kampf um Stalingrad illustrieren. Darin heißt es:

> „Vielfältig erforscht und hundertfach erzählt, bleibt die Schlacht von Stalingrad in den meisten deutschen und westlichen Darstellungen eine zutiefst germanozentrische Geschichte, mehr noch, die Geschichte eines

---

[29] Humboldt 1821, S. 14.
[30] Vgl. Schnädelbach 1974, S. 110 ff.

deutschen Opfergangs. Sie setzt häufig erst am 19. November 1942 ein, mit dem Beginn der Einkesselung der 6. Armee, und macht durch diesen Schnitt die Aggressoren zu verzweifelten Verteidigern, zu Kälte und Hunger erduldenden Opfern. Den deutschen Angriff (Boden- und Bombenangriff) auf Stalingrad und die lange Blutspur, die die 6. Armee auf ihrem Weg nach Stalingrad durch die ukrainischen Städten Berditschew, Kiew und Charkow zog, klammert diese Perspektive allein durch das Setzen der Chronologie aus. Aber auch breiter gefasste Erzählungen, die bis zum Juni 1941 zurückreichen und in Einzelfällen die Stimmen von sowjetischen Zeitzeugen mit aufnehmen, folgen einer auf die Deutschen zugeschnittenen Dramaturgie, die sich in den drei Teilen des bekannten Fernsehfilms: ,Stalingrad: Der Angriff – der Kessel – der Untergang' aus dem Jahr 2002 spiegelt. Das menschliche Drama von Stalingrad wird häufig in drei Zahlen ausgedrückt: 300 000 eingekesselte Soldaten, 110 000 Überlebende, die in die sowjetische Gefangenschaft gingen, 6000 Heimkehrer, die letzten von ihnen 12 Jahre nach der Schlacht. Die sowjetischen Verlustzahlen sind im Westen kaum bekannt. Im Unterschied zum Gesamtbild von der Wehrmacht an der Ostfront, das in den letzten beiden Jahrzehnten sehr kritisch [...] beleuchtet worden ist, hält sich bis heute eine bemerkenswert unkritische und insulare Sicht auf die Schlacht von Stalingrad , in der deutsche Soldaten primär als Opfer figurieren und die gegnerische Seite gar nicht oder nur kaum Erwähnung findet."

Hellbeck 2012, S. 19 f.

Am Ende können wir doch eine zwar möglicherweise nicht erwartete, aber einleuchtende Antwort auf unsere Eingangsfrage, „was denn das eigentlich ist – die Geschichte?" angeben: Geschichte – das ist nicht etwas Objektives in der „wirklichen Welt", sondern das sind wir Menschen selbst, insofern wir uns – als geschichtliche Wesen – jederzeit Rechenschaft über uns selbst abgeben. „History tells storys"[31] – und sonst tut sie nichts! Wir „finden sie nützlich" – mit Thukydides zu reden – „ wenn wir klare Erkenntnis des Vergangenen erstreben und damit auch des Künftigen."[32]

Literatur

[Aristoteles 1922] Aristoteles; Rolfes, Eugen (Übers.): *Kategorien. Lehre vom Satz.* Leipzig: Meiner, 1922.

[Aristoteles 1972] Aristoteles; Gigon, Olof (Übers.): *Nikomachische Ethik.* München: Deutscher Taschenbuch-Verlag, 1972.

[Aristoteles 1973] Aristoteles; Gigon, Olof (Übers.): *Politik.* München: Deutscher Taschenbuch-Verlag, 1973.

---

[31] Danto 1965, S. 184.
[32] Thukydides 2000, S. 24.

[Aristoteles 1994] ARISTOTELES; BONITZ, Hermann (Übers.): *Metaphysik*. Reinbek: Rowohlt, 1994.

[Baumgartner 1972] BAUMGARTNER, Hans Michael: *Kontinuität und Geschichte. Zur Kritik und Metakritik der historischen Vernunft*. Frankfurt a. M.: Suhrkamp, 1972.

[Cassirer 1977] CASSIRER, Ernst: *Philosophie der symbolischen Formen. Teil 2: Das mythische Denken*. Darmstadt: Wiss. Buchges., 1977.

[Cassirer 1996] CASSIRER, Ernst; KAISER, Reinhard (Übers.): *Versuch über den Menschen: Einführung in eine Philosophie der Kultur*. Hamburg: Meiner, 1996.

[Comte 1994] COMTE, Auguste; FETSCHER, Iring (Hrsg.): *Rede über den Geist des Positivismus*. Hamburg: Meiner, 1994.

[Cramer 1954] CRAMER, Wolfgang: *Die Monade: Das philosophische Problem vom Ursprung*. Stuttgart: Kohlhammer, 1954.

[Dilthey 1910] DILTHEY, Wilhelm: *Der Aufbau der geschichtlichen Welt in den Geisteswissenschaften*. Göttingen: Vandenhoeck & Ruprecht, 1992.

[Danto 1965] DANTO, Arthur Coleman: *Analytical Philosophy of History*. Cambridge: Cambridge University Press, 1965.

[Freud 1999] FREUD, Sigmund; FREUD, Anna (Hrsg.): *Gesammelte Werke: chronologisch geordnet*. Frankfurt a. M.: Fischer Taschenbuch-Verlag, 1999.

[Hegel 1970] HEGEL, Georg Wilhelm Friedrich; MOLDENHAUER, Eva (Hrsg.); MICHEL, Karl Markus (Hrsg.): *Werke in 20 Bänden, Bd. 12: Vorlesungen über die Philosophie der Geschichte*. Frankfurt a. M.: Suhrkamp, 1970.

[Hellbeck 2012] HELLBECK, Jochen: *Die Stalingrad Protokolle. Sowjetische Augenzeugen berichten aus der Schlacht*. Frankfurt a. M.: Fischer, 2012.

[Herodot 1971] HERODOT; HAUSSIG, H. W. (Hrsg.): *Historien*. Stuttgart: Kröner, 1971.

[Humboldt 1821] HUMBOLDT, Wilhelm von: *Über die Aufgabe des Geschichtsschreibers*. Berlin: 1821.

[Kant 1784] KANT, Immanuel: Idee zu einer allgemeinen Geschichte in weltbürgerlicher Absicht (1784). In: *Kant, Immanuel: Gesammelte Schriften (Akademie-Ausgabe), Bd. VIII*, S. 17–31. Hrsg. von d. Preuss. Akademie d. Wiss. u. a., 1902 ff.

[Kant 1787] KANT, Immanuel: *Krtik der reinen Vernunft*. Zweite Auflage von 1787, zitiert als B + Seitenzahl.

[Koselleck 1973] KOSELLECK, Reinhard: *Kritik und Krise. Eine Studie zur Pathogenese der bürgerlichen Welt*. Frankfurt a. M.: Suhrkamp, 1973.

[Marquard 1973] MARQUARD, Odo: *Schwierigkeiten mit der Geschichtsphilosophie*. Frankfurt a. M.: Suhrkamp, 1973.

[Müller 1971] MÜLLER, Max: *Erfahrung und Geschichte. Grundzüge einer Philosophie der Freiheit als transzendentale Erfahrung*. Freiburg, München: Alber, 1971.

[Ranke 1885] RANKE, Leopold von: *Sämtliche Werke, Bd. 33/34*. Leipzig: 1885.

[Schapp 1976] SCHAPP, Wilhelm: *In Geschichten verstrickt. Zum Sein von Mensch und Ding*. Wiesbaden: 1976.

[Schelling 1842] SCHELLING, Friedrich Wilhelm Joseph: Historisch-kritische Einleitung in die Philosophie der Mythologie (1842). In: *Schellings Sämtliche Werke, Abt. II, Bd. 1*. Frankfurt a. M.: VERLAG, 1985.

[Schnädelbach 1974] SCHNÄDELBACH, Herbert: *Geschichtsphilosophie nach Hegel. Die Probleme des Historismus*. Freiburg, München: Alber, 1974.

[Schnädelbach 1998] Schnädelbach, Herbert: Philosophie. In: Martens, Ekkehard (Hrsg.); Schnädelbach, Herbert (Hrsg.): *Philosophie. Ein Grundkurs, Bd. 1*. Reinbek: Rowohlt, 1998.

[Thukydides 2000] Thukydides: *Der Peloponnesische Krieg*. Übers. und hrsg. von Helmuth Vretska und Werner Rinner. Stuttgart: Reclam, 2000.

[Vorländer 1990] Vorländer, Herwart (Hrsg.): *Oral history. Mündlich erfragte Geschichte*. Göttingen: Vandenhoeck und Ruprecht , 1990.

[Wilson 2000] Wilson, Robert Anton: *Lexikon der Verschwörungstheorien. Verschwörungen, Intrigen, Geheimbünde*. Frankfurt a. M.: Eichborn, 2000.

[Zwenger 2008] Zwenger, Thomas: *Geschichtsphilosophie. Eine kritische Grundlegung*. Darmstadt: WBG, 2008.

9 Praktische und theoretische Geometrie in der frühen Neuzeit – Annäherung an ein schwieriges Verhältnis

GABRIELE WICKEL

9.1 Mathematik als Motor der Technikgesellschaft – Entwicklungslinien

Die Fragen, welche Bedeutung Mathematik in aktuellen gesellschaftlichen und technischen Prozessen hat und welche Bildungsansprüche sich daraus ergeben, bewegen unsere Gesellschaft. In der Öffentlichkeit scheint sich der Gedanke verfestigt zu haben, dass der zukünftige Erfolg unserer Technikgesellschaft von der mathematischen Bildung der Schülerinnen und Schüler insgesamt und von ihrer Motivation für die Wahl eines technisch orientierten Ausbildungsberufs oder eines Ingenieurstudiums abhängt[1]. Dass der Lobpreis über die Bedeutung der Mathematik für Weiterentwicklung einer Gesellschaft aber nicht allein ein Phänomen einer hochentwickelten modernen Industrienation ist, sondern sich bereits in der frühen Neuzeit als Topos etabliert hat, lässt sich auch anhand mathematischer Quellen des 16. Jahrhunderts aus England aufzeigen.

Im Jahre 1551 ist etwa mit *The pathway to knowledg* das erste englischsprachige Geometriebuch in London erschienen. Der Autor Robert Recorde gibt darin Auszüge aus den ersten vier Büchern der *Elemente* des Euklid wieder. Dabei entspricht die Konstruktionsweise bei vielen Problemen nicht dem Vorgehen aus den *Elementen*, sondern ist teils mechanisch orientiert. Weiterhin fehlen im gesamten Werk die euklidischen Beweise. Die Zielgruppe von Recordes *The pathway to knowledg* sind mathematisch interessierte Leser ohne Lateinkenntnisse, Seeleute, Kaufleute, Handwerker, Kunst-

---

[1] Stellvertretend für diese Haltung steht hier eine Aussage der ehemaligen Bundesministerin für Bildung und Forschung Annette Schavan: „In unserer technisierten Welt stoßen wir überall auf Mathematik – in Banken genauso wie bei Versicherungen, in der Touristikbranche und in Verkehrsunternehmen. Mathematik ist eine Basiswissenschaft. Vom Automobilbau bis zur Straßenplanung, vom Einkauf im Supermarkt bis zum Internet, vom Wetterbericht bis zum MP3-Player, überall steckt Mathematik drin.
Mathematik liefert die Schlüssel für bahnbrechende Innovationen: Sie ist ein wichtiger Produktions- und Wettbewerbsfaktor. [...] Hightech gibt es nicht ohne Mathematik! Deshalb brauchen wir in Deutschland mehr Mathematikerinnen und Mathematiker, Ingenieure und hochqualifizierte Fachkräfte, die mathematische Lösungen in konkrete Produkte, Verfahren und Dienstleistungen einfließen lassen. " (Schavan 2008, S. v)

handwerker. Den Anspruch an eine Verbindung von theoretischer Geometrie und geometrischer Praxis macht er in seinem Vorwort in einem Gedicht deutlich, in dem er betont, welchen Einfluss die theoretische Geometrie auf die verschiedenen Berufsfelder hat:

> „Sith Merchauntes by shippes great riches do winne,
> I may with good righte at their feate beginne.
> The Shippes on the sea with Saile and with Ore,
> Were firste founde, and styll made, by Geometries lore.
> Their Compas, their Carde, their Pulleis, their Ankers,
> Were founde by the skill of witty Geometers.
> To sette forth the Capstocke, and eche other parte,
> Wold make a greate showe of Geometries arte.
> Carpenters, Caruers, Joiners and Masons,
> Painters and Limners with suche occupations,
> Broderers, Goldesmithes, if they be cunning,
> Must yelde to Geometrye thankes for their learning. [...]“

Recorde 1551, The Preface, Fol. i^{recto}

Neben dem Nützlichkeitsaspekt der Mathematik für zahlreiche Berufe streichen frühneuzeitliche Mathematiker auch ihr innovatives Potential heraus. So erklärt John Dee in seinem vielbeachteten Vorwort zur ersten englischsprachigen Euklidausgabe von 1570, dass mit Hilfe von Mathematik auch neue Erfindungen getätigt sowie Maschinen und Instrumente gebaut werden können. Dies dient dann neben dem eigenem Vergnügen oder dem Nutzen für die Instandhaltung des eigenen Besitzes auch dem gemeinschaftlichen Wohl der Gesellschaft:

> „Besides this, how many a Common Artificer, is there, [...], that dealeth with Numbers, Rule, & Cumpasse: Who, with their owne Skill and experience, already had, will be hable (by these good helpes and informations [of the first english version of the *Elements*; G.W.]) to finde out, and deuise, new workes, strange Engines, and Instruments: for sundry purposes in the Common Wealth? or for priuate pleasure? and for the better maintaining of their owne estate?“

Euclid 1570, Fol. A.iiij^{recto}

Diese Quellenzeugnisse weisen auf eine für den modernen Leser vertraute Perspektive hin, die aber gleichzeitig durch den zeitlichen Abstand verfremdet wird.

Daher wird der vorliegende Beitrag diesen *anderen* Blickwinkel bezogen auf die historische Entwicklung einnehmen und das Spannungsfeld von praktischer und theoretischer Geometrie als Teil der mathematischen Praxis im frühneuzeitlichen England anhand von ausgewählten Beispielen genauer untersuchen. Zuerst wird dazu kurz der historische Kontext des elisabethanischen Zeitalters skizziert, um anschließend die Profession der *mathematical practitioners* zu charakterisieren. Ein Arbeitsfeld der *mathematical practitioners* ist die Landvermessung, die sich auf Grund von zeitgenössischen gesellschaftlichen Entwicklungen zu einer eigenen Disziplin entwickelt.

Anhand von Beispielen aus Aaron Rathbornes Lehrbuch *The Surveyor* werden dann ausgewählte praxisbezogene Vermessungsprobleme und geometrische Theoriegrundlagen vorgestellt, um die Perspektive auf die vermeintlichen Gegensätze auszuschärfen. Diese Diskussion dient schließlich einer ersten Antwort auf die Frage, wie sich die mathematische Praxis in den sozialen Prozessen im frühneuzeitlichen England entwickelt hat.

9.2 „Early Modern England" – Eine Gesellschaft und ihre Ambitionen

9.2.1 Das Elisabethanische Zeitalter

Charakteristisch für die frühe Neuzeit in England ist eine besondere politische, militärische und gesellschaftliche Situation, die auch als Elisabethanische oder goldene Ära bezeichnet wird. Die Regierungszeit von Elisabeth I., der Tochter von Heinrich VIII., ist eine Zeit langer innenpolitischer Stabilität und relativer Beruhigung nach den zuvor ausgefochtenen religiösen, politischen und gesellschaftlichen Konflikten (vgl. Wende 2001, S. 27; S. 66–69).

Die Zeit ist geprägt von politischen und militärischen Erfolgen, sei es die Weltumseglung von Sir Francis Drake (1577–1580) oder die offizielle Gründung der ersten englischen Kolonie in Nordamerika durch Sir Walter Raleigh (1584; endgültige Besiedlung ab 1607). Ein Meilenstein in der englischen Geschichte der frühen Neuzeit ist sicherlich der Sieg über die Spanische Armada 1588 (vgl. Wende 2001, S. 85; 95 f.). Mit diesen Erfolgen entwickeln sich die militärische und auch die zivile Seefahrt weiter, so dass der Schiffsbau und der Hafenausbau gefördert werden.

Neben den außenpolitischen Erfolgen setzt eine starke wirtschaftliche Entwicklungen ein, da sich die englischen Kaufleute nach dem Zusammenbruch von Antwerpen als Handelsplatz neue Absatzmärkte erschließen müssen. In diesem Zusammenhang gründen sich neue Handelsgesellschaften wie 1555 die „Muscovy Company" nach der Entdeckungsfahrt von Richard Chancellor auf der Suche nach einer Nord-Ost Passage oder wie 1600 die berühmte „East India Company". Auch die Gründung der Londoner Börse durch Sir Thomas Gresham 1565 nach dem Vorbild der Antwerpener Börse unterstützt die Idee des merkantilen Handels (vgl. Slavin 1987, S. 48–51).

Die größte Veränderung des 16. Jahrhunderts betrifft aber vielleicht den englischen Agrarsektor, denn nach dem Supremumsakt von 1534 und der Gründung der anglikanischen Kirche durch Heinrich VIII. werden von 1536 an die Klöster und der kirchliche Besitz in weiten Teilen säkularisiert. Die englische Krone veräußert den kirchlichen Grundbesitz und die Landgüter zur Sanierung der maroden Staatsfinanzen, und vor allem der Adel profitiert von dieser Besitzumverteilung (vgl. Wende 2001, S. 65 f.). Weiterhin setzt sich, auch bedingt durch ein starkes Bevölkerungswachstum im 16. Jahrhundert, der Trend zur Urbanisierung fort, und die Bevölkerung zeichnet sich durch eine hohe geografische und auch durch eine soziale Mobilität aus. Förderlich für diese Situation ist, dass in England schon früh die Subsistenzwirtschaft durch eine für den freien Markt produzierende Agrarwirtschaft abgelöst wurde und auch feudale Abhängigkeiten vielfach durch finanzielle Verträge ersetzt wurden (vgl. Wende 2001, S. 1–4; Slavin 1987, S. 14–18).

9.2.2 Bildung der *mathematical practitioners* als gesellschaftliches Ziel

Die englische Gesellschaft des 16. Jahrhunderts befindet sich also in einer Umbruchsituation, in der Wohlstand auch zu sozialem Aufstieg führen kann und in der die Beteiligung an den Innovationsbranchen der Gesellschaft wie der militärischen und zivilen Seefahrt, dem Binnen- und Außenhandel oder dem Bergbau ein übergreifendes Ziel in allen gesellschaftlichen Schichten ist.

Durch die rasanten Veränderungen in vielen gesellschaftlichen Bereichen entsteht in den Leitsektoren gewissermaßen ein Fachkräftemangel, da die mathematische Bildung an den Universitäten bis zu diesem Zeitpunkt keine bedeutende Rolle spielt. Außerdem sind die Universitäten geschlossene und nicht öffentliche Institutionen, in denen beispielsweise Latein- und Griechischkenntnisse bei den Lernenden vorausgesetzt werden. Die zeitgenössische mathematische Praxis findet daher weniger in Oxford und Cambridge, sondern in London statt, wo sich in einem fruchtbaren Klima von nautischer, militärischer, wirtschaftlicher und sozialer Entwicklung ein besonderer „Berufszweig" der *mathematical practitioners* herausbildet (vgl. Johnston 1996, S. 99–103).

Die Gruppe der *mathematical practitioners* umfasst dabei die unterschiedlichsten Menschen und zeigt eine mathematische Praxis in vielen Schattierungen. Zu den *practitioners* zählen Naturwissenschaftler und Mathematiker wie beispielsweise John Dee und Henry Briggs genauso wie der Instrumentenhersteller Elias Allen oder die Lehrbuchautoren Thomas Digges, Arthur Hopton oder Aaron Rathborne. Da der Bedarf nach mathematischer Bildung groß ist, bieten zahlreiche *mathematical practitioners* ihre Dienste als Privatlehrer an, veröffentlichen eigene Lehrbücher oder Gebrauchsanweisungen für die von ihnen erfundenen Instrumente. Der Mangel an mathematischer Bildung, gerade bei den Seeleuten, veranlasst den Kronrat und die Bürgerschaft von London zur Einrichtung öffentlicher Mathematikvorlesungen im Zuge der Bedrohung durch die Spanische Armada, und Thomas Hood wird erster Dozent bei diesen Vorlesungen. Auch die Gründung von Gresham College als öffentliche Lehreinrichtung in London mit dem ersten Lehrstuhl für Mathematik ist eine Antwort auf die große Nachfrage nach mathematischer Bildung (vgl. Johnson 1942, S. 94–98).

Das Entwicklungspotential der Fragestellung zeigt sich in der Komplexität des Begriffs *mathematical practitioner*, denn der Terminus kann nur unzureichend als „Angewandter Mathematiker" auf der einen, oder „Mathematikorientierter Praktiker" auf der anderen Seite übersetzt werden. Bei der ersten Übersetzung läge die besondere Betonung automatisch auf der Mathematik und bei der zweiten Übersetzung stände der Praxisaspekt im Vordergrund. Der *mathematical practitioner* zeichnet sich aber gerade durch die Ausgewogenheit von Theorieorientierung in der Mathematik und Praxisorientierung in seinem Berufsfeld aus.

Unter anderem auf Grund der politischen und gesellschaftlichen Entwicklungen im Agrarsektor entsteht dort ein Bedarf an spezieller mathematischer Kompetenz in der Landvermessung. Der Beruf des Vermessers unterliegt dabei einem Bedeutungswechsel und wandelt sich vom Verwalter und Inspektor der Landgüter hin zu einem Landvermesser als *mathematical practitioner* (vgl. Thompson 1968, S. 2–11). Im ausgehenden 16. und beginnenden 17. Jahrhundert entstehen daher zahlreiche, sehr unterschiedliche Lehrbücher für die Ausbildung von Vermessern als *mathematical practitioners*, deren mathematische Darstellungen zwischen Theorie und Praxis zu vermitteln suchen. Der Landvermesser und Lehrbuchautor Aaron Rathborne und sein Werk *The Surveyor* werden im folgenden Abschnitt exemplarisch dazu dienen, das schwierige Verhältnis von theoretischer und praktischer Geometrie zu charakterisieren.

9.3 Aaron Rathbornes *The Surveyor*: Empfehlungen für den *mathematical practitioner*

Über das Leben von Aaron Rathborne ist nicht viel bekannt. Er stammte wahrscheinlich aus Yorkshire in England und war ein Kupferstecher und professioneller Landvermesser und damit ein Mann der Praxis (vgl. Taylor 1954, S. 191). 1616 ist sein Lehrbuch mit dem Titel *The Surveyor*, also „Der Vermesser" erschienen. Es ist in der Sekundärliteratur bekannt und hauptsächlich wegen seines außergewöhnlichen Titelblatts, das in zwei kunstvollen Vignetten Vermessungsszenen zeigt, viel zitiert.

Eine inhaltliche und auch eine mathematikhistorische Auseinandersetzung mit *The Surveyor* fehlt aber. Dabei weisen Notizen in der Forschungsliteratur auf die besondere Bedeutung des Buches hin. So charakterisiert der Wissenschaftshistoriker Jim Bennett das Werk als

> „[...] the most important surveying textbook of the early seventeenth century [...]. Here was a useful working textbook that married the practical and the theoretical, and represents a ‚coming of age' of English surveying."
>
> Bennett u. a. 1982, S. 5

Mit *The Surveyor* treffen wir also, so die Wertung in der Sekundärliteratur, auf ein Werk, das theoretische und anwendungsbezogene Ansprüche verbindet und damit das Phänomen der *mathematical practitioners* näher erklären kann.

Ein erster Blick auf den Aufbau von *The Surveyor* zeigt, dass Aaron Rathborne die Fundierung der praktischen Geometrie in der geometrischen Theorie ernst genommen hat: Sein Werk ist in vier Bücher unterteilt und die beiden ersten Bücher befassen sich dabei mit den Definitionen, Theoremen und Problemen der euklidischen Geometrie, das dritte mit der Frage der Vermessung und das vierte Buch behandelt schließlich die juristischen Grundlagen der Vermessung. Rathborne widmet also mehr als die Hälfte seines Werkes der reinen theoretischen Geometrie und weniger als ein Drittel der Beschreibung von Instrumenten und Vermessungsbeispielen. Im Folgenden werden nun einige Beispiele aus *The Surveyor* vorgestellt und im Hinblick auf ihren Bezug zur mathematischen Theorie und zur Vermessungspraxis untersucht. Dabei spielen anwendungsbezogene Beispiele aus der Feldmessung eine Rolle, genauso wie theoretisch gelöste geometrische Probleme, die als Basis für Anwendungsaufgaben dienen können. Aber es wird auch exemplarisch dargestellt, wie differenziert Rathborne geometrische Konstruktionsprobleme behandelt.

9.3.1 Beispiele aus der Vermessungspraxis

Das beherrschende Thema der Vermessungskunde ist das maßstabsgetreue Aufzeichnen von Grundrissen und die Bestimmung von Flächeninhalten. Jedes Verfahren teilt sich dabei in das Aufmessen des Grundstücks im Feld und in das anschließende maßstabsgetreue Aufzeichnen des Grundrisses auf.

Ein Beispiel zu diesem Thema findet sich im dritten Buch von *The Surveyor*, bei dem ein Feld durch die Messung von Winkeln und der Grundstücksgrenze vermessen werden soll. Im ausgewählten Eckpunkt A wird das Winkelmessinstrument platziert und justiert. Dann werden die Winkel zu den anderen Eckpunkten $B, C, \ldots$ gemessen (vgl. Abb. 9.1). Im nächsten Schritt werden schließlich mit der Messkette die Entfernungen von einem Eckpunkt zum nächsten Eckpunkt bestimmt.

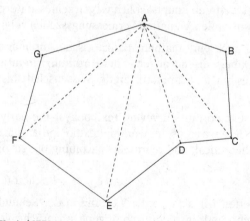

Abbildung 9.1. Kapitel XXV: Vermessung durch gemischte Winkel- und Streckenmessung

Beim maßstabsgetreuen Aufzeichnen der Messergebnisse werden von Punkt A aus mit dem Winkelmesser alle gemessenen Winkel angetragen. Im nächsten Schritt werden die gemessenen Entfernungen von einem Punkt zum nächsten mit dem Zirkel abgetragen, bis alle Eckpunkte eingezeichnet sind (vgl. Rathborne 1616, S. 156 f.).

Aus mathematischer Perspektive ist die vorgestellte Methode des maßstabgetreuen Aufzeichnens kritisch zu betrachten, denn die Eckpunkte des vermessenen Feldes ergeben sich bei der Durchführung nicht immer eindeutig. Nur beim Dreieck *ABC* liegt dem gemessenen Winkel die längere Seite gegenüber, so dass mit den Angaben aus der Messung ein kongruentes Dreieck nach dem Kongruenzsatz SsW erzeugt werden kann. Schon für das nächste Dreieck *ACD* gilt dieser Kongruenzsatz nicht mehr, denn die gemessene Strecke $\overline{CD}$, die dem gemessenen Winkel gegenüberliegt, ist die kürzeste Strecke im Dreieck. Dieses Problem tritt dann auch in allen folgenden Schritten zu Tage, so dass sich beim Schlagen eines Kreises um einen Punkt jeweils zwei Schnittpunkte mit dem Winkelschenkel ergeben. Das von Rathborne beschriebene Verfahren ist also fehleranfällig, da nicht genügend bzw. die falschen Messdaten erhoben wurden. Der Vermesser kann folglich nicht allein auf Basis eines vorgestellten Algorithmus arbeiten, sondern muss stets den relativen Bezug der Punkte zueinander im Blick haben.

Auch aus praktischer Sicht ist dieses Verfahren weniger empfehlenswert, denn bei der Vermessung muss der Umfang des Grundstücks mit der Messkette abgemessen werden. Das Messen mit der Messkette ist aber aufwändig und beinhaltet insgesamt größere Fehlerrisiken als die Winkelmessung, da Bodenunebenheiten vielleicht nicht berücksichtigt werden und es auch Probleme beim genauen Anlegen der Messkette und beim Einhalten der Messrichtung geben kann. Bei Rathborne werden aber weder die mathematischen noch die praktischen Schwierigkeiten dieser Methode erwähnt.

Daneben schlägt Rathborne aber auch mathematisch eindeutige und praktischere Verfahren vor, bei denen nur wenige Strecken mit der Messkette bestimmt werden müssen.

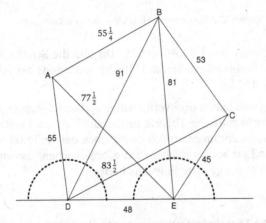

Abbildung 9.2. Kapitel XVII: Vermessung durch Winkelmessung

In Kapitel XVII beschreibt er etwa das Aufmessen eines Feldes mit Hilfe von zwei Messpunkten *D* und *E* (vgl. Abb. 9.2). Zuerst wird die Strecke zwischen diesen beiden Punkten mit der Messkette gemessen und anschließen werden mit einem Winkelmessinstrument von beiden Messpunkten aus alle anderen Eckpunkte des Grundstücks anvisiert. Beim maßstabsgetreuen Zeichnen erhält man dann die jeweiligen Eckpunkte durch den Schnitt von zwei Winkelschenkeln. Alle weiteren Strecken, die in der Zeichnung mit Werten angegeben sind, erhält Rathborne anschließend durch Messen in der maßstabsgetreuen Zeichnung und nicht durch Berechnen (vgl. Rathborne 1616, S. 146–148). Dabei kennt Rathborne auch Verfahren, wie Strecken mit Hilfe von Winkelfunktionen berechnet werden können, und beschreibt sie für seine Leser. In der Vermessungspraxis wendet er die Verfahren dann aber nicht weiter an. Ein Beispiel für die Trigonometrie bei Rathborne findet sich etwa in Kapitel XXI, in dem eine unzugängliche Höhe $\overline{CB}$ durch Winkelmessung bestimmt werden soll (vgl. Abb. 9.3).

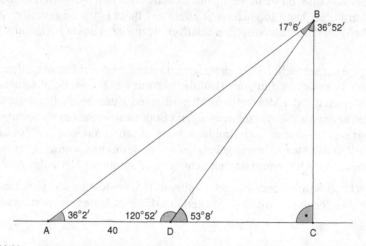

Abbildung 9.3. Kapitel XXI: Bestimmung einer Höhe durch trigonometrische Berechnung

Dazu werden die zwei Winkel ∢DAB und ∢CDB und die Strecke $\overline{AD}$ gemessen. Die Höhe $\overline{CB}$ bestimmt Rathborne dann mit Hilfe des Kotangens der beiden Winkel (vgl. Rathborne 1616, S. 151 f.).

Die bisherigen Beispiele haben drei Vermessungsverfahren gezeigt, bei denen die zugrunde liegende mathematische Theorie unterschiedlich gut verstanden wurde und die unterschiedlich anwendungstauglich sind. Neben den im Praxisteil beschriebenen Methoden gibt es in Rathbornes Büchern zur geometrischen Theorie weitere Beispiele, die für die Vermessung gewisse Relevanz besitzen.

9.3.2 Geometrische Theorie in praxisbezogenen Kontexten

Im Konstruktionsproblem LXXII, das sich in Rathbornes zweitem Buch zu den geometrischen Konstruktionsproblemen findet, wird die Triangulation eines Polygons und die Ermittlung seines Flächeninhalts thematisiert. Dazu teilt Rathborne die Fläche des Polygons soweit wie möglich in Vierecke auf, teilt diese Vierecke mit einer Diagonalen (im Viereck $ABCD$ ist das die Strecke $\overline{BD}$) und fällt die Lote auf die Diagonale (vgl. Abb. 9.4). Eine Teilfläche wird dann berechnet, indem die beiden Lote auf die Diagonale addiert und mit der Hälfte der Diagonalen multipliziert werden. Um den gesamten Flächeninhalt zu berechnen, müssen schließlich alle Teilflächen addiert werden (vgl. Rathborne 1616, S. 88 f.).

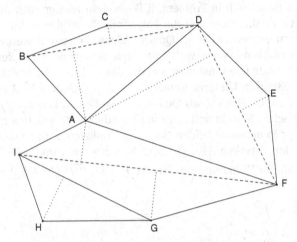

Abbildung 9.4. Problem LXXII: Triangulation eines Polygons

In diesem Beispiel stellt Rathborne gewissermaßen ein Vermessungsproblem vor, löst es aber rein theoretisch, denn er macht keine Aussagen zur praktischen Bestimmung der Diagonalen oder zur Art und Weise der Vermessung der Grundstücksgrenze. Dass dieses Problem für Rathborne aber auch Anwendungsbezug besitzt, wird durch die Formulierungen der Aufgabenstellung deutlich, denn dort heißt es: „*An irregular plotte or Figure being giuen, to finde the Area or Superficiall content thereof.*" (Rathborne 1616, S. 88) Rathborne verwendet hier sowohl die Termini *plotte* und *figure*, als auch *Area* und *superficiall content*. Dabei stammt die eine Sprechweise wie *plotte* und *Area* aus der praktischen Geometrie, während *figure* und *superficiall content* zur mathematischen Sprache gehören. Dieses Beispiel nimmt damit gewissermaßen eine Mittlerrolle zwischen geometrischer Theorie und praktischer Geometrie ein, denn es wird von Rathborne zwar unter theoretischer Perspektive gelöst, ist aber auch für die Anwendungen nützlich.

Diese Art von „Vermittlerproblemen" machen aber nur einen verschwindend geringen Teil der von Rathborne in seinen Büchern I und II vorgestellten Mathematik aus. Der Großteil der dargestellten Geometrie besteht aus Definitionen und Lehrsätzen aus der Euklidischen Geometrie, wie beispielsweise im Zitat der binomischen Formel aus Buch II der *Elemente* (vgl. Rathborne 1616, S. 22). Bei den vorgestellten geometrischen Konstruktionsproblemen finden sich aber auch Aufgaben, die nicht in den *Elementen* des Euklid vorkommen, sondern der zeitgenössischen Mathematikliteratur entstammen. Ein Beispiel dafür ist Problem XLIX, bei dem ein Dreieck flächengleich zu einem gegebenen Parallelogramm erzeugt werden soll, auf einer gegebenen Strecke, mit einem Winkel, der einem gegebenen Winkel gleich ist (vgl. Rathborne 1616, S. 79f.). Solche Theoreme und Probleme besitzen allerdings für die Vermessungspraxis keine Relevanz. Aber auch bei den theoretischen Konstruktionsaufgaben gibt es bei Rathborne Beispiele, die gewissermaßen als Theorieprobleme im Anwendungsgewand erscheinen.

Ein Beispiel dazu findet sich in Problem XCIX, in dem wieder nach der Fläche eines Polygons gefragt ist. Allerdings soll die Polygonfläche in dieser Aufgabe nicht ausgerechnet, sondern umgewandelt als Quadratfläche dargestellt werden. Die Lösung erfolgt auf ungewöhnliche Weise, wobei der erste Schritt noch mit der bereits zuvor beschriebenen Methode übereinstimmt, bei der das Vieleck $ABCDEFG$ zuerst in Vierecke und anschließend in Dreiecke aufgeteilt wird (vgl. Abb. 9.5). Um den Flächeninhalt von einem dieser Vierecke als Quadrat darstellen zu können, muss Rathborne nun mit geometrischen Mitteln und nicht mehr arithmetisch wie zuvor, die halbe Diagonale $\overline{BG}$ mit der Summe der beiden Höhen multiplizieren. Dazu verwendet er den Höhensatz: Mit den Strecken $\frac{1}{2}\overline{BG}$, h_1 und h_2 aus dem Viereck $ABGF$ erhält man durch Konstruktion im Höhensatz die Strecke P. Da $\frac{1}{2}\overline{BG} \cdot (h_1 + h_2) = P^2$, gilt auch $P^2 = A_{ABGF}$.

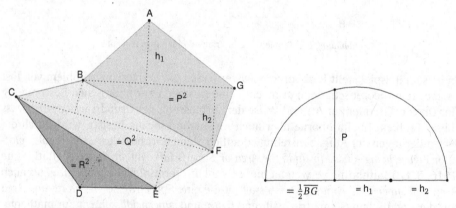

Abbildung 9.5. Problem XCIX: Eine Polygonfläche in eine Quadratfläche umwandeln

Rathborne erhält so durch die wiederholte Anwendung des Höhensatzes die drei Strecken P, Q und R, bei denen das Quadrat über der jeweiligen Strecke dem Flächeninhalt einer Teilfläche des Polygons gleich ist. Im nächsten Schritt zeichnet Rathborne einen rechten Winkel $\sphericalangle KIH$ und trägt auf diesem zuerst die Strecken $P = \overline{IL}$ und $Q = \overline{IM}$ ab (vgl. Abb. 9.6).

Die beiden Endpunkte L und M der Strecken verbindet er und erhält nach dem Satz des Pythagoras die Strecke $\overline{LM}$, die wir algebraisch mit $\sqrt{P^2 + Q^2}$ bezeichnen können. Diese Strecke $\overline{LM}$ transportiert Rathborne auf einen Schenkel des Winkels, so dass $\overline{IO} = \overline{LM}$, und trägt dann auf dem anderen Schenkel die Strecke $R = \overline{IN}$ ab. Werden nun wieder die beide Endpunkte N und O durch eine Strecke verbunden, ist das Quadrat über dieser Verbindungsstrecke $\overline{NO}$ flächengleich zu dem vorgestellten Polygon, denn $\overline{NO}^2 = P^2 + Q^2 + R^2$ (vgl. Rathborne 1616, S. 103f.).

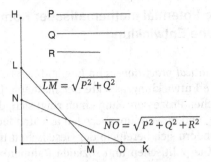

Abbildung 9.6. Problem XCIX: Quadratflächen addieren

Dieses Beispiel für die Darstellung eine Polygonfläche als Quadratfläche, das in der Ausgangssituation dem zuvor beschriebenen Beispiel ähnelt, ist allerdings für eine praktische Anwendung der Theorie in der Landvermessung nicht nützlich und allein von theoretischem Interesse.

9.3.3 Theorie und Praxis: Ein schwieriges Verhältnis

Diese Beispiele zu Theorie und Praxis stellen eine kleine Auswahl dar, die das Spannungsfeld von praktischer Geometrie auf der einen und geometrischer Theorie auf der anderen Seite beschreibt. Die Analyse von Rathbornes Werk zeigt, dass das praktisch orientierte Buch III und die theoretisch orientierten Bücher I und II nur wenig wechselseitige Verweise aufeinander enthalten. Der genauere Blick offenbart aber, dass auch im ausführlichen theoretischen Teil immer wieder Beispiele für einen Anwendungsbezug zu finden sind. Für den praktischen Teil kann festgestellt werden, dass Rathborne seinen Ausführungen eine deduktive Systematik zugrunde legt und in seinen Verfahren und seinen Zeichnungen einem „euklidisch inspirierten Stil" folgt. In seinem Vorwort beschreibt Rathborne ausdrücklich die Zusammengehörigkeit von Theorie und Praxis und rechtfertigt seine umfangreiche geometrische Fundierung der Praxis und den strukturellen Aufbau, denn nur so kann ein Lernerfolg eintreten und ein Vermesser in seiner Profession erfolgreich sein:

> „Wherein by the way I would aduise the Reader, who desireth to make vse thereof, and to profit himselfe thereby, in reading and practising; to take the Chapters before him as they lye in order; for that I haue striued to place them in such an orderly and methodicall forme, as the one necessarily follow the other in vse and practise; well knowing that disorder and irregularitie in this kinde, breedeth not a little trouble and confusion to the weake practicioner."
>
> Rathborne 1616, Preface

Rathbornes Buch *The Surveyor* stellt somit ein Beispiel für ein Lehrbuch zur praktischen Geometrie dar, in dem der Autor als *mathematical practitioner* sein Interesse zwischen geometrischer Theorie und ihrer praktischen Anwendung verortet.

9.4   Das innovative Potential mathematischer Kompetenz für die gesellschaftliche Entwicklung

Das Beispiel der *mathematical practitioners* im England des 16. und 17. Jahrhunderts veranschaulicht mehrere Entwicklungsaspekte der mathematischen Praxis in gesellschaftlichen und politischen Prozessen: Zum einen zeigt sich, dass der Ruf nach mehr mathematischer Bildung und anwendungsbezogen arbeitenden Mathematikern nicht nur heute aktuell ist, sondern sich bereits in der Gesellschaft im Aufbruch der frühen Neuzeit verfestigt hat. Die politischen und sozialen Rahmenbedingungen der englischen Gesellschaft öffnen die Nachfrage nach mathematisch gebildeten Praktikern, um die drängenden Probleme der Zeit zu lösen. Da die institutionellen Rahmenbedingungen im Bildungssystem nicht auf diese Nachfrage antworten können, etablierten sich in London neue Strukturen, zur Ausbildung der *mathematical practitioners*, beispielsweise durch Privatunterricht, öffentliche Vorlesungen und einen ausufernden Markt an Lehrbüchern zum Selbststudium. Dabei vollzieht sich diese Entwicklung von mathematischer Praxis nicht zielgerichtet, sondern mehr planlos und willkürlich. Im Facettenreichtum des Terminus *mathematical practitioner* spiegelt sich gleichzeitig die Multiperspektivität der zeitgenössischen mathematischen Praxis wieder. Eine zentrale Frage ist, wie viel theoretische Mathematik ein *mathematical practitioner* beherrschen muss. Am Beispiel von Aaron Rathbornes Buch *The Surveyor* zeigt sich einerseits, dass die Grenzen zwischen theoretischer und praktischer Geometrie nicht trennscharf gezogen werden können. Andererseits präsentiert der Autor eine umfangreiche theoretische Grundlegung, auf die im praxisbezogenen Teil des Buches nur auszugsweise zurückgegriffen wird. Von einem mathematisch arbeitenden Vermesser erwartet Aaron Rathborne, dass er flexibel mit den unterschiedlichen geometrischen Anforderungen seiner Berufspraxis umgehen kann, und hält dazu eine umfangreiche Fundierung in der theoretischen Geometrie für unabdingbar.

Somit reiht sich Aaron Rathborne mit seinen Empfehlungen für den Landvermesser auch in den zeitgenössischen Diskurs um den Nutzen der Mathematik für die Entwicklung der Gesellschaft ein. Denn er formuliert als Ziel eine fundierte Ausbildung in geometrischer Theorie *und* praktischer Geometrie, so dass die angehenden Vermesser gut ausgebildete Träger des ökonomischen, militärischen und sozialen Fortschritts in der sich entwickelnden englischen Gesellschaft werden. Dieses Ziel hat der *mathematical practitioner* Thomas Hood, der in London öffentliche Vorlesungen über Mathematik gehalten hat, in einer Metapher folgendermaßen beschrieben:

> „For this I knowe bothe by experience, and reading, that he [the Learner; G.W.] which attempeth anie notable thinge in the Mathematicall sciences, or anie humane knowledge els withoute geometrie, dothe as one, that attempteth to flie without his winges."
>
> Ramus 1590, *To the frendly Auditors of the Mathematicall Lecturer*

Literatur

[Bennett u. a. 1982] BENNETT, James A.; BROWN, Olivia: *The Compleat Surveyor*. Cambridge: Whipple Museum of the History of Science, 1982.

[Euclid 1570] EUCLID; BILLINGSLÉY, Henry (Übers.): *The Elements of Geometrie of the most auncient Philosopher Evclide of Megara. With a Præface by Iohn Dee*. London: Iohn Daye, 1570.

[Johnson 1942] JOHNSON, Francis R.: Thomas Hood's Inaugural Address as Mathematical Lecturer of the City of London (1588). In: *Journal of the History of Ideas* 3 (1942), Nr. 1, S. 94–106.

[Johnston 1996] JOHNSTON, Stephen: The identity of the mathematical practitioner in 16th-century England. In: HANTSCHE, Irmgard (Hrsg.): *Der „mathematicus": Zur Entwicklung und Bedeutung einer neuen Berufsgruppe in der Zeit Gerhard Mercators*. Bochum: Universitätsverlag Dr. N. Brockmeyer, 1996, S. 93–120.

[Ramus 1590] RAMUS, Petrus; HOOD, Thomas (Übers.): *Elementes of Geometrie*. London: Iohn Windet, 1590.

[Rathborne 1616] RATHBORNE, Aaron: *The Surveyor in four books*. London: W. Stansby for W. Burre, 1616.

[Recorde 1551] RECORDE, Robert: *The pathway to knowledg containing the first principles of Geometrie*. London: Reynold Wolfe, 1551.

[Schavan 2008] SCHAVAN, Annette: Grußwort. In: GREUEL, Gert-Martin (Hrsg.); REMMERT, Reinhold (Hrsg.); RUPPRECHT, Gerhard (Hrsg.): *Mathematik – Motor der Wirtschaft. Initiative der Wirtschaft zum Jahr der Mathematik*. Berlin, Heidelberg: Springer, 2008, S. v–vi.

[Slavin 1987] SLAVIN, Arthur J.: *The Tudor age and beyond. England from the Black Death to the End of the Age of Elizabeth*. Malbar: Robert E. Krieger Publishing Company, 1987.

[Taylor 1954] TAYLOR, Eva Germaine Remington: *The mathematical practitioners of Tudor and Stuart England*. Cambridge: University Press, 1954.

[Thompson 1968] THOMPSON, Francis Michael L.: *Chartered surveyors. The growth of a profession*. London: Routledge & Kegan Paul, 1968.

[Wende 2001] WENDE, Peter: *Großbritannien 1500–2000*. München: Oldenbourg Wissenschaftsverlag, 2001.

10 Die „Mathematischen Anfangsgründe" von Abraham Gotthelf Kästner

Die Klassifikation der mathematischen Wissenschaften

Desirée Kröger

10.1 Einleitung

Mathematik und Naturwissenschaften erhielten in der Zeit der Aufklärung in Deutschland eine besondere Stellung, die sich auch institutionell und in Gestalt neuer Publikationsformen zeigte. Als wichtiges Ereignis kann die Gründung der Berlin-Brandenburgischen Akademie der Wissenschaften im Jahre 1700 angesehen werden. Sie geht auf die Bemühungen von Gottfried Wilhelm Leibniz (1646–1716) zurück. Als Publikationsorgan manifestierten sich gelehrte Zeitschriften, meist auf Initiative der Akademien, um den internationalen wissenschaftlichen Austausch zu gewährleisten.

Mit Hilfe von Akademieberichten und gelehrten Zeitschriften können wir uns ein umfassendes Bild über die mathematische Forschung an den deutschen Akademien des 18. Jahrhunderts machen. Zu dieser Zeit waren Forschung und Lehre noch voneinander getrennt. Während wissenschaftliche Forschung meist an den Akademien stattfand, waren die Universitäten in erster Linie der Lehre verpflichtet. Zudem entwickelte sich ein eigenständiges Studium der Mathematik flächendeckend erst im 19. Jahrhundert. Wie aber sahen die Verhältnisse an deutschen Universitäten des 18. Jahrhunderts aus? Welche Gestalt hatte das Mathematikstudium? Welche Inhalte sollten gelehrt werden?

Zur Beantwortung dieser Fragen bildet die mathematische „Anfangsgründe"-Literatur eine wertvolle Quelle. Der vorliegende Beitrag befasst sich mit den mathematischen Disziplinen und ihrer Klassifikation, wie sie in den Anfangsgründen zu finden sind. Die Klassifikation der mathematischen Wissenschaften ist interessant, um einen Einblick in die Inhalte des Mathematikstudiums im 18. Jahrhundert zu erhalten, und beleuchtet das Verständnis von Mathematik zur damaligen Zeit.

Zunächst werden die Anfangsgründe als neue Literaturgattung in Anlehnung an die Mathematik charakterisiert. Zur Analyse der mathematischen Wissenschaften sollen die *Mathematischen Anfangsgründe* von Abraham Gotthelf Kästner im Zentrum der

Betrachtung stehen und die darin gefundenen Inhalte mit denen verglichen werden, die in Lehrwerken anderer Verfasser zu finden sind. Hierfür wurden die mathematischen Lehrbücher von Christian Wolff und Wenceslaus Johann Gustav Karsten ausgewählt.

10.2 Die Anfangsgründe

Die sogenannten Anfangsgründe erscheinen als besondere Literaturgattung im 18. Jahrhundert. Es handelt sich hierbei um weit verbreitete und viel genutzte Lehrbücher, die in deutscher Sprache und in erster Linie für den Gebrauch an Universitäten verfasst worden sind. Der Terminus „Anfangsgründe" war nicht an eine bestimmte Wissenschaft gebunden. Die folgenden Ausführungen befassen sich mit den mathematischen Anfangsgründen. Die dargestellten Merkmale lassen sich aber generell auf Anfangsgründe anderer Disziplinen übertragen.

10.2.1 Charakteristika der Anfangsgründe

In den mathematischen Anfangsgründen wurde erstmals ein großer Teil des mathematischen Wissens in deutscher Sprache dargestellt. Wie aus den Vorreden der Verfasser der Anfangsgründe hervorgeht, wurden diese als Lehrbücher verfasst, die sowohl von Professoren als auch von Studenten als Vorlesungsgrundlage verwendet werden konnten, sich aber auch zu autodidaktischen Studien eigneten. Wegen ihrer engen Anbindung und Anpassung an die universitäre Lehre kann angenommen werden, dass sich die Verfasser der Lehrbücher auch Gedanken zum didaktischen Aufbau und Vorgehen gemacht haben. Es handelt sich also um einen Literaturtyp, in dem nicht das wissenschaftliche, sondern hauptsächlich das unterrichtete mathematische Wissen präsentiert wird. Eine weitere Besonderheit ist, dass sich in den Anfangsgründen nicht nur Ausführungen zur reinen Mathematik finden, sondern auch angewandte mathematische Disziplinen betrachtet worden sind, vor allem die mechanischen, optischen, astronomischen und architektonischen Wissenschaften. Man beschränkte sich nicht, wie bei Forschungsmonographien, auf ein Wissensgebiet, sondern versuchte, alle mathematischen Disziplinen in einer lehr- und lernbaren Form darzustellen. Dabei war es den Verfassern wichtig, dass Anfänger die mathematischen Disziplinen von Grund auf erlernen konnten. Zu diesem Zweck werden zunächst Begriffserklärungen gegeben. Zum Beginn des Kapitels zur Arithmetik beispielsweise findet der Leser die Definitionen der Zahl und der vier Grundrechenarten. Die Ausführungen werden begleitet von Lehrsätzen und ihren Beweisen, Aufgaben und ihren Auflösungen, sowie Abbildungen, praxisnahen Beispielen, historischen Bemerkungen und Angaben zu weiterführender Literatur. Gerade durch die Beachtung und Erwähnung der wissenschaftlichen Literatur konnten sich interessierte Personen, nachdem sie die Grundlagen der Mathematik mit Hilfe der Anfangsgründe erlernt haben, intensiver mit der Wissenschaft befassen.

Die mathematischen Anfangsgründe wurden von Professoren oder Lehrern der Mathematik verfasst, die sich nach eigenen Angaben der mathematischen Lehre in besonderer Weise verpflichtet fühlten. Zu den erfolgreichsten mathematischen Lehrbuchautoren des 18. Jahrhunderts zählen Christian Wolff, Abraham Gotthelf Kästner und Wenceslaus Johann Gustav Karsten (vgl. Kühn 1987, S. 79). Als schöpferische Mathematiker, die die Mathematik in fachwissenschaftlicher Hinsicht bereichert haben, traten sie jedoch nicht hervor (vgl. Reich 2005, S. 76).

10.2.2 Kontext der Anfangsgründe

Die Anfangsgründe können aus verschiedenen, aber dennoch eng miteinander zusammenhängenden Perspektiven betrachtet werden. Die jeweiligen Umstände müssen wir im Hinterkopf behalten, wenn wir uns intensiver mit den Anfangsgründen, ihren Autoren, Adressaten und Intentionen befassen. Im Folgenden werden zwei Perspektiven vorgestellt: Das Bildungssystem des 18. Jahrhunderts sowie gesellschaftliche Kontexte.

Das deutsche Bildungssystem des 18. Jahrhundert unterscheidet sich stark von den heutigen Gegebenheiten. Es gab kein Aufnahmekriterium für den Eintritt in die Hochschule, wie wir es heute in Form des Abiturs haben. Zudem war auch die Schullaufbahn nicht festgesetzt. So war es im 18. Jahrhundert auch möglich, Privatunterricht außerhalb einer Bildungsinstitution zu erhalten. Unter diesen Umständen liegt es nahe, dass keineswegs gleiche Bildungsvoraussetzungen angenommen werden dürfen. Um einen annähernd einheitlichen Kenntnisstand zu erreichen, musste jeder Student ein propädeutisches Studium, nämlich das der Sieben Freien Künste im Rahmen der philosophischen Fakultät, durchlaufen, bevor er sich in einer der höheren Fakultäten (Theologie, Jurisprudenz, Medizin) immatrikulieren konnte. Das Studium der Sieben Freien Künste war aufgeteilt in das Trivium, welches die drei Disziplinen Grammatik, Rhetorik, Dialektik / Logik umfasste, und das Quadrivium, in dem die vier mathematischen Disziplinen Arithmetik, Geometrie, Astronomie und Harmonielehre gelehrt wurden. Diese vier Disziplinen wurden bereits von den Pythagoreern als die mathematischen Wissenschaften bezeichnet. Die Anzahl der mathematischen Wissenschaften ist bis zum 18. Jahrhundert erheblich erweitert worden, wie an den Inhalten der mathematischen Anfangsgründe ersichtlich wird.

In diesem Kontext ist auch die Beförderung der mathematischen Wissenschaften an sich einzuordnen. Die Mathematik sollte als eigenständiges Unterrichtsfach etabliert werden (vgl. Sommerhoff-Benner 2002, S. 304).

Die Tatsache, dass die philosophische Fakultät und die ihr zugehörigen Disziplinen im Bildungssystem des 18. Jahrhundert nur eine untergeordnete Stellung hatten, zeigt sich auch in der Anstellung der jeweiligen Professoren. Oftmals hatten die Dozenten einen Lehrstuhl in der philosophischen Fakultät nur so lange inne, bis sie eine besser bezahlte Position in einer der höheren Fakultäten besetzen konnten (vgl. Turner 1975, S. 499). So ist davon auszugehen, dass die Mathematik nicht von Fachleuten gelehrt worden ist. Damit einhergehend gab es einen quantitativen und qualitativen Mangel an Lehrbüchern, die für die Lehre und die damit verbundenen Absichten genutzt werden konnten (vgl. Kühn 1987, S. 66). Zwar gab es bereits deutschsprachige mathematische Lehrwerke, aber diese waren in erster Linie für angehende Kaufleute verfasst und somit nur auf einen bestimmten Bereich, wie arithmetische Kenntnisse, eingeschränkt. Der Mangel an umfassenden Lehrwerken wurde durch die Anfangsgründe behoben. Mit ihnen bot sich nun die Möglichkeit, eine einheitliche mathematische Lehre herzustellen.

Unter die gesellschaftlichen Aspekte fallen vor allem die aufklärerischen Gedanken. Man wollte sich von den mittelalterlichen und veralteten Lerninhalten trennen und die dogmatische Lehrart ablegen. Zudem sollte Bildung in das Volk getragen werden, und dies geschah über die deutsche Sprache. Man löste sich also von der Gelehrtensprache Latein, um auch Personengruppen außerhalb der Universitäten erreichen zu können (vgl. Kühn 1987, S. 17).

10.3 Abraham Gotthelf Kästner

Abraham Gotthelf Kästner ist als Philosoph und Mathematiker bekannt. Während seine Biographie und literarischen Leistungen bereits detailliert betrachtet worden sind (Baasner 1991), fehlt es allerdings noch an einer umfassenden Darstellung, die seine Verdienste als Mathematiker und Lehrbuchautor würdigt. Kästners Lehrbücher waren in der zweiten Hälfte des 18. Jahrhunderts weit verbreitet und hochgeschätzt (vgl. Kühn 1987, S. 72).

10.3.1 Kurzbiographie

Abraham Gotthelf Kästner wurde als einziges Kind seiner Eltern am 27. September 1719 in Leipzig geboren. Er besuchte nie eine öffentliche Schule, sondern genoss früh Privatunterricht durch seinen Vater Abraham Kästner und seinen Onkel mütterlicherseits Gottfried Rudolph Pommer. Letzterer weckte Kästners Interesse für die Mathematik. Bereits mit 10 Jahren nahm Kästner an den juristischen Privatvorlesungen seines Vaters und mit 11 Jahren sogar an dessen juristischen Disputationen teil. 1731 begann er sein juristisches Studium an der Universität Leipzig, hörte aber unter anderem auch Vorlesungen zur Philosophie, Physik, Mathematik, Metaphysik und Botanik. 1733 erfolgte seine Ernennung zum Notar, 1735 zum Bakkalaureus und 1737 zum Magister. 1739 habilitierte er sich mit der mathematischen Schrift *De theoria radicum in aequationibus*, die er bereits drei Jahre zuvor verfasst hat. Von diesem Zeitpunkt an hielt er mathematische, philosophische und juristische Vorlesungen an der Universität Leipzig, wo er 1746 zum Außerordentlichen Professor für Mathematik ernannt wurde. Da sein Gehalt nicht ausreichte, um nach dem Tod seines Vaters seine kranke Mutter mitzuversorgen, übersetzte er einige Bücher ins Deutsche. 1755 folgte er einem Ruf an die Universität Göttingen und trat dort 1756 seine Ordentliche Professur für Mathematik und Naturlehre an. Kästner lehrte in Göttingen bis zu seinem Tod am

20. Juni 1800.

Kästners Mitgliedschaften in Akademien und gelehrten Gesellschaften zeugen davon, dass er sich sowohl für den Fortschritt der Wissenschaften interessierte, als auch international anerkannt war. Er war Mitglied der wissenschaftlichen Akademien in Berlin, London und St. Petersburg sowie in anderen gelehrten Gesellschaften. In Deutschland machte er sich zudem einen Namen als Verfasser zahlreicher Beiträge und Rezensionen in namhaften Zeitschriften seiner Zeit.

10.3.2 Die „Mathematischen Anfangsgründe"

Kästner verfasste seine *Mathematischen Anfangsgründe* im Rahmen seiner Lehrtätigkeit an der Universität Göttingen. Sie sind in der ersten Auflage in 6 Bänden erschienen (Göttingen, Vandenhoeck und Ruprecht, 1758–1769). Nicht das Werk als Ganzes, wohl aber einzelne Bände erfuhren Neuauflagen. Es wurden auch weitere Bände hinzugefügt, so dass die *Anfangsgründe* bis 1801 auf einen Umfang von 10 Bänden anwuchsen. Für die vorliegende Untersuchung wurde die jeweils jüngste Auflage verwendet. Kästner unterteilte den Inhalt seiner *Anfangsgründe* in vier „Theile" mit entsprechenden „Abtheilungen" (vgl. Tabelle 10.1).

An dem Aufbau des Werkes und der Anordnung der Disziplinen erkennt man bereits Kästners Unterscheidung zwischen elementarer und höherer Mathematik.

Teil 1 besteht aus vier Unterabteilungen und befasst sich mit der elementaren reinen Mathematik, genauer mit der Arithmetik und der Geometrie mitsamt der Trigonometrie, und ihren Anwendungen. Ein wenig irritieren mag die Einordnung der Perspektive in den Teil der reinen Mathematik, die man aus heutiger Sicht durchaus zur Geometrie rechnen kann. Kästner aber hat sie als angewandte mathematische Wissenschaft betrachtet und bereits in dem Band zur elementaren reinen Mathematik aufgenommen, da sie „die wenigsten fremden oder unbekannten Gründe" (Kästner 1790–1801, Anfangsgründe 1.1, Vorrede der ersten Auflage, *8 r), voraussetze.

Die Ausführungen im ersten Teil sind die Voraussetzung für die Beschäftigung mit der elementaren angewandten Mathematik, die in Teil 2 der *Anfangsgründe* wiederzufinden ist. Hier betrachtet Kästner in zwei Unterabteilungen die mechanischen, optischen und astronomischen Wissenschaften. In der Abteilung der astronomischen Wissenschaften betrachtet Kästner zudem noch die architektonischen Wissenschaften, die er aber nicht unter diesem Oberbegriff bezeichnet.

In Teil 3 des Lehrwerkes befinden sich die Lehren der höheren reinen Mathematik, nämlich die Algebra und die Analysis, die Kästner getrennt voneinander in jeweils einer Unterabteilung betrachtet. Auf dieser Grundlage können dann die Inhalte der höheren angewandten Mathematik, nämlich die höhere Mechanik und die Hydrodynamik erarbeitet werden, die Kästner in Teil 4 in zwei Abteilungen abhandelt.

In der Vorrede zur ersten Auflage seiner *Anfangsgründe der Arithmetik* betont Kästner, dass die Lehren der reinen Mathematik für die Beschäftigung mit der angewandten Mathematik unumgänglich seien. Kästner wolle nicht nur die Mathematik lehren, son-

Teil und Abt.	Titel	Auflagen
Teil I, Abt. I:	*Anfangsgründe der Arithmetik und Geometrie, ebenen und sphärischen Trigonometrie und Perspectiv.*	1758, [2]1763, [3]1774, [4]1786, [5]1792, [6]1800
Teil I, Abt. II:	*Fortsetzung der Rechenkunst in Anwendungen auf mancherley Geschäffte.*	1786, [2]1801 (hg. v. Bernhard Thibaut)
Teil I, Abt. III:	*Geometrische Abhandlungen. Erste Sammlung. Anwendungen der Geometrie und ebenen Trigonometrie.*	1790
Teil I, Abt. IV:	*Geometrische Abhandlungen. Zweyte Sammlung. Anwendungen der Geometrie und ebenen Trigonometrie.*	1791
Teil II, Abt. I:	*Anfangsgründe der angewandten Mathematik. Mechanische und optische Wissenschaften.*	1759, [2]1765, [3]1780, [4]1792
Teil II, Abt. II:	*Anfangsgründe der angewandten Mathematik. Astronomie, Geographie, Chronologie und Gnomonik.*	1759, [2]1765, [3]1781, [4]1792
Teil III, Abt. I:	*Anfangsgründe der Analysis endlicher Größen.*	1760, [2]1767, [3]1794
Teil III, Abt. II:	*Anfangsgründe der Analysis des Unendlichen.*	1761, [2]1770, [3]1799
Teil IV, Abt. I:	*Anfangsgründe der höhern Mechanik.*	1766, [2]1793
Teil IV, Abt. II:	*Anfangsgründe der Hydrodynamik.*	1769, [2]1797

Tabelle 10.1. Unterteilung der Anfangsgründe

dern mit seinen Werken auch zur Ausbreitung der Mathematik und damit der Vernunft beitragen.

Kästner war nicht nur an einer reinen Neuauflage seiner Lehrwerke, sondern auch an der Aktualität ihrer Inhalte interessiert. Dies zeigt sich in der Tatsache, dass der zweite Teil seiner *Anfangsgründe,* der sich mit der angewandten Mathematik befasst, in der dritten Auflage 1780/81 in zwei Abteilungen erschienen ist. Diese Trennung sei notwendig gewesen, da durch das stetige Anwachsen der Kenntnisse in der angewandten Mathematik nur ein Band zu umfangreich geworden wäre (vgl. Kästner 1790–1801, Anfangsgründe 2.2, Vorrede zur dritten Ausgabe, S. vi).

10.3.3 Die Klassifikation der mathematischen Wissenschaften

In Kästners „Vorerinnerungen von der Mathematik überhaupt und ihrer Lehrart" (vgl. Kästner 1790–1801, Anfangsgründe 1.1, S. 1–23) klassifiziert er die mathematischen Wissenschaften. Er teilt die Mathematik in reine bzw. abgesonderte Mathematik (mathesis pura vel abstracta) und angewandte Mathematik (mathesis applicata) ein. In der reinen Mathematik werden Größen ohne Beachtung weiterer Eigenschaften abstrakt betrachtet. Die Berücksichtigung weiterer Eigenschaften erfolgt dann in der angewandten Mathematik. Als Beispiel gibt Kästner an, dass die Länge an sich zur reinen Mathematik gehöre, die Entfernung zweier Orte zueinander aber zur angewandten Mathematik.

Die reine Mathematik unterteilt Kästner in Arithmetik und Geometrie, die die Grundlagen für alle weiteren Beschäftigungen mit der Mathematik bilden. In der Arithmetik wird die Größe als Menge von Teilen, als ein Ganzes (totum), betrachtet, in der Geometrie hingehen steht die Verbindung und Ordnung dieser Teile als zusammengesetztes Ding (compositum) im Vordergrund. In Kästners Beispiel zur Erläuterung dieser Unterscheidung heißt es, dass bei der reinen Gewichtsbestimmung eines Bleiklumpens dessen Gestalt belanglos ist, die arithmetische Betrachtung also ausreicht, nicht aber dann, wenn man daraus Bleikugeln gießen möchte.

Die Einteilung dieser beiden reinen mathematischen Wissenschaften in weitere Unterabteilungen geschah, so Kästner, aus Bequemlichkeit heraus. Hierzu rechnet er die ebene und sphärische Trigonometrie, die Buchstabenrechnung als Verallgemeinerung der Arithmetik, die Analysis und die Algebra. Sie lassen sich alle entweder auf die Arithmetik, die Geometrie oder eine Wissenschaft, die aus beiden zusammengesetzt ist, zurückführen. An dieser Stelle betont Kästner, dass die Analysis und die Algebra samt ihrer Anwendungen die höhere Mathematik ausmachen (vgl. Kästner 1790–1801, Anfangsgründe 1.1, S. 4 ff.).

In der angewandten Mathematik werden anschließend die Lehren der reinen Mathematik auf reale Sachen angewandt. Kästner beginnt mit den Anwendungen der Arithmetik auf die Bereiche Hauswirtschaft, Handel und kaufmännische Rechnungen. Die Geometrie-Anwendung begegnet uns dann in der Feldvermessung. Die Ausführungen sind in den Abteilungen 2 bis 4 des ersten Teils der *Anfangsgründe* zu finden.

Kästner definiert „die Kräfte der Körper [...]; das Licht, und die himmlischen Körper" (Kästner 1790–1801, Anfangsgründe 1.1, S. 7), also die mechanischen, optischen und astronomischen Wissenschaften als die drei Hauptbestandteile der angewandten Mathematik, die noch weiter aufgegliedert werden können. In den mechanischen Wissenschaften betrachtet er die Statik, Hydrostatik, Hydraulik und Aerometrie. Die optischen Wissenschaften setzen sich aus der Optik, Katoptrik und Dioptrik zusammen. Zu den astronomischen Wissenschaften rechnet er die Astronomie, mathematische Geographie, Gnomonik und Chronologie. Neben diesen Wissenschaften betrachtet Kästner auch noch die Perspektive und die drei architektonischen Wissenschaften Geschützkunst, bürgerliche Baukunst und Kriegsbaukunst als Wissenschaften, in denen mathematische Kenntnisse vor allem wegen ihrer Vervollkommnung notwendig seien.

Nachdem Kästner in seinen „Vorerinnerungen" eine ausführliche Einteilung der mathematischen Wissenschaften gegeben hat und diese in seinen Anfangsgründen behandelt, mag es zunächst befremdlich erscheinen, dass er sich nicht auf eine feste Anzahl der angewandten mathematischen Wissenschaften festlegt. Er schreibt nur von „mehr als zwölf Wissenschaften, deren jede ihre Grundsätze hat" (Kästner 1790–

1801, Anfangsgründe 2.1, Vorrede, *2 r). Aber wie bereits in seinen „Vorerinnerungen" erwähnt, können auch andere Disziplinen zu der angewandten Mathematik gerechnet werden, die er allerdings in seinem Lehrwerk nicht betrachtet hat, beispielsweise Musik, Schiffskunst oder statistische Berechnungen.

Es scheint so, als ob die Klassifikation der mathematischen Wissenschaften noch nicht vollkommen gefestigt und zugleich offen für neue Disziplinen war. Ein Beispiel gibt Kästner in seiner Vorlesungsankündigung *Ueber die Verbindung von Mathematik und Naturlehre* (1768) mit der Aerometrie an. Es sei Wolff zu verdanken, dass diese nun als mathematische Wissenschaft angesehen wird, denn er sei der erste gewesen, der alle Kenntnisse über sie gesammelt und sie mathematisch ausgearbeitet hat.

Das System der mathematischen Wissenschaften, das in den Anfangsgründen zu finden ist, wird durch Kästners allgemeine Auffassung über die Klassifikation der mathematischen Wissenschaften bestätigt. Unabhängig von den Lehrinhalten finden wir in seinem *Commentarius über eine Stelle des Varro von einer der Ursachen warum die Mathematik in Deutschland immer noch für unnütz gehalten wird* (1765) die Aufteilung in reine und angewandte Mathematik. Allerdings sind Kästners Ausführungen recht unpräzise, da er sich nicht auf genaue Anzahlen festlegt. So besteht für ihn die angewandte Mathematik aus 13 oder 14 unterschiedlichen Wissenschaften, die sich wiederum in drei oder vier Hauptabteilungen aufteilen lassen, nämlich die mechanischen, optischen und astronomischen Wissenschaften. Er nennt zwar auch die architektonischen Wissenschaften als mögliche vierte Hauptabteilung, aber merkt an, dass die darin enthaltenen Wissenschaften Artillerie, Fortifikation und Baukunst auch zu den mechanischen Wissenschaften gezählt werden können, wenn man keine besondere Unterscheidung der architektonischen Wissenschaften machen möchte. Die Inhalte im *Commentarius* zeigen, dass der Umfang der mathematischen Wissenschaften in Bezug auf die universitäre Lehre nicht beschränkt worden ist, sondern sie in vollem Umfang erlernt werden sollten.

Zusammenfassend lässt sich festhalten, dass in den Kästnerischen *Anfangsgründen* alle mathematischen Disziplinen zu finden sind, die er auch unabhängig von der Lehre als solche ansah: Zur reinen Elementarmathematik zählt er die Arithmetik und die Geometrie inklusive der ebenen und sphärischen Trigonometrie. Algebra und Analysis bezeichnet er als höhere Mathematik. In der angewandten Mathematik stellt er die Lehren folgender 16 Wissenschaften dar: Statik, (höhere) Mechanik, Hydrostatik, Hydraulik (inkl. Hydrodynamik), Aerometrie, Optik, Katoptrik, Dioptrik, Astronomie, Geographie, Gnomonik, Chronologie, Perspektive, Artillerie, Fortifikation und bürgerliche Baukunst.

10.4 Vergleich mit weiteren Anfangsgründe-Autoren

Es ist interessant herauszufinden, in wie weit sich Kästners Klassifikation der mathematischen Wissenschaften von den Ausführungen anderer Anfangsgründe-Autoren unterscheidet. Hierfür wurden die Lehrwerke zweier Anfangsgründe-Autoren gewählt: Christian Wolff, der seine Lehrwerke fast 50 Jahre vor Kästner veröffentlicht hat, sowie Wenceslaus Johann Gustav Karsten, der seine Lehrbücher nach denen von Kästner geschrieben hat.

Christian Wolff gilt als Begründer der mathematischen Anfangsgründe-Literatur. Seine weit verbreiteten Lehrbücher erschienen ab 1710. Erst ab der Jahrhundertmitte folgten weitere bedeutsame mathematische Lehrwerke wie die von Kästner und Karsten, die die Wolffschen Lehrbücher ablösten (vgl. Kühn 1987, S. 72 und Gerhardt 1877, S. 192). Hier kann nach dem Grund gefragt werden, wieso sich Kästner entschloss, knapp 50 Jahre später ein eigenes Lehrwerk herauszubringen. In Hinblick auf die mathematischen Disziplinen und deren Entwicklung ist es interessant zu erfahren, ob, und wenn ja wie sich die unterrichtete Mathematik verändert hat. Auch um herauszufinden, welchen Einfluss Kästner auf die nachfolgenden Anfangsgründe-Autoren hatte, wurden die Lehrwerke von Wenceslaus Johann Gustav Karsten in die vorliegende Betrachtung mitaufgenommen.

10.4.1 Christian Wolff

Der Philosoph, Mathematiker und Aufklärer Christian Wolff (1679–1754) war Professor der Mathematik und Physik an den Universitäten Halle und Marburg. Zu seinen bekannten und weit verbreiteten mathematischen Werken, die in diese Betrachtung mitaufgenommen werden, zählen folgende Titel:

- *Anfangsgründe aller mathematischen Wissenschaften*, 4 Bde., Halle 1710 (bis 1800 in 10 weiteren Auflagen erschienen).

- *Auszug aus den Anfangsgründen aller mathematischen Wissenschaften*, Halle 1717 (bis 1797 in 14 weiteren Auflagen erschienen).

- *Mathematisches Lexicon*, Leipzig 1716.

In den vier Bänden der Wolffschen *Anfangsgründe* (Wolff 1750/57) sind die Disziplinen wiederzufinden, die auch Kästner in seinem Lehrwerk betrachtet. Allerdings lassen sich gewisse Unterschiede ausmachen. Auffällig ist die veränderte Reihenfolge der dargestellten Disziplinen. Wolff behandelt die sphärische Trigonometrie nicht wie Kästner im Rahmen der Trigonometrie, sondern als Voraussetzung zur Astronomie. Dies kann ein Indiz für eine unterschiedliche didaktische Herangehensweise darstellen.

Während Kästner zwischen Statik und Mechanik unterscheidet, betrachtet Wolff nur die Mechanik. An dieser Stelle muss eine generelle Bemerkung zu den Begrifflichkeiten erfolgen. Unter Mechanik verstanden die Zeitgenossen Wolffs die Lehre von der Bewegung der Körper, unter Statik die Lehren vom Gleichgewicht der Körper. Kästner macht in der Kapitelüberschrift „Mechanik, oder eigentlich die Statik" (vgl. Kästner 1790–1801, Anfangsgründe 2.1, S. 1) bereits auf das Problem aufmerksam, nämlich dass sich die Begrifflichkeit bzw. die Inhalte in der zweiten Hälfte des 18. Jahrhunderts geändert hatten. Allerdings bleibt offen, wodurch diese Änderungen bewirkt wurden. Ähnliche Bemerkungen finden wir auch bei weiteren Lehrbuchautoren aus diesem Zeitraum. Wolff benutzt zwar den Begriff Mechanik, hat aber tatsächlich die Statik betrachtet. Erst Kästner unterscheidet die Inhalte voneinander (vgl. Kühn 1987, S. 84 ff.).

In seinem einbändigen *Auszug aus den Anfangsgründen aller mathematischen Wissenschaften* betrachtet Wolff die Disziplinen, wie wir sie in seinen *Anfangsgründen* finden, bis auf die sphärische Trigonometrie und die Differential- und Integralrechnung. Der Auszug ist in erster Linie für Schulen geschrieben worden, da vielen Anfängern die Anfangsgründe zu weitläufig erschienen (vgl. Wolff 1737, Vorrede, 4 v). Dies deutet darauf hin, dass die sphärische Trigonometrie und die Analysis zur höheren Mathematik und somit nicht zum regulären Schulstoff gezählt wurden.

Im Gegensatz zu Kästner finden wir in Wolffs Lehrwerken keine expliziten Äußerungen zur Klassifikation der mathematischen Wissenschaften. Als ergiebiger erweisen sich einige Einträge in Wolffs *Mathematischem Lexicon*. Hier findet man die reine Mathematik unter dem Stichwort „Mathesis pura sive simplex, die eigentliche Mathematick" (Sp. 868), zu der Wolff Arithmetik, Geometrie, Trigonometrie und Algebra zählt. Die Analysis wird hier nicht explizit betrachtet. Es erfolgt keine Unterscheidung zwischen elementarer und höherer Mathematik. Die Wissenschaften, die man in der angewandten Mathematik findet und die Wolff als „Mathesis impura sive mixta, die angebrachte Mathematick" (Sp. 866f.) bezeichnet, seien „nichts anderes als aus anderen Wissenschafften entlehnte Stücke, die man durch die Mathematick ausgearbeitet oder zur Vervollkommnung gebracht" (Wolff 1716, Sp. 864) hat. Die entsprechenden Wissenschaften stammen aus der Physik, der Metaphysik bzw. Ontologie und der Politik.

Im Vergleich zu Kästner hat sich Wolff nicht explizit über eine Klassifikation der mathematischen Wissenschaften geäußert. Die Einteilung in mechanische, optische, astronomische und architektonische Wissenschaften mit ihren entsprechenden Unterabteilungen erfolgte erst durch Kästner. Während Wolff nicht zwischen elementarer und höherer Mathematik differenziert, wird die Unterscheidung bei Kästner bereits in dem Aufbau seiner *Anfangsgründe* deutlich.

10.4.2 Wenceslaus Johann Gustav Karsten

Wenceslaus Johann Gustav Karsten (1732–1787) war ab 1758 Professor der Logik in Rostock, ab 1760 Professor der Mathematik an der Universität Bützow und wurde 1778 als Nachfolger von Johann Andreas von Segner nach Halle berufen, wo er bis zu seinem Tod als ordentlicher Professor der Mathematik und Physik tätig war.

Die Lehrbücher von Karsten sind nicht nur in Bezug auf die Frage nach den mathematischen Disziplinen, sondern auch in anderer Hinsicht interessant. Hier finden wir beispielsweise zahlreiche Anmerkungen, die Rückschlüsse auf die Gestalt des mathematischen Studiums und mathematischer Vorlesungen an deutschen Universitäten des 18. Jahrhunderts zulassen.

In Bezug auf die Klassifikation der mathematischen Wissenschaften werden drei Werke von Karsten betrachtet:

- *Lehrbegriff der gesamten Mathematik* (8 Bde.), Greifswald 1767–1777.

- *Anfangsgründe der mathematischen Wissenschaften* (3 Bde.), Greifswald 1780.

- *Auszug aus den Anfangsgründen und dem Lehrbegriffe der mathematischen Wissenschaften*, Greifswald 1781 (zweite Auflage 1785 in zwei Bänden).

Zunächst erschien Karstens *Lehrbegriff*, aus dem nach einer Neubearbeitung die komprimierteren *Anfangsgründe* entstanden sind. Sein *Auszug* basiert auf seinen beiden größeren Lehrwerken, enthält aber eine größere Anzahl mathematischer Wissenschaften. Der Grund hierfür ist, dass sowohl der *Lehrbegriff* als die *Anfangsgründe* nicht in dem Umfang erschienen sind, wie es Karsten ursprünglich geplant hat. Die Gründe hierfür sind unbekannt.

Wie aus der Vorrede in Karstens *Lehrbegriff* zu entnehmen ist, sollte dieses Werk ursprünglich 12 Bände umfassen. Die ersten beiden Bände sollten die theoretische Elementarmathematik enthalten, gefolgt von drei oder vier Bänden zur praktischen Mathematik. Die höhere theoretische und höhere praktische Mathematik sollten die weiteren Bände ausmachen. Diese Aufteilung erinnert stark an die, die Kästner in seinen *Anfangsgründen* vorgenommen hat. Auch im Bereich der angewandten mathematischen Wissenschaften hält sich Karsten ausdrücklich an Kästners Klassifikation, wie sie im *Commentarius über eine Stelle des Varro* zu finden ist (vgl. Karsten 1767–1777, Lehrbegriff Bd. 1, Vorrede, *8 r).

Tatsächlich veröffentlichte Karsten acht Bände seines *Lehrbegriffs*. Die ersten beiden Bände bestehen aus der reinen Elementarmathematik: Arithmetik und Geometrie einschließlich Trigonometrie. Die mechanischen Wissenschaften sind in den Bänden 3 bis 6 ausgearbeitet: Statik, Hydrostatik, Aerostatik, Mechanik, Hydraulik und Pneumatik. Die Bände 7 und 8 befassen sich mit den optischen Wissenschaften, genauer der Optik, Perspektive und Photometrie. Der Dioptrik und der Katoptrik sind keine eigenen Kapitel gewidmet, sondern diese sind lediglich als Anwendungen der Photometrie zu finden. Es ist anzunehmen, dass Karsten sie in einem weiteren Band seines *Lehrbegriffs* betrachten wollte. Auch hat Karsten die astronomischen und die architektonischen Wissenschaften nicht mehr in seinem *Lehrbegriff* verarbeitet, ebenso wenig wie Ausführungen zur höheren theoretischen Mathematik.

Neu ist die Betrachtung der Pneumatik / Aeromechanik als eigenständige Wissenschaft abgesondert von der Aerometrie / Aerostatik. Karsten begründet dies damit, dass es auch üblich geworden sei, die Hydrostatik und Hydraulik / Hydromechanik voneinander zu unterscheiden (vgl. Karsten 1767–1777, Lehrbegriff Bd. 6, Vorrede, b3 v). Karsten hat also versucht, das System der mathematischen Wissenschaften durch eine neue Disziplin zu erweitern.

Der *Lehrbegriff* wurde laut Aussage Karstens positiv aufgenommen. Statt diesen einfach nur neu aufzulegen, überdachte er auf Grundlage seiner Lehrerfahrungen die Systematik, woraus die *Anfangsgründe* entstanden sind (vgl. Karsten 1780, Anfangsgründe Bd. 1, *5 r und v). Der erste Band entspricht dem Inhalt der ersten beiden Bände des *Lehrbegriffs*. Der zweite Band enthält die Inhalte der Bände 3 bis 6 des *Lehrbegriffs*. Neu ist, dass Karsten die Maschinenlehre als eigenständige mathematische Disziplin betrachtet hat. Die hier dargestellten Inhalte wurden im sechsten Band des *Lehrbegriffs* noch unter „Fortsetzung der Hydraulik" betrachtet. Die optischen Wissenschaften, wie sie zuvor im *Lehrbegriff* in den Bänden 7 und 8 dargestellt wurden, finden sich nun im dritten und letzten Band der *Anfangsgründe*. Karsten wollte noch einen vierten Band zu den astronomischen Wissenschaften erscheinen lassen, doch dieses Vorhaben hat er nicht mehr realisiert.

Obwohl wir in den beiden vorgestellten Lehrwerken nicht alle mathematischen Disziplinen finden, betrachtet sie Karsten in seinem *Auszug*. Von der Anzahl der mathematischen Wissenschaften her ist der *Auszug* umfangreicher und enthält zusätzlich neben der Artillerie, die Karsten zu den mechanischen Wissenschaften zählt, auch die astronomischen und architektonischen Wissenschaften. Innerhalb der optischen Wissenschaften betrachtet er die Photometrie nicht mehr, dafür aber die Katoptrik und die Dioptrik. Zu den astronomischen Wissenschaften zählt er Astronomie, Gnomonik, Chronologie, Feldmeßkunst und Geographie. Unter den architektonischen Wissenschaften sind bürgerliche Baukunst und Kriegsbaukunst zu finden.

Wie Wolff und Kästner unterscheidet Karsten zwischen der reinen bzw. theoretischen und der angewandten Mathematik. Zu der reinen Elementarmathematik rechnet er die Rechenkunst und die Geometrie mitsamt der Trigonometrie. Die Algebra und die Analysis machen für ihn die höhere reine Mathematik aus. Karsten hält sich sowohl vom Aufbau seines Werkes als auch von den Inhalten ausdrücklich an die Klassifikation, die Kästner vorgenommen hat. Karsten versuchte die Mathematik durch zusätzliche Disziplinen zu erweitern, doch dies hat sich nicht durchgesetzt, wie aus einem Vergleich mit später erschienenen Lehrbüchern hervorgeht.

10.5 Zusammenfassung

Auf Grundlage der drei betrachteten Lehrbuchautoren und ihrer Werke sollte die Vielfalt der mathematischen Disziplinen, die zum potenziellen Lehrgegenstand an deutschen Universitäten des 18. Jahrhunderts gehörten, verdeutlicht werden. In welchem Umfang aber die Inhalte der Anfangsgründe tatsächlich gelehrt wurden, gilt es in einem nächsten Schritt herauszufinden.

Über die Klassifikation der mathematischen Wissenschaften herrschte weitgehend Einigkeit, von allem bezüglich der Einteilung in reine und angewandte Mathematik.

Zu der reinen Mathematik wurden Arithmetik, Geometrie (inkl. Trigonometrie), Algebra und Analysis gezählt. Im Gegensatz zu Wolff unterscheiden Kästner und Karsten zwischen der elementaren und der höheren reinen Mathematik, wobei Arithmetik und Geometrie mitsamt Trigonometrie zur elementaren reinen Mathematik gerechnet werden. Die Tatsache aber, dass Wolff die Differential- und Integralrechnung nicht in seinem *Auszug*, doch aber in seinen *Anfangsgründen* betrachtet, lässt auf eine solche implizite Einteilung schließen.

Unter dem Namen der angewandten Mathematik behandeln die drei betrachteten Autoren diejenigen Disziplinen, die sich den vier Hauptbestandteilen der angewandten Mathematik zuordnen lassen: Mechanische, optische, astronomische und architektonische Wissenschaften.

Zu den mechanischen Wissenschaften zählten Mechanik, Statik, Hydrostatik, Hydraulik und Aerometrie. Die Maschinenlehre wurde in der Regel innerhalb der einzelnen Wissenschaften untergebracht, nur Karsten behandelte sie als eigenständige mechanische Wissenschaft. Er grenzte auch die Pneumatik von der Aerometrie ab.

Die optischen Wissenschaften setzten sich zusammen aus der Optik an sich, Dioptrik, Katoptrik und der Perspektive. Nur Kästner ordnete die Perspektive nicht den optischen Wissenschaften unter, sondern betrachtete sie zusammenhangslos im ersten Band seiner *Anfangsgründe*. Auch hier versuchte Karsten die Anzahl der Wissenschaften zu erweitern, indem er die Photometrie gesondert betrachtete.

Die astronomischen Wissenschaften bestanden aus Astronomie, Geographie, Chronologie und Gnomonik. Obwohl die Hydrographie bzw. die Schiffskunst nicht als eigenständiges Teilgebiet betrachtet wurde, finden wir sie bei allen betrachteten Autoren unter den Ausführungen zur Geographie wieder.

Die architektonischen Wissenschaften setzten sich aus der Zivilbaukunst und der Militärbaukunst / Fortifikation zusammen.

Die Artillerie wurde teilweise zu den mechanischen Wissenschaften gezählt, wie es bei Karsten erfolgt ist, teilweise zu den architektonischen Wissenschaften, wie es bei Wolff der Fall war.

Auffällig ist, dass sich die Lehrbuchverfasser nicht auf eine genaue Anzahl der angewandten mathematischen Wissenschaften festlegten. Dies mag damit zu erklären sein, dass im Rahmen der Aufklärung der Stellenwert und das Ansehen der Mathematik gefördert wurden, indem die Mathematiker die zahlreichen Anwendungsmöglichkeiten und den damit verbundenen Nutzen der Mathematik betonten. Das System der mathematischen Wissenschaften musste also so offen sein, dass weitere mathematische Disziplinen problemlos integriert werden konnten, wie es durch die Aerometrie, die Pneumatik oder die Photometrie deutlich wird.

Der Verdienst Kästners ist es, dass er die mathematischen Wissenschaften in eine systematische Ordnung gebracht hat. Die Klassifikation wurde von den nachfolgenden Lehrbuchautoren positiv aufgenommen, beispielsweise von Karsten. Auch Kästners explizite Unterscheidung zwischen elementarer und höherer Mathematik schlug sich in den Lehrbüchern seiner Nachfolger nieder.

Literatur

[Baasner 1991] Baasner, Rainer: *Abraham Gotthelf Kästner. Aufklärer (1719–1800)*. Tübingen: Max Niemeyer Verlag, 1991.

[Gerhardt 1877] Gerhardt, Carl Immanuel: *Geschichte der Mathematik in Deutschland*. München: Oldenbourg Verlag, 1877.

[Kästner 1765] Kästner, Abraham Gotthelf: *Commentarius über eine Stelle des Varro von einer der Ursachen warum die Mathematik in Deutschland immer noch für unnütz gehalten wird. Nebst einer Anzeige seiner nächsten Vorlesungen*. Göttingen: F.A. Rosenbusch, 1765.

[Kästner 1768] Kästner, Abraham Gotthelf: Selbstbiographie. In: Baldinger, Ernst Gottfried (Hrsg.): *Biographien jetztlebender Aerzte und Naturforscher in und ausser Deutschland, Ersten Bandes erstes Stück*. Jena, 1768, S. 46–74.

[Kästner 1772] Kästner, Abraham Gotthelf: Ueber die Verbindung von Mathematik und Naturlehre (1768). In: Kästner, Abraham Gotthelf (Hrsg.): *Vermischte Schriften, Zweyter Teil*. Altenburg: Richterische Buchhandlung, 1772, S. 87–94.

[Kästner 1790–1801] Kästner, Abraham Gotthelf: *Mathematische Anfangsgründe*. 10 Bde. (jeweils in der jüngsten Auflage), Göttingen: Vandenhoeck & Ruprecht, 1790–1801.

[Karsten 1780] Karsten, Wenceslaus Johann Gustav: *Anfangsgründe der mathematischen Wissenschaften*. 3 Bde. Greifswald: Anton Ferdinand Röse, 1780.

[Karsten 1781] Karsten, Wenceslaus Johann Gustav: *Auszug aus den Anfangsgründen und dem Lehrbegriffe der mathematischen Wissenschaften*. Greifswald: Anton Ferdinand Röse, 1781.

[Karsten 1790] Karsten, Wenceslaus Johann Gustav: Lebenslauf. In: Feddersen, Jakob Friedrich (Hrsg.): *Nachrichten von dem Leben und Ende gutgesinnter Menschen*. Halle: Johann Jakob Gebauer, 1790, Bd. VI, S. 195–204.

[Karsten 1767–1777] Karsten, Wenceslaus Johann Gustav: *Lehrbegriff der gesamten Mathematik*. 8 Bde. Greifswald: Anton Ferdinand Röse, 1767–1777.

[Kühn 1987] Kühn, Heidi: *Die Mathematik im deutschen Hochschulwesen des 18. Jahrhunderts (unter besonderer Berücksichtigung der Verhältnisse an der Leipziger Universität)*. Inaugural-Dissertation. Leipzig, 1987.

[Reich 2005] Reich, Karin: Mathematik der Aufklärung am Beispiel der Lehrbücher von Christian Wolff und Abraham Gotthelf Kästner. In: Zwink, Eberhard (Hrsg.); Holtz, Sabine (Hrsg.); Betsch, Gerhard (Hrsg.): *Mathesis, Naturphilosophie und Arkanwissenschaft im Umkreis Friedrich Christoph Oetingers (1702–1782)*. Stuttgart: Franz Steiner Verlag, 2005, S. 61–80.

[Sommerhoff-Benner 2002] Sommerhoff-Benner, Silvia: *Christian Wolff als Mathematiker und Universitätslehrer des 18. Jahrhunderts*. Aachen: Shaker Verlag, 2002.

[Turner 1975] Turner, Steven R.: University Reformers and Professorial Scholarship in Germany 1760–1806. In: Stone, Lawrence (Hrsg.): *The University in Society, Volume II: Europe, Scotland, and the United States from the 16th to the 20th Century*. London: Oxford University Press, 1975, S. 495–531.

[Wolff 1716] Wolff, Christian: *Mathematisches Lexicon*. Leipzig: Gleditsch Verlag, 1716.

[Wolff 1737] Wolff, Christian: *Auszug aus den Anfangsgründen aller mathematischen Wissenschaften*. Frankfurt, Leipzig: Rengerische Buchhandlung, 1737.

[Wolff 1750/57] Wolff, Christian: *Anfangsgründe aller mathematischen Wissenschaften*. 3 Bde., Halle: Rengerische Buchhandlung, 1750/1757.

11 Vom „Combiniren im elementarischen Unterrichte" – Zum Schicksal der Pestalozzischen Formenlehre in Preußen

HANS-JOACHIM PETSCHE

11.1 1806: Napoleon in Deutschland

Im Oktober 1806 kommt es zur Schlacht bei Jena und Auerstedt, in der die preußischen Truppen durch Napoleon vernichtend geschlagen werden. Französische Truppen marschieren in der Folge auch in Berlin ein. Widerstand gegen die französische Besetzung formierte sich deutschtümlerisch, romantisch verklärt, als Weckung des Nationalbewußtseins aller Schichten des Volkes in einem als „organische Ganzheit" zu entfaltenden Staatswesen. Bildung rückte ins Zentrum der Erneuerung Preußens. Es stehe, vermerkt Friedrich Schleiermacher bereits im Juni 1806, ein allgemeiner Kampf bevor, „dessen Gegenstand unsere Gesinnung, unsere Religion, unsere Geistesbildung nicht weniger sein werden, als unsere äußere Freiheit und äußern Güter."[1] Wenn sich in Deutschland der wissenschaftliche und religiöse Druck gegen Napoleon formiere, „wird die Nation aufstehn und sich also auch einen Staat bilden."[2]

Auch Johann Gottlieb Fichte sieht 1808 in seinen „Reden an die deutsche Nation" in einer neu zu schaffenden, an den Ideen Pestalozzis orientierten Nationalerziehung eine letzte Chance, „das Dasein und die Fortdauer des Deutschen schlechtweg zu retten" (Fichte 1808, S. 281). Johann Heinrich Pestalozzi wolle, betont Fichte in republikanischem Pathos,

> „blos dem Volke helfen; aber seine Erfindung, in ihrer ganzen Ausdehnung genommen, hebt das Volk, hebt allen Unterschied zwischen diesem und einem gebildeten Stande auf, gibt, statt der gesuchten Volkserziehung, Nationalisierung, und hätte wol das Vermögen, den Völkern und dem ganzen Menschengeschlecht aus der Tiefe seines dermaligen Elendes emporzuhelfen."
>
> Fichte 1808, S. 295

---

[1] Brief Schleiermachers an Charlotte von Kathen, 20. Juni 1806. In (Meisner 1923, S. 64)
[2] Brief Schleiermachers an Henriette von Herz, Dezember 1806. In (Meisner 1923, S. 81)

Das ABC der Anschauung, insbesondere die „Lehre von den Zahl- und Maßverhältnis-
sen" (Fichte 1808, S. 308) ist hierbei für Fichte von zentraler Bedeutung.[3] Mathematik
rückt, dank Pestalozzi, ins Zentrum emanzipatorischer (Volks-)Bildung.

Neben Wilhelm von Humboldt wird Schleiermacher der führende Kopf einer umfassenden Bildungsreform in Deutschland. Auf Initiative von Stein verfasst Schleiermacher eine Programmschrift, die die Konzeption für die Gründung der Berliner Universität liefert: Je „mehr sich der Geist der Wissenschaft regt", heißt es dort, „desto mehr
wird sich auch der Geist der Freiheit regen". Erkennen befreie „vom Dienst jeder Autorität" (Schleiermacher 1808, S. 112, S. 110). Nichts werde „so stark auf die Ertödtung
des Nationalgeistes wirken [...] als die Umwandlung der Unterrichtsanstalten" durch
Napoleon, befürchtet Schleiermacher. Die Berliner Universität solle daher „Asyl für
deutsche Art und Wissenschaft"[4] bieten.

1810 beruft von Humboldt Schleiermacher zum Direktor der Berliner wissenschaftlichen Deputation, einer „Institution wissenschaftlicher Politikberatung für das Bil-
dungswesen", in der er bis 1815 wirkte (vgl. Lohmann 1984 und Petsche 2006,
S. 272 f.). Der Stettiner Schulrat Georg Wilhelm Bartholdy wird korrespondierendes
Mitglied. Romantisches, an Pestalozzi orientiertes Gedankengut findet über beide Eingang in die Reform des gymnasialen Mathematikunterrichts in Preußen.[5]

Gleichzeitig liegt Schleiermacher wie Bartholdy die Bildung des einfachen Volkes am
Herzen.[6] In vielfältigen Korrespondenzen setzte sich Schleiermacher, wenngleich ge-
mäßigter als Fichte, für eine an Pestalozzi anknüpfende Reform der Elementarschulbildung ein. Er findet sich damit in völliger Übereinstimmung mit Johann August
Sack, einem Vertrauten von Steins, der 1814 einen Aufruf verfasst hatte, in dem er
„die Primärschulen als die ‚Urquelle aller Volksbildung und moralischen Volkskraft' bezeichnete und jeden Schulmann, jeden Gelehrten, jeden Menschenfreund, welchem
diese heiligste Angelegenheit der Menschheit am Herzen liegt, zur Mitarbeit auffor-
derte." (zitiert nach König 1972, S. 323).

Dergestalt wird ein umfassender Dreifronten-Bildungskrieg gegen Napoleon und die
verstockten preußischen Verhältnisse initiiert: auf dem Gebiet der universitären, der
gymnasialen und auch der elementaren Bildung. Dies war, trotz der frühzeitig wieder
einsetzenden preußischen Reaktion, der wohl erfolgreichste Krieg, der von deutschem
Boden ausging: „1810 setzte eine Reform aller Bildungsinstitutionen in Preußen ein",
vermerkt Jahnke in seiner Studie *Mathematik und Bildung in der Humboldtschen Re-*

---

[3] Der an Pestalozzi anknüpfenden mathematischen Elementarbildung kommt für Fichte (vgl. Fichte 1808,
S. 308) eine fast noch höhere (gesellschaftspolitische) Bedeutung zu als der mathematischen Bildung an
Gymnasien und Universitäten (zu letzterer vgl. Jahnke 1990).
[4] Schleiermacher an K. G. von Brinckmann, September 1811. In (Meisner 1923, S. 138)
[5] Siehe etwa das von Bartholdy für die Berliner wissenschaftliche Deputation im Jahre 1810 verfasste Gutachten „Über Stufenfolge, Methode und Umfang des mathematischen und naturwissenschaftlichen
Unterrichts" (Lohmann 1984, S. 759).
[6] „Man thut im Ganzen gewiß dem Volk unrecht", vermerkt Schleiermacher 1813, „wenn man ihm bloß
Schwerkraft zuschreibt und es nur als roh ansieht. [...] ich sehe eben so bestimmt, daß sich von unten
her alles so schön aufbaut, wie wir es nur wünschen können, und die Hauptsache bleibt also die: wieviel
kann von oben her verdorben werden?" (Schleiermacher an Gräfin Sophie Marie von Voss, 7. Juni 1813.
In (Meisner 1923, S. 183)

form, „die historisch wohl ohne Beispiel war und die heute noch die Grundstrukturen unseres Bildungswesens [...] nachhaltig bestimmt" (Jahnke 1990, S. 1).

Während die Reform der universitären und der gymnasialen Bildung in ihrem Bezug zur Mathematik umfassend von Jahnke untersucht wurde, steht eine entsprechende Analyse für die Elementarschulbildung noch weitgehend aus. Hierzu nachfolgend einige wenige Gedanken.

11.2 Pestalozzis Siegeszug in Preußen

Das Elementarschulwesen war, besonders auf dem Lande, in einem erbärmlichen Zustand und überaus zurückgeblieben (vgl. Korth 1828, S. 542–553, Fischer 1892, Neugebauer 1985 und Neugebauer 1992, S. 548 ff.). Doch selbst 1866 weiß Friedrich Heinrich Graßmann in seiner Stiftungsurkunde für gering dotierte Landschulen zu berichten, dass in Brenkenhof, im Anklamer Kreis, der Abgang „des jetzigen Lehrers, eines Bäckers, welcher im eigenen Hause unterrichtet" (zitiert nach Petsche u. a. 2009, S. 86) zu beklagen sei.

Für die Reform der Elementar- und Volksschulbildung in Preußen knüpfen sich alle Hoffnungen an Pestalozzi. Fichte, Herbart und Schleiermacher werben für ihn, Königin Luise dringt in ihren Gemahl, angehende Lehrer zur Ausbildung zu Pestalozzi zu senden.[7] Das Ergebnis ist beeindruckend: Die Zahl der Seminare zur Ausbildung von Elementar- und Volksschullehrern steigt von 11 im Jahre 1806 auf 45 im Jahre 1846 (vgl. Blochmann 1846, S. 157 f. und Clausnitzer 1904, S. 240). Justus Günther und Friedrich Heinrich Graßmann, Wilhelm Harnisch und Adolf Diesterweg gehörten zur großen Schar jener, die die Ideen Pestalozzis kritisch verarbeiteten und umsetzten. Blochmann vermerkt 1846,

> „daß man jetzt wohl sagen darf, es seien unter den acht und vierzig Preu-
> ßischen Seminaren wohl kaum zwei, die sich der heilsamen Einwirkung
> Pestalozzi's auf den Bildungsgang [...] ganz entzogen hätten."
>
> Blochmann 1846, S. 158

Die Erfolge sind unterschiedlich, aber zum Teil beachtlich. So weiß etwa Karl Scheibert zu berichten, dass dank des Zusammenwirkens des mit Schleiermacher eng befreundeten Schulrates Bartholdy und der Brüder Justus Günther und Friedrich Heinrich Graßmann – Vater und Onkel Hermann Graßmanns – die Pestalozzische Unterrichtsmethode in die Stettiner Armenschulen eingeführt wurde. Die von ihnen geschaffenen Musterschulen waren derart erfolgreich, dass die Stettiner Bürger zu bedeutenden Bewilligungen für ihre Stadtschulen bereit waren, damit diese nicht hinter den Armenschulen zurückständen (vgl. Scheibert 1937, S. 36).

---

[7] Friedrich Wilhelm III. schrieb in dieser Zeit: „[...] zwar ist der Staat an äußerer Macht und äußerem Glanze gesunken, aber wir wollen und müssen dafür sorgen, daß wir an innerer Macht und innerem Glanz gewinnen. Und deshalb ist es mein ernster Wille, *daß dem Volksunterricht die größte Aufmerksamkeit gewidmet werde.*" (zitiert nach Jütting 1870, S. 6)

Wie kam es, dass Pestalozzis Ideen in Preußen auf so fruchtbaren Boden fielen? Sicher war es zunächst die Hoffnung auf ein „Wunder", auf das Wunder einer Methode, die einen kaum für möglich zu haltenden pädagogischen Erfolg verhieß[8], wobei leicht übersehen werden konnte, dass die Ergebnisse auf der Grundlage von bis zu 60 Stunden wöchentlichem Unterricht erzielt wurden. Ferner war es jener romantisch verklärte konservativ-progressive Impetus Pestalozzis, der ihn in Preußen auf breite Resonanz stoßen lies. Dies begann bei der Verklärung der Rolle der Mutter[9], von der König Luise fasziniert war und in der sie aufging, einer Mutterrolle, die die Frau als Erzieherin der Kinder aufwertete und sie damit aber umso nachhaltiger aus dem öffentlichen Raum ausschloss (mit Nachwirkungen bis heute). Es setzte sich fort in einer die Sittlichkeit begründenden romantisch verklärten Religiosität, als zentralem inneren Bildungswert. Zudem schien Pestalozzis Hand, Herz und Kopf umfassende universelle Bildung die Ideale der Aufklärung einzulösen. Letztendlich mochte auch Pestalozzis Bildungsziel auf Resonanz gestoßen sein, das die Kinder des Volkes für die sich andeutende Industrialisierung in einer universellen Weise berufsfähig zu machen und polytechnisch allgemein zu bilden verhieß.

Der durch Kant geadelte Begriff der Anschauung fand in Pestalozzi eine naiv gegenständliche Ausformung mit Stoßrichtung auf religiöse Innerlichkeit (und war damit anschlussfähig an Schleiermacher).

Dass Pestalozzi nur bedingt gegen aufrührerisches Gedankengut immunisierte[10], gleichwohl in Preußen aber nachhaltige Wirkung erzielte, wurde 1848[11] nur allzu deutlich.

11.3 Elementarschulbildung für die Industrie

Pestalozzi erlebt in seiner Heimat, der Schweiz, die furchtbaren Folgen der frühkapitalistischen Entwicklung, die zur physischen, geistigen und sittlichen Verkrüppelung der Menschen durch die Industrie führte. Gleichwohl sieht er eine emanzipatorische Rolle der Industrie, wenn sie auf einer Volksbildung aufruht, die mehr ist als die Ein-

---

[8]   So reichte etwa schon 1803 von Gneisenau, nach einem Aufenthalt bei Pestalozzi, eine Denkschrift beim preußischen König ein, in der überschwänglich von der Leistungsfähigkeit der Methode Pestalozzis für eine Hebung des Niveaus des Elementarschulwesens geschwärmt wird. (Vgl. Tenorth 2008, S. 154 f.).

[9]   Siehe (Vinken 2001), (Kebir 2002) und (Waesche u. a. 2006). Eine „mutterzentrische" Deutung Pestalozzis hält bis in die Gegenwart an. Siehe auch (Ballauff u. a. 1970, S. 480 ff.).

[10]   So sah auch F. H. Graßmann als Problem, dass sich die Jugend nicht mehr an gesellschaftliche Normen halten würde, wenn sie zu früh gewöhnt wird, „überall mit der Frage Warum? zur Hand zu sein". So wüchsen „Communisten und Gottesläugner heran, welche nachher [...] Zustände herbeiführen helfen, wie wir sie im Jahre 1848 mit Schauder und Entsetzen erfahren haben." (Graßmann 1854, S. 97) Das Selbstdenken sollte daher nur nach Maßgabe der jeweiligen Reife des Kindes befördert werden.

[11]   „Diesterweg und seine Schildknappen" hätten mit „überspannten Anforderungen" die Volksbildung verdorben, heißt es in der Real-Encyklopädie des Erziehungs- und Unterrichtswesens von 1866. „Die Bewegung des Jahres 1848 legte die Schäden der Schule in höchst unerfreulicher Weise bloß und man sah mit Schrecken, daß man Sturm ernte, nachdem man lange genug Wind gesäet hatte." (Rolfus u. a. 1866, S. 9 ff.)

übung des „Mechanismus eines elenden Fabrikhandgriffs" (Pestalozzi 1806/7, S. 8).[12]
Die bisherige Volksbildung aber war durchtränkt vom unseligen „Maulbrauchen", wie
Pestalozzi es immer wieder nannte, von jenem geistlosen Auswendiglernen, das weder auf Inhalte noch auf die kindliche Erfahrungswelt bezogen war. Der Weg der Erkenntnis, findet er, ist ein schrittweiser, nahezu stetiger Prozess des Übergehens von
der Anschauung zum Begriff, von den Sinnen zum Verstand. Die Suche nach den Elementen, von denen der Bildungsprozess auszugehen hätte, bestimmte lange Zeit das
Denken Pestalozzis:

> „Jede Linie, jedes Maas, jedes Wort, sagte ich zu mir selbst, ist ein Resul-
> tat des Verstandes, das von gereiften Anschauungen erzeugt wird, und als
> Mittel zur progressiven Verdeutlichung unserer Begriffe muß angesehen
> werden. Auch ist aller Unterricht in seinem Wesen nichts anders, als die-
> ses; seine Grundsätze müssen deßhalb von der unwandelbaren Urform
> der menschlichen Geistesentwiklung abstrahirt werden. Es kommt daher
> alles auf die genaueste Kenntniß dieser Urform an."
>
> Pestalozzi 1801, S. 114

In seinem Briefroman *Wie Gertrud ihre Kinder lehrt* schreibt er:

> „So wirbelten sich die lebendigen, aber dunkeln Ideen von den Elemen-
> ten des Unterrichts lange in meiner Seele [...] ohne daß ich auch damals
> noch einen lückenlosen Zusammenhang zwischen ihnen und den Geset-
> zen des physischen Mechanismus entdecken konnte, und ohne daß ich
> im Stande war, die Anfangspunkte mit Sicherheit zu bestimmen [...],
> bis endlich, [...] wie ein *Deus ex machina* der Gedanke: die Mittel der
> Verdeutlichung aller unserer Anschauungserkenntnisse gehen von Zahl,
> Form und Sprache aus – mir plötzlich über das, was ich suchte, ein neues
> Licht zu geben schien."
>
> Pestalozzi 1801, S. 117

Die Suche nach den Grundelementen der Anschauung, die in ihrer Kombination und
Komposition schrittweise und natürlich zur begrifflichen Erschließung der Wirklichkeit, zur mechanischen Entfaltung der Verstandeskräfte führen, war die geniale, aus
der Beobachtung des Lernverhaltens von ärmlichen Dorfschulkindern hervorgegan-
gene pädagogische Idee. Sie führte zu einer sich selbst schärfenden Methode der Elementarbildung für die Industrie:

> „Es ist das Wesen des Geistes und der Grundsätze der wahren Menschen-
> bildungsweise, die Arbeiten und Fächer der Industrie selbst in Mittel der
> Menschenbildung zu verwandeln. Dieß ist aber nur dadurch möglich, daß
> entwickelte Geistes- und Herzenskraft, kurz eine wahrhaft geistige und
> gemeinnützige, d.h. religiöse Anschauungs- und Behandlungsweise der

---

[12] Mit seiner Opposition gegen eine frühe industrielle Abrichtung der Jugend in Hinblick auf industrielle
Grundfertigkeiten (Spinnen, Weben etc.), wie sie in Industrieschulen zum Ende des 18. Jhs. anzutreffen
und bei Heinrich Philipp Sextro in (Sextro 1785) reflektiert wird, gewinnt Pestalozzi, bei gleichzeitiger Orientierung auf eine allgemeinbildende industrielle Elementarbildung, einen völlig neuen emanzipatorischen
Ansatz (den Fichte zu Recht bejubelt).

Dinge jeder Arbeit, jedem Fache der Industrie vorausgehe. Dieß ist aber in keinem Falle anders, als durch eine reine Geistes-, Herzens- und Kraftbildung selbst möglich. Die Industrie, die nur Routine, die nur einzelne mechanische Fertigkeit ist, die nur vom Aeussern ausgeht, und sich auf thierische Triebe gründet, erhebt und veredelt weder den Menschen noch das Volk. Aber der Geist der Industrie, der von reinen und umfassenden Mitteln der Elementarbildung erzeugt, im Menschen mit den höhern Anlagen seiner Natur in Harmonie gebracht, und wesentlich ein Geist, der Geist ein und eben desselben Individuums ist, dieser erhebt und veredelt den Menschen und das Volk, denn er befriedigt durch Wahrheit die Menschennatur, er verschönert die Thätigkeit durch Reinheit der Seele und heiligt durch Liebe das Leben."

Pestalozzi 1808, S. 76

Die intellektuelle Seite der Bildungsmittel zur Industrie findet Pestalozzi „in den Elementarübungen der Zahl und Form".

„Der Geist der Menschenbildung durch Industrie in so fehrn geth wesentlich von mathematischer Genauheit, logischer Krafft, richtigem Augenmaaß und sicherer Darstellung der Resultate des Augenmaaßes aus. Rechnen und zeichnen könen sind seine ersten Requisite. [...] Die Elementarbildung zur Industrie, die als Theil der Menschencultur an sich und in ihrem ganzen Umfang menschlich syn soll, erkent die sittlichen und intellectuellen Mittel ihrer Ausbildung als ihre unbedingt nothwendige Basis."

Pestalozzi 1807/8, S. 299

„Ein Kind, das auf eine naturgemäße Art rechnen, messen und, wenn auch nur linearisch, wohl zeichnen kann, hat die geistigen Fundamente der Industrie in ihrem ganzen Umfang in sich selbst."

Pestalozzi 1806/7, S. 12

Während Johann Beckmann 1806 erstmals die Idee einer „allgemeinen Technologie" ins Auge fasst (vgl. Banse 1997) und damit die objektseitige Strukturierung der modernen Industrie zu systematisieren, auf ihre allgemeinen Elemente hin zu erforschen und daraus eine Erfindungsheuristik zu gewinnen anstrebt, will Pestalozzi die subjektseitige Strukturierung derselben in ihren allgemeinsten Elementen erfassen, in den Kindern ausbilden und damit das kreative Potential der Industrie für die Entfaltung menschlicher Kultur zur Geltung bringen.

Beide Ansätze sind genial. Sie stoßen eine Denkbewegung an, deren theoretische Konsequenzen bis heute praktisch weitgehend uneingelöst sind.[13]

Zahl und Form als Elemente der Anschauung zu fassen ist ein Programm, keine Lösung. Wie Pestalozzi selbst eingestehen muss, übertreffen ihn bereits seine ersten Schüler als Lehrer der neuen Methode: „Freund! Habe ich nicht Ursache, auf die Erst-

---

[13] Weder ist bis heute die „Allgemeine Technologie" als eine allgemeine Technikwissenschaft hinreichend entwickelt, noch ist der Gedanke (wie auch die Institutionalisierung) der (poly)technischen Bildung im notwendigen Umfang entwickelt (vgl. Ropohl 2006).

linge meiner Methode stolz zu seyn?" (Pestalozzi 1801, S. 80). Hermann Krüsi entwickelt eine brauchbare Anschauungslehre der Zahl, Joseph Schmid eine Anschauungslehre der Form. Beide gehen über ihren Meister hinaus, sind aber, wie dieser, nicht auf Wissenschaftlichkeit aus. Sie streben eine Methode an, die ohne Vorbildung (wie ursprünglich bei den Müttern) Erfolg verspricht.

Hinsichtlich der Geometrie beschreibt Adolf Diesterweg die Ausgangssitutation des Elementarschulwesens wie folgt:

> „Vor Pestalozzi ging man nicht nur auf den Universitäten, sondern auch in den Schulen – den höheren, denn daß die Raumlehre [...] eine elementarische Behandlung zulasse, darum in die Elementarschule gehöre, davon hatte man keine Ahnung – den wissenschaftlichen Lehrgang Euklid's. Die größten Mathematiker waren von der Unverbesserlichkeit dieser Methode so überzeugt, daß einer derselben, Kästner, den [...] Ausspruch that, die geometrischen Lehrbücher wären um so schlechter, je weiter sie sich von der Methode Euklid's entfernten. [...]
>
> Da erschien Pestalozzi, der die abstrakte Wissenschaft elementarisirte, und was den größten Gelehrten verborgen geblieben, fand ein Bauernjunge von den Alpen, Joseph Schmidt. Im Geiste der wahren Pestalozzi'schen Schule spürte er die einfachen Elementaranschauungen auf, die den schwersten geometrischen Problemen zu Grunde liegen, und machte die Sache in ihren Anfängen dem Geiste der Kinder zugänglich."
>
> Diesterweg 1843, S. 424–425

Wirkmächtig aber wird erst die zweite Generation der Rezipienten der Pestalozzischen Lehre, die sich nicht mehr aus unmittelbaren Schülern rekrutiert, sondern aus studierten Lehrern und Akademikern. Zu ihnen gehören insbesondere Herbart, J. Graßmann, Tillich, Diesterweg und in spezifischer Weise Fröbel.

Das Gemeinsame ihrer Rezeption der Ideen Pestalozzis läßt sich zunächst wie folgt fassen:

1. Die von den Elementen der Anschauung ausgehende Methode wird in Abhebung von Pestalozzi als eine *explizit kombinatorische* aufgefasst und direkt (Herbart, Tillich, Diesterweg) oder indirekt (J. Graßmann) an die Hindenburgsche Schule angeschlossen.

2. Es wird nach den Elementen und ihrer *Kombination* gesucht.

3. Es wird auf eine *wissenschaftliche Begründung der Methode* der Elementarbildung abgezielt.

4. Es werden *Konsequenzen der Elementarbildung für die Wissenschaften* (Arithmetik, Geometrie, Kombinatorik) erörtert.

5. Es folgt eine *Engerführung der Elementarbildung*, die, ausgehend von Hand, Herz und Kopf, sich zunächst auf Herz und Kopf, dann nur auf den Kopf einengt. (Ausnahme Fröbel)

6. Die Intention, eine *Elementarbildung für die Industrie* zu sein, spielt keine Rolle mehr.

11.4 Das Schicksal der Formenlehre

Symptomatisch für das Schicksal der Formenlehre kann die Entwicklung sein, die diese bei und mit Diesterweg nahm. Seine Lehrbücher zur Formen- und Raumlehre stehen in einzigartiger Weise für den Auftakt wie den Abschluß der von Pestalozzi angestoßenen Bewegung einer elementaren Lehre der Anschauungsformen – einer von der Euklidischen Form abweichenden Raumlehre – in der Armenschule. Eine weitere Entwicklung dieses Unterrichts *„nach* **wesentlich neuen Gesichtspunkten** *findet im Grunde nicht mehr statt"*, vermerkt Gottlob Schurig (Schurig 1888, S. 212).

Diesterwegs erster Ansatz war eine *Geometrische Kombinationslehre* (Diesterweg 1820) im Geiste Schmids und J. Graßmanns. Aber schon zwei Jahre später, 1822, erscheint Diesterwegs „Leitfaden für den ersten Unterricht in der Formen- Größen- und räumlichen Verbindungslehre, oder Vorübungen zur Geometrie" (Diesterweg 1822). In seiner „Anweisung zum Gebrauche des Leitfadens [...]" (Diesterweg 1829) aus dem Jahre 1829 findet sich eine grundsätzliche Modifikation des Anspruchs der Formenlehre. Jetzt geht es nicht mehr um die Vermittlung der „Elemente der Form" als wesentliches Moment eines auf Zahl, Form und Wort sich gründenden elementarischen Unterrichts, auch nicht um eine wissenschaftliche – mathematische oder psychologische – Begründung für zu vermittelnde Formelemente (man denke an Herbart bzw. J. Graßmann), sondern um eine formale Schulung des Denkens im Allgemeinen vermittels angewandter Kombinatorik. Geometrie resp. Raumlehre wird Mittel zum Zweck, die Vermittlung entsprechender Inhalte wird zweitrangig gegenüber dem allgemeinen Ziel der Entwicklung der Denkkraft. Er schreibt im Vorwort der Anweisung zum Gebrauche des Leitfadens:

> „Was ich durch diese Arbeiten bezwecke muß ich hier wenigstens in der Kürze aus der ausführlichen Einleitung zur ersten Auflage, welche zugleich eine Kritik der bis 1822 erschienenen elementarisch-geometrischen Schriften enthielt, wiederholen. Nach meiner Ansicht ist der Hauptzweck der Behandlung der Raumlehre in Schulen ein formaler. Der Schüler soll durch den Unterricht in ihr denken und das Gedachte klar, fest und gewandt darstellen lernen. Ob er die einzelnen Sätze, an welchen er seine Geisteskraft übt, behält oder nicht, darauf kommt im Wesentlichen nichts an, obgleich dieses in der Regel eine nothwendige Folge der gründlichen Behandlung sein wird. Der erstrebte Zweck ist erreicht, wenn er sich durch den Unterricht in der Raumlehre Sicherheit und Gewandtheit in der Bearbeitung mathematischer und anderer, die Denk- und Darstellungskraft in Anspruch nehmender Gegenstände aneignet.
>
> Eben deßhalb braucht sich der Grundunterricht in der Raumlehre nicht an irgend ein System der Geometrie anzuschließen, welches nur dasjenige aufnimmt, was zur Begründung eines weiter fortgeführten mathematischen Unterrichts unentbehrlich ist, und Alles wegläßt, was nicht unmittelbar und nothwendig zur Architektonik des Systems gehört."
>
> Diesterweg 1829, S. IV

Während Tillich in der Arithmetik noch eine zwiefache Kombinatorik verortete – eine subjektive, das menschliche Denken an sich betreffende und eine objektive, dem jeweiligen Gegenstand des Denkens adäquate, wird von Diesterweg die konsequente Entwicklung der der Formenlehre entsprechenden Kombinatorik in ihrer Eigengesetzlichkeit aufgegeben.

Damit war Formenlehre offen für jedwede kombinatorische Behandlung geometrischer Formen. Die Bedeutung des kombinatorischen Denkens für die geistige Entwicklung des Kindes wird aufgewertet, während die Bedeutung der Vermittlung der Geometrie in der Volksschule zugleich eine Abwertung erfährt.[14] In seinem Aufsatz „Die Wichtigkeit des Combinirens im Unterrichte" aus dem Jahre 1831 dehnt Diesterweg, auch unter Bezug auf Ernst Gottfried Fischer, den Gedanken der Kombinatorik auf alle Unterrichtsfächer aus und erläutert die „Wichtigkeit des Combinirens auch für den Unterricht nicht-mathematischer Gegenstände durch einige Beispiele" (Diesterweg 1831, S. 199).[15]

Für die Formenlehre aber bedeutete die Rücknahme des Anspruchs, die der Anschauung der Formen gemäßen Elemente aufzuspüren, um aus deren Kombination einen neuen, auch kindgemäßeren Zugang zur Raumlehre zu gewinnen, den Verlust der inneren Einheit.

In diesem Sinne vermerkt Ed de Moor in seiner Analyse der Rezeptionsgeschichte der Formenlehre in den Niederlanden zur Rolle Diesterwegs:

> „His approach was analytical and included three-dimensional concepts from the outset, as opposed to Schmid's synthetic and one-dimensional approach. As a mathematician, Diesterweg stressed the importance of structure and logic. Although he advocated the principles of 'Anschauung', his switch to the more formal aspects of geometry is rather abrupt. The specific combinatorial topics of the pure Vormleer receded in importance, but could now be taught in a more general way. This meant that finding strategies and a 'general formula' were the focus of teaching and learning. Diesterweg's book, which he himself called a 'preparation for geometry', is rather advanced. It was not suitable for the youngest children and was, in fact, used by students approximately 12–14 years old, who wanted to become schoolmasters themselves."
>
> Moor 1995, S. 109

Es wundert daher nicht, dass in der Folgezeit unter Formenlehre zunehmend differente Inhalte verstanden wurden und sich die entsprechenden Lehrbücher immer stärker unterschieden und der Gegenstand zerfaserte. Die von de Moor diesbezüglich identifizierten vier unterschiedliche Hauptrichtungen[16] treffen, mit Blick auf die Analyse Schurigs, wohl auch für Deutschland zu:

---

[14] Obgleich Diesterweg stets auf die Bedeutung seiner „Geometrischen Combinationslehre" verwies, wurde sein neuer Ansatz doch dominierend.
[15] Siehe diesbezüglich auch (Schmidt 1992).
[16] Grundlage der Analyse de Moors sind die mehr als 30 Lehrbücher zur Formenlehre, die zwischen 1857 und 1878 in den Niederlanden erschienen sind.

„1. (formal) geometry,

2. visual (and practical) geometry,

2. measuring and calculating,

4. geometry and (technical) drawing"

de Moor 1995, S. 111[17]

Am Beispiel der Formenlehre zeigt sich, dass die Idee der Kombinatorik als Topik[18] offenbar verblasst, wenn sie nur als Aufforderung gefasst wird, eine Mannigfaltigkeit von Gegebenem erschöpfend zu kombinieren.

Sie verlangt subjektseitig die Fähigkeit zur Analyse eines Gegebenen in Hinblick auf dessen mögliche Elemente und deren sie zu einem Ganzen verwebenden Beziehungen. Sie verlangt objektseitig die Möglichkeit zur Synthesis eines neuartigen Ganzen, das seinerseits über eine ihm eigentümliche Kompositorik zu komplexeren Objekten (Elementen) mit komplexeren Verknüpfungen führt. Dies wurde in der Aufnahme der von Pestalozzi ausgehenden Impulse von Herbart, Tillich und J. Graßmann mustergültig demonstriert.

Kreativem Denken liegt mithin immer eine kombinatorische Leistung zugrunde, wohingegen eine kombinatorische Leistung nur unter besonderen Umständen auch ein kreatives Denken involviert.

11.5 Wirkungen der Formenlehre

War mit Diesterweg der Höhe- und Wendepunkt in der Entwicklung der Formenlehre erreicht worden, kam es nach inhaltlicher Stagnation nach 1848 zu politisch verordneter Reduktion der Bildung, die auch die Formen- bzw. Raumlehre betraf. Die politische Tendenz der Gegenreform in der Volksschulbildung wird von Friedrich Wilhelm IV. im Jahre 1849 auf einer Konferenz von Seminar-Direktoren unmissverständlich ausgesprochen:

> „All' das Elend, das im verflossenen Jahre über Preußen hereingebrochen ist, ist Ihre, einzig Ihre Schuld, die Schuld der Afterbildung, der irreligiösen Menschenweisheit, die Sie als echte Weisheit verbreiten, mit der Sie den Glauben und die Treue in dem Gemüthe Meiner Unterthanen ausgerottet und deren Herzen Mir abgewandt haben. Diese pfauenhaft aufgestutzte Scheinbildung habe Ich schon als Kronprinz aus innerster Seele gehaßt, und als Regent alles aufgeboten, um sie zu unterdrücken. Ich werde auf dem betretenen Wege fortgehen, ohne Mich irren zu lassen; keine Macht der Erde soll Mich davon abwendig machen. Zunächst

---

[17] In den Niederlanden wurde – am 30. August 1889 – fast 80 Jahren nach deren Aufnahme in die Grundschul-Curricula, die Vermittlung der Formenlehre (und damit der Geometrie) wieder aus den Lehrplänen gestrichen und durch das Fach Zeichnen ersetzt. Eine analoge Analyse der Geschichte der Formlehre in Deutschland steht noch aus.

[18] Zur Unterscheidung und zum Zusammenhang von kombinatorischer und topischer Kreativität siehe u. a. (Hoffmann 1993, S. 134 ff.).

müssen die Seminarien sämmtlich aus den großen Städten nach kleinen Orten verlegt werden, um den unheilvollen Einflüssen eines verpesteten Zeitgeistes entzogen zu werden. Sodann muß das ganze Treiben in diesen Anstalten unter die strengste Aufsicht kommen. Nicht den Pöbel fürchte Ich, aber die unheiligen Lehren einer modernen frivolen Weltweisheit vergiften und untergraben Mir Meine Bureaukratie, auf die bisher Ich stolz zu sein glauben konnte. Doch so lange Ich noch das Heft in Händen führe, werde ich solchem Unwesen zu steuern wissen."

zitiert nach Schmettau 1861, S. 213 f.

Im Gefolge der drei Preußischen Regulative „Über die Einrichtung des evangelischen Seminar-, Präparanden- und Elementarschulunterrichts" (Stiehlsche Regulative) aus dem Jahr 1854 kam es zu einschneidenden Bildungsbegrenzungen. Raumlehre verschwand aus der einklassigen Volksschule und den Dorfschulen (vgl. Schurig 1888, S. 212 f.). Gleichwohl trug die fast ein halbes Jahrhundert während Dominanz des Pestalozzischen Bildungsideals in den Volksschulen Früchte und diffundierte auch in die Gymnasien und höheren Bürgerschulen. Letztere bildeten das Reservoir für die Handwerker, aus denen sich die qualifizierte Facharbeiterschaft zunächst rekrutierte (vgl. Blankertz 1969, S. 52–112). Die Professionalisierung der Volksschullehrerbildung und ihre Durchdringung mit pestalozzischen Gedanken hoben das Bildungsniveau der Bevölkerung generell an. Indikator könnten die im Rahmen der Alphabetisierung erreichten Ergebnisse sein. Im 19. Jahrhundert gewann Preußen in der Durchsetzung der Schulpflicht und bei der Alphabetisierung „einen erheblichen Vorsprung gegenüber anderen europäischen Ländern." So lag etwa 1871 der Anteil der Analphabeten in Deutschland bei der männlichen Bevölkerung mit 10,8% bei ca. 1/3 und bei der weiblichen Bevölkerung mit 16,4% bei der Hälfte des entsprechenden Anteils der Analphabeten in Frankreich. (Tenorth 2008, S. 164)

Leider ist mir keine Studie bekannt, die das Geometrieverständnis der ärmeren Schichten und des Bürgertums Preußens gegen Ende des 19. Jahrhunderts analysiert. Bei der Herausbildung der subjektiven Bedingungen des industriellen Aufschwungs Deutschlands ergab sich ein durchaus widersprüchliches Gefüge von Faktoren (vgl. Buchheim 1997, S. 52 f.). Interessanterweise vermerkt Günter Fandel in Bezug auf den Werkzeugmaschinenbau Deutschlands:

„Erst das Aufkommen einer arbeitsteiligen Produktion in der Zeit zwischen 1848 und 1871 führte im Werkzeugmaschinenbau zum Aussterben der rein handwerklichen Fertigung und zur Herausbildung industrietypischer Tätigkeiten mit der Folge neuer spezialisierter Berufe. Darüber hinaus wuchsen auch die Anforderungen an die allgemeine Bildung des Facharbeiters. Er mußte zum Beispiel lernen, detaillierte Konstruktionszeichnungen zu lesen und nach ihnen zu arbeiten. Der Werkzeugmaschinenbau entwickelte sich zu einer ‚Festung geschickter Facharbeiter'."

Fandel u. a. 1994, S. 159

Ob und inwiefern der Einzug der Formenlehre in den Bildungskanon der unteren Schichten und der bürgerlichen Mitte Einfluss auf die Entwicklung des Maschinenbaus hatte, der neben optischer und chemischer Industrie einen der industriellen Schwerpunkte Deutschlands darstellte, wäre gleichfalls durch eine detaillierte Studie abzuklären. Indizien scheinen aber darauf hinzudeuten.

Literatur

[Ballauff u. a. 1970] BALLAUFF, Theodor; SCHALLER, Klaus: *Pädagogik. Eine Geschichte der Bildung und Erziehung, Bd. 2: Vom 16. bis zum 19. Jahrhundert.* Freiburg, München: Alber, 1970.

[Banse 1997] BANSE, Gerhard (Hrsg.): *Allgemeine Technologie zwischen Aufklärung und Metatheorie. Johann Beckmann und die Folgen.* Berlin: edition sigma, 1997.

[Beckmann 1806] BECKMANN, Johann: Entwurf der algemeinen Technologie. In: BECKMANN, Johann (Hrsg.): *Vorrath kleiner Anmerkungen über mancherley gelehrte Gegenstände. Drittes Stück.* Göttingen: Röwer, 1806, S. 463–533.

[Blankertz 1969] BLANKERTZ, Herwig: *Bildung im Zeitalter der großen Industrie. Pädagogik, Schule und Berufsbildung im 19. Jahrhundert.* Hannover (u. a.): Schroedel, 1969.

[Blochmann 1846] BLOCHMANN, Karl Justus: *Heinrich Pestalozzi. Züge aus dem Bilde seines Lebens und Wirkens nach Selbstzeugnissen, Anschauungen und Mittheilungen.* Leipzig: Brockhaus, 1846.

[Buchheim 1997] BUCHHEIM, Christoph: *Einführung in die Wirtschaftsgeschichte.* München: C.H. Beck, 1997.

[Clausnitzer 1904] CLAUSNITZER, Eduard: Die Volksschullehrerbildung. In: LEXIS, W. (Hrsg.): *Das Volksschulwesen und das Lehrerbildungswesen im Deutschen Reich.* Berlin: A. Asher & Co, 1904, S. 233–341.

[Diesterweg 1820] DIESTERWEG, Adolph: *Geometrische Combinationslehre: Zur Beförderung des Elementar-Unterrichts in der Formen- und Größenlehre.* Elberfeld: Büschler, 1820.

[Diesterweg 1822] DIESTERWEG, Adolph: *Leitfaden für den ersten Unterricht in der Formen-Größen- und räumlichen Verbindungslehre, oder Vorübungen zur Geometrie: Für Schulen.* Elberfeld: Büschler, 1822.

[Diesterweg 1829] DIESTERWEG, Adolf: *Anweisung zum Gebrauche des Leitfadens für den Unterricht in der Formen-, Größen- und räumlichen Verbindungslehre. Für Lehrer, welche mathematische Gegenstände als Mittel zur allgemeinen Bildung benutzen wollen.* Elberfeld: Büschler, 1829.

[Diesterweg 1831] DIESTERWEG, Adolf: Die Wichtigkeit des Combinirens im Unterrichte. In: *Rheinische Blätter für Erziehung und Unterricht mit besonderer Berücksichtigung des Volksschulwesens* N.F. 3, Heft 2, S. 193–212.

[Diesterweg 1843] DIESTERWEG, Friedrich Adolph Wilhelm: Selbstbesprechung der „Raumlehre oder Geometrie" (1843). In: DIESTERWEG, Adolf (Hrsg.): *Wegweiser zur Bildung für deutsche Lehrer, Bd. 2.* Essen: Bädeker, 1851, S. 424–428.

[Fandel u. a. 1994] FANDEL, Günter; DYCKHOFF, Harald; REESE, Joachim: *Industrielle Produktionsentwicklung: eine empirisch-deskriptive Analyse ausgewählter Branchen.* 2. Aufl., Berlin: Springer, 1994.

[Fichte 1808] FICHTE, Johann Gottlieb: *Reden an die deutsche Nation.* Berlin: Realschulbuchhandlung, 1808.

[Fischer 1892] FISCHER, Konrad: *Geschichte des Deutschen Volksschullehrerstandes, Bd. 1: Von dem Ursprunge der Volksschule bis 1790.* Hannover: Meyer, 1892.

[Graßmann 1854] GRASSMANN, Friedrich Heinrich Gotthilf: Bruchstücke über den grundlegenden Unterricht, besonders für die Sprache (den sprachlichen Elementarunterricht). In: *Pädagogische Revue* 36 (1854), S. 81–100.

[Hoffmann 1993] HOFFMANN, Achim: *Komplexität einer künstlichen Intelligenz.* Dissertation. Berlin: TU Berlin, 1993.

[Jahnke 1990] JAHNKE, Hans Niels: *Mathematik und Bildung in der Humboldtschen Reform.* Goettingen: Vandenhoeck + Ruprecht, 1990.

[Jütting 1870] JÜTTING, Wübbe Ulrichs: *Geschichte des Rückschritts in der Dotation der preußischen Volksschule. Beiträge zur innern Schulgeschichte und zur Kritik der bestehenden Schulgesetzgebung nebst der Unterrichtsgesetzes-Vorlage.* Minden: Volkening, 1870.

[Kebir 2002] KEBIR, Sabine: Die deutsche Mutter. In: *Ossietzky. Zweiwochenschrift für Politik / Kultur / Wirtschaft* 2 (2002). http://www.sopos.org/aufsaetze/3c7655a074a52/1.phtml. Stand: 14. März 2012.

[König 1972] KÖNIG, Helmut: *Zur Geschichte der bürgerlichen Nationalerziehung in Deutschland zwischen 1807 und 1815, Teil 1.* Berlin: Volk und Wissen, 1972.

[Korth 1828] KORTH, Johann Wilhelm David (Hrsg.); KRÜNITZ, Johann Georg (Übers.): *Ökonomisch-technologische Encyklopädie, oder allgemeines System der Staats-, Stadt-, Haus- und Landwirthschaft, und der Kunstgeschichte in alphabetischer Ordnung, Teil 149: Schuld bis Schalbacher Brunnen.* Berlin: Paulinische Buchhandlung, 1828.

[Lohmann 1984] LOHMANN, Ingrid: Über den Beginn der Etablierung allgemeiner Bildung. Friedrich Schleiermacher als Direktor der Berliner wissenschaftlichen Deputation. In: *Zeitschrift für Pädagogik* 30 (1984), Nr. 6, S. 749–773.

[Meisner 1923] MEISNER, Heinrich (Hrsg.): *Schleiermacher als Mensch. Sein Werden und Wirken, Bd. 2: Sein Wirken. Familien- und Freundesbriefe 1804–1834.* Gotha: F.A. Perthes, 1923.

[Moor 1995] MOOR, Ed de: Vormleer – An Innovation that failed. Geometry in Dutch Primary Education during the 19th Century. In: *Paedagogica Historica: International Journal of the History of Education* 31 (1995), Nr. 1, S. 103–123.

[Neugebauer 1985] NEUGEBAUER, Wolfgang: *Absolutistischer Staat und Schulwirklichkeit in Brandenburg-Preussen.* Berlin, New York: De Gruyter, 1985.

[Neugebauer 1992] NEUGEBAUER, Wolfgang (Hrsg.): *Schule und Absolutismus in Preußen. Akten zum preußischen Elementarschulwesen bis 1806.* Berlin, New York: De Gruyter, 1992.

[Pestalozzi 1801] PESTALOZZI, Johann Heinrich: Wie Gertrud ihre Kinder lehrt. Ein Versuch, den Müttern Anleitung zu geben, ihre Kinder selbst zu unterrichten; in Briefen. In: *Pestalozzi's sämmtliche Schriften, Bd. 5.* Stuttgart, Tübingen: J.G. Cotta'sche Buchhandlung, 1820.

[Pestalozzi 1806/7] PESTALOZZI, Johann Heinrich: Über Volksbildung und Industrie. In: *Über Volksbildung und Industrie. Zweck und Plan einer Armenerziehungsanstalt. Besorgt und eingeleitet von Heinz Mühlmeyer.* Heidelberg: Quelle & Meyer, 1964, S. 5–28.

[Pestalozzi 1807/8] PESTALOZZI, Johann Heinrich: Elementarbildung zur Industrie. In: *Johann Heinrich Pestalozzi. Sämtliche Werke. Kritische Ausgabe, Bd. 20: Schriften von Ende 1806 bis Anfang 1808.* Zürich: Orell Füssli, 1956, S. 295–304.

[Pestalozzi 1808] PESTALOZZI, Johann Heinrich: „Bericht an die Eltern und an das Publikum über den gegenwärtigen Zustand und die Einrichtung der Pestalozzischen Anstalt in Iverten, Februar 1808". In: *Johann Heinrich Pestalozzi. Sämtliche Werke. Kritische Ausgabe, Bd. 21: Schriften von Ende 1808 bis Anfang 1809.* Zürich: Orell Füssli, 1958, S. 11–88.

[Petsche 2006] PETSCHE, Hans-Joachim: *Graßmann*. Basel: Birkhäuser, 2006.

[Petsche u. a. 2009] PETSCHE, Hans-Joachim; KANNENBERG, Lloyd; KESSLER, Gottfried; LISKO-
WACKA, Jolanta: *Hermann Graßmann – Roots and Traces. Autographs and Unknown Documents.*
Basel: Birkhäuser, 2009.

[Rolfus u. a. 1866] ROLFUS, Hermann; PFISTER, Adolph: *Real-Encyclopädie des Erziehungs- und
Unterrichtswesens nach katholischen Prinicipien, Bd. 4.* Mainz: Florian Kupferberg, 1866.

[Ropohl 2006] ROPOHL, Günter: Allgemeine Technikwissenschaft. In: BANSE, Gerhard (Hrsg.);
GRUNWALD, Armin (Hrsg.); KÖNIG, Wolfgang (Hrsg.); ROPOHL, Günter (Hrsg.): *Erkennen und
Gestalten. Eine Theorie der Technikwissenschaften.* Berlin: edition sigma, 2006, S. 331–342.

[Scheibert 1937] SCHEIBERT, Karl: *Geschichte des Geschlechts Graßmann und seiner Nebenlinien.*
Görlitz: Starke, 1937.

[Schleiermacher 1808] SCHLEIERMACHER, Friedrich: *Gelegentliche Gedanken über Universitäten
in deutschem Sinne. Nebst einem Anhang über eine neu zu errichtende.* Berlin: Realschulbuchhandlung, 1808.

[Schmettau 1861] SCHMETTAU, Hermann von: *Friedrich Wilhelm IV. – König von Preußen. Ein
geschichtliches Lebensbild.* Berlin: Küntzel & Beck, 1861.

[Schmidt 1992] SCHMIDT, Siegbert: Kombinatorisches Denken als eine bildungstheoretische
Kategorie für den „elementarischen Unterricht" und die Lehrerbildung gemäß der Konzeption
von A. Diesterweg (1790–1866). In: *Mathematica didactica* 15 (1992), Nr. 1, S. 80–95.

[Schurig 1888] SCHURIG, Gottlob: Geschichte der Methode in der Raumlehre im deutschen
Volksschulunterricht. In: KEHR, Karl (Hrsg.): *Geschichte der Methodik des deutschen Volks-
schulunterrichts, Bd. 3: Geschichte des Unterrichts in den mathematischen Lehrfächern in der
Volksschule.* Gotha: Thienemann, 1888, S. 181–235.

[Sextro 1785] SEXTRO, Heinrich Philipp: *Ueber die Bildung der Jugend zur Industrie. Ein Fragment.* Göttingen: Dieterich, 1785.

[Tenorth 2008] TENORTH, Heinz-Elmar: *Geschichte der Erziehung. Einführung in die Grundzüge
ihrer neuzeitlichen Entwicklung.* Weinheim, München: Juventa, 2008.

[Vinken 2001] VINKEN, Barbara: *Die deutsche Mutter. Der lange Schatten eines Mythos.* München: Piper, 2001.

[Waesche u. a. 2006] WAESCHE, Aimee; SLAWIK, Nina: *Der Sonderweg der deutschen Mutter (06.09.2006).* http://www.familienheute.de/attachments/120_Der%20Sonderweg%20der%
20deutschen%20Mutter.pdf. Stand: 14. März 2012.

12 „Theorema Pythagoricum"

Ein Beitrag zum Mathematikunterricht an einem humanistischen Gymnasium des 19. Jahrhunderts

MARTIN WINTER

12.1 Zur Einordnung der Quelle

Der Autor des Artikels, Josef Buerbaum, ist ab 1853 Mathematiklehrer am Gymnasium Nepomucenianum in Coesfeld. Das Nepomucenianum, dessen lateinischer Name, vom Brückenheiligen St. Johannes von Nepomuk hergeleitet, heutzutage zu „Nepomucenum" verkürzt wurde, war seit 1828 staatliches, preußisches Gymnasium. Ursprünglich war es 1627 als Jesuitenkolleg gegründet worden, erlebte eine schnelle Blüte, dann ein Auf- und Ab mit Vertreibung und Rückkehr der Jesuiten. Nach dem Auflösungsdekret für den Jesuitenorden 1773 wurde die Schule von Franziskanern übernommen und verlor als Gymnasium an Bedeutung. 1815 wurde die Schule zunächst preußisches Progymnasium, bis sie 1828 mit der Ernennung seines ersten Direktors Bernhard Sökeland wieder Vollgymnasium wurde.

Die Tradition der Jahresberichte an diesem wie an anderen Gymnasien stellte für Lehrer ein Forum dar, in dem sie durch eigene Beiträge zu fachlichen oder auch allgemeinen Themen ihre Kompetenz, insbesondere ihre wissenschaftliche Kompetenz unter Beweis stellen konnten.

Josef Buerbaum nutzt dieses Forum nun zu einem mathematischen Beitrag, noch dazu in lateinischer Sprache. Er stellt in seinem Beitrag 21 Beweise zum Satz des Pythagoras zusammen; neben dem Hinweis auf die Entstehung von einigen der Beweise aus dem Unterricht beruft er sich dabei auf eine Quelle, nämlich auf „Johann Joseph Ignaz von Hoffmann: Der Pythagorische Lehrsatz: mit zwey und dreyßig theils bekannten theils neuen Beweisen" (2. Auflage 1821 in Mainz). Vergleicht man jedoch diese Quelle, die sich in einer Reihe von Beweisen ihrerseits ausdrücklich auf andere Quellen stützt, mit den Beweisen bei Buerbaum, so stellt man fest, dass lediglich bei 9 der Beweise Buerbaums die Beweisfigur mit der Lage der Quadrate und dem rechtwinckligen Dreieck übereinstimmt, in einem Fall ist die Lage gespiegelt. Dennoch unterscheiden sich auch in allen diesen Fällen Buerbaums Beweise von der Vorlage, da sie mindestens in der Verwendung von anderen Hilfslinien in der Vorgehensweise im Beweis abweichen. 10 der 21 Beweise erklärt Buerbaum selber ausdrücklich als neu (Winter 2005, S. 10/11). Ob er sich außer der ausdrücklich angegebenen Quelle noch auf weitere gestützt hat, bleibt unklar.

In seinen Einlassungen zur historischen Person des Pythagoras im Rahmen der Einführung in seinen Beitrag beruft sich Buerbaum auf lateinische Quellen: *Cicero, Livius, Vitruv.*

Im Original von 1855 enthält der Artikel zum Teil aus technischen Gründen eine Reihe von Druckfehlern. Zudem wurden im Original sämtliche 21 Abbildungen zu den Beweisen wohl ebenfalls aus technischen Gründen in einem recht unübersichtlichen Anhang zusammengefasst. Die Quelle ist durch eine Neuherausgabe zugänglich: Der Artikel wurde redigiert, übersetzt und kommentiert neu herausgegeben (Winter 2005). Im Folgenden beziehen sich die Zitate jeweils auf die Version der Neuherausgabe aus dem Jahre 2005.

12.2 Zu den Beweisen des Satzes von Pythagoras und den Besonderheiten der Darstellung

Nach der Einführung zur Person des Pythagoras und der Historie des Satzes formuliert Buerbaum zunächst das „Theorem":

> „Theorema
> Quadratum lateris angulo recto in triangulo subiecti aequale est summae quadratorum, quae describi in reliquis duobus lateribus possunt.
>
> Das Theorem
> Das Quadrat der Seite unter einem Rechten Winkel in einem Dreieck ist gleich der Summe der Quadrate, die durch die beiden übrigen Seiten beschrieben werden können."
>
> Winter 2005, S. 12/13

Danach folgt jeweils ein gleichbleibender Aufbau der Darstellung bei jedem der Beweise, indem zunächst mit der „Constructio" der Aufbau der Beweisfigur beschrieben wird. Daran schließt sich mit der „Demonstratio" die Beweisführung an. In der Neuherausgabe des Beitrags ist die Beweisfigur jeweils im Anschluss an die „Constructio" im Text zu finden.

Exemplarisch sei ein erster Beweis vollständig in deutscher Sprache zitiert, dabei wurden die Besonderheiten an Schreibweisen und Bezeichnungen übernommen, für den lateinischen Text sei auf die Neuherausgabe des Artikels verwiesen. Das Beispiel zeigt zugleich einige Charakteristika in der Darstellung, insbesondere der Benennung der geometrischen Objekte und der Beschriftung, die in der Neuherausgabe beibehalten wurden. Die Lage der Quadrate und des rechtwinkligen Dreiecks stimmen mit der Beweisfigur des 3. Beweises bei von Hoffmann überein, die Beweisfigur enthält jedoch andere Hilfslinien bereits in der Konstruktion und führt daher zu einem anderen Vorgehen in der Beweisführung.

> „Der 5. Beweis
>
> Konstruktion:
> Die Quadrate H und G erstrecken sich außerhalb des Dreiecks, K innerhalb steht auf einer seiner Seiten. Die Strecke db werde zu f verlängert, welches ein Punkt auf der Seite des anliegenden Quadrats G ist; die Punk-

te f und c, p und n, p und b verbinde man durch die Strecken fc, pn und pb.

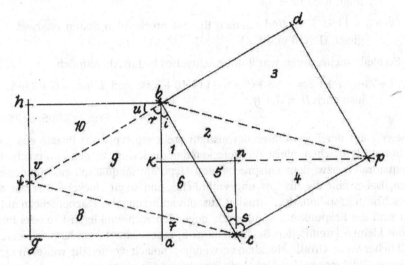

Abbildung 12.1. Der 5. Beweis

Beweis:

$$H + 1 = (1 + 2) + 3 + 4 + 5,$$
$$G + K + 1 = (7 + 8) + (9 + 6 + 1) + 10 + 5$$

Der Beweis wird als leichtester der ganzen Liste vollendet séin, wenn wir zeigen werden, dass

$$1 + 2 \cong (7 + 8), \quad 3 \cong (9 + 6 + 1), \quad 4 \cong 10.$$

$(7 + 6 + 1) \cong 10$, es sind nämlich zwei Winkel und die von ihnen eingeschlossene Seite des einen Dreiecks gleich zwei Winkeln und der von diesen eingeschlossenen Seite des anderen Dreiecks. $i = u$, da jeder von beiden mit dem Winkel r einen Rechten bildet, die Winkel an den Ecken a und h sind Rechte und daher untereinander gleich; es ist aber $ab = bh$. Es folgt, dass $ac = hf (= nc)$; $bc = bf (= cp = bd)$.

$10 \cong 4$. Je zwei Seiten und der von ihnen eingeschlossene Winkel sind gleich. Da nämlich $i = e$ (E. I, 29) und $i = u$, wie wir soeben gesehen haben, ist auch $u = e$. $u + v = R$, $e + s = R$, daraus ergibt sich auch $u + v = e + s$, und ebenso $v = s$. Es ist aber $bf = cp$ und $hf = cn$. Es folgt, dass der Winkel in h gleich dem Winkel in n gleich R ist, und dass sp eine Strecke ist (E. I, 14); außerdem $hb = np (= ga)$ und aus diesem Grunde $np + ns = ga + ac$, bzw. $ps = gc$.

$(7 + 8) \cong (1 + 2)$, weil sie in je zwei Seiten und dem von ihnen eingeschlossenen Winkel übereinstimmen, was man leicht einsieht. Es
folgt, dass $fc = bp$.

$(9 + 6 + 1) \cong 3$, es sind nämlich die entsprechenden Seiten paarweise
gleich (E. I, 8 und I, 4).

So bleibt nichts übrig, was eines Nachweises bedarf, da nämlich

$(1+2)+3+4+5 = 7+8+(9+6+1)+10+5$, ist auch $H+1 = G+K+1$,
also auch $H = G + K$."

Winter 2005, S. 25

Der Beweis auf der Basis dieser Beweisfigur stellt ein typisches Puzzle aus jeweils
kongruenten Teilflächen, meist Teildreiecken dar, die jeweils zu den untersuchten Ka-
thetenquadraten bzw. dem entsprechenden Hypotenusenquadrat zusammengesetzt
werden. Dabei fällt die für uns ungewöhnliche, und sogar „lockere" Art vor allem
der Beschriftung, sodann der formalen Zusammenfassung der Flächenstücke auf. Zunächst sind die Eckpunkte des zugrunde liegenden rechtwinkligen Dreiecks fortlaufend mit kleinen lateinischen Buchstaben a, b, c bezeichnet – anders als heute, wo
man üblicher Weise Großbuchstaben verwendet. Danach werden die weiteren kleinen
lateinischen Buchstaben des Alphabets fortlaufend für weitere Punkte, aber auch für
Winkel benutzt. Schließlich sind alle vorkommenden Teilflächen durchnummeriert
bis zur zweistelligen Zahl „10". Die Bezeichnungen H, G und K für das Hypotenusenquadrat bzw. die beiden Kathetenquadrate sind in die Zeichnung nicht eingetragen,
sondern müssen der „Constructio" entnommen werden.

Die Nummern werden nun ganz unkonventionell zur Beschreibung der zusammen
gesetzten Flächen verwendet: Die formulierte Gleichung „$H + 1 = (1 + 2) + 3 + 4 + 5$"
darf nicht als eine arithmetische Gleichung interpretiert werden, sondern als Zusammenfassung von Flächenstücken, wobei das Gleichheitszeichen hier die Gleichheit des
Flächeninhalts der zusammen gesetzten Flächen bezeichnet, während im Folgenden
das Zeichen „$\cong$" der Konvention entsprechend für die Kongruenz der verglichenen
Figuren steht.

Die Erläuterungen in Klammern wie „(E.I, 29)" und andere verweisen jeweils auf
Sätze in den Büchern des Euklid.

Aus einem zweiten Beispiel seien Teile zitiert, da sich hier ein weiterer Aspekt der Beweise verdeutlichen lässt. Auch in diesem Fall stimmt die Beweisfigur in den Grundzügen mit einer Figur, und zwar mit der zu Beweis 5, bei von Hoffmann überein. Es
folgt jedoch eine gänzlich andere Argumentationsweise.

„Der 9. Beweis

Konstruktion:
Die Quadrate G und K liegen außerhalb des Dreiecks an dessen Seiten
an; H liegt über ihm. Man verbinde p und q durch die Strecke pq. Hier
sei wegen der Besonderheit der Sprache einmal der lateinische Auszug
mit eingefügt:

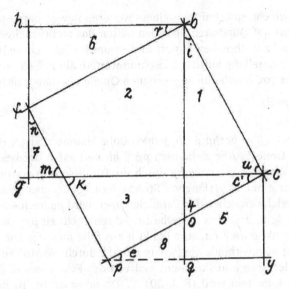

Abbildung 12.2. Der 9. Beweis

... Iam si applicas triangulum 1 areae 6 imponisque latus *bc* lateri *bf* ita, ut *b*, caput lateris *bc*, maneat in *b*, capite lateris *bf*, caput *c* lateris *bc* cadet in caput *f* lateris *bf*; cum autem sit *i = r*, cadet *ba* in *bh* et caput eius *a* in caput *h*, quum autem anguli verticum *a* et *h* recti eamque ob causam inter se aequales sint, cadet etiam recta *ac* in lineam *hg* et caput eius *c* in eandem rectam. Hinc apparet, verticem *c* trianguli 1 situm esse in capite *f* lateris *bf* et simul in linea *hg*; unde efficitur, ut caput *f* lateris *bf* in recta *hg* iaceat et area 6 triangulum sit ex omni parte plane circumscriptum.

... Wenn man nun das Dreieck 1 auf die Fläche 6 fallen lässt und die Seite *bc* auf die Seite *bf* so fällt, dass *b*, der Anfang der Seite *bc* in *b* verbleibt, als Anfang der Seite *bf*, dann fällt das Ende *c* der Seite *bc* auf den Endpunkt *f* der Seite *bf*; da aber *i = r*, fällt *ba* auf *bh* und dessen Endpunkt *a* auf den Endpunkt *h*, da aber die Winkel an den Ecken *a* und *h* Rechte und aus diesem Grunde untereinander gleich sind, fällt auch die Strecke *ac* auf die Linie *hg* und deren Endpunkt *c* auf dieselbe Strecke. ..."

Winter 2005, S. 32/33; Hervorhebungen vom Verfasser

Im Gegensatz zu dem zuvor dargestellten Beweis durch „Zusammenpuzzeln" kongruenter Teilflächen, verweist die Wortwahl in der Beweisführung dieses Beweises auf abbildungsgeometrische Aspekte. Der Beweis hat gegenüber den vorherigen kongruenzgeometrischen Begründungen einen eher „dynamischen Charakter", da offenbar mit der Verlagerung von Dreiecken an andere Stellen der Beweisfigur argumentiert wird.

Schließlich sei noch ein Ausschnitt aus einem weiteren Beweis dargestellt, in dem die Beweisfigur anstatt auf Quadraten über den Seiten des rechtwinkligen Dreiecks auf Parallelogrammen bzw. Rhomben basiert und zugleich eine weitere Besonderheit in der sprachlichen Darstellung auftritt. Diese und weitere ähnlich strukturierte Beweisfiguren sind in der von Buerbaum angegebenen Quelle überhaupt nicht zu finden.

„Der 20. Beweis

Konstruktion:

$bh \perp bc$ und $bh = bc$; $hp \parallel ab$, jedoch unbestimmter Länge; durch die Ecke c des Dreiecks abc ziehe man $pg \parallel bh$ und jeden der beiden Teile verlängere man, bis die Linie hp durch die Parallele in p getroffen wird und die über a hinaus verlängerte Strecke ba in g. Da aber hb senkrecht zu bc ist, welche zwischen den Parallelen liegt, wird pq auch selber senkrecht zu bc sein, bzw. was dasselbe ist, bc senkrecht zu pg. Dann ziehe man vom Punkt a an $\parallel bh$, vom Punkt n aus fälle man das Lot nf senkrecht zu bg; man verbinde die Punkte n und c durch die Strecke nc; man ziehe von der Ecke a aus $at \parallel cn$, und von der Ecke c aus $sc \parallel gb$, die daher auch $\parallel hp$ sein wird (E. I, 30). ...Da $ac = af$ ist, ist das Paral-

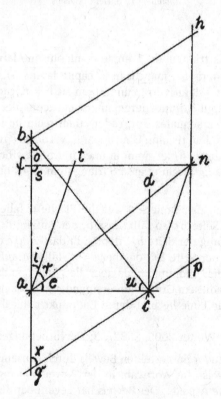

Abbildung 12.3. Der 20. Beweis

lelogramm $tc = K$ (E. I, 36); da $ab = fn$ ist, ist das Parallelogramm
$ha = G$ [...] Durch die Konstruktion steht außerdem fest, dass das Parallelogramm $gh = H$ ist, seine Basis ist nämlich $gp = bh$ (E. I, 34) $= bc$
und die Höhe bc.

Wenn nun stimmt, dass das Parallelogramm tc gleich dem Parallelogramm gn ist, erscheint es leicht offensichtlich, dass $H = G + K$..."

Winter 2005, S. 59

Mit der Beweisfigur fällt natürlich unmittelbar auf, dass die Beweisführung nicht mehr
über Quadrate über den Seiten des rechtwinkligen Dreiecks erfolgt, sondern über
Parallelogramme bzw. Rhomben, die diesen Quadraten jeweils flächengleich sind. Im
Beweistext ist dann auffällig, wie die Parallelogramme bezeichnet werden: Sie sind
jeweils nicht durch ihre Eckpunkte als Vierecke beschrieben, sondern durch eine aus
zwei Eckpunkten bezeichnete Strecke, nämlich durch eine Diagonale der Figur.

12.3 Zu den Intentionen des Autors

In seiner Einleitung des Beitrags formuliert Buerbaum, worauf die im Folgenden dargestellten Beweise basieren. Er verweist dazu auf seine Erfahrungen, die er bereits als
Lehrer in Dorsten, vor seiner Zeit in Coesfeld gemacht hat:

> „All die Jahre, in denen ich angestellt an der Schule in Dorsten Schüler in
> Mathematik unterrichtet habe, pflegte ich ihnen außer dem, was ich ih-
> nen vorschriftsmäßig für sieben einzelne Tage zur Bearbeitung gab, eine
> Fragestellung vorzulegen, die auf verschiedene Weise zu bearbeiten war,
> insbesondere aber geometrische Gegenstände, die mit vielfältigen Argu-
> menten und mit verschiedenen Beweisgründen nachzuweisen waren."

Winter, 2005, S. 9

Hier macht Buerbaum deutlich, dass es ihm im Unterricht in besonderer Weise um
Aufträge zu selbstständiger Tätigkeit der Schüler ging, und dass ihm dabei gerade
auch die Geometrie besonders am Herzen lag. Er erhoffte sich mit dieser Vorgehensweise für die Schüler vertiefte Erfahrungen über mathematisches Arbeiten:

> „Die auf diese Art vorgelegten Fragestellungen aber bewirken, dass das
> Wesen der mathematischen Gegenstände tiefgehend durchschaut und er-
> kannt wird, verborgene Grundlagen und versteckte Argumente aufge-
> deckt werden, und dass die Schüler gleichsam in die Werkstatt der Ma-
> thematiker eingeführt werden, die sich in einer verborgenen Kunst mit
> vielseitigem, gründlichem und scharfsinnigem Verstand und klugem We-
> sen tummeln."

Winter 2005, S. 9

Zweifellos versucht Buerbaum auf diese Weise, sich als erfolgreicher Mathematiklehrer darzustellen. Dies erscheint für ihn nicht ohne Bedeutung, beherbergt die Schu-

le doch zu diesem Zeitpunkt mit Prof. Dr. Franz Heinrich Rump einen prominenten Vertreter der Fächer Mathematik und Physik, der über die Schule hinaus einen besonderen Ruf besaß. (Vgl. dazu Schubring 2010). Gleichwohl handelt es sich um ein altphilologisch geprägtes, humanistisches Gymnasium, an dem sich Buerbaum hier zu profilieren versucht. Dies ist wohl auch der Grund, weswegen er seinen Beitrag in lateinischer Sprache verfasst hat. Während im 19. Jahrhundert in den Jahresberichten des Nepomucenianum noch weitere, wenn auch wenige, mathematische Beiträge erscheinen, bleibt Buerbaums Beitrag der einzige in lateinischer Sprache. Lateinische Aufsätze in anderen Jahresberichten stammen fast ausschließlich von Vertretern der Sprache Latein.

Die positiven Auswirkungen auf Josef Buerbaums weitere schulische Karriere haben sich jedoch anscheinend in Grenzen gehalten. Obwohl zunächst noch „Extraordinarius" wurde Buerbaum 1853 bei seiner Einstellung in Coesfeld als „Gymnasial-Oberlehrer" vorgestellt und wird als solcher bis in die 70er Jahre geführt. Er hat dabei jedoch überwiegend in den Fächern Griechisch, Französisch, Naturbeschreibung und Geographie unterrichtet, Mathematik nur mit insgesamt 4 Unterrichtsstunden in Sexta und Quinta. Nachdem ein Dr. Huperz als „ordentlicher Gymnasiallehrer" hinzugekommen ist, der ab Schuljahr 1857/58 den Mathematikunterricht in Sexta und Quinta übernimmt, finden wir Buerbaum in den folgenden Jahren nur noch als Lehrer in Fächern Französisch, Naturbeschreibung, Latein und Deutsch. Warum Buerbaum trotz seines lateinischen Beitrags zum Satz des Pythagoras, der für den üblichen Rahmen der Jahresberichte sowohl in der Wahl der Sprache als auch des Inhalts außergewöhnlich erscheint, an seiner Schule schließlich keine Rolle mehr spielt, darüber können wir nur spekulieren.

12.4 Perspektiven / Mathematik als Prozess?

Reflektiert man die vorgestellte Quelle zum Mathematikunterricht des 19. Jahrhunderts unter verschiedenen Aspekten, so sind einige besonders hervor zu heben.

Da ist zum einen die Rolle und Bedeutung des Mathematikunterrichts an den (preußischen) Gymnasien des 19. Jahrhunderts zu betrachten. Erst zu Beginn des Jahrhunderts war dem Mathematikunterricht im Rahmen der Süvern'schen Reformen von 1816 ein nie dagewesener Umfang zugewiesen worden, der nicht nur auf der Verlängerung der Schulzeit des Gymnasiums auf insgesamt 10 Schuljahre beruhte. Es waren einerseits vor allem Aspekte der Anwendungsorientierung der Mathematik und andererseits die bildungsorientierte Verflechtung mit neuhumanistischem Gedankengut, das man mit den Büchern des Euklid in der Geometrie zu sehen glaubte, die der Mathematik dieses ungewohnte Ansehen und ihre neue Bedeutung verschafften. Immerhin lief diese Ausweitung bei durchschnittlich 6 Unterrichtsstunden in jedem Schuljahr auf ein Volumen von 60 Stunden im Lehrplan der 10 Gymnasialklassen hinaus. Davon sind heute bei der Verkürzung auf 8 Gymnasialklassen in der Regel nur etwa 26 Stunden geblieben: Die 6 Klassen der Sekundarstufe I umfassen bei jeweils 3, höchstens 4 vorgesehenen Stunden insgesamt etwa 20 Unterrichtsstunden, in der Sekundarstufe II kommen bis auf die Ausnahme der Leistunmgskurse insgesamt 6 Stunden hinzu. Auch 1855 – zum Zeitpunkt des Erscheinens des Buerbaum'schen Beitrags – war der Umfang des Mathematikunterrichts unter dem Einfluss und zugunsten der altphilologischen Fächer wieder auf ein „Normalmaß" von insgesamt ca. 33 Stunden zurechtgestutzt (vgl. dazu Winter 1984). Im Laufe des Jahrhunderts waren es dann eher die neu sich entwickelnden Schulformen der Realschulen, Oberrealschulen und der Realgymnasien, in denen der Mathematikunterrichts gegenüber einem von altphilologischen Fächern geprägten, humanistischem Bildungsideal eine größere Bedeutung gewann. In Bezug auf die Betrachtung des Beitrags von Buerbaum sei jedoch noch einmal hervorgehoben, dass die Schule selbst mit Franz-Heinrich Rump immerhin über den Autor u. a. eines Geometrie-Lehrbuchs für Gymnasien als Mathematiklehrer verfügte (vgl. Schubring 2010).

Schaut man auf den mathematischen Gegenstand des Beitrags, den Satz des Pythagoras, so bestätigt diese Auswahl und Schwerpunktsetzung die Entwicklung der Inhalte des Mathematikunterrichts im Gymnasium des 19. Jahrhunderts. Die Geometrie mit Inhalten, die zugleich auf ihre klassischen griechischen Wurzeln verweisen, mit der historischen Figur des Pythagoras ebenso wie mit den in den Beweisen wiederholt vorkommenden und ausdrücklich artikulierten Bezügen zu den Büchern des Euklid geben ein illustres Abbild dieser Bildungsvorstellungen. Zugleich ist es aber bemerkenswert, wie in den unterschiedlichen Beweisführungen unterschiedliche Sichtweisen geometrischer Argumentationen zum Tragen kommen. Einerseits sind es in unverkennbarer Charakteristik kongruenzgeometrische Argumentationen, die in klassischer Weise der Logik euklidischer Kongruenzgeometrie folgen. Andererseits sind aber auch dynamische, abbildungsgeometrische Argumentationen vorzufinden. Damit wird durchaus die oft eher als starr empfundene Struktur der kongruenzgeometrischen Beweisführung aufgebrochen. Dieses hat in dieser Weise in der von Buerbaum genannten Quelle kein Vorbild. Hier enthaltene, andersartige Beweise sind eher von der Nutzung arithmetischer Aspekte geprägt. Wenn der Unterricht Buerbaums durch die dynamischen Aspekte der Abbildungsgeometrie geprägt worden ist, so dürfte dies im Kontext des damaligen Mathematikunterrichts durchaus innovativ gewesen sein. Wir wissen nicht, ob es auf Akzeptanz gestoßen ist. Der Geometrieunterricht war jedenfalls bis weit in das 20. Jahrhundert hinein eher von der Orientierung an der kongruenzgeometrischen Argumentationsweise geprägt. Die dynamischen Aspekte kommen eher heutigen Intentionen des Mathematikunterrichts entgegen, obwohl sic hein Vergleich nur schwer ziehen lässt, da sich die inhaltlichen Schwerpunkte erheblich verschoben haben.

Darüber hinaus ist in dem Beitrag erkennbar, wie sich Konventionen formaler Schreibweisen entwickelt haben. Im Gebrauch von Variablen und Bezeichnungen für geometrische Objekte zeigt sich, wie diese zunehmende Formalisierung zur Präzisierung von Aussagen beiträgt. In dieser Formalisierung wird vermieden, dass z. B. bestimmte geometrische Objekte immer wieder neu sprachlich beschrieben werden müssten, wie wir es in Formulierungen bei Euklid selbst vorfinden. Allerdings sind die Konventionen für den Gebrauch von Bezeichnungen noch nicht so entwickelt, dass etwa mit der Wahl von Groß- oder Kleinbuchstaben, von lateinischen und/oder griechischen Buchstaben zugleich die Art der bezeichneten Objekte signalisiert würde. Ebenso bleibt es bei einem unkonventionellen Gebrauch von Symbolen, man vergleiche nur die oben zitierte Zusammenfassung von nummerierten Flächenstücken durch eine arithmetisch anmutende Gleichung (die gleichwohl beim nicht durch mathematische Formalia geprägten Leser keine Unklarheit aufkommen lässt).

Während also einerseits erkennbar ist, wie Konventionen formaler Schreibweisen entwickelt werden, gilt dies noch nicht für den Gebrauch von Symbolen für die Formulierung logischer Zusammenhänge. Hier bleibt es bei einem ganz charakteristischen Sprachgebrauch. In den jeweiligen Beweisschritten sind diese sprachlichen Elemente immer wieder erkennbar. *„Ex quo cogitur"* – *„woraus man schließt"*, und *„Quare est"* – *„daher gilt"* sowie andere Floskeln stellen Beispiele für die sprachliche Formulierung von Folgerungen und anderen logischen Zusammenhängen dar. Und man findet auch Formulierungen, wie sie von Seiten der Mathematiker eine vertraute Tradition darstellen, nämlich die Hinweise auf die Leichtigkeit: *„Quod facile est cognitu"* – *„was leicht zu erkennen ist"*. Das sind aus didaktischer Perspektive Formulierungen, die gerade fachfremde Leser oder Schüler leicht abschrecken können.

Schließlich sei noch auf die Perspektive des Unterrichts selbst verwiesen. In seiner Einleitung lässt Buerbaum anklingen, dass es ihm bei den Aufträgen an die Schüler darum geht, dass sie auf diese Weise eine selbstständige Auseinandersetzung mit den mathematischen Gegenständen führen. Darüber hinaus formuliert er, dass die Schüler auf diese Weise einen Einblick bekommen sollen in die Werkstatt des Mathematikers, das heißt, dass sie damit ein tieferes Verständnis für das mathematische Arbeiten entwickeln sollen. Nun wissen wir nicht, wie Buerbaums Arbeitsaufträge konkret ausgesehen haben, wir wissen nicht, wie die Realität seines Unterrichts ausgesehen hat. Zumindest aber formuliert Buerbaum vor der schulischen Öffentlichkeit Absichten und behauptet unterrichtliche Erfahrungen, die abweichend erscheinen von dem überlieferten Drill, der mit der unterrichtlichen Umsetzung der Bücher des Euklid verbunden gewesen sein soll. Waren womöglich diese Perspektiven nicht erwünscht, oder entsprach die Realität seines Unterrichts nicht den formulierten Visionen oder den beschriebenen Erfahrungen, wenn Buerbaum nur wenige Jahre später überhaupt nicht mehr im Mathematikunterricht eingesetzt wird? Diese Fragen lassen sich aus der Quelle und den vorliegenden Informationen nicht beantworten, gleichwohl ist aus der Darstellung die Auseinandersetzung um die geeigneten Methoden des Mathematikunterrichts heraus zu lesen.

12.5 Ein Resümee

Buerbaums *Theorema Pythagoricum* stellt eine historische Quelle dar, die uns in einigen Aspekten aufschlussreiche Informationen vermittelt über den *Prozess*, in dem sich der Mathematikunterricht an den Gymnasien des 19. Jahrhunderts befindet. Mit der ungewöhnlichen Form der Darstellung eines mathematischen Themas in lateinischer

Sprache ordnet sich diese Quelle ein zwischen die Orientierung an der Fiktion einer altphilologisch geprägten humanistischen Bildung und der Hervorhebung mathematischer Inhalte als wertvolles Bildungsgut eines Gymnasiums. Über die fachinhaltlichen Aspekte hinausweisend wirft der Beitrag ein Licht auf die soziokulturellen Strukturen des preußischen Gymnasiums als Bildungsinstitution. Diese unterschiedlichen Aspekte machen diese Quelle zu einem aus schulischer Sicht auch heute interessanten Unterrichtsgegenstand für einerseits fachinhaltliche Aspekte vor allem der Mathematik aber auch des Lateinischen und andererseits auch zu einem möglichen Gegenstand interdisziplinärer Betrachtung z. B. verschiedener Unterrichtsfächer eines Gymnasiums.

Literatur

[Buerbaum 1855] BUERBAUM, Josef: Theorema Pythagoricum multiplici ratione diversisque argumentis probatum. In: *Jahresbericht des Gymnasium Nepomucenianum, Coesfeld*. Coesfeld: 1855, S. 3–21.

[Schubring 2010] SCHUBRING, Gerd: *Debatten um einen Mathematiklehrplan in Westfalen 1834. Eine regionale Sozialgeschichte*. Münster: WTM, 2010.

[Winter 1984] WINTER, Martin: Zur Geschichte des Mathematikunterrichts an den höheren Schulen in Deutschland – Versuch einer Rekonstruktion des Verlaufs. In: MANNZMANN, Anneliese (Hrsg.): *Geschichte der Unterrichtsfächer, Bd. 3: Biologie, Physik, Mathematik, Chemie, Haushaltslehre, Handarbeit*. München: Kösel-Verlag, 1984, S. 103–132.

[Winter 2005] WINTER, Martin (Hrsg.): „Theorema Pythagoricum". In: *Vechtaer fachdidaktische Forschungen und Berichte 12*. Vechta: 2005.

13 „Über die moderne Entwicklung und den Aufbau der Mathematik überhaupt"

Das Zwischenstück in der *Elementarmathematik vom höheren Standpunkte aus* als Stilgeschichte und Kleinsches Programm

HENRIKE ALLMENDINGER und SUSANNE SPIES

„In seinen reizvollen Vorlesungen über Elementarmathematik vom höheren Standpunkte aus hat Felix Klein Gegensätze verschiedener mathematischer Arbeitsrichtungen hervorgehoben, die als ‚verschiedene Entwicklungsreihen' des mathematischen Denkens zuletzt auch wieder auf Stile in der Entwicklungsgeschichte der Mathematik verweisen."

Bense 1946, S. 132

Max Bense bezieht sich hier auf das *Zwischenstück: Über die moderne Entwicklung und den Aufbau der Mathematik überhaupt*, einen historischen Exkurs aus dem ersten Band der Vorlesungsreihe zur *Elementarmathematik vom höheren Standpunkte aus*.[1] Das Kleinsche Vorgehen dort knüpft Bense wiederum an seine eigenen Ausführungen zur Stilgeschichte an. Diese Beobachtung macht eine weitere Beschäftigung für uns, aber auch im Rahmen der 12. Tagung zur Allgemeinen Mathematik, aus verschiedenen Gründen besonders interessant: Erstens können wir Bense folgen: Klein untersucht Arbeits- und Denkprozesse in der Genese der Mathematik und ist von daher bereits als historisches Beispiel dafür, die „Mathematik im Prozess" zu betrachten, interessant. Zweitens stellt Kleins Einschub ein Beispiel dar, wie eine historische Metaperspektive eingenommen wird, um eine didaktische Haltung zu begründen. Die Mathematikgeschichte wird zum Möglichkeitspool und zur Strukturierungshilfe einer Mathematikvorlesung für angehende Lehrer. Wenn Bense mit seiner Einschätzung recht behält und Klein in seinem Zwischenstück Stile auszeichnet und Kleins Entwicklungsreihe B, wie Bense im Weiteren betont, „alle Merkmale der Barockmathematik" (Bense 1946, S. 134) aufweist, dann können drittens hier Wechselwirkungen zwischen Mathematik und Kunst als weiterem kulturellen Prozess sowie eine Behandlung der Mathematik als Kunstform gefunden werden.

---

[1] Erstaunlicher Weise ist dies eine der wenigen Stellen, an denen das Zwischenstück in der mathematikhistorischen und didaktischen Forschung zu Kleins *Elementarmathematik vom höheren Standpunkte aus* Beachtung findet. Dieser Artikel soll somit auch dazu beitragen, diese Lücke zu schließen.

13.1 Felix Kleins *Zwischenstück*

Bei der *Elementarmathematik vom höheren Standpunkte aus* handelt es sich um eine
Vorlesungsreihe, die Felix Klein Anfang des 20. Jahrhunderts für Lehramtsstudierende
höheren Semesters gehalten hat. Ziel dieser dem Artikel zugrunde liegenden Vorlesungsreihe ist es, getreu ihrem Titels, einen „höheren Standpunkt" zur Elementarmathematik zu entwickeln, der Felix Klein folgend für den Mathematikunterricht und
damit für angehende Mathematiklehrer unerlässlich ist:

> „[Der Student] soll dem großen Wissensstoff, der [ihm] hier zukommt,
> einst in reichem Maße lebendige Anregungen für [seinen] eigenen Unter-
> richt entnehmen können."
>
> Klein 1908, S. 2

Die Vorlesungen sollen damit „dem eigentlichen Ziel des akademischen Studiums"
dienen und damit dem auch aktuell viel diskutierten Problem der „doppelten Diskonti-
nuität"[2] entgegenwirken (Klein 1908, S. 1 f.). Ein wichtiges, den höheren Standpunkt
auszeichnendes Element stellt dabei der Bezug auf die Mathematikgeschichte dar. Ein
Beleg dafür ist auch der Einschub *Über die moderne Entwicklung und den Aufbau der
Mathematik überhaupt*, der im diesem Artikel analysiert wird.

> „Bevor ich mich zu ähnlichen Erörterungen über die Algebra und die Ana-
> lysis wende, möchte ich einen längeren historischen Exkurs einfügen, der
> auch auf den allgemeinen gegenwärtigen Unterrichtsbetrieb sowie auf
> das, was wir an ihm bessern wollen, neues Licht fallen läßt."
>
> Klein 1908, S. 82

So leitet Felix Klein aus den Ausführungen zur Arithmetik zu seinem *Zwischenstück*
über und formuliert gleichzeitig die Perspektive der historischen Betrachtungen. In
diesem Exkurs setzt sich Klein mit mathematischen Denk- und Arbeitsweisen auseinander und legt die These zugrunde, dass grundsätzlich zwei bzw. drei Entwicklungsreihen unterschieden und ausgewiesen werden können. Da ihm „keine geläufige
Einteilung" bekannt ist, auf die er sich beziehen kann, nähert er sich zunächst über
unterschiedliche Möglichkeiten, die „elementaren Kapitel des Systems der Analysis
wirklich aufzubauen" (Klein 1908, S. 83), und bezeichnet die beiden dargestellten
Entwicklungsreihen mit A und B.[3]

Dabei steht *Entwicklungsreihe A* für eine „partikularistische Auffassung der Wissenschaft". Gemeint ist, dass die Mathematik in verschiedene Einzelgebiete zersplittert,
die getrennt voneinander betrachtet, untersucht und weiterentwickelt werden. Dabei
wird das Ziel verfolgt, in jedem dieser Gebiete einen „logisch in sich geschlossenen
Aufbau zu entwickeln". Dem gegenüber steht *Entwicklungsreihe B*, die sich durch eine „organische Verknüpfung zwischen den einzelnen Gebieten" auszeichnet. Das Ziel
dieser Reihe besteht darin, die Schnittstellen und Querverbindungen zu erkennen, zu

---

[2] Vgl. etwa Beutelspacher u. a. 2011 oder Krauss u. a. 2004.
[3] Die Relevanz solcher Einordnungen für Klein zeigt sich auch im Briefwechsel mit Friedrich Althoff. Hier
schlägt Klein ebenfalls eine Klassifikation von Denkstilen vor (vgl. Tobies 1987).

beschreiben und für das weitere Arbeiten fruchtbar zu machen und somit ein „Verständnis mehrerer Gebiete unter einheitlichem Gesichtspunkte" zu erzeugen (Klein 1908, S. 84 f.).

Besonders deutlich stellt Klein diesen Unterschied am Beispiel der Exponential- und der Sinusfunktion dar. In der Entwicklungsreihe A tauchen beide Funktionen eigenständig auf: e^x als „bequemes Hilfsmittel beim numerischen Rechnen", $\sin x$ im Rahmen der „Dreiecksgeometrie" (Klein 1908, S. 85).

> „Im System B aber erscheinen diese Zusammenhänge ganz verständlich und der von Anfang an hervorgehobenen Bedeutung der Funktionen durchaus angemessen: Hier entstehen ja e^x und $\sin x$ aus derselben Quelle, der Quadratur einfacher Kurven [...]."
>
> Klein 1908, S. 85

Schließlich benennt Klein noch ein algorithmisches Moment C, das nicht als eigenständige Entwicklungsreihe anzusehen ist, aber sowohl A als auch B entscheidend prägen kann.

Im Verlauf des Exkurses expliziert Klein diese unterschiedlichen Denk- und Arbeitsweisen, indem er Beispiele aus allen Epochen mathematischen Schaffens darstellt und abschließend die schulmathematische Praxis seiner Zeit vor diesem Hintergrund bewertet.

Das Zwischenstück spiegelt in besonderer Weise die Programmatik der gesamten Vorlesungsreihe wieder. Außerdem nimmt Klein eine Metaperspektive auf die Mathematikgeschichte ein, die an die ästhetische Identifikation von Stilen in der Mathematik erinnert, wie Bense eingangs vermutet. Im Folgenden werden diese beiden Thesen zunächst getrennt untersucht. Vor dem Hintergrund beider Perspektiven können abschließend Aussagen über Kleins mathematikdidaktische Grundhaltung getroffen werden.

13.2 Das *Zwischenstück* als Kleinsche Programmatik

> „Zuerst legen wir uns hier, wie stets im Verlaufe der Vorlesung, die Frage vor, auf welche Weise man diese Dinge in der Schule behandelt. Dann wird die weitere Untersuchung fragen, was vom höheren Standpunkte aus betrachtet in ihnen alles enthalten ist."
>
> Klein 1908, S. 6

So beginnt Klein den Themenblock Arithmetik im ersten Band der *Elementarmathematik vom höheren Standpunkte aus*. Diese Vorgehensweise, die damals aktuelle Situation in den Schulen in seine Vorlesung einzubeziehen, ist zumindest im ersten Band wegweisend. Eine detaillierte Analyse des Werkes zeigt, dass die von Klein angekündigte „weitere Untersuchung" (Klein 1908, S. 6) auf drei Ebenen stattfindet: Es gibt eine *fachmathematische Ebene*, die aus hochschulmathematischer Perspektive den Schulstoff beschreibt und mögliche Erweiterungen derselben diskutiert. Eine *historisch-genetische Ebene* bettet den Inhalt in seine Entstehungsgeschichte ein. Schließlich werden auf einer *Reflexionsebene* erkenntnistheoretische Fragen über das Wesen der Mathematik gestellt, mathematische Definitionen und Begründungen hinterfragt, sowie Methoden und Inhalte des Schulcurriculums kritisch reflektiert. (Vgl. Allmendinger 2012)

Auf allen drei Ebenen wird der anvisierte höhere Standpunkt von folgenden vier Prinzipien entscheidend geprägt: die *innermathematische Vernetzung*, das *Primat der Anschauung*, eine hohe *Anwendungsorientierung* und ein Fokus auf *mathematische Denk- und Arbeitsweisen*. Wie sich diese Prinzipien charakterisieren lassen und inwiefern sie maßgeblich den von Klein angestrebten höheren Standpunkt formen, wird im Folgenden herausgearbeitet. Eine anschließende Analyse des *Zwischenstücks* wird zeigen, dass Klein dort nicht nur auf diese Prinzipien zurückgreift, sondern sich zu diesen positioniert und sein gesamtes Vorgehen damit in gewissem Sinne legitimiert. Das *Zwischenstück* zeigt sich so als Begründung der Kleinschen Programmatik.

13.2.1 Zentrale Prinzipien in Felix Kleins *Elementarmathematik vom höheren Standpunkte aus*

Die Klassifikation der Prinzipien – wie auch die der einzelnen Untersuchungsebenen – macht Klein nicht explizit, vielmehr entstammen sie einer präzisen Analyse und Strukturierung seines Werkes.[4] Die so entstandene Charakterisierung der einzelnen Prinzipien wird hier anhand der Diskussion ausgewählter Textstellen dargestellt.

Innermathematische Vernetzung Die Einbettung der Schulmathematik in die Hochschulmathematik ist Ausgangspunkt der gesamten Vorlesungsreihe. Um Mathematik als Einheit zu begreifen, reicht Klein eine solche *Längsschnittperspektive* nicht aus. Die innermathematische Vernetzung erweitert diesen Blick. Klein nimmt damit zusätzlich eine *Querschnittperspektive* auf hochschulmathematischer Ebene ein, die auch die schulmathematischen Inhalte „in neue Beleuchtung" (vgl. Klein 1908, S. 11) setzen kann.

Aus dem Kapitel über den Taylorschen Lehrsatz, der eine Güteaussage über eine bestimmte Klasse von Polynomen als Approximierende differenzierbarer Funktionen macht, geht dieses Prinzip deutlich hervor. Nach den ersten einführenden Bemerkungen und mathematischen Betrachtungen stellt Klein eine Vernetzung zur *Interpolations- und Differenzenrechnung* her. Er schreibt:

> „Ich möchte nun die Erörterungen über den Taylorschen Satz dadurch beleben, daß ich seine Beziehungen zu den Problemen der Interpolations-

---

[4] Diese Analyse ist Teil eines Dissertationsprojekts von Henrike Allmendinger, das sich mit der Vorlesungsreihe *Elementarmathematik vom höheren Standpunkte aus* beschäftigt. Neben der Klassifikation der Untersuchungsebenen werden dort auch die hier benannten zentralen Prinzipien charakterisiert und anschließend Folgerungen für die aktuelle Lehrerbildung gezogen.

und Differenzenrechnung auseinandersetze. Auch dort betrachtet man nämlich die Aufgabe, eine gegebene Kurve durch eine Parabel zu approximieren."

Klein 1908, S. 246

Bei der Interpolationsrechnung werden Punkte auf der zu approximierenden Kurve festgelegt. Das approximierende Polynom wird dann so konstruiert, dass es die Kurve in den vorgegebenen Punkten schneidet. Durch den Vergleich der beiden mathematischen Fragestellungen wird nun die Bestimmung der Schmiegparabeln beim Taylorschen Lehrsatz, so Klein weiter, zu einem Spezialfall der Interpolation.

Primat der Anschauung Besonders auffällig ist die Vernetzung, die Klein immer wieder zwischen der Geometrie und anderen Teilgebieten der Mathematik herstellt. Anders als in der bereits diskutierten Textstelle zum Taylorschen Lehrsatz geht es bei dieser Vernetzung nicht primär darum Gemeinsamkeiten oder Zusammenhänge aufzudecken. Vielmehr liefert die Geometrie generell eine Anschauung für andere mathematische Teilgebiete. In diesem Sinne knüpft diese Art der Vernetzung an das von ihm proklamierte Primat der Anschauung an.

So startet Klein im eben schon kommentierten Kapitel zum Taylorschen Lehrsatz, wie er selbst sagt, mit „mehr experimentellen Betrachtungen" (Klein 1908, S. 242) und hebt sich damit explizit von anderen Lehrbüchern ab. Die Geometrie unterstützt also das Verstehen:

> „Ich werde [...] von der gebräuchlichen Behandlung in den Lehrbüchern abweichen, indem ich [...] die anschauliche Erfassung der Sachlage in den Vordergrund stelle. So bekommt alles ein ganz elementares, leicht faßliches Aussehen."

Klein 1908, S. 241

So helfen Zeichnungen, den Taylorschen Lehrsatz plausibel zu machen, bevor der eigentliche Beweis und die „mathematischen Betrachtungen" (Klein 1908, S. 244) auf analytischem Wege erfolgen. Die Geometrie selbst hat aber auch eine erstaunliche Beweiskraft im Bereich der Arithmetik und auch Algebra, der Klein durch ihre Prägnanz und Anschaulichkeit eine besondere Bedeutung zuschreibt:

> „Ich gehe aber gerne wenigstens an 2 Beispielen noch etwas näher auf sie ein, um vor allem die Möglichkeit äußerst *einfacher anschauungsmäßiger Beweise* für sie darzutun – Beweise die eigentlich nur aus der Abbildung und dem Wörtchen ‚Siehe!' zu bestehen brauchten [...]."

Klein 1908, S. 28

Anwendungsorientierung Zusätzlich wird durch die gesamte Vorlesung hindurch eine explizite Anwendungsorientierung erkennbar.[5] Mathematik für Nachbargebiete

---

[5] Auch über die Vorlesung hinweg zeichnet sich bei Klein eine hohe Affinität zur Anwendung ab. Seine Dissertation zu einem Thema aus der Liniengeometrie befand sich an einer Schnittstelle zwischen Mathematik und Physik. 1871 habilitierte er „noch immer mit dem Blick auf die Physik als Endziel" (Courant

anwendbar zu machen, ist nicht nur ein Forschungsgegenstand. Es enthält bereits für Klein Motivationspotential für Schüler und Studenten gleichermaßen und liefert somit eine Möglichkeit, Unterricht lebendiger zu gestalten (vgl. Klein 1902, S. 133). Ein Beispiel dafür ist das Kapitel, in dem Klein die Theorie der goniometrischen Funktionen in Beziehung zu der *Lehre von den kleinen Schwingungen* aus der Physik setzt (vgl. Klein 1908, S. 201). Klein kritisiert an dieser Stelle, dass zwar solche Anwendungen im Physikunterricht der Schule ihren Platz haben, aber kaum sinnvoll mit der dahinter steckenden Mathematik in Verbindung gebracht werden.

> „Ganz anders aber als bei diesen einfachen klaren Betrachtungen, die sich bei näherem Eingehen auf die Sache natürlich auch durchaus anschaulich gestalten lassen, sieht eine verbreitete Behandlung des Pendelgesetzes im Schulunterricht aus, die man die ,elementare' nennt."
>
> Klein 1908, S. 202

Statt die mathematischen Hintergründe dieses physikalischen Gesetzes zu beleuchten, würden, so Klein weiter, „ad hoc erfundene Verfahren" an den Schüler herangetragen, die das Verstehen nicht fördern, da sie lückenhaft seien und die enthaltene Mathematik verschleierten (vgl. Klein 1908, S. 202).

Das genetische Prinzip   Schließlich verwendet Klein das genetische Prinzip, dass sich bei ihm besonders durch einen Fokus auf mathematische Denk- und Arbeitsweisen auszeichnet.

> „Wissenschaftlich unterrichten kann nur heißen, den Menschen dahin bringen, dass er wissenschaftlich denkt, keineswegs aber ihm von Anfang an mit einer kalten, wissenschaftlich aufgeputzten Systematik ins Gesicht zu springen."
>
> Klein 1908, S. 289

Diese Grundhaltung spiegelt sich in zweierlei Hinsicht in der *Elementarmathematik vom höheren Standpunkte aus* wieder. Zum einen ist Klein sehr bedacht darauf, die Entstehungsgeschichte der behandelten Inhalte in seine Untersuchungen einzubeziehen. Die Mathematik wird den Zuhörern bzw. Lesern nicht als fertiges Produkt präsentiert. Er führt Mathematik nicht als ein rein deduktiv geordnetes System vor. Auf einer Metaebene reflektiert er außerdem konkret typische Denk- und Arbeitsweisen:

> „Der Forscher selbst jedoch arbeitet in der Mathematik wie in jeder Wissenschaft durchaus nicht in dieser strengen deduktiven Weise, sondern benutzt wesentlich seine Phantasie und geht induktiv, auf solche heuristischen Hilfsmittel gestützt, vor."
>
> Klein 1908, S. 224

1925, S. 766). Erst mit dem Ruf nach Erlangen entschied er sich endgültig für die Mathematik, ohne jedoch die Anwendungen der Mathematik aus dem Blick zu verlieren. Felix Klein setzte sich erfolgreich für die Einrichtung der Lehrstühle für angewandte Mathematik und für Stochastik ein, und es finden sich zahlreiche Vorträge, in denen er für die Stärkung der angewandten Mathematik in der Lehre und Forschung wirbt (bspw. Klein 1899).

Die Vorlesung scheint von diesen hier vorgestellten Prinzipien maßgeblich getragen zu werden. Dass Klein seine Vorgehensweise bewusst an diesen vier Leitideen orientiert, zeigt sich bereits in der Einleitung. Dort betont er beispielsweise, dass es seine Aufgabe sei, „gegenseitigen Zusammenhang der Fragen der Einzeldisziplinen vorzuführen", und spricht davon, dass er „Dinge in anschaulich faßbarer Form" darbieten möchte (Klein 1908, S. 2 f.). Die in diesem Artikel angestrebte Analyse des *Zwischenstücks* zeigt darüber hinaus, dass Klein damit in gewissem Sinne didaktische Ziele verfolgt, wobei er die Studierenden zum einen in ihrer Rolle als Lernende, zum anderen in ihrer Funktion als zukünftige Lehrende wahrnimmt.

13.2.2 Verortung der Entwicklungsreihen in der Kleinschen Programmatik

Für die Analyse des ersten Bandes zur *Arithmetik, Algebra und Analysis* nimmt das *Zwischenstück* eine Schlüsselrolle ein. Zum einen verfolgt er eines der vier zentralen Prinzipien, geht es doch ausschließlich um eine Klassifikation eben dieser unterschiedlichen *mathematischen Denk- und Arbeitsweisen*. Zum anderen werden sowohl die Reflexionsebene als auch die historisch-genetische Ebene mit Blick auf die mathematische Praxis in diesem Textstück sehr deutlich. Der Streifzug durch die Geschichte der Mathematik ist beispielhaft für die Einbeziehung der historisch-genetischen Ebene. Entscheidend ist aber, dass Klein durch seine Klassifikation in besonderem Maße die Vorgehensweise seiner Vorlesung explizit macht, indem er wie beschrieben verschiedene Entwicklungsreihen gegenüberstellt und sich dann bewusst dafür entscheidet, Entwicklungsreihe B in seiner Vorlesung hervorzuheben.

Auch wenn Kleins eigenes Forschen sich durch ein Arbeiten im Sinne der Entwicklungsreihe B auszeichnen ließe, ist dies für ihn nicht die „bedeutendere" Vorgehensweise. Vielmehr kommt es ihm insgesamt auf die Ausgeglichenheit beider Richtungen an:

> „Die Mathematik wird sich gewiß nur dann gleichmäßig nach allen Seiten hin fortentwickeln können, wenn keine der beiden Arten der Untersuchung vernachlässigt wird."
>
> Klein 1908, S. 91

In Kleins Überblick über die Geschichte der Mathematik spiegelt sich eine solche Ausgeglichenheit wieder. Anders sieht es – zum Leidwesen Kleins – aber im Mathematikunterricht an Schule und Hochschule aus: Hier herrscht ein starkes Übergewicht zugunsten der Entwicklungsreihe A. Klein hingegen misst der Entwicklungsreihe B gerade für den Unterricht ein viel größeres Potential zu:

> „Man kann wohl nicht im Zweifel sein, welche der beiden Richtungen mehr Leben in sich hat, welche den Schüler – soweit er nicht spezifisch abstrakt mathematisch veranlagt ist – mehr packen kann."
>
> Klein 1908, S. 85

Vor diesem Hintergrund greift das *Zwischenstück* auch Kleins Bestrebungen im Rahmen der *Meraner Reform* auf.[6] Eine „jede Bewegung zur Reform des mathematischen Unterrichts" müsse für eine „stärkere Hervorhebung der Richtung B", so Klein, eintreten (Klein 1908, S. 92):

> „Dabei denke ich vor allem an das Durchdringen der *genetischen Unterrichtsmethode*, an eine stärkere Betonung der *Raumanschauung* als solcher und besonders an die *Voranstellung des Funktionenbegriffs* unter *Fusion der Raum- und Zahlvorstellung*."
>
> Klein 1908, S. 92

Wie ein Vorgehen im Sinne der Entwicklungsreihe B konkret aussehen kann, beschreibt Klein am Beispiel der elementaren Analysis: Ausgangspunkt ist „eine Fusion der Raum- und Zahlvorstellung". Zunächst würde man die graphischen Darstellungen der einfachsten Funktionen untersuchen. Das geometrische Kurvenbild gibt die Möglichkeit, die Begriffe Ableitung und Integral in einen anschaulichen und geometrischen Kontext zu setzen – die Ableitung als Tangentensteigung, das Integral als (orientierter) Inhalt der Fläche, die durch die Kurve begrenzt wird.

Der Integrationsprozess gibt den Anlass zur Entstehung neuer Funktionen: So ist beispielsweise das Integral von $x \mapsto \frac{1}{x}$ nicht mehr durch eine Potenzfunktion zu beschreiben. Diese neu entdeckten Funktionen lassen sich mit Rückgriff auf die Differentialrechnung in Potenzreihen entwickeln, mit Hilfe eines einheitlichen Prinzips, dem Taylorschen Lehrsatz (Klein 1908, S. 84).

Anhand dieses Beispiels und des zugehörigen mathematikhistorischen Überblicks lassen sich Merkmale, die Klein der Reihe B zuordnet, exakter beschreiben. Diese Merkmale erinnern stark an die zentralen Prinzipien der Vorlesung:
Bereits durch die erste Einteilung der Entwicklungsreihen wird die *innermathematische Vernetzung* als wesentliches Merkmal der Entwicklungsreihe B festgehalten. Ein Vertreter der Reihe B lege gerade, so Klein, auf eine „organische Verknüpfung der Einzelgebiete" (Klein 1908, S. 84) Wert, um aus dem Zusammenspiel der verschiedenen Teilgebiete neue Erkenntnisse zu gewinnen; „sein Ideal ist die Erfassung der gesamten mathematischen Wissenschaft als eines großen zusammenhängenden Ganzen" (Klein 1908, S. 85). Dies spiegelt sich auch in dem Beispiel zur elementaren Analysis in Form der Fusion von Raum- und Zahlvorstellung wieder.

Die Verknüpfung zur Geometrie hat hier aber noch eine weitere Funktion. Es geht in erster Linie nämlich nicht um das „Verständnis mehrerer Gebiete unter einem einheitlichen Gesichtspunkte" (Klein 1908, S. 85). Die Geometrie dient vielmehr dazu, eine Anschauung zu analytischen Inhalten zu erzeugen. Dass das *Primat der Anschauung* als wesentliches Merkmal der Entwicklungsreihe B bezeichnet werden kann, wird im Weiteren noch deutlicher. So ordnet Klein Newton gerade wegen seiner auf die Anschauung aufbauenden Arbeitsweise der Entwicklungsreihe B zu: Newton gelte als einer der Begründer der eigentlichen Infinitesimalrechnung, da er wesentlich zur Begriffs- und Theoriebildung beigetragen habe. Bei Newton sei die grundlegende Idee

---

[6] Für eine ausführliche Beschreibung und Analyse dieser Bestrebung siehe etwa Krüger 2000.

die „Vorstellung des Fließens". Er fasst dabei die Variablen x und y als Funktionen der Zeit auf, die mit der Zeit ebenfalls „dahinfließen" (vgl. Klein 1908, S. 88):

> „Demgemäß heißt die Variable bei Newton geradezu *fluens*, und was wir Differentialquotient nennen, bezeichnet er [Newton] als *Fluxion* $\dot{x}$, $\dot{y}$. Wir sehen, wie hier alles durchaus auf Anschauung begründet ist. "
>
> Klein 1908, S. 88

In Kleins historischem Überlick fällt auf, dass sämtliche Errungenschaften der angewandten Mathematik, beispielsweise der Mechanik oder auch der mathematischen Physik, der Entwicklungsreihe B zugeordnet werden. Das verwundert nicht, wird doch durch die *Anwendungsorientierung* der zu Reihe B gehörende Vernetzungsgedanke auf die „gesamte Wissenschaft" fortgesetzt. Gleichzeitig wird eine weitere Facette dieser Entwicklungsreihe deutlich: Es wird nach dem Sinn und Zweck der mathematischen Anstrengungen gefragt. Genau diese Herangehensweise ist mitverantwortlich dafür, dass Klein das Vorgehen nach Entwicklungsreihe B im Unterricht an Schule und Hochschule stärken möchte:

> „Man sollte im ganzen Unterricht, auch auf der Hochschule, die Mathematik stets verknüpft halten mit allem, was den Menschen gemäß seinen sonstigen Interessen auf seiner jeweiligen Entwicklungsstufe bewegt und was nur irgend in Beziehung zur Mathematik sich bringen lässt."
>
> Klein 1908, S. 4

Schließlich zeichnet sich Reihe B dadurch aus, dass die Entwicklung jeweils stark vom untersuchten Gegenstand abhängt. So entsteht im oben beschriebenen Beispiel zur elementaren Analysis beim Integrationsprozess „aus sich heraus" der Anlass zur Entstehung neuer Funktionen, „die so auf eine durchaus natürliche und einheitliche Art eingeführt werden" (Klein 1908, S. 84). Diese Art des Arbeitens bezeichnet Klein als *genetisch* und grenzt sie von der in Entwicklungsreihe A vorherrschenden Arbeitsweise ab, bei der ein gegenstandsunabhängiger Gedanke leitend ist – der Wunsch nach logischer Geschlossenheit:

> „Man sieht, daß schon jene Wendung von Euler und erst recht das ganze Vorgehen von Lagrange durchaus der Richtung A angehören, indem dadurch die anschaulich genetische Entwicklung durch einen streng in sich abgeschlossenen Gedankenkreis ersetzt wird. "
>
> Klein 1908, S. 90

Beide Entwicklungsreihen zeichnen sich auch durch eine jeweils spezifische Art der *Darstellung* aus. Entwicklungsreihe A bezeichnet Klein als „wesensverwandt" zur Euklidischen Darstellung, die nach dem Schema „Voraussetzung, Behauptung, Beweis und Determination" vorgeht. Dem setzt Klein eine „künstlerisch gegliederte Deduktion" entgegen. Diese „neue Kunstform der mathematischen Darstellung" ordnet er der Denkweise B zu. In dieser alternativen, „neuen" Darstellung werden Gedankengänge, die zum Ergebnis führen, „wie in einem spannenden Roman" nacherzählt und nicht von einer deduktiven, in sich geschlossenen Darstellung verschleiert. (Klein 1908,

S. 91) In der genetischen Darstellung der Entwicklungsreihe B liegt der *Fokus auf mathematischen Denk- und Arbeitsweisen.*

Die der Vorlesung zugrunde liegenden zentralen Prinzipien lassen sich somit als Merkmale der Entwicklungsreihe B identifizieren. Dass Klein sich bewusst dazu entschließt, seine *Elementarmathematik vom höheren Standpunkte aus* „in den Dienst dieser Tendenz [mehr Entwicklungsreihe B]" (Klein 1908, S. 92) zu stellen, korrespondiert somit mit der Analyse, die die vier Prinzipien als programmatisch für die Vorlesung erkannt hat. Umgekehrt stellt das Zwischenstück gerade dadurch eine Begründung der in der Vorlesung verfolgten Programmatik dar: Klein präsentiert die Elementarmathematik im Sinne der Reihe B. Ausschlaggebend für diese Entscheidung ist nicht (nur) seine persönliche Vorliebe für diese Arbeitsweise, sondern ein didaktischer Grund, der eng mit seinen Forderungen in der Meraner Reform zusammenhängt: Die Studierenden sollen inhaltlich davon profitieren, Mathematik in genetischer Darstellung vermittelt zu bekommen und diese in der Schule wiederum selbst umsetzen. Die Vorlesungsreihe wird damit Teil von Kleins Bestrebungen zur Reform des mathematischen Unterrichts.

13.3 Das *Zwischenstück* als Stilgeschichte

> „It is well known that the style in which mathematical proofs are writen has undergone considerable fluctuations. [...] On the other hand, in other respects there has been remarkable constancy."
>
> von Neumann 1976, S. 4

John von Neumann beschreibt in *The Mathematician* die Möglichkeit, Veränderungen bezüglich des mathematischen Arbeitens, der Art der (schriftlichen) Kommunikation, der verwendeten Beweismethoden oder auch der zentralen Forschungsgegenstände und des Umgangs mit ihnen in der Mathematikgeschichte auszumachen, als gängiges Phänomen. Es sind nicht nur Mathematiker wie er, die die Identifikation verschiedener mathematischer Stile in der Genese der Mathematik andeuten. Vielmehr wird dieser Weg in Mathematikgeschichte und -philosophie mit den verschiedensten Zielsetzungen und Resultaten eingeschlagen. Wie das Eingangszitat zeigt, zählt Max Bense auch die Ausführungen in Felix Kleins *Zwischenstück* zu solchen Ansätzen einer Stilgeschichtsschreibung (vgl. Bense 1946, S. 132).

Bevor im Folgenden dieser Vermutung Benses konkret nachgegangen wird, sollen zunächst Charakteristika und Möglichkeiten eines stilgeschichtlichen Vorgehens im Allgemeinen im Vordergrund stehen.[7] Dabei werden Benses Ausführungen zur *Stilgeschichte der Mathematik* als zentrales Beispiel herangezogen.

---

[7] Zu den folgenden Ausführungen vgl. auch Spies, Susanne: *Ästhetische Erfahrung Mathematik – Über das Phänomen schöner Beweise und den Mathematiker als Künstler,* noch unveröffentlichte Dissertation, Universität Siegen 2013, Kap. 6.

13.3.1 Mathematische Stile

Im Rahmen des ersten Teils seiner *Geistesgeschichte der Mathematik* widmet Max Bense der „Stilgeschichte" ein ausführliches Unterkapitel. Er identifiziert verschiedene mathematische Stile und bringt diese mit Entwicklungen der Kunstgeschichte in Verbindung. Dabei zieht Bense sowohl inhaltliche wie zeitliche Parallelen künstlerischer und mathematischer Stile.[8]

Eine solche umfassende Parallelisierung ist keineswegs die Regel. Karl Heinrich Hofmann (1982) etwa nutzt zwar die kunsthistorischen Bezeichnungen und spricht von der „mathematischen Renaissance" und dem „mathematischen Barock", datiert diese aber jeweils etwa 200 Jahre später als die korrespondierenden Strömungen der Kunst, da erst dann die stilbildenden Elemente auch in der Mathematik wieder zu entdecken seien. Einen wieder anderen Ansatz verfolgt François LeLionnais (vgl. Le Lionnais 1971), der zwar die Bezeichnungen und Charakteristika künstlerischer Stilepochen aufgreift, diese aber an Beispielen aus den unterschiedlichsten Phasen der Mathematikgeschichte festmacht.

Unabhängig von der konkreten Zuordnung arbeitet die Identifikation von Stilen naturgemäß immer mit mathematikhistorischen Phänomenen. Mit Hilfe mehr oder weniger explizit ausgezeichneter stilbildender Elemente wird eine spezielle Art der „Ordnung" in die historischen Beobachtungen gebracht, bestimmte Strömungen werden aufgedeckt und Entwicklungen begrifflich fassbar. Ähnlich dem Vorgehen in der Kunstgeschichte erlauben Ansätze zur Stilgeschichte der Mathematik die Zusammenfassung und Beschreibung von Phänomenen innerhalb der Mathematikgeschichte vor dem Hintergrund bestimmter ästhetischer bzw. kunstähnlicher Eigenschaften. Führt dies zu Stilzuschreibungen unabhängig von zeitlichen Zusammenhängen, entsteht eine quer zur chronologischen Darstellung der mathematischen Genese stehende Systematik.

Die Identifikation und Zuordnung von Stilen wird im Feld der Mathematikgeschichte dabei auf zweifache Weise wirksam: Erstens werden ästhetische Werturteile als Erklärung für bestimmte Entwicklungsschritte im Laufe der fachlichen Genese herangezogen. Die Identifikation von Stilen lässt somit Rückschlüsse auf das „Warum" etwa einer bestimmten Art der Textgestaltung zu. So beschreibt Reviel Netz in *The ludic proof* beispielsweise „the inflation of style" als ein in der Mathematikgeschichte häufig zu beobachtendes Phänomen wie folgt:

> „What was at first striking an original becomes banal and automated so that a new, even more radical departure is required merely in order to capture the original sense of surprise. Thus a style, during its period of growth, tends to become more pronounced – until it is finally discarded."
>
> Netz 2009, S. 107

---

[8] Dabei führt ihn die Parallelisierung mathematischer und künstlerischer Stile allerdings nicht dazu, von der Mathematik als Kunst zu sprechen. Für Bense bleibt Mathematik „reine Wissenschaft, nichts anderes" (Bense 1946, S. 119); einen Schluss auf ihren Kunstcharakter hält er für explizit nicht zulässig.

Zweitens hält Holger Wille fest, dass „Ästhetisierungsprozesse [...] in gewisser Hinsicht Formen einer Distanzierung gegenüber den Gegenständen, mit denen man es zu tun hat" sind und sich daraus ein eigener Wert der „ästhetischen Historisierung wissenschaftlicher Erkenntnisse" (Wille 2004, S. 252) ergebe. Zur Identifikation bestimmter Stile wird zwangsweise eine Metaperspektive auf die Mathematikgeschichte eingenommen, und die mathematikhistorischen Phänomene werden mit Hilfe ästhetischer, also nicht in der Wissenschaftssystematik begründeter Eigenschaften beschrieben, bewertet und klassifiziert.[9]

Eine solche mathematikästhetische Betrachtungsweise der Geschichte setzt voraus, die Mathematik, ihre Produkte und Arbeitsweisen als *zeitlich bedingte Kulturleistung* aufzufassen. Nur wenn von historischen Veränderungen ausgegangen wird, die über die bloße Vermehrung mathematischer Resultate hinausgehen, ist es überhaupt denkbar, Stile in der zugrunde liegenden Denkweise auszumachen. Um einen Abgleich mit den Stilen der Kunst vornehmen zu können, müssen außerdem Wechselwirkungen mit den die Mathematik umgebenden kulturellen Prozessen unterstellt werden. So sieht Bense in der Parallelisierung von mathematischen und künstlerischen Stilen auch die Chance zu einer „kritische[n] und reflektierte[n] Spiegelung der mathematischen Wissenschaften an der menschlichen Gesellschaft und ihrer Kultur" (Bense 1946, S. 109).

Bense zieht zur Stilzuordnung sowohl übergreifende inhaltliche Konzepte, wie den Raumbegriff oder die Folge, als auch systematische Beobachtungen als stilbildende Elemente heran. Ähnlich der Zuordnung zu bestimmten Stilepochen durch die Kunsttheorie werden damit auch bezogen auf die Mathematik nicht nur genuin (mathematik-)ästhetische Eigenschaften, sondern auch bestimmte zentrale Inhalte oder institutionelle Besonderheiten, wie etwa die Häufung mathematischer Genies in einem bestimmten zeitlichen Rahmen, als stilbildend erkannt. In jedem Fall jedoch werden Merkmale herausgearbeitet, die *außerhalb* der engen wissenschaftlichen Systematik liegen und außerdem Parallelen im Bereich des Künstlerischen erkennen lassen. All diese möglichen Ebenen der Gemeinsamkeit, die es erlauben von Kunst und Mathematik gleichen Stils zu sprechen, haben Herbert Mehrtens folgend ihre Berechtigung, wenn der „kulturelle Zusammenhang" befriedigend dargestellt werden soll (vgl. Mehrtens 1990, S. 546).

Abgesehen von der Identifikation großer Entwicklungslinien und Epochen, wie Bense sie vorschlägt, kommt es mit Blick auf die Mathematikgeschichte auch zur Darstellung und Würdigung persönlicher Stile. So stellt etwa David Rowe mit Blick auf die Göttinger Mathematikszene zu Beginn des 20. Jahrhunderts nicht ohne Bewunderung fest:

> „Tastes differed, but style mattered, and mathematical creativity found various forms of personal expression."
>
> Rowe 2002, S. 64

---

[9] Insofern bietet die Behandlung der Stilfrage eine Möglichkeit eines „wissenschaftsexternen" Blicks auf die Mathematikgeschichte, der sich nicht auf eine reine Institutionengeschichte beschränkt (vgl. Epple 2000, Kap. 5). Max Bense plädiert in diesem Zusammenhang für eine explizite Unterscheidung der Geistesgeschichte, zu der er die Stilgeschichte zählt, vom eigentlichen Geschäft der „Forschungsgeschichte" (vgl. Bense 1946, S. 109 ff.).

Schon die Beobachtung, dass die Stilfrage eine Rolle für die mathematische Praxis der von ihm beschriebenen historischen Periode spielt, lässt Rowe auf eine besondere Wertigkeit einerseits und sogar auf den Kunstcharakter dieser Mathematik andererseits schließen. Auch die individuellen Charakteristika können verschieden begründet werden.[10]

Zusammenfassend können bestimmte *Gemeinsamkeiten* der angeführten stilgeschichtlichen Ansätze herausgestellt werden: Eine Stilgeschichte implementiert eine übergeordnete Systematik mathematikhistorischer Phänomene. Dabei wird die Mathematik als historisch variierende Kulturleistung verstanden, die in Wechselwirkung mit anderen kulturellen Hervorbringungen steht. Stilrichtungen zeichnen sich durch je spezifische stilbildende Elemente aus, also Merkmale jenseits der engen fachlichen Wissenschaftssystematik. Diese beschreiben häufig ästhetische oder kunstähnliche Eigenschaften.

Eine solche Metaperspektive auf die Mathematikgeschichte kann zu *unterschiedlichen Ergebnissen* gelangen: Es werden einerseits größere Entwicklungslinien einem gemeinsamen Stil zugeordnet, aber auch individuelle Stile einzelner Personen markiert. Es gibt außerdem Ansätze, die eine zeitliche Abfolge verschiedener Stilepochen erkennen, aber auch solche, die bestimmte Denkstile als wiederkehrend über die Mathematikgeschichte beschreiben. Unabhängig von der gewählten Herangehensweise ist die Verwendung von Bezeichnungen kunsthistorischer Stile zu beobachten, wodurch mindestens eine inhaltliche, teilweise aber auch eine zeitliche Parallelität von Mathematik und Kunst dokumentiert wird.

13.3.2 Verortung der Entwicklungsreihen in der Stilgeschichte

Auf der Grundlage der herausgearbeiteten Merkmale stilgeschichtlichen Vorgehens kann nun geklärt werden, ob und inwiefern Benses eingangs vorgestellter Vermutung zugestimmt werden kann und Kleins *Zwischenstück* ein Beispiel für eine Stilgeschichte darstellt. Im zweiten Schritt wird dann vor diesem Hintergrund erneut Entwicklungsreihe B in den Blick genommen und der Frage nachgegangen, inwiefern wir Bense folgen können und Klein hier tatsächlich Barockmathematik beschreibt.

> „Lassen Sie mich von der Bemerkung ausgehen, daß wir in der Entwicklungsgeschichte der Mathematik bis in die Gegenwart sehr deutlich zwei verschiedene Entwicklungsreihen unterscheiden können, die sich bald gegenseitig ablösen, bald gleichzeitig unabhängig nebeneinander herlaufen, bald endlich auch sich wechselseitig durchdringen."
>
> Klein 1908, S. 82 f.

In Kleins Einstieg in das *Zwischenstück* deuten sich bereits Ähnlichkeiten zum stilgeschichtlichen Vorgehen an: Er will ganz grundsätzlich einen übergeordneten Blick auf

---

[10] Einen ausführlichen Versuch zur Identifikation individueller Stile liefert Reviel Netz (2005), in dem er auf (mathematik-)ästhetischen Eigenschaften beruhende Unterschiede im Vergleich der Werke von Archimedes und der Euklidschen *Elemente* herausarbeitet. Bei Netz (2009) werden diese dann wiederum mit der zeitgenössischen antiken Kunst in Verbindung gebracht.

die Mathematikgeschichte einnehmen. Die beiden „Entwicklungsreihen", die er dabei erkennt, sind nicht mit mathematischen Kriterien im engeren Sinne zu beschreiben, „keine der geläufigen Einteilungen" (Klein 1908, S. 83) liefert dem Mathematiker die entscheidenden Merkmale. Klein unterscheidet die Entwicklungsreihen anhand von Charakteristika, wie einem spezifischen Wissenschaftsbild und bevorzugten Denk- und Arbeitsweisen, die sich sowohl in der Organisation und Darstellung der Ergebnisse als auch in der Auswahl der Forschungsgegenstände niederschlägt. Diese charakterisierenden Eigenschaften nutzt er stilbildenden Elementen gleich.

Dieser Eindruck wird durch eine erneute Einschätzung der von Klein verwendeten Charakteristika aus mathematikästhetischer Perspektive gestützt. Ein Vergleich der unter 13.2.2 bereits ausgeführten programmatischen Prinzipien und Charakteristika der Reihe B mit den in den mathematischen Schönheitsbegriff einfließenden Eigenschaften[11] ergibt interessante Gemeinsamkeiten: So bildet insbesondere der Denk- und Verstehensprozess des Mathematikrezipienten die Grundlage für mathematikästhetische Urteile, also gerade jener Bereich, den Klein zur Unterscheidung der Entwicklungsreihen fokussiert. Die Orientierung an der Anschauung, um etwa Zusammenhängen „leicht faßliches Aussehen" zu geben (s. o. S. 181), zielt so z. B. auf ein tiefes Verstehen der Gegenstände und damit auf eine Facette der ästhetisch wirksamen „epistemischen Transparenz". Andererseits wird auch das Moment der Einfachheit als subjektive Zugänglichkeit, welches im mathematischen Schönheitskriterium der Ökonomie eine zentrale Rolle spielt, angesprochen. Mit der innermathematischen Vernetzung wird außerdem ein Aspekt des für die mathematische Schönheit relevanten Eigenschaftskomplexes der Tragweite zur unterscheidenden Eigenschaft der Entwicklungsreihen. Klein verwendet also auch (mathematik-)ästhetische Eigenschaften als stilbildende Elemente.

Der Kleinsche Einstieg in sein *Zwischenstück* verweist außerdem darauf, dass die Entwicklungsreihen nicht einer bestimmten zeitlichen Epoche zugeordnet werden sollen. Er findet vielmehr Beispiele für beide Reihen von der Antike an. Es handelt sich also um eine Systematik, die quer zur chronologischen Beschreibung liegt.

Den Bruch mit der einen und das Aufgreifen der anderen Entwicklungsreihe stellt Klein am oben bereits diskutierten Beispiel der Reaktionen von Euler und Lagrange auf die Unsicherheiten im Bezug auf die Infinitesimalrechnung des 17. Jahrhunderts dar (vgl. Klein 1908, S. 89). Dies erinnert stark an das auf S. 187 beschriebene Phänomen der „inflation of style". Kleins Resümee zum Abschluss seines Nachweises der unterschiedlichen Entwicklungsreihen in der Geschichte unterstreicht den Eindruck, dass wie es auch für Stile beschrieben wird, gerade die Abfolge der Reihen einen besonderen Wert für die Mathematik hat. So hält er fest, dass „eine jede von ihnen, und manchmal gerade ihre Aufeinanderfolge große Forschritte der Wissenschaft zustande gebracht hat" (Klein 1908, S. 91).

Während er die historischen Entwicklungen der Mathematik auf ihre Zugehörigkeit zu einer der beiden Reihen hin überprüft, nutzt Klein zwar die Begrifflichkeiten der

---

[11] Für eine ausführlichere Darstellung und Konkretisierung der mathematikästhetisch wirksamen Eigenschaften siehe Spies 2012.

Kunsttheorie und redet von „mathematischer Renaissance", die sich in besonderer Weise durch Entwicklungsreihe A auszeichne (vgl. Klein 1908, S. 87). Jedoch wählt er den Begriff der Renaissance in zeitlicher Parallele zur künstlerischen Renaissance, ohne gemeinsame stilbildende Elemente auszumachen oder diese gar mit den Charakteristika von Entwicklungsreihe A gleich zu setzen.

Ähnliches gilt für den Begriff des Stils. Diesen verwendet Klein zunächst nicht in Bezug auf seine Entwicklungsreihen, sondern im Zusammenhang mit der mathematischen Darstellung und ordnet diese erst in einem zweiten Schritt den Entwicklungsreihen zu (vgl. auch S. 185):

> „[Die künstlerisch gegliederte Deduktion] ist der der Denkweise B angepaßte Stil, während die Euklidische Darstellung durchaus der Denkweise A wesensverwandt ist."
>
> Klein 1908, S. 91

Diese Beschreibung der Darstellungsstile ist gleichzeitig ein Beispiel dafür, dass mit Kleins Zuordnung der Reihen wenigstens implizit eine mathematikästhetische Wertung verbunden ist.

Interessanter Weise kann Klein die Entwicklungsreihenunterscheidung gleichzeitig nutzen, um die Arbeitsweise einzelner Mathematiker zu charakterisieren, mithin zur Auszeichnung persönlicher Stile. So ordnet er Euklids *Elemente* seiner „Entwicklungsreihe A" zu, während er in einer Schrift Archimedes' die „durchaus modern anmutende Weise" der „Entwicklungsreihe B" erkennt (Klein 1908, S. 86 f.). Wenn auch diese Zuordnung Kleins auf einer eher intuitiven Einschätzung beruht, entspricht sie den Ergebnissen ausführlicherer Analysen und Vergleiche der beiden antiken Autoren (vgl. etwa Netz 2005).[12] Eine ähnliche Unterscheidung über die Entwicklungsreihenzugehörigkeit trifft Klein auch zwischen Riemann (Entwicklungsreihe B) und Weierstraß (Entwicklungsreihe A) und bestätigt damit etwa die Einschätzung Poincarés (vgl. Poincaré 1914, S. 106 f.).[13]

Es kann also festgehalten werden, dass der Kleinsche Blick auf die Entwicklungsgeschichte der Mathematik mit Hilfe der systematisierenden Entwicklungsreihen grundsätzlich viele Züge der Stilgeschichte in besonderer Weise erfüllt. Allerdings fehlt die inhaltliche Anbindung an die Entwicklungsgeschichte anderer kultureller Hervorbringungen wie der Kunst. Damit kann er auch die dort etablierte Sprache zur Beschreibung etwa der stilbildenden Eigenschaften nicht nutzen, obgleich Bense, wie eingangs vorgestellt, mindestens eine Passung zwischen Entwicklungsreihe B und dem, was er unter mathematischem Barock versteht[14], sieht. Die folgende Gegenüberstellung orientiert sich an der Argumentation Benses für seine These:

---

[12] Dies zeigt außerdem, dass die Zuordnung der gesamten griechischen Antike zu einem gemeinsamen mathematischen Stil, wie sie Max Bense oder Karl Heinrich Hofmann vorschlagen, mindestens fraglich wird.

[13] Poincaré schätzt ebenfalls den Wert beider Forschertypen für die Mathematik, sieht aber anders als Klein bei seinen Studenten auch beide Ausprägungen gleichermaßen vertreten (vgl. Poincaré 1914, S. 107).

[14] Anders als in der Kunstgeschichte gibt es aufgrund der vereinzelten Ansätze in der mathematischen Stilgeschichtsschreibung auch keine wenigstens im Kern einheitliche Datierung und inhaltliche Bestimmung einzelner Stilepochen. Daher wird hier nur die Bensesche Zuordnung zum Vergleich herangezogen.

Barockmathematik (Bense)		Entwicklungsreihe B (Klein)
Zentrales Merkmal: Ein mathematisches Prinzip als Grundlage („Mathesis Universalis") / Pendant zum Gesamtkunstwerk	✓	Ideal (bezogen auf die Mathematik): „die Erfassung der gesamten mathematischen Wissenschaft als eines großen zusammenhängenden Ganzen" (Klein 1908, S. 85)
Barockmathematik ist das zur Analyse der barocken Kunst notwendiges Werkzeug. Dies führt zur parallelen Datierung der Epoche in Kunst und Mathematik.	×	Keine explizite Parallelisierung von Mathematik und Kunst.
Kennzeichnende Denkweise: Systemdenken	✓	Kennzeichnende Denkweise: „organische Verknüpfung der Einzelgebiete" (Klein 1908, S. 84)
Abzugrenzen von einer „partikularistischen Auffassung" (Romantik)	✓	Abzugrenzen von einer „partikularistischen Auffassung" (Reihe A)
Zugeordnete Personen und Arbeitsgebiete: Analytische Geometrie nach Descartes, Pascals Kegelschnittgeometrie, Differential- und Integralrechnung nach Leibniz und Newton (vgl. Bense 1949, S. 325)	(✓)	Beispiel u. a. „die großen Entdeckungen des 17. Jhd." (Klein 1908, S. 89)
„Primat des Funktionsbegriffs" (Bense 1946, S. 134)	(✓)	nur ein Beispiel (Aufbau der Analysis) für Reihe B

Unterschiede zwischen den beiden Herangehensweisen bestehen insbesondere im gewählten Ansatz – Benses Stilepoche mit starker Parallelisierung zur Kunstgeschichte einerseits und Kleins querliegende Systematik begrenzt auf die Mathematikgeschichte andererseits. Dennoch zeigen sich klare Parallelen bezogen auf die allgemein formulierten stilbildenden, also „barocken" Eigenschaften. Gemeinsam mit den der jeweiligen Systematik zugeordneten beispielhaften Inhalten führt uns diese Beobachtung zu dem Ergebnis, dass die von Bense ausgerufene Stilepoche des mathematischen Barock ein Beispiel für das wiederkehrende Muster der Kleinschen Entwicklungsreihe B darstellt.

13.4 Fazit

Wie die Untersuchungen des *Zwischenstücks* aus mathematikästhetischer Perspektive zeigen, kann Benses eingangs zitierte Behauptung untermauert werden. Klein klassifiziert mathematikhistorische Phänomene mit besonderem Fokus auf den Denk- und Arbeitsprozessen der Mathematik und anhand mathematikästhetisch wirksamer Eigenschaften und identifiziert damit Stile im oben beschriebenen Sinne.

Dieses stilgeschichtliche Vorgehen erlaubt ihm Präferenzen bezogen auf das Lehren und Lernen von Mathematik zu benennen und zu begründen. Die von ihm bevorzugte Entwicklungsreihe B zeichnet sich durch die Prinzipien der innermathematischen Vernetzung, des Primats der Anschauung, der Anwendungsorientierung und einer Reflexion der Denk- und Arbeitsweisen aus. Von dieser Präferenz ausgehend kommt Klein zu einer Einschätzung der zu seiner Zeit aktuellen Schulsituation. Dort überwiegt seines Erachtens das Vorgehen nach Entwicklungsreihe A zu stark. Dieses soll jedoch nicht ersetzt, sondern durch eine Stärkung der Reihe B ergänzt werden. Die Schule sollte die Mathematik also ein wenig „barocker" behandeln.

U. a. damit angehende Lehrer dieses barocke Vorgehen kennen lernen, nimmt sich Klein seine Ausführungen zu Herzen, und seine Vorlesung wird zum Beispiel einer Umsetzung von „Barock"-Mathematik.

Die eingenommene Metaperspektive auf die Mathematikgeschichte wird somit für Klein zum einen normativ wirksam und zum anderen quasi fachdidaktisch handlungsleitend für seine Vorlesung.

> „Und nun, meine Herren, genug von diesen Zwischenbetrachtungen; lassen Sie uns zum nächsten großen Abschnitt der Vorlesung übergehen."
>
> Klein 1908, S. 92

Literatur

[Allmendinger 2012] ALLMEDINGER, Henrike: Schulmathematik versus Hochschulmathematik in Felix Kleins "Elementarmathematik vom höheren Standpunkte aus". In: LUDWIG, Matthias (Hrsg.); KLEINE, Michael (Hrsg.): *Beiträge zum Mathematikunterricht. Vorträge auf der 46. Tagung für Didaktik der Mathematik vom 05.–09.03.2012 in Weingarten.* Münster: WTM-Verlag, 2012, S. 69–72.

[Bense 1946] BENSE, Max: Konturen einer Geistesgeschichte der Mathematik. Die Mathematik und die Wissenschaft (1946). In: WALTHER, Elisabeth (Hrsg.): *Max Bense. Ausgewählte Schriften, Bd. 2.* Weimar: 1998, S. 103–232.

[Bense 1949] BENSE, Max: Konturen einer Geistesgeschichte der Mathematik II. Die Mathematik in der Kunst (1949). In: WALTHER, Elisabeth (Hrsg.): *Max Bense. Ausgewählte Schriften, Bd. 2.* Weimar: 1998, S. 103–232.

[Beutelspacher u. a. 2011] BEUTELSPACHER, Albrecht; DANCKWERTS, Rainer; NICKEL, Gregor; SPIES, Susanne; WICKEL, Gabriele: *„Mathematik Neu Denken" – Impulse für die Gymnasiallehrerbildung an Universitäten.* Wiesbaden: 2011.

[Courant 1925] COURANT, Richard: Felix Klein. In: *Die Naturwissenschaften* 37 (1925), S. 766–771.

[Epple 2000] EPPLE, Moritz: Genies, Ideen, Institutionen, mathematische Werkstätten: Formen der Mathematikgeschichte. In: *Mathematische Semesterberichte* 47 (2000), S. 131–163.

[Klein 1899] KLEIN, Felix: Aufgabe und Methode des mathematischen Unterrichts an den Universitäten. In: *Jahresbericht der Deutschen Mathematiker-Vereinigung* 07 (1899), S. 126–138.

[Klein 1902] KLEIN, Felix: Über den mathematischen Unterricht an den höheren Schulen. In: *Jahresbericht der Deutschen Mathematiker-Vereinigung* 11 (1902), S. 128–141.

[Klein 1908] KLEIN, Felix: *Elementarmathematik vom höheren Standpunkte aus, Bd. 1: Arithmetik, Algebra und Analysis.* Berlin: 1908.

[Krauss u. a. 2004] KRAUSS, Stefan; KUNTER, Mareike; BRUNNER, Martin; BAUMERT, Jürgen; BLUM, Werner; NEUBRAND, Michael; JORDAN, Alexander; LÖWEN, Katrin: COACTIV: Professionswissen von Lehrkräften, kognitiv aktivierender Mathematikunterricht und die Entwicklung von mathematischer Kompetenz. In: DOLL, Jörg (Hrsg.); PRENZEL, Manfred (Hrsg.): *Bildungsqualität von Schule Lehrerprofessionalisierung Unterrichtsentwicklung und Schülerförderung als Strategien der Qualitätsverbesserung.* Münster: Waxmann, 2004, S. 31–53.

[Krüger 2000] KRÜGER, K.: *Erziehung zum funktionalen Denken. Zur Begriffsgeschichte eines didaktischen Prinzips.* Berlin: 2000.

[Le Lionnais 1971] LE LIONNAIS, François: Beauty in Mathematics. In: LE LIONNAIS, François (Hrsg.): *Great Currents of Mathematical Thought, Vol. II: Mathematics in the Arts and Sciences.* 2. Aufl., New York: 2004, S. 121–158.

[Mehrtens 1990] MEHRTENS, Herbert: *Moderne Sprache Mathematik. Die Geschichte des Streits um die Grundlagen der Disziplinen und des Subjekts formaler Systeme.* Frankfurt: 1990.

[Netz 2005] NETZ, Reviel: The Aesthetics of Mathematics: A Study. In: MANCOSU, Paolo (Hrsg.); JORGENSEN, Klaus F. (Hrsg.); PEDERSEN, Stig A. (Hrsg.): *Visualization, Explanation and Reasoning Styles in Mathematics.* Dortrecht: 2005, S. 251–293.

[Netz 2009] NETZ, Reviel: *Ludic Proof. Greek Mathematics and the Alexandrian Aesthetic.* Cambridge: 2009.

[von Neumann 1976] VON NEUMANN, John: The Mathematician. In: TAUB, A. H. (Hrsg.): *Collected Work.* Oxford (u. a.): 1976, S. 1–9.

[Poincaré 1914] POINCARÉ, Henri: *Wissenschaft und Methode.* Darmstadt: 1973. Unveränderter Nachdruck der ersten deutschsprachigen Ausgabe von 1914.

[Rowe 2002] ROWE, David: Is (Was) Mathematics an Art or a Science? In: *The Mathematical Intelligencer* 24 (2002), Nr. 3, S. 59–64.

[Spies 2012] SPIES, Susanne: Schön irrational! – Irrational schön? Ein klassischer Unterrichtsgegenstand aus mathematikästhetischer Perspektive. In: *mathematica didactica* (2012), S. 5–24.

[Tobies 1987] TOBIES, Renate: Zur Berufungspolitik Felix Kleins. – Grundsätzliche Ansichten. In: *NTM* 24 (1987), Nr. 2, S. 43–52.

[Wille 2004] WILLE, Holger: *Was heißt Wissenschaftsästhetik? Zur Systematik einer imaginären Disziplin des Imaginären.* Würzburg: 2004.

14 Produktion von Mathematik im Industrielabor: Techno- und Wirtschaftsmathematik als Schlüsseltechnologie

RENATE TOBIES

Techno- und Wirtschaftsmathematiker bezeichnen heute Mathematik als Schlüsseltechnologie. Mathematik kann eine Brücke bilden zwischen theoretischen (Natur)Wissenschaften und konkreten praktischen (technischen, wirschaftlichen, medizinischen u. a.) Gebieten. Im Zentrum dieses Verflechtungsprozesses steht das mathematische Modellieren von Problemen, wobei sich das Herangehen an das Lösen von Problemen nicht prinzipiell vom Vorgehen zu Beginn des 20. Jahrhunderts unterscheidet. An Beispielen aus Forschungslaboratorien der 1903 etablierten Telefunken Gesellschaft für drahtlose Telegraphie und der 1919 gegründeten Osram GmbH soll gezeigt werden, wie mathematisches Wissen genutzt und produziert wurde. Die Ergebnisse basieren auf einem von der DFG geförderten Projekt „Die Anfänge von Technomathematik in der elektrotechnischen Industrie" und sind größtenteils bereits publiziert (Tobies 2010 und Tobies 2012).

14.1 Mathematik als Schlüsseltechnologie

Helmut Neunzert, der den ersten Studiengang Technomathematik in Deutschland (Kaiserslautern) kreierte und das Fraunhoferinstitut für Techno- und Wirtschaftsmathematik ins Leben rief, definierte „Mathematik als die Wissenschaft von Ordnungsmustern, von den möglichen Ordnungen" in einem bereits 1991 erschienenen Buch Schlüssel zur Mathematik, das er gemeinsam mit Bernd Rosenberger schrieb, und sie betonten zugleich:

> „Physiker, Biologen, Wirtschaftswissenschaftler, Ingenieure wenden die mathematischen Ordnungen auf ihren Interessenbereich an, um ihn dadurch zu strukturieren, überschaubar und auch vermittelbar zu machen; Mathematik erscheint ihnen oft als ‚Sprechen über ihre Theorie'."
>
> Neunzert u. a. 1991, S. 130

Der Mathematik kommt damit eine vermittelnde, strukturierende Funktion zu, und Kants Ansicht, dass „Naturlehre nur so viel eigentliche Wissenschaft enthalten [wird], als Mathematik in ihr angewandt werden kann" (Kant 1787, S. IX), findet aktuell immer stärkere Belege, sodass sich – vor allem unter angewandt tätigen Mathematikern – der Begriff von Mathematik als Schlüsseltechnologie in den letzten Jahren durchgesetzt hat (vgl. Pesch 2002 und Grötschel 2008). Auf der homepage des genannten Fraunhoferinstituts können wir lesen:

> „Keine Branche, keine Wissenschaft kommt heute ohne Mathematik, ohne Modellierung und Berechnung, ohne mathematische Simulation, Optimierung und Steuerung aus. Selbst in „basic technologies" wie der Herstellung von Glas, Beton, Textilien oder Eisen braucht man Mathematik ebenso wie in „Hightech-Bereichen", in MP3-Playern, in Brennstoffzellen oder in der Raumfahrt. Ohne Mathematik mag man Lösungen finden – für wirklich gute, konkurrenzfreie Lösungen braucht man Mathematik. Deshalb ist sie Schlüsseltechnologie."
>
> http://www.mathematik.fraunhofer.de/index_5.php

Für das Lösen entsprechender Aufgaben und Probleme entstand eine Art und Weise des Herangehens, die über einen langen Zeitraum konstant geblieben ist, wenn sich auch die benutzten Mittel, Methoden, Theorien und Instrumente weiter entwickelten.

14.2 Techno- und Wirtschaftsmathematik – Herangehen an das Lösen von Problemen

Wie unsere historischen Untersuchungen zeigten, bildete sich in Industrieforschungslaboratorien der Elektro- und Nachrichtentechnik international ein Schema für ein mathematisches Herangehen an das Lösen von Problemen heraus, welches John R. Carson (1886–1940), Mitglied des 1928 gegründeten *Mathematical Research Department* in den Bell Telephone Laboratories, USA, im Jahre 1936 passend beschrieb:

> „The art consists in seeing how to go at the problem; in knowing what simplifications and approximations are permissible while leaving the essential problem intact, in precise formulation in mathematical terms, and finally, in reducing the solution to a form immediately interpretable in physical and engineering terms."
>
> Carson 1936, S. 398

Für die aktuelle Techno- und Wirtschaftsmathematik gilt ebenso:

- Reduzieren des Problems auf seine wesentlichen Aspekte,
- Beschreiben des Problems mit mathematischen Gleichungen, Relationen (Modellieren),
- Benutzen bzw. Erfinden eines Algorithmus' zur Lösung der Gleichungen,
- Visualisierung und Erklären der Ergebnisse für den Anwender.

Ein Problem auf seine wesentlichen Aspekte zu reduzieren und mit mathematischen Gleichungen zu beschreiben (zu modellieren) ist heute wichtigster Bestandteil von angewandter Mathematik, in Lehre und Forschung. Die Kunst des mathematischen Modellierens verlangt(e) vom angewandt arbeitenden Mathematiker nicht nur das Beherrschen bekannter, relevanter mathematischer Konzepte, Methoden, Theorien und Algorithmen, sondern zugleich die Kenntnis technischer und technologischer Prozesse, naturwissenschaftlicher, medizinischer u. a. Vorgänge sowie vorliegender theoretischer Modelle, um die wesentlichen Daten, relevanten Größen beurteilen und die geeignete mathematische Theorie auswählen zu können. Es gab und gibt Theorien, für die „fertige" Modelle existier(t)en, aber auch Bereiche, für die Modelle erst geschaffen werden müssen. In der Regel werden mehrere Modelle für ein Problem entwickelt. Die Kunst besteht darin, ein Modell zu finden, das die wesentlichen Aspekte erfasst und in möglichst kurzer Zeit ausgewertet werden kann, mit numerischen oder früher auch graphischen Verfahren, heute unter Benutzung des Computers. Um mathematische Modelle zu formulieren, sind mathematische Ordnungsmuster erforderlich. Passen die vorhandenen nicht auf das konkrete Problem, so müssen neue entwickelt bzw. erfunden werden.

Für dieses erfolgreiche mathematische Arbeiten sind nicht nur die Forschungen am Fraunhoferinstitut für Techno- und Wirtschaftsmathematik gute Beispiele. Auch für den historischen Prozess lässt sich ein derartiges Arbeiten nachweisen, wobei – als der Computer noch nicht existierte bzw. noch nicht hinreichend einsatzbereit war – andere Instrumente als Rechenhilfsmittel benutzt und erfunden wurden: graphische Methoden, mechanische Rechenmaschinen, Rechenschablonen u. a.

Aktuell sind diese Arbeitsweise und deren Erfolg wohl noch nicht hinreichend bekannt. Im Rahmen einer Diskussion darüber, was Mathematik ist und Mathematiker tun, konnten wir in den *Mitteilungen der Deutschen Mathematiker-Vereinigung* lesen:

> „Typischerweise lösen Mathematiker keine Probleme, indem sie für die Realität ein mathematisches Modell konstruieren, das dann mit mathematischen Methoden gelöst werden kann. In jeder realistischen Situation, in Naturwissenschaften oder Technik ist der Prozess der Modellbildung, der Parameteranpassung, des Hinzufügens von Bedingungen und Nebenbedingungen, der Entdeckung von verdeckten Seitenbedingungen usw. lang und muss durch vielerlei Iterationen gehen bis überhaupt irgendetwas Sinnvolles und Nützliches herauskommt."

Ziegler 2011

Dass diese in den *DMV-Mitteilungen* veröffentlichte Ansicht bei angewandten Mathematikern auf Unverständnis stieß, zeigte ein Vortrag, den Helmut Neunzert in Jena hielt (Neunzert 2012). Mathematiker lösen reale Probleme. Sie können dies heute mit Hilfe des Computers auch relativ schnell für immer komplizierte Fragestellungen der Technik, Wirtschaft, Naturwissenschaften, Medizin, wenn geeignete Modelle und Algorithmen für deren Lösung bereits vorliegen. Dass das obige Zitat Mathematiklehrer zu Fehlinterpretationen führen kann, deutet eine Leserzuschrift in derselben Zeitschrift an:

„Um die Berechtigung des Einsatzes elektronischer Werkzeuge im Mathematikunterricht zu legitimieren, wird Lehrern und Schülern(!) von
den Bildungsbehörden heute vorgegaukelt, Mathematiker konstruieren
mathematische Modelle der Realität, die sie dann mit mathematischen
Methoden lösten. Das aber tun Mathematiker typischerweise nicht (siehe
auch Ziegler 2011)."

Schröder 2012, S. 4

Was tun denn Mathematiker typischerweise? Joachim Weickert gab jüngst in den
DMV-Mitteilungen eine hervorragende Antwort darauf, wie Mathematik als Model-
lierungswerkzeug dienen kann (Weickert 2012). Ein Blick auf die Geschichte kann
ebenfalls hilfreich sein, um unterschiedliches Arbeiten von Mathematikern zu verstehen. Carl Runge (1856–1927), „Begründer der modernen Numerischen Mathematik"
(Collatz 1990, S. 274) und erster ordentlicher Professor für angewandte Mathematik
an einer deutschen Universität (Göttingen 1904), löste bereits als Professor an der TH
Hannover (1886–1904) praktische Probleme und betonte im Jahre 1907:

„Die Probleme in den Erfahrungswissenschaften, die mit mathematischen
Methoden arbeiten, verlangen eine Durchführung bis zu quantitativen Resultaten. Der Physiker oder der Techniker kann sich nicht mit einer formalen Lösung begnügen, sondern er muß im speziellen Falle die Werte der
gesuchten Größen numerisch anzugeben imstande sein. Dazu sind Methoden notwendig, die, sei es graphisch, sei es numerisch, die gesuchten
Resultate liefern. Solche Methoden auszudenken und auszubilden, darin
sehe ich den eigentlichen Inhalt der angewandten Mathematik. Sie ist der
reinen Mathematik nicht nebengeordnet, sondern sie ist ein Teil der reinen Mathematik."

Runge 1907, S. 497

Felix Klein hatte in einer Vorlesung von 1901 die Differenz zwischen Präzisions- und
Approximationsmathematik beschrieben und versucht, den „fundamentalen Gegensatz zwischen Empirie und Idealisierung" zu erklären, wobei er – wie Runge – beides
zu einer Mathematik ordnete, wohl wissend, dass Anwendungen lange Zeit verpönt
waren:

„Der [...] im speziellen Falle zwischen der empirischen Festlegung einer
Größe in der praktischen Geometrie und der genauen Definition in der
abstrakten Arithmetik festgestellte Unterschied von begrenzter und un-
begrenzter Genauigkeit findet sich immer wieder, wenn man irgendein
Gebiet der äußeren Wahrnehmung oder der praktischen Betätigung mit
der abstrakten Mathematik vergleicht. Er gilt für die Zeit, für *alle mechanischen und physikalischen Größen* und namentlich auch für das „nume-
rische Rechnen". Denn was ist das Rechnen mit siebenstelligen Logarith-
men etwa anderes als ein Rechnen mit „Näherungswerten", deren Genauigkeit nur bis zur siebenten Stelle reicht? Andererseits kann man, wie wir
noch sehen werden, in jedem Gebiet an der Hand geeigneter Axiome zur
absoluten Genauigkeit fortschreiten; wir setzen dann eben an die Stelle
der empirischen Gebilde ein idealisiertes Gedankending.

Diese Unterscheidung zwischen absoluter und beschränkter Genauigkeit, die sich als roter Faden durch die ganze Vorlesung ziehen wird, bedingt nun eine Zweiteilung der gesamten Mathematik. Wir unterscheiden:

1. Präzisionsmathematik (Rechnen mit den reellen Zahlen selbst),
2. Approximationsmathematik (Rechnen mit Näherungswerten).

In dem Worte Approximationsmathematik soll keine Herabsetzung dieses Zweiges der Mathematik liegen, wie sie denn auch nicht eine approximative Mathematik, sondern die präzise Mathematik der approximativen Beziehungen ist. Die *ganze* Wissenschaft haben wir erst, wenn wir die beiden Teile umfassen: *Die Approximationsmathematik ist derjenige Teil unserer Wissenschaft, den man in den Anwendungen tatsächlich gebraucht; die Präzisionsmathematik ist sozusagen das feste Gerüst, an dem sich die Approximationsmathematik emporrankt.*"

Klein 1928, S. 4 f.

Carl Runge schuf mit seinen numerischen und graphischen Methoden diese „präzise Mathematik approximativer Beziehungen"; seine Schüler entwickelten diese weiter, modellierten und lösten praktische Probleme. Seine älteste Tochter Iris Runge (1888–1966) und sein Sohn Wilhelm Runge (1897–1987) gehörten zu den Personen, die seit den 1920er Jahren eine techno- und wirtschaftsmathematische Arbeitsweise erfolgreich in die Industrieforschung einführten.

14.3 Beispiele aus den Versuchslaboratorien von Telefunken und Osram

14.3.1 Rundfunkempfängerforschung bei Telefunken

Iris Runge schrieb in der Biographie über ihren Vater: „Er hatte die Freude zu sehen, dass sein Sohn die von ihm selber ausgebildete Tradition, praktische Aufgaben systematisch mit den Mitteln der Mathematik anzupacken, mit Erfolg fortsetzte..." (Runge 1949, S. 194). Während sie selbst im März 1923 bei Osram eingetreten war – nach einer Tätigkeit als Lehrerin – begann ihr sieben Jahre jüngerer Bruder im Oktober 1923 bei Telefunken. Beide Tochterunternehmen der AEG und Siemens & Halske AG hatten ihren Hauptsitz in Berlin. Über Wilhelm Runges konkrete mathematische Tätigkeit wissen wir nicht sehr viel, da er schnell zum Abteilungsleiter avancierte. Aber sein Herangehen „Berechnen statt Stöpseln (=Probieren)" ist bekannt (Fränz 1986) und war neu; er musste es gegenüber alteingesessenen Ingenieuren durchsetzen, die seit 1903 die Leitung der Forschungsabteilungen dominierten. Wilhelm Runge hatte, nach mathematisch-physikalischer Grundausbildung in Göttingen, mit seiner Dissertation an der TH Darmstadt *Über die stabilen Amplituden angefachter Koppelschwingungen* (Maschinenschrift 50 S.), Auszug in Archiv für Elektrotechnik

13 (1924), S. 34–48, erstmals aus der Starkstromtechnik bekannte Rechenverfahren auf Probleme der Hochfrequenztechnik angewandt. Er bedauerte, dass er – als er bei Telefunken in die Rundfunkempfängerabteilung eintrat – kaum jemanden traf, mit dem er „über die Anwendung von Differentialrechnung und Winkelfunktionen auf hochfrequente Probleme reden konnte"; und als er seit 1924 als Abteilungsleiter selbst Personal auswählen konnte, achtete er bei neuen Mitarbeitern auf deren mathematische Befähigung und Interessen, wie er in seiner Autobiographie berichtete. So schrieb er über ein Einstellungsgespräch mit Erich Zepler (1898–1980), der zu einem Pionier in der Elektronik und nach seiner erzwungenen Emigration (zur Marconi Wireless Telegraph Company, England 1935) auch zu einem internationalen Meister der Schachkomposition werden sollte:

> „Als ich ihn (Zepler) in der Einstellungsverhandlung nach dem Verhalten einer Schaltung fragte, die ich ihm hinzeichnete, sagte er: ‚Das kann man ja berechnen'. Zwar verrechnete er sich alsbald, aber diese Einstellung zu einer hochfrequenztechnischen Frage gefiel mir, sie war gerade das, was ich suchte."
>
> Zitiert nach Tobies 2010, S. 127

Wilhelm Runge erwarb ca. 100 Patente in den Bereichen Empfänger-, Funkmess (Radar)-, Richtfunk- und Rückstrahltechnik und war bei Telefunken maßgeblich dafür verantwortlich, dass sich eine Arbeitsweise durchsetzte, die Probleme zunächst mathematisch modellierte und vorausberechnete, welche Probleme technisch bis zu welchen Grenzen realisierbar sind bzw. ob es sich lohnt, der theoretisch möglichen Grenze noch näher zu kommen (vgl. hierzu Fränz 1986). Bei Osram konnte sich seine Schwester mit mathematischen Arbeiten profilieren, die zugleich für die Elektronenröhrenforschung und -produktion bei Telefunken wichtig wurden.

14.3.2 Glühlampen – und Elektronenröhrenforschung bei Osram

Iris Runge hatte Mathematik, Physik und Erdkunde studiert und dies im Jahre 1912 mit einem Lehramtsstaatsexamen beendet. Nach ihrer Tätigkeit an verschiedenen Reformschulen, wo sie auch Chemie zu unterrichten hatte, fügte sie ab Wintersemester 1918 ein Chemiestudium an, welches sie im Januar 1920 mit dem Ergänzungsstaatsexamen in Chemie und im Dezember 1921 mit dem Rigorosum in Physikalischer Chemie (Nebenfächer: angewandte Mathematik und Physik) abschloss. In ihrer Dissertation „Über Diffusion in festem Zustande" beim Physikochemiker Gustav Tammann (1861–1938) hatte sie erstmals Diffusionsprobleme binärer Systeme in festem Zustande erfolgreich mathematisch behandelt (vgl. Tobies 2010, S. 110–117). An dieses Feld der Materialforschung konnte sie bei Osram anknüpfen, als sie dort zum 1. März 1923 in das Versuchslaboratorium der Fabrik A in der Sickingenstraße in Berlin-Moabit (ehemals Glühlampenwerk der AEG) eintrat. Ihr unmittelbarer Vorgesetzter, der sie eingestellt hatte, Forschungsdirektor Dr. Richard Jacoby (1877–1941),

ein anorganischer Chemiker (Nebenfächer Mathematik und Physik) mit zahlreichen
Patenten, erkannte ihre besondere mathematische Befähigung. Iris Runges Briefe an
die Eltern erhellen, wie begeistert sie war, Probleme mathematisch modellieren und
lösen zu können. So schrieb sie zum Beispiel am 6. Juni 1923 an ihren Vater:

> „Vom Dienst kann ich wieder sagen, dass es herrlich ist (Immer wieder
> dasselbe!) Zuweilen habe ich den Eindruck, dass es hohe Zeit war, dass
> mal jemand mit einem kleinen bischen [sic!] Mathematik in die Osram
> gekommen ist, denn es gibt hier Menschen, die unglaublich primitiv rech-
> nen. Und Jacoby selbst könnte doch auch die Hälfte seiner 100 feinen
> Ideen nicht ausnützen, wenn er mich nicht hätte, um ihm zu sagen, was
> daran richtig und falsch ist."
>
> Zitiert nach Tobies 2010, S. 13

Iris Runge war damals die einzige Person mit einer entsprechenden Arbeitsweise
bei Osram. Im Jahre 1929 wurde sie vom Versuchslaboratorium der Glühlampen-
forschung in das Rundfunkröhrenlaboratorium umgesetzt, weil dort eine theoretische
Expertin noch dringender gebraucht wurde. Im Juli 1939 gelangte sie mit dem Wechsel des Osram-Röhrenwerkes zu Telefunken, entsprechende Arbeiten bis 1945 fortset-
zend; danach wurde sie noch Professorin für theoretische Physik an der Universität
Berlin. Ihr Wirken bei Osram blieb nicht auf das konkrete Labor beschränkt, dem sie
zugeordnet war. Sie löste mathematische Probleme auch für andere Bereiche des Un-
ternehmens Osram und auch bereits für Telefunken, als sie noch Osram-Mitarbeiterin
war. Sie wandte nicht nur vorliegende Methoden und Theorien an, sondern entwickelte auch neue Mathematik, neue Formeln auch beweisend. Nach sieben Jahren
Tätigkeit bei Osram reflektierte sie selbst über die Methoden:

> „Fast immer ergeben sich wertvolle neue Erkenntnisse, wenn es gelingt,
> eine Brücke zu schlagen zwischen bisher getrennten Wissensgebieten. Die
> fertig ausgebauten Methoden und Ergebnisse des einen Gebietes liefern
> oft unerwartete neue Handhaben zur Bearbeitung des andern, und zu-
> gleich wirkt der neue Anwendungsstoff meist wiederum befruchtend auf
> die Entwicklung der Methoden."
>
> Runge 1930, S. 1

Hieran ist nicht nur die Brückenmetapher bemerkenswert, sondern auch die Tatsache,
dass Iris Runges Arbeit von 1930 als Erste im ersten Band der im Wissenschaftsverlag Julius Springer erschienenen Buchbände *Technisch-wissenschaftliche Abhandlungen
aus dem Osram-Konzern* publiziert wurde, was ein Ausdruck für die im Unternehmen errungene Position („Oberbeamtin" lautete die Dienstbezeichnung seit 1929)
darstellt. Iris Runge lieferte Beiträge zur mathematischen Statistik, zur Nomographie,
zur Numerik, Farbmetrik u. a. An einigen konkreten Beispielen aus der Materialforschung und der Qualitätskontrolle soll das Produzieren von Mathematik demonstriert
werden (vgl. ausführlicher Tobies 2010 und (Tobies 2012)).

14.3.3 Technomathematik – Materialforschung

Wie kurz bemerkt, hatte Iris Runge in ihrer Dissertation Diffusionsprobleme binärer Systeme mathematisch behandelt. Sie hatte dabei die partielle Differentialgleichung, die Ausgleichsprozesse (Diffusion, Wärmeleitung) beschreibt, als mathematisches Ordnungsmuster benutzt. Diese verwendete sie auch bei ihrem ersten Forschungsprojekt, um die Diffusionsgeschwindigkeit binärer Systeme oder die Wärmeleitung in Drähten (Glühlampe) zu bestimmen. Dabei fand sie eine neue Methode zur Integration der Wärmeleitungsgleichung für stromgeheizte strahlende Drähte. Bereits nach drei Monaten Tätigkeit bei Osram lag ihre Arbeit zu diesem Problem publiziert vor (Runge 1923).

Ihr theoretisches Modell basierte auf einem physikalischen Grundgedanken, der bereits dem Pirani-Manometer zugrundelag (Marcello Pirani (1880–1968) war zu dieser Zeit ein Forschungsdirektor bei Osram). Aus der Temperaturänderung (und damit der Widerstandsänderung) eines geheizten Drahtes lassen sich Rückschlüsse auf die Strömungs- und Wärmeleitungsbedingungen im umgebenden Gas ziehen. Dies sollte mathematisch erfasst werden, um den Versuchsdraht geeignet zu gestalten.

Das Problem des stromgeheizten Drahtes, der durch Strahlung Wärme abgibt, modellierte sie als eindimensionale Wärmeleitungsgleichung, deren Quellen die Joulesche Wärme und die Strahlung sind, also:

$$\frac{d}{dx}\left(\lambda(T)q\frac{dT}{dx}\right) = -\frac{i^2 w(T)}{q} + 2\sqrt{\pi q}\, s(T),$$

wobei x die Entfernung vom Drahtende, T die Temperatur, q der Querschnitt des Drahtes, i der Strom, λ das Leitvermögen w der spezifische Widerstand und s die abgestrahlte Energie sind. Bisher war es noch nicht gelungen, diese Gleichung in allgemeiner Form zu integrieren. Iris Runge ging wie folgt vor: Sie führte statt T den negativen Wärmefluss u ein, und statt x eine neue unabhängige Variable v:

$$u = \lambda\frac{\partial T}{\partial x} \qquad v = \frac{du}{dx}$$

Dazu musste sie gewisse Monotonie voraussetzen, insbesondere eine „Gleichgewichtstemperatur" in der Mitte des Drahtes, so dass dort der Fluss Null angenommen wurde. Somit konnte sie die obige Differentialgleichung analytisch integrieren. Bei den auftretenden Integralen verwies Iris Runge darauf, dass sie „graphisch integriert" werden können. Sie führte zudem aus, dass das erste auftretende Integral in bestimmten Fällen auch in geschlossener Form ausgeführt werden kann und dass beim zweiten Integral notwendig ein graphisches oder numerisches Verfahren benutzt werden muss. Für die Anwender waren damals graphische Methoden einfacher handhabbar und führten schneller zur Lösung.

In ihrem ersten Jahr bei Osram befasste sich Iris Runge mit einem weiteren Problem der Materialforschung, das mathematische Erkenntnisse der Praktischen Analysis erforderte: die Leitfähigkeit inhomogener Materialien. Die Ergebnisse publizierte sie zunächst im Überblick, wobei sie den Namen ihres Forschungsdirektors Marcello Pirani, der die Anregung zum Thema gegeben hatte, als Autor hinzufügte (Pirani u. a. 1924). In einer ausführlichen Version präsentierte sie den von ihr entwickelten mathematischen Ansatz für die Lösung dieses auch aktuell noch wichtigen Problems (Runge 1925).

Iris Runge knüpfte bei diesem Thema an eine bereits 1892 publizierte Arbeit des britischen Physikers Lord Rayleigh (1842–1919) an, die aufgrund ihres anspruchsvollen mathematischen Ansatzes bisher kaum verstanden und benutzt worden war. Helmut Neunzert verwies darauf, dass Iris Runge damit ein heute noch zentrales Problem behandelte, das Problem der sog. „Homogenisierung": In einem Material der Leitfähigkeit 1 sind periodisch Zylinder oder Kugeln einer anderen Leitfähigkeit v eingelagert. Was ist die mittlere Leitfähigkeit dieses Aggregats? In der modernen Theorie wird für die Periodizitätszellen eine Länge ε angenommen, sodass die Anzahl der Zellen t von der Ordnung $1/\varepsilon$ ist. Es wird versucht, mit ε gegen Null zu gehen und im Grenzwert die mittlere Leitfähigkeit zu erhalten. Diese heute gängigen Grenzprozesse waren zu Iris Runges Zeit noch nicht entwickelt. Es ist bemerkenswert, dass sie dennoch eine geeignete Lösung fand. Sie löste das Mittelungsproblem für eine Periodizitätszelle; dort hatte sie ein Laplaceproblem zu lösen, an dessen innerem (Zylinder- oder Kugel-) Rand Sprungbedingungen für die Normalableitungen herrschen. Dieses Problem – das gegenwärtig noch als „auxiliary problem" bei der Homogenisierung eine Rolle spielt – bewältigte sie durch die Entwicklung nach zwei- bzw. dreidimensionalen Kugelfunktionen. Dabei berechnete sie die ersten Entwicklungsterme, verbesserte nebenher die von Lord Rayleigh 1892 publizierten Werte (berichtigte einen Fehler) und erweiterte das Ganze noch auf Einlagerungen, die aus Zylinderschalen bestehen.

Obgleich zu dieser Zeit erst wenige Messungen zum Problem vorlagen, konnte Iris Runge feststellen, dass ihre berechneten Werte mit experimentellen Daten übereinstimmen. Ihre Berechnung für eine Zelle wich nicht zu sehr von der für sehr viele Zellen ab, wenn die Leitfähigkeit v nicht zu weit von der Leitfähigkeit 1 entfernt war, so dass sie abschließend die Brauchbarkeit der Formeln betonen konnte:

> „Wenn bis jetzt auch nur wenig experimentelles Material vorliegt, an dem man die Übereinstimmung mit den entwickelten Formeln prüfen kann, so spricht darunter jedenfalls nichts gegen ihre Brauchbarkeit. Es würde allerdings noch von Interesse sein, zu untersuchen, ob sich der Einfluß von mikroskopisch beobachtbaren Strukturunterschieden, z. B. ein Vorliegen längsgerichteter länglicher Partikel, in der Leitfähigkeit wirklich im Sinne der Formeln bemerkbar macht. Bestätigt sich das, so liefern die Formeln die Möglichkeit, für binäre Gemenge die Leitfähigkeit aus denen der Komponenten je nach der Eigenart der Struktur angenähert vorauszusagen, oder umgekehrt aus der beobachteten Leitfähigkeit auf die Struktur zu schließen.

> Es verdient hervorgehoben zu werden, was auch schon Rayleigh bemerkt, dass dieselben Formeln allgemein auf alle die skalaren Materialeigenschaften gemischter Medien anwendbar sind, für die sich die Grenzbe-

dingungen in der Form $k_1(\delta V/\delta n)_1 = k_2(\delta V/\delta n)_2$ angeben lassen, wo k_1 und k_2 die Werte der betreffenden skalaren Eigenschaften zu beiden Seiten der Grenze und V eine Lösung der Gleichung $\Delta V = 0$ bedeutet; also z. B. auch die Dielektrizitäts- und Magnetisierungskonstanten und das Wärmeleitvermögen können auf diesem Wege aus den entsprechenden Eigenschaften der Bestandteile errechnet werden."

Zitiert nach Tobies 2010, S. 196

Die Rungesche Arbeit von 1925 wurde noch 1977 in einem Aufsatz zitiert (McKenzie u. a. 1977).

14.3.4 Wirtschaftsmathematik – Qualitätskontrolle

Osram setzte bei der Massenproduktion von Glühlampen früh auf eine Fabrikationskontrolle, die mathematisch basiert war. Der Direktor der Gesamtforschung Fritz Blau (1865–1929), österreichischer Physiker mit zahlreichen Patenten, veranlasste, das drei Osram-Forscher zusammengeführt wurden, um das international erste Lehrbuch über *Anwendungen der mathematischen Statistik auf Probleme der Massenfabrikation* (Berlin: Julius Springer 1927, 1930) zu verfassen. Iris Runge schrieb die systematische Darstellung, Vortragsausarbeitungen von zwei Kollegen, dem theoretischen Physiker Richard Becker (1887–1955) und dem promovierten Mathematiker Hubert C. Plaut (1889–1987), mit benutzend. Zeitgenossen betonten den Wert des Buches für die Qualitätskontrolle und klassifizierten es als „zum stark-mathematischen Flügel der Literatur" gehörend (vgl. Tobies 2012, S. 189). (Witting 1990, S. 796) hob das Buch in seinem Beitrag zur mathematischen Statistik ebenfalls hervor.

Vergleichen wir international – in den USA gilt Walther A. Shewhart (1891–1967) als Vater der statistischen Qualitätskontrolle – so wurden in der Glühlampen- und Elektronenröhrenproduktion bei Osram anspruchsvolle mathematische Verfahren früher als an anderen Orten verwendet. Iris Runges Experten-Rolle in diesem Feld lässt sich gut am Beispiel der Bestimmung der Größe einer Stichprobe demonstrieren. Das Osram-Röhrenlaboratorium schrieb am 19. Oktober 1934 einen Brief an Telefunken – worin Iris Runge als Osram-Forscherin und die Telefunken-Mitarbeiter Günther Jobst (1894–1956), Erfinder der Pentode, und Hasenberg erwähnt wurden:

> „Aus Unterredungen von Frl. Dr. Runge mit Herrn Dr. Jobst und Herrn Hasenberg im September ging hervor, dass die Sicherheit, mit der aus den Ergebnissen des Prüffeldes auf das Verhalten der Gesamtröhrenmenge geschlossen werden kann, vielfach zu gering erscheint, sodass man sich auch bei Telefunken schon die Frage vorgelegt hat, ob die geprüften Stückzahlen immer groß genug gewählt worden sind. Es ist daraufhin von Frl. Dr. Runge auf Grund der Wahrscheinlichkeitsrechnung eine graphische Tafel entworfen worden, aus der für gegebene Fehlerprozentsätze die erforderliche Stichprobenzahl entnommen werden kann, die bei Forderung einer bestimmten Sicherheit den Fehlerprozentsatz mit einer

verlangten Genauigkeit erkennen lassen würde, vorausgesetzt, dass die Stichprobe streng nach Zufallsgesetzen ausgewählt ist. Wir erlauben uns, Ihnen in der Anlage 3 Exemplare dieser Tafel mit je einem Erläuterungsblatt zu übersenden."

Zitiert nach Tobies 2010, S. 178

Bei Osram war der Einsatz derartiger Methoden weiterentwickelt als bei Telefunken. Iris Runge setzte diesen Forschungsstrang fort – neben anderen –, wie Laborberichte und Publikationen erkennen lassen. Ein im Juli 1935 verfasster Bericht „Die Beurteilung von Ausschußprozentsätzen nach Stichproben", aus welchem zwei Artikel resultierten, war besonders wichtig (Runge 1935 und Runge 1936). Darin leitete sie eine neue Formel für Stichproben mittlerer Stückzahlen her und begründete einleitend:

„Bei der technischen Fabrikationskontrolle ist es ein immer wiederkehrendes Problem, etwas über den Zusammenhang einer zu untersuchenden Häufigkeit innerhalb einer grossen Gesamtheit mit der in einer Probe gefundenen Häufigkeit und der Grösse dieser Probe auszusagen, sei es nun, dass man im Voraus nach der notwendigen Probengrösse fragt, aus der man einen hinreichend sicheren Schluß ziehen kann, oder dass man nach dem Ausfall der Prüfung über den daraus zu ziehenden Schluß und seine Sicherheit Aufschluß wünscht. Auf diese Fragen lassen sich natürlich auf Grund der Wahrscheinlichkeit vollkommen erschöpfende Antworten geben; es zeigt sich aber, dass die in den meisten Darstellungen der Wahrscheinlichkeitslehre gegebenen Formeln für viele in der Praxis vorkommende Fälle unbequem in der numerischen Auswertung sind. Denn es handelt sich dabei um die Wahrscheinlichkeit der Abweichung der Häufigkeit von ihrem wahrscheinlichsten Wert, wofür sich die bekannte aus Binomialkoeffizienten aufgebaute Formel ergibt. Für kleine Stückzahlen lässt sich diese gut auswerten; für grosse Stückzahlen wird sie in bekannter Weise durch einen Grenzübergang in einen stetigen Exponentialausdruck umgeformt, der ebenfalls bequem ist; in praktischen Fällen können aber auch solche Wertgebiete eine Rolle spielen, für die die Binomialformel bereits unbequem, die Exponentialformel aber noch nicht anwendbar ist. Die vorliegende Arbeit stellt sich die Aufgabe, diese Lücke auszufüllen; es wird erstens die Binomialformel in eine numerisch bequemere Gestalt gebracht; zweitens werden stetig Näherungsdarstellungen angegeben, für die sich abschätzen lässt, innerhalb welcher Wertgebiete jede davon mit gegebener Genauigkeit anwendbar ist."

Runge 1935, Bl. 6

Der sich über drei Seiten erstreckende Beweis für die detailliert abgeleitete Formel, geführt mit vollständiger Induktion, ist nur im Laboratoriumsbericht enthalten, nicht in den Publikationen. Diese im Unternehmen Osram neu produzierte Mathematik wurde auch von anderen Unternehmen und Institutionen nachgefragt (Tobies 2010, S. 181 f.).

Insgesamt lässt die Analyse der bei Osram und Telefunken durchgeführten Arbeiten im Bereich der Glühlampen und Elektronenröhrenforschung erkennen, dass vielfältige Aufgaben mathematisch modelliert und gelöst wurden. Wir können hier von Anfängen einer Techno- und Wirtschaftsmathematik sprechen, wenn wir die aktuellen Begriffe verwenden.

Literatur

[Carson 1936] CARSON, John R.: Mathematics and Electrical Communication. In: *Bell Labs Records* 14 (1936), S. 397–399.

[Collatz 1990] COLLATZ, Lothar: Numerik. In: FISCHER, Gerd (Hrsg.); HIRZEBRUCH, Friedrich (Hrsg.); SCHARLAU, Winfried (Hrsg.); TÖRNIG, Willi (Hrsg.): *Dokumente zur Geschichte der Mathematik, Bd. 6: Ein Jahrhundert Mathematik 1890–1990. Festschrift zum Jubiläum der DMV*. Braunschweig, Wiesbaden: Friedr. Vieweg & Sohn, 1990, S. 269–322.

[Fränz 1986] FRÄNZ, Kurt: Erinnerungen an viele Jahrzehnte Funktechnik. In: *etv-mitteilungen* 9 (1986), Nr. 2, S. 3–12.

[Grötschel 2008] GRÖTSCHEL, Martin: *Schlüsseltechnologie Mathematik*. Festvortrag auf der acatech-Festveranstaltung in Berlin am 21. Oktober 2008. http://zomobo.net/schl%C3%BCsseltechnologie. Stand: 18. Juni 2012.

[Kant 1787] KANT, Immanuel: *Metaphysische Anfangsgründe der Naturwissenschaft*. 2. Aufl., Riga: Hartknoch, 1787.

[Klein 1928] KLEIN, Felix: Präzisions- und Approximationsmathematik. In: *Elementarmathematik vom höheren Standpunkte aus, Bd. 3*. 3. Aufl., Berlin: Springer, 1928.

[McKenzie u. a. 1977] McKENZIE, D. R.; McPHEDRAN, R. C.: Exact modelling of cubic lattice permittivity and conductivity. In: *Nature* 265 (1977), S. 128–129.

[Neunzert u. a. 1991] NEUNZERT, Helmut; ROSENBERGER, Bernd: *Schlüssel zur Mathematik*. 2. überarbeitete Aufl., Düsseldorf, Wien, New York, Moskau: Econ, 1991. Neu erschienen als: *Oh, Gott, Mathematik!?* Stuttgart, Leipzig: Teubner, 1997.

[Neunzert 2012] NEUNZERT, Helmut: *Mathematische Modellierung – Ein „Curriculum Vitae"*. Vortrag im Rahmen der Fortbildungsveranstaltung Geschichte und Modellierung an der Friedrich-Schiller-Universiät Jena, am 3. Februar 2012. http://www.fmi.uni-jena.de/minet_multimedia/Fakult%C3%A4t/Institute+und+Abteilungen/Abteilung+f%C3%BCr+Didaktik/Neunzert.pdf. Stand: 12. Oktober 2012.

[Pesch 2002] PESCH, Hans-Josef: *Schlüsseltechnologie Mathematik. Einblicke in aktuelle Anwendungen der Mathematik*. Stuttgart, Leipzig, Wiesbaden: Vieweg + Teubner, 2002.

[Pirani u. a. 1924] PIRANI, Marcello; RUNGE, Iris: Elektrizitätsleitung in metallischen Aggregaten. In: *Zeitschrift für Metallkunde* 16 (1924), S. 183–185.

[Runge 1907] RUNGE, Carl: Über angewandte Mathematik. In: *Jahresbericht der Deutschen Mathematiker-Vereinigung* 16 (1907), S. 496–498.

[Runge 1923] RUNGE, Iris: Über einen Weg zur Integration der Wärmeleitungsgleichung für stromgeheizte strahlende Drähte. In: *Zeitschrift für Physik* 18 (1923), S. 228–231.

[Runge 1925] RUNGE, Iris: Zur elektrischen Leitfähigkeit metallischer Aggregate. In: *Zeitschrift für technische Physik* 6 (1925), S. 61–68.

[Runge 1930] RUNGE, Iris: Die Prüfung eines Massenartikels als statistisches Problem. In: *Technisch-wissenschaftliche Abhandlungen aus dem Osram-Konzern, Bd. 1*. Berlin: Julius Springer, 1930, S. 1–5.

[Runge 1935] RUNGE, Iris: *Die Beurteilung von Ausschußprozentsätzen nach Stichproben. Laborbericht.* Deutsches Technik-Museum Berlin, Historisches Archiv, Firmenarchiv AEG-Telefunken, Bestand 1.2.060 C, Nr. 6603, Bl. 6–20.

[Runge 1936] RUNGE, Iris: Die Beurteilung von Ausschußprozentsätzen nach Stichproben. In: *Zeitschrift für technische Physik* 17 (1936), S. 134–138.

[Runge 1949] RUNGE, Iris: *Carl Runge und sein wissenschaftliches Werk.* Göttingen: Vandenhoeck & Ruprecht, 1949.

[Schröder 2012] SCHRÖDER, Roland: Rückblick auf 50 Jahre Mathematikunterricht. In: *Mitteilungen der DMV* 20 (2012), Nr. 1, S. 4.

[Tobies 2010] TOBIES, Renate: „Morgen möchte ich wieder 100 herrliche Sachen ausrechnen". Iris Runge bei Osram und Telefunken. Mit einem Geleitwort von Helmut Neunzert. *Boethius, Bd. 61.* Stuttgart: Steiner, 2010.

[Tobies 2012] TOBIES, Renate; PAKIS, Valentine A. (Übers.): Iris Runge. A Life at the Crossroads of Mathematics, Science and Industry. In: *Science Networks. Historical Studies, Bd. 43.* Basel: Birkhäuser, 2012.

[Weickert 2012] WEICKERT, Joachim: Mathematische Bildverarbeitung mit Ideen aus der Natur. In: *Mitteilungen der DMV* 20 (2012), S. 82–90.

[Witting 1990] WITTING, Hermann: Mathematische Statistik. In: FISCHER, Gerd (Hrsg.); HIRZEBRUCH, Friedrich (Hrsg.); SCHARLAU, Winfried (Hrsg.); TÖRNIG, Willi (Hrsg.): *Dokumente zur Geschichte der Mathematik, Bd. 6: Ein Jahrhundert Mathematik 1890–1990. Festschrift zum Jubiläum der DMV.* Braunschweig, Wiesbaden: Friedr. Vieweg & Sohn, 1990, S. 781–815.

[Ziegler 2011] ZIEGLER, Günter M.: Diskussion. In: *Mitteilungen der DMV* 19 (2011), Nr. 3.

Teil III

Mathematik und Lernprozesse – Didaktische Perspektiven

15 Prozesse beim Mathematiklernen initiieren und begleiten – vom Wert des Intersubjektiven

KATJA LENGNINK

15.1 Mathematik als Prozess oder als Produkt

In der fachdidaktischen Literatur gab es vor einigen Jahrzehnten eine inhaltliche Wende, bei der sich das Interesse von der eher produktorientierten Vermittlung von Inhalten im Sinne stoffdidaktischer Stufenfolgen und Operationalisierung von Lernzielen (vgl. zur Diskussion etwa Wittmann 1974, S. 114 ff.) hin zu der stärkeren Beachtung von Lernprozessen gewandelt hat. Dabei ging es zunächst um die Erfassung und Beschreibung von Lernprozessen, wie etwa in der interpretativen Unterrichtsforschung, mit der Sprachelemente zur Beschreibung von Interaktionsprozessen, Erfahrungswelten der Kinder und Rahmungen im Mathematikunterricht zur Verfügung gestellt werden (vgl. etwa Bauersfeld u. a. 1983).

Auch philosophisch hat sich in diesem Zeitraum die Perspektive verschoben. Wurden zunächst die Grundlagenfragen der Mathematik in den Blick genommen, wie etwa die Struktur der mathematischen Logik, so hat sich die Mathematikphilosophie zunehmend auch der Erforschung des Prozesses des Mathematiktreibens gewidmet. Arbeiten wie das Buch „What is mathematics, really?" (Hersh 1999) waren ein erster Ausdruck dieses Perspektivwechsels. Weitere Ausarbeitungen in diese Richtung folgten, wie etwa die Bücher des von der DFG geförderten Netzwerks *PhimSamp*, das sich mit der Frage nach Mathematischer Praxis aus philosophischer, historischer, soziologischer und didaktischer Blickrichtung befasst (Löwe u. a. 2010).

Beim Betrachten von Lernprozessen haben sich in der Folge neben strukturellen Fragen wie denen nach Rahmungsdifferenzen, subjektiven Erfahrungsbereichen, Argumentationsmustern und Kommunikationsstrukturen (zur aktuellen Forschungslage siehe Brandt u. a. 2010) auch sehr spezifische, mathematiknahe Fragen herauskristallisiert, die an den früher bearbeiteten stoffdidaktischen Fragen anknüpfen, diese aber prozessorientiert in den Blick nehmen. Dazu gehören Fragen nach Vorstellungen und Vorstellungsveränderungen beim Mathematiklernen (vgl. etwa Hofe 1995) und in der Folge stellvertretend (Lengnink u. a. 2011), Fragen nach Fundamentalen Ideen und ihrer Rolle beim Mathematiklernen (vgl. etwa Vohns 2007), Fragen des mathematischen Problemlösens (vgl. Bruder u. a. 2011) und des Modellierens (vgl. stellvertretend Galbraith u. a. 2007).

Die Prozessorientierung hat sich auch in den Bildungsstandards und Lehrplänen nie-dergeschlagen. Neben den inhaltsbezogenen Kompetenzen sind dort auch allgemein-mathematische bzw. prozessbezogene Kompetenzen benannt, die im Rahmen mathe-matischer Bildung aufgebaut werden sollen. Dabei handelt es sich in der Grundschule um Argumentieren, Kommunizieren, Darstellen von Mathematik, Problemlösen und Modellieren (KMK 2004). In den Anforderungsniveaus wird zusätzlich das Reflektie-ren im Anforderungsbereich III benannt (KMK 2004, S. 13).

Klar ist, dass die stärkere Prozessorientierung des Mathematikunterrichts und der di-daktischen Forschung dennoch nicht umhin kommt anzuerkennen, dass Mathematik auch einen Produktcharakter hat. Sie kann als ein Sprachspiel mit festen Regeln ver-standen werden, in gewisser Weise ein Produkt menschlichen Geistes, das wir Men-schen unter uns ausgemacht haben. Um mitspielen zu können, müssen wir uns an die Spielregeln halten und das Inventar kennen. Beim Lernen steht dieses Produkt den Kindern bzw. jungen Erwachsenen mit seinen vorgegebenen Regeln oft als etwas Unumstößliches gegenüber, sie sind nicht frei im Entwickeln eigener Konzepte oder Begriffe, sondern sollen die gegebenen nacherfinden, wie Freudenthal dies nennt (vgl. Freudenthal 1973). Mehr noch, dieses Nacherfinden soll möglichst effektiv gestaltet werden, was sich etwa im bundesweit stark geförderten Modellversuch SINUS („Stei-gerung der Effizienz des mathematisch-naturwissenschaftlichen Unterrichts") bereits im Namen zeigt (Sinus 2003).

In diesem Spannungsfeld zwischen Mathematik als Prozess und Produkt findet jedes Lernen statt. Marja von den Heuvel-Panhuizen spricht von dem „learning paradox" (Heuvel-Panhuizen 2003, S. 97), wenn sie das Phänomen untersucht, dass Lernende auf der Basis vorhandenen Wissens neues Verständnis ausbilden.

Direkt verbunden mit dem oben beschriebenen Spannungsfeld von Mathematik als Prozess oder Produkt ist die didaktische Spannung zwischen unterrichtlicher Öffnung (vgl. Peschel 2005a und Peschel 2005b) und Zielorientierung. Hat man primär den Erwerb von Fertigkeiten und Wissen als Ziel im Blick, so gibt man potentiell der Ma-thematik als Produkt den Vorrang. Der Unterricht wird enger und kleinschrittiger organisiert, um möglichst effektiv die gewünschten Techniken aufzubauen. Das Ziel des Wissenserwerbs steht hier klar im Vordergrund.

Letzthin ist es eine normative Frage, welche Ziele und Allgemeinbildungsvorstellun-gen mit dem Mathematikunterricht verbunden sind. Legt man wie Roland Fischer die Kommunikationsfähigkeit von höher allgemeingebildeten Laien mit mathematischen Experten als Maßstab für eine mathematische Allgemeinbildung an, so lohnt es sich, der Reflexions- und Kommunikationsfähigkeit einen höheren Stellenwert als bisher einzuräumen (Fischer o. J.). Hier ist der Blick mehr auf den Prozess des Wissenser-werbs gerichtet, somit ist eine Öffnung des Unterrichts unerlässlich, um den Kindern eigene Wege und den Austausch darüber zu ermöglichen.

Auch diese Spannung zwischen Offenheit und Zielorientierung ist prinzipiell nicht auflösbar und muss in dynamischer Balance gehalten werden, um der Mathematik als menschlichem Produkt und ihrem Erstehungsprozess gleichermaßen gerecht zu werden.

15.2 Mathematiklernen zwischen subjektivem Konstruieren und intersubjektiver Verständigung

Mathematikunterricht findet auf vielfältige Weise in den Schulen statt. Zwei überzeichnete Szenarien werden hier dargestellt, um das Folgende zu verdeutlichen.

Szenario 1: In einer Grundschulklasse sitzen die Kinder in Reihen frontal zur Tafel ausgerichtet. Sie arbeiten alle gleichzeitig an demselben Inhalt, der ihnen von vorne präsentiert wird und den sie danach mit einer vorliegenden Musteraufgabe an weiteren Aufgaben vertiefen. Wenn es Schwierigkeiten und Probleme gibt, wird der Sachverhalt mit der ganzen Klasse noch einmal geklärt. Nach einer gewissen Unterrichtszeit bekommen alle denselben Test und ihre Leistungen werden überprüft.

Szenario 2: Die Kinder sitzen alleine vor ihrem Arbeitsmaterial, das die Lehrkraft individuell für sie zugeschnitten hat. Sie arbeiten in Einzelarbeit und in ihrem eigenen Tempo. Wenn die Unterrichtsstunde vorbei ist, notieren sie auf ihrem Arbeitsplan, wie weit sie gekommen sind. Fragen werden individuell von der Lehrkraft beantwortet und die Produkte der Arbeit werden jeweils angeschaut, um neue Arbeitsmaterialien zu erstellen. Eine Leistungsüberprüfung findet dann statt, wenn das Kind dafür reif ist. Sie wird in Einzelarbeit bearbeitet und gezielt rückgemeldet.

Wovon gehen die beiden Modelle aus? Während im ersten Modell ein stärker rezeptives Lernen inszeniert ist, bei dem die Kinder die Information im Gleichschritt aufnehmen sollen, wird im zweiten Modell individualisiert. Diese Form des Unterrichts versucht dadurch der Heterogenität der Schülerschaft Rechnung zu tragen. Die Kinder kommen mit unterschiedlichen Lernvoraussetzungen in die Schule und diese Heterogenität hat viele Facetten. So sind etwa die soziale Herkunft, die Sprache, die Interessen, die Erfahrungshintergründe, das Geschlecht, die Fähigkeiten, die Leistungen, usw. sehr verschieden (Zur Diskussion vgl. Grunder 2009). Insbesondere für die Grundschule ist dieses Phänomen wesentlich, da in den ersten Jahrgangsstufen kein homogenisiertes Schülergrüppchen vorliegt, sondern ein Querschnitt durch die Schülerschaft mit ihren unterschiedlichen Erfahrungen, Vorstellungen und Entwicklungsständen abgebildet wird.

Die Antwort auf die Heterogenität ist: Die Schülerinnen und Schüler dort abzuholen, wo sie stehen, d. h. ihnen individuelle Lernmöglichkeiten zu eröffnen. Dieser Ansatz ist breit ausgearbeitet und es gibt vielfältige Quellen, die zeigen, wie dies initiiert werden kann und wie im Vorfeld eine valide Erhebung über die Vorkenntnisse der Kinder aussehen kann (stellvertretend für die Grundschule siehe Sundermann u. a. 2006).

Es zeigt sich jedoch in der unterrichtlichen Praxis, dass das Individualisieren häufig übertrieben wird und zu wenig gemeinsame Lernchancen eröffnet werden. Überindividualisierung ist die Folge, jedes Kind arbeitet isoliert an seinen eigenen Lernanlässen, die individuell auf das Kind zugeschnitten sind. Ein gemeinsamer Austausch findet kaum statt. Damit werden wesentliche Kompetenzen, wie etwa das Argumentieren, Darstellen und Kommunizieren nicht gefördert.

Diese unterrichtliche Praxis entspricht keineswegs der fachdidaktischen Theorie, nach der in der Heterogenität einer Lerngruppe auch eine Lernchance liegt und die Kinder voneinander und miteinander lernen sollen. Gerade die unterschiedlichen Denk- und Lernwege der Kinder werden als Anlass für einen intersubjektiven Austausch genommen (vgl. stellvertretend für viele Nührenbörger u. a. 2006). Ein bekanntes didaktisches Prinzip, einen Austausch über Inhalte anzuregen, ist das ICH-DU-WIR-Prinzip dialogischen Lernens. Zunächst sollen sich die Lernenden einen eigenen Zugang zum Thema erarbeiten (ICH), der in Partnerarbeit ausgeformt und vertieft wird (DU). Um zu mathematischen Begriffen und Konzepten zu kommen, ist darüber hinaus der Austausch in der Lerngruppe nötig (WIR), in dessen Rahmen die Lehrkraft die fachmathematischen Konventionen mit einbringt. Die reguläre Sicht auf das Fach wird so mit den singulären Welten einzelner Lernender abgeglichen. „So machen wir es ab", wie es im Prinzip des dialogischen Lernens formuliert wird (vgl. Ruf u. a. 1999).

Rein individuelles Arbeiten wird demnach der Problemlage nicht gerecht. Um Mathematik als Prozess zu initiieren und ihm als Produkt gerecht zu werden, bedarf es auch der Phasen des Austauschs. Einerseits müssen die Lernenden individuelle Zugänge entwickeln und auf der Basis ihrer eigenen Erfahrungen konstruieren. Die Eigenproduktionen können sie im geschützten Rahmen mit Partnern austauschen und sich dort gemeinsam weiterentwickeln. Darüber hinaus ist die Reflexion der verschiedenen Ansätze in Bezug auf ihre Spannungen zur konventionalisierten Mathematik unerlässlich. Dies geht nur im kommunikativen Austausch in der Gruppe mit dem Ziel, die individuellen teilweise divergierenden Vorstellungen mit den mathematisch intendierten Vorstellungen abzugleichen (vgl. hierzu Lengnink 2005) zum Thema funktionale Abhängigkeiten).

15.3 Individuelle Vorstellungen handlungsorientiert wecken – Weiterarbeiten im intersubjektiven Austausch

Eine Möglichkeit, an den Vorstellungen der Lernenden anzuknüpfen, ist es, Handlungen zu initiieren. Durch Handlungen werden sensomotorische Schemata ausgebildet, die sich durch Wiederholen internalisieren und zu inneren Vorstellungsschemata oder auch Bildern werden. Diese Vorstellungen werden durch Reflexions- und Einordnungsprozesse begrifflich organisiert (vgl. Seiler 2001, S. 192 ff.). Es empfiehlt sich, die Vorstellungen der Einzelnen festzuhalten und in der Gruppe zu thematisieren, um Gemeinsamkeiten und Unterschiede zwischen den lebensweltlichen Vorstellungen der Kinder und den mathematisch intendierten Vorstellungen auszumachen (vgl. Lengnink 2005 und Lengnink 2009). Handeln alleine reicht nicht aus, eine Reflexion der Handlungen und der dabei aufgetretenen Vorstellungen ist notwendig, um den Begriffsaufbau gezielt zu fördern (vgl. Lengnink 2006 zu Zahldarstellungen). Welche Vorstellungen die Lernenden aufgrund der bisher gemachten Erfahrungen oder der initiierten Handlungen aufbauen, ist nicht genau vorhersagbar, es ist ein individueller Konstruktionsprozess. Eine Lernumgebung ermöglicht stets ein Vielzahl von Konstruktionen, solche die mathematisch eher intendiert sind und auch andere. Eindrucksvoll zeigt dies auch Christof Weber mit seinen Vorstellungsübungen (vgl. Weber 2007 und Weber 2010).

Im Folgenden wird eine Projektbearbeitung aus der Mathekartei der Spürnasen Mathematik (Lengnink 2012a) vorgestellt, an der die Balance zwischen individuellem und interessengeleitetem Handeln und Arbeiten und dem intersubjektiven Abgleich aufgezeigt werden soll.

Die Mathekartei ist für einen geöffneten jahrgangsgemischten Unterricht der Grundschule konzipiert, der den Lernenden ein Lernen auf eigenen Wegen ermöglichen soll. Dafür werden in jedem Projekt mit Hilfe von sechs thematisch bezogenen Projektkarten Handlungen initiiert, in denen die Schülerinnen und Schüler eigene Erfahrungen machen, Vorstellungen aufbauen und im Austausch miteinander Begriffe bilden. Die mit dem Prozess- und Produktcharakter von Mathematik verbundenen Spannungsfelder der Offenheit und Zielorientierung und der Individualisierung und des Intersubjektiven werden am Unterrichtsverlauf und den Arbeitsprodukten der Kinder festgemacht.

Das hier vorgestellte Projekt „Versteckte Mathematik" wurde von Carla Hökenschnieder im Rahmen ihrer schriftlichen Hausarbeit für die Erste Staatsprüfung in einer jahrgangsgemischten Gruppe des ersten und zweiten Jahrgangs erprobt. Ziel des Projektes ist es, die Verbindung von Geometrie und Arithmetik erlebbar zu machen und darüber Zahlen und Operationen bildlich zu repräsentieren sowie Muster und Strukturen sichtbar zu machen. Aus den sechs Karten wurden zwei ausgesucht, die den Prozess des Arbeitens verdeutlichen sollen. Eine weitere Besprechung von Schülerprodukten findet sich in (Lengnink 2012c) und (Hökenschnieder 2011).

Die Karte 4 (Abb. 15.1) thematisiert Muster mit Löchern. Diese

> „[...] thematisieren die Subtraktion. Durch ihre Zweifarbigkeit liegen auch Additionsaufgaben nahe. Hier ist es sinnvoll, den Austausch der Kinder über ihre unterschiedlichen Aufgaben anzuregen, um mehrere Perspektiven zu vergleichen und die Subtraktion in den Erfahrungshorizont zu heben."
>
> Lengnink 2012b, S. 36

Bereits die Bearbeitung der ersten Aufgabe zeigt, wo die Kinder in ihrem Operationsverständnis stehen und auf welch vielfältige Weise die Muster gedacht werden können.

So erfindet Lisa die in Abbildung 15.2 gezeigten Aufgaben zu den abgebildeten Mustern. Man sieht, dass sie zunächst relativ konform zur Intention der Aufgabenstellung die Aufgabe $12 + 4 = 16$ formuliert, denn $16 - 4 = 12$ ist ja bereits im Aufgabentext vermerkt. Nun interpretiert sie vermutlich im selben Muster die vier gedachten kleinen Kästchen des Lochs als ein großes Kästchen und notiert $13 - 1 = 12$. Auch die Aufgabe $20 + 4 = 24$ zeigt, dass Lisa die Struktur der Lochmuster im gewünschten

Abbildung 15.1. Muster mit Löchern (Lengnink 2012a)

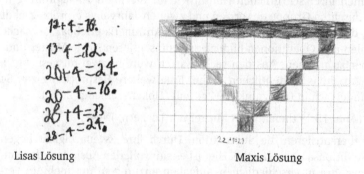

Lisas Lösung   Maxis Lösung

Abbildung 15.2. Lösungen von Lisa und Maxi

Sinne verstanden hat, sie allerdings additiv notiert. Die nächste Aufgabe $20 - 4 = 16$ lässt die Vermutung zu, dass es sich hier um den Versuch handelt, eine Umkehraufgabe rein formal zu formulieren, diese aber mit der Struktur der Muster nicht in Verbindung gebracht wird. Lisa scheint die Subtraktion in der Aufgabe nicht zu sehen. Die beiden unteren Gleichungen erschließen sich der Autorin nicht, da keine ganz stimmige Verbindung zum Muster erkennbar ist und auch eine Rechnung nicht korrekt ist. Möglicherweise beziehen sich die Aufgaben auf das Rechteckmuster links unten, in dem 28 bunte Kästchen zu sehen sind. Die Verbindung von Geometrie und Arithmetik, die mit den Lochmustern auf der Vorstellungsebene angeregt und verankert werden sollte, erschließt sich für Lisa noch nicht vollständig. So sieht sie zwar Additionsaufgaben in den Lochmustern, kann aber die Subtraktion noch nicht in Einklang damit bringen. Dies mag daran liegen, dass das Ganze wegen des Lochs für die Kinder der ersten und zweiten Jahrgangsstufe noch nicht als Gesamtheit zahlenmäßig erfasst wird (s. u.).

Verschiedene Bearbeitungen aus der Erprobung zur zweiten Aufgabe zeigen auf, dass die Kinder durchaus unterschiedliche Lernstände haben. So zeigt Maxi (1. Klasse) in Abbildung 15.2, dass er zählen kann und die Operation des Addierens versteht. Er zählt die Felder seines Dreiecks korrekt ab und addiert das Feld an der Spitze hinzu.

Der oben gewonnene Eindruck, dass die Addition die vorherrschende Operation ist und die Subtraktion auf der rein formalen Ebene nachgeschoben wird, wird mit der Schülerarbeit aus Abbildung 15.3 noch verstärkt. Hier zeigt sich auch ein Problem des Notierens einer korrekten Subtraktionsaufgabe. Das Ganze ist bei den Lochmustern schlecht sichtbar und muss zunächst erschlossen werden, um eine adäquate Subtraktion anzugeben. Dies gelingt vielen Kindern nicht, stattdessen ziehen sie die Kästchen des Lochs von der Zahl der bunten Kästchen ab. Die Aufgabe hat damit ein hohes diagnostisches Potential, sie ist informativ für die Lehrkraft, es werden an ihr die Verständnisprobleme einzelner Kinder und der Gruppe sichtbar.

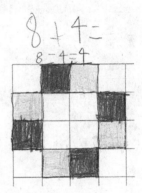

Abbildung 15.3. Subtraktionsaufgabe

Das oben beschriebene Problem lässt sich jedoch nicht auf alle Lernenden verallgemeinern. Eva, ein Mädchen aus dem zweiten Jahrgang, beherrscht hingegen die Addition und Subtraktion sowohl bildlich wie auch formal korrekt. Besonders eindrucksvoll ist es, wie sie ihr Vorgehen plant und das Muster im Vorhinein entwirft (vgl. Hökenschnieder 2011, S. 56).

Betrachtet man diese Vielfalt der Bearbeitungen und auch der Niveaus des Verständnisses, so wäre es verschenktes Potential, die Kinder mit ihren Lösungen alleine zu lassen. Es lohnt sich, die Lösungen zum gemeinsamen Thema zu machen und über die unterschiedlichen Vorstellungsebenen zu sprechen. Plateauphasen (Lengnink 2012b, S. 12) müssen eingeschoben werden, um die Erfahrungen zu reflektieren, sie auszutauschen und voneinander zu lernen.

Methodisch bieten sich für diese Unterrichtsphase verschiedene Ansätze an. So kann in einem Schreibgespräch über ein Klassenplakat ein informeller Austausch stattfinden. Die Kinder zeichnen oder heften ihre gefundenen Muster für alle Kinder sichtbar auf ein großes im Klassenraum aufgehängtes Plakat. Andere Kinder können eigene Muster hinzufügen oder auch Aufgaben dazu schreiben. Es dürfen auch Fragen an die notierten Lösungen gestellt werden. Die Kinder werden so aufgefordert ihre Lösungen darzustellen. Da das Plakat von allen gemeinsam genutzt wird, ergeben sich automatisch (schriftlich geführte) Diskussionen oder alternative Deutungen. Das Pla-

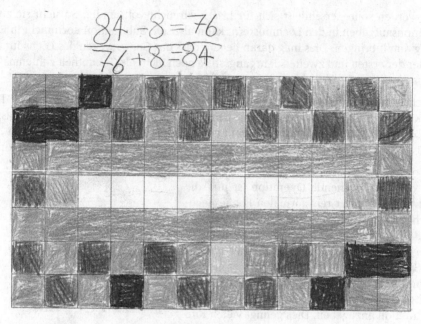

Abbildung 15.4. Eva

kat kann wegen des noch nicht ausgefeilten schriftlichen Vermögens der Kinder zum Unterrichtsgespräch herangezogen werden. Dort können sich die beteiligten Kinder über ihre Deutungen austauschen, was ihre Argumentationsvermögen und die Fähigkeit zu kommunizieren fördert. Weitere Möglichkeiten wären ein Zeigekreis, in dem alle Kinder ein bestimmtes Produkt betrachten, oder auch Museumsrundgänge, die wie eine Art Ausstellung die Produkte der Kinder zeigen.

In diesem Prozess des gemeinsamen Austauschs wird bei genauer Betrachtung ein Wechselspiel zwischen Produkt (individuellen Produkten der Kinder) und Prozess (Austausch und Weiterarbeit) angeregt, das auch iterierend weitergeführt werden kann. So gelingt es, über den Austausch (Prozess) wieder eine Arbeitsphase (Prozess) anzustoßen, die zur Erzeugung neuer Muster und Aufgaben führen (Produkt). Die Zielorientierung in Hinblick auf die mathematisch intendierte Deutung der Lochmuster als Additions- und Subtraktionsaufgaben wird in diesem Wechselspiel zwischen Produkt und Prozess verfolgt, indem die Lehrkraft bestimmte Arbeitsprodukte der Kinder zum Thema der Gruppe machen kann, wie etwa die Arbeit der Schülerin Eva.

Eine weitere Projektkarte des Projektes Versteckte Mathematik befasst sich mit Musterfolgen. Ziel ist es, Veränderungen in Mustern zu erkennen, sie zu erklären und auch formal zu erfassen. Insofern ist hier die prozessbezogene Kompetenz des Problemlösens gefragt, bei der mathematische Strukturen in Situationen hineingedacht werden müssen, was für die Kinder eine Herausforderung darstellt.

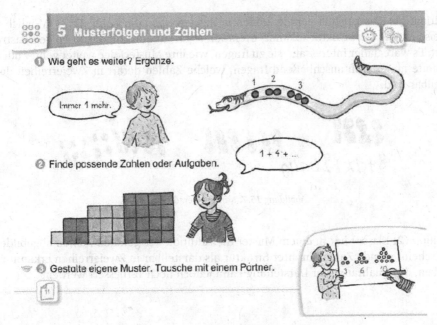

Abbildung 15.5. Musterfolgen und Zahlen

Die dritte Aufgabe ist diejenige mit dem größten diagnostischen Potential, weil sie zeigt, inwieweit die Kinder die Verbindung zwischen Geometrie und Arithmetik bereits zu denken gelernt haben.

Lea (2. Klasse) stellt eine Dreieckszahl korrekt dar (Abb. 15.6). Auf diese Idee scheint sie eigenständig gekommen zu sein, zumindest legt die Projektkarte dies über die Darstellung nicht direkt nahe. Die Anordnung, die Lea wählt, ist von der 7 abnehmend bis zur 1 und darunter formal andersherum sortiert. Eventuell denkt Lea die Zahlen aber auch als Zeilen, dann ist die Formalisierung von oben nach unten erfolgt. Dies könnte nur über eine Betrachtung des Prozesses erschlossen werden oder durch ein Interview. Sie verrechnet sich um 1.

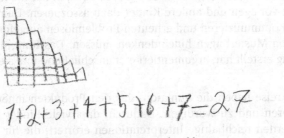

Abbildung 15.6. Leas Dreieckszahlen

Miriam (1. Klasse) stellt gerade Zahlen in Zweierreihen dar (Abb. 15.7). Möglicherweise hat sie die Struktur erkannt, eventuell sogar eine Art Fibonacci-Folge konstruiert. Es wäre daher interessant, sie zu fragen, wie ihre Musterfolge weiter geht. Zudem könnte man daran anschließend fragen, welche Zahlen derart in Zweierreihen darstellbar sind.

Abbildung 15.7. Miriams gerade Zahlen

Philipp (2. Klasse) hat in einem Muster die Addition der geraden Zahlen abgebildet. Er scheint gerade Zahlen in ihrer Struktur als darstellbar in Zweierreihen erkannt zu haben, die Qualität seiner Darstellung kann jedoch noch verbessert werden.

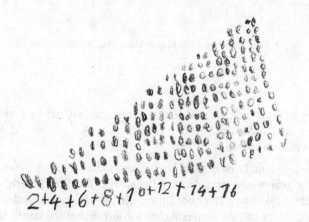

Abbildung 15.8. Philipps Summe der geraden Zahlen

Die Kommunikation über die Ergebnisse könnte durch einen Zeigekreis, eine Erfinderrunde initiiert werden (vgl. Strobel 2001, S. 113), in der die Kinder zunächst nur ihre Produkte vorlegen und andere Kinder dazu assoziieren. Damit werden die Lernenden zum Kommunizieren und erneuten Problemlösen aufgefordert, da sie sich in die vorgelegten Musterfolgen hineindenken müssen. Das Kind, das die Entdeckung oder Erfindung erstellt hat, argumentiert erst anschließend und stellt seine Gedanken dar.

Solche Zeigekreise haben die Funktion, das den Produkten innewohnende Implizite zu explizieren und zu würdigen. Dadurch, dass viele Kinder ihre Assoziationen mittteilen, werden reichhaltige Interpretationen erörtert, die für uns mathematisch zielführenden können und sollten eingebracht werden. Hier wäre lohnenswert die

Struktur der geraden Zahlen als in Zweierreihen darstellbare Zahlen aufzuarbeiten. Auch die Dreiecksstruktur der Addition aufeinanderfolgender Zahlen von der Eins ab sollte thematisiert werden. Zudem kann an der Frage nach der Fortsetzung des Musters von Miriam auf die Fibonacci-Struktur hingearbeitet werden. Dies alles kann sich im Denken der Kinder verankern und sie zum Weiterdenken anregen, es muss aber nicht zünden.

Die Auswahl der im Zeigekreis thematisierten Musterfolgen kann auch durch die Lehrkraft zielgerichtet erfolgen. Dies lohnt sich dann, wenn der Lernprozess auf einen bestimmten Punkt hin fokussiert oder ein bestimmter Problembereich eingekreist werden soll.

Auch hier zeigen sich die Spannungsfelder von Produkt und Prozess und von Offenheit und Zielorientierung als wertvolle Kategorien. Ausgehend von den Schülerprodukten werden auch hier neue Lernchancen eröffnet, die den Prozess der Weiterarbeit vorantreiben. Die Lehrkraft hat die Aufgabe, über die mit den Lernumgebungen verbundenen Ziele und über die Problembereiche und Anknüpfungspunkte, die bei den Schülerprodukten sichtbar werden, zu reflektieren. Daraus ergeben sich die Möglichkeiten für die Weiterarbeit und die Auswahl der dafür im Sinne des Ziels förderlichen Schülerprodukte.

15.4 Fazit – Was Lehrkräfte leisten können

Es wurden eingangs die Spannungsfelder von Mathematik als Produkt und Prozess und Mathematikunterricht zwischen Öffnung und Zielorientierung ausgemacht. Deutlich wurde, dass bei einem differenzierten Verständnis dieser Spannungsfelder weder das Subjektive noch das Intersubjektive im Lernprozess fehlen darf. Eine grundsätzliche Schwierigkeit besteht darin, individuelles Lernen zu initiieren und in einem Raum des Austauschs zu befördern, indem auch andere Ansätze, Vorstellungen, Strategien und Darstellungen zur Sprache kommen.

An die Lehrkräfte stellt dies hohe Anforderungen. Sie müssen intelligente Lernumgebungen konzipieren, in denen die Kinder eigene Erfahrungen machen, Vorstellungen aufbauen und Darstellungen sowie Strategien entwickeln können. Die Lernumgebungen müssen informativ, d. h. so produktorientiert sein, dass die Denkansätze der Kinder sich in den Ausarbeitungen zeigen und damit zum Gegenstand der Reflexion und Weiterarbeit gemacht werden können. Zum andern benötigen Lehrkräfte eine hohe diagnostische Kompetenz, die es ihnen ermöglicht, sowohl die fachmathematische Anschlussfähigkeit eines Schülerproduktes auszuloten, wie auch Problembereiche vor dem fachdidaktischen Hintergrund einzukreisen. Nur so ist eine flexible und kompetente Reaktion auf die Produkte der Lernenden potentiell möglich.

Ist all dies gegeben, so ist noch eine weitere Anforderung an die Lehrkräfte zu formulieren. Sie müssen Plateauphasen produktiv gestalten lernen, d. h. zielorientiert eine Methode auswählen, geeignete Schülerprodukte zur Verfügung stellen und den Austausch konstruktiv und fördernd begleiten. Dazu gehört es auch, falls nötig, zielorientiert Impulse zu geben, gleichzeitig aber auch offen für divergierende Perspektiven zu sein, diese schnell einzuordnen und ggf. in der Moderation weiter zu verfolgen.

Literatur

[Bauersfeld u. a. 1983] BAUERSFELD, Heinrich; BUSSMANN, Hans; KRUMMHEUER, Götz; LORENZ, Jens-Holger; VOIGT, Jörg: *Untersuchungen zum Mathematikunterricht*. Köln: Aulis Verlag, 1983.

[Brandt u. a. 2010] BRANDT, Birgit; FETZER, Marei; SCHÜTTE, Marcus: *Auf den Spuren interpretativer Unterrichtsforschung in der Mathematikdidaktik*. Münster: Waxman, 2010.

[Bruder u. a. 2011] BRUDER, Regina; COLLET, Christina: *Problemlösen lernen im Mathematikunterricht*. Berlin: Cornelsen Scriptor, 2011.

[Fischer o. J.] FISCHER, Roland: *Höhere Allgemeinbildung II*. Unveröffentlichtes Manuskript, Universitäten Klagenfurt.

[Freudenthal 1973] FREUDENTHAL, Hans: *Klett Studienbücher Mathematik: Mathematik als pädagogische Aufgabe, Bd. 1 und 2*. Stuttgart: Klett, 1973.

[Galbraith u. a. 2007] GALBRAITH, Peter; HENN, Hans-Wolfgang; BLUM, Werner; NISS, Mogens (Hrsg.): *Modelling and Applications in Mathematics Education*. New York: Springer, 2007.

[Grunder 2009] GRUNDER, Hans-Ulrich; GUT, Adolf (Hrsg.): *Zum Umgang mit Heterogenität in der Schule, Bd. 1*. Hohengehren: Schneider Verlag, 2009.

[Hersh 1999] HERSH, Reuben: *What is mathematics, really?*. Oxford: Oxford University Press, 1999.

[Heuvel-Panhuizen 2003] HEUVEL-PANHUIZEN, Marja van den: The learning paradox and the learning miracle: thoughts on primary school mathematics education. In: *Journal für Mathematik-Didaktik* 24 (2003), Nr. 2, S. 96–121.

[Hofe 1995] HOFE, Rudolf vom: *Grundvorstellungen mathematischer Inhalte*. Heidelberg, Berlin, Oxford: Spektrum, Akademischer Verlag, 1995.

[Hökenschnieder 2011] HÖKENSCHNIEDER, Carla: *Mathematiklernen im offenen Unterricht – Evaluation eines Schulprojektes zur „Versteckten Mathematik"*. Staatsarbeit, Universität Siegen, 2011.

[KMK 2004] Kultusministerkonferenz: *Bildungsstandards im Fach Mathematik für den Primarbereich*. München, Neuwied: Luchterhand, 2004.

[Lengnink u. a. 2011] LENGNINK, Katja; PREDIGER, Susanne; WEBER, Christof: Lernende abholen, wo sie stehen - Individuelle Vorstellungen aktivieren und nutzen. In: *Praxis der Mathematik in der Schule* 53 (2011), Nr. 40, S. 2–7.

[Lengnink 2005] LENGNINK, Katja: „Abhängigkeiten von Größen" – zwischen Mathematikunterricht und Lebenswelt. In: *Praxis der Mathematik* 47 (2005), Nr. 2, S. 13–19.

[Lengnink 2006] LENGNINK, Katja: Reflected Acting in Mathematical Learning Processes. In: *Zentralblatt für Didaktik der Mathematik* 38 (2006), Nr. 4, S. 341–349.

[Lengnink 2009] LENGNINK, Katja: Vorstellungen bilden: Zwischen Lebenswelt und Mathematik. In: LEUDERS, Timo (Hrsg.); HEFENDEHL-HEBEKER, Lisa (Hrsg.); WEIGAND, Hans-Georg (Hrsg.): *Mathemagische Momente*. Berlin: Cornelsen, 2009, S. 120–129.

[Lengnink 2012a] LENGNINK, Katja (Hrsg.): *Spürnasen Mathematik 1./2. Schuljahr. Mathekartei mit Schachtel.* Berlin: Duden Schulbuchverlag, 2012.

[Lengnink 2012b] LENGNINK, Katja (Hrsg.): *Spürnasen Mathematik 1./2. Schuljahr. Handreichungen für den Unterricht.* Berlin: Duden Schulbuchverlag, 2012.

[Lengnink 2012c] LENGNINK, Katja: Mathematische Vorstellungen anbahnen – Handlungsorientierte Projekte in heterogenen Lerngruppen der Schuleingangsphase. In: LUDWIG, Matthias (Hrsg.); KLEINE, Michael (Hrsg.): *Beiträge zum Mathematikunterricht.* Münster: WTM-Verlag, 2012, S. 537–540.

[Löwe u. a. 2010] LÖWE, Benedikt; MÜLLER, Thomas: *Phimsamp. Philosophy of Mathematics: Sociological Aspects and Mathematical Practice.* London: Kings College Publisher, 2010.

[Nührenbörger u. a. 2006] NÜHRENBÖRGER, Markus; PUST, Silke: *Mit Unterschieden rechnen. Lernumgebungen und Materialien im differenzierten Anfangsunterricht Mathematik.* Seelze: Kallmeyer, 2006.

[Peschel 2005a] PESCHEL, Falko: *Offener Unterricht: Idee – Realität – Perspektive und ein praxiserprobtes Konzept zur Diskussion, Teil I: Allgemeindidaktische Überlegungen.* Baltmannsweiler: Schneider Hohengehren, 2005.

[Peschel 2005b] PESCHEL, Falko: *Offener Unterricht: Idee – Realität – Perspektive und ein praxiserprobtes Konzept zur Diskussion, Teil II: Fachdidaktische Überlegungen.* Baltmannsweiler: Schneider Hohengehren, 2005.

[Ruf u. a. 1999] RUF, Urs; GALLIN, Peter: *Dialogisches Lernen in Sprache und Mathematik.* Band 1 und 2, Seelze-Velber: Kallmeyer, 1999.

[Seiler 2001] SEILER, Thomas Bernhard: *Begreifen und Verstehen. Ein Buch über Begriffe und Bedeutungen.* Mühltal: Verlag Allgemeine Wissenschaft, 2001.

[Sinus 2003] Sinus Hessen 2003: *Gute Unterrichtspraxis Mathematik, eine Broschüre zum BLK-Modellversuch.* http://www.mathematik.uni-kassel.de/didaktik/sinus/SINUS-He-Broschuere.pdf. Stand: 17. Oktober 2012.

[Strobel 2001] STROBEL, Anton: Natürliche Mathematik in der Freinetpädagogik. In: LENGNINK, Katja (Hrsg.); PREDIGER, Susanne (Hrsg.); SIEBEL, Franziska (Hrsg.): *Mathematik und Mensch.* Mühltal: Verlag Allgemeine Wissenschaft, 2001, S. 111–125.

[Sundermann u. a. 2006] SUNDERMANN, Beate; SELTER, Christoph: *Beurteilen und Fördern im Mathematikunterricht.* Berlin: Cornelsen Scriptor, 2006.

[Vohns 2007] VOHNS, Andreas: *Grundlegende Ideen und Mathematikunterricht – Entwicklung und Perspektiven eines fachdidaktischen Prinzips.* Norderstedt: Books on Demand GmbH, 2007.

[Weber 2007] WEBER, Christof: *Mathematische Vorstellungen bilden – Praxis und Theorie von Vorstellungsübungen im Mathematikunterricht der Sekundarstufe II.* Bern: h.e.p. Verlag, 2007.

[Weber 2010] WEBER, Christof: *Mathematische Vorstellungsübungen im Unterricht – ein Handbuch für das Gymnasium.* Seelze-Velber, Stuttgart: Kallmeyer und Klett Verlag, 2010.

[Wittmann 1974] WITTMANN, Erich: *Grundfragen des Mathematikunterrichts.* Braunschweig: Vieweg, 1974.

16 Bildungsprobleme im Mathematikunterricht. Eine Fallstudie zum Lernen von Algebra

JENS ROSCH

16.1 Methodisches Selbstverständnis der Analyse

Schule ist eine gesellschaftliche Institution mit öffentlichem Auftrag. Heranwachsende sollen in ihrem Kontext bis zum Eintritt in die Volljährigkeit eine Bildung erlangen, die es ihnen ermöglicht, ihre zukünftige Lebenspraxis selbständig zu gestalten, sich für einen Beruf gemäß eigener Neigung und Befähigung zu entscheiden (zur Problematik vgl. Blankertz 1982, S. 235 ff. und 249 ff.) sowie in Berührung mit jenen inneren oder äußeren Instanzen zu gelangen, welche wir in einem übergreifenden Sinne als Themen oder Probleme der Menschheit (vgl. Jahnke 1990, Teil 1) zu denken gewohnt sind. Wie verhält sich die soziale Wirklichkeit schulischen Mathematikunterrichts zu diesem zugleich historisch wie aktuell überzeitlich interpretierbaren Anspruch?

Hält man sich den potentiellen Alltagsbezug einiger seiner Pflichtthemen vor Augen, dann wird deutlich, dass deren Thematisierung im institutionellen Kontext einer anderen Logik folgt, als es die Ziele der alltäglichen Lebensbewältigung zu erfordern scheinen. Alltag und materialer Bildungsanspruch klaffen weit auseinander. Fast chronisch verstehen Schüler nicht, warum sie sich in der Schule überhaupt mit diesem und jenem beschäftigen sollen.

Ein pauschaler Verweis auf die zukünftige Nützlichkeit des zu Lernenden klärt dabei nicht viel. Damit überhaupt vom Gelingen schulischer Bildung im Medium mathematischer Gegenständlichkeit die Rede sein kann, muss ein Prozess von deren gelingender Vermittlung denkbar sein. Ein solches Gelingen lässt sich zwar allgemein in der bildungstheoretischen Figur fassen, dass die Auseinandersetzung mit entsprechenden Problemen zu einem neuen, bezogen auf die Spezifik alltäglichen Denkens reicheren Selbstverständnis der Heranwachsenden führt bzw. führen soll. Dessen Konkretisierung dürfte aber kaum ohne Fragen nach der Ausbildung von Urteilskraft, etwa einer empirischen Typisierung theoretischer und praktischer Vernunft anhand konkreter Lernbiographien und Schulkarrieren, diskutierbar sein (vgl. dazu systematisierend Blankertz 1982, S. 192, S. 217 oder S. 252 sowie deskriptiv Gallin u. a. 1990).

Eine grundlegende Frage diesbezüglicher empirischer Forschung lautet: An welchen materialen und formalen Details lässt sich das Gelingen gegenstandsbezogener Erschließung und der Vermittlung kritischer Urteilsfähigkeit festmachen? Während diese Frage noch vor dreißig Jahren mit neuen didaktischen Modellen oder einem Verweis auf das emanzipative Potential kommunikativer Kompetenz beantwortet werden konnte, führt im Zeitalter internationaler Schulleistungsvergleichsstudien kein Weg mehr an einer methodisch kontrollierten Erschließung der Spezifik sozialer Wirklichkeit von Lernen und Unterricht vorbei. Objekttheoretisch geht es dabei um die Materialität sprachlicher Vollzüge, wie sie spätestens seit (Austin 1979) als Performativität implizit ausgedrückter Bedeutung beim Sprechen analytisch fassbar ist. Methodisch ginge es dann um eine Rekonstruktion des objektiven Sinns sprachlich konkretisierter Aufgabenbezüge (ausführlich dazu Rosch 2010a, Kap. 4).

Soziale Wirklichkeit ist im Unterschied zur stochastisch verfassten Wirklichkeit der Atome, Elementarteilchen und ihrer dynamischen Verbindungen sinnstrukturiert. Sinn als Grundbegriff der Sozialwissenschaften umfasst neben seiner subjektiven immer eine objektiv vermittelte Seite. Diese strukturiert sich entlang von Regeln für die Erzeugung und das Verstehen von Sprache, die sozialkonstitutive Reziprozität von Perspektiven sozialer Akteure sowie jener das Denken in Propositionen bestimmenden Regeln, die wir als Idee von Verursachung gleichermaßen unserem zweckgerichteten Handeln wie der kausalen Erklärung überraschender Phänomene zugrunde legen.

Im Rahmen eines erfahrungswissenschaftlichen Selbstverständnisses der Erforschung sozialer Wirklichkeit stellt sich methodisch die grundlegende Frage nach Möglichkeiten der Objektivierung von Aussagen über diese Wirklichkeit. Dabei sind zunächst Fragen der Beobachtung von Fragen der Interpretation von Beobachtungen zu unterscheiden. Gültigkeit sozialwissenschaftlicher Aussagen setzt demgemäß zweierlei voraus: dass das Zustandekommen der Interpretation regelbasiert vorgestellt werden kann sowie dass die der Interpretation zugrunde liegenden Vorstellungen als Beobachtungen über eine adäquate Entsprechung in der beobachteten Wirklichkeit verfügen.

Beziehen sich solche Aussagen auf ein pädagogisches Geschehen wie Unterricht, so ist es im Kontext von Sinn erschließender Rekonstruktion dieser Praxis notwendig, die konstitutiven Regeln für die Ausformung der den Beobachtungen zugrunde liegenden Wirklichkeit an Beobachtungsprotokollen in ihren Details zu erschließen.

Das soll im Folgenden am Beispiel einer Unterrichtsstunde im Fach Mathematik erfolgen, welche das Lernen von Algebra zum Ziel hat. Die Unterrichtsstunde wurde an einem Gymnasium in Hessen beobachtet und im Rahmen einer Einzelfallstudie ausführlich interpretiert. Zum Forschungskontext siehe etwa (Gruschka 2005). Erste Ergebnisse analoger Fallrekonstruktionen zum Lernen von Funktionen, Geometrie und mathematischer Logik finden sich in (Gruschka 2009, S. 295–383).

16.1.1 Pädagogische Problembestimmung

In methodischer Hinsicht geht die Rekonstruktion der sozialen Sinnstruktur des Unterrichtens sequenziell und zweistufig vor. Nachdem für einen Protokollsatz das vollständige Spektrum an pragmatischen Bedeutungen zunächst kontextfrei bestimmt wurde, hat sich dieses in der fortlaufend zu präzisierenden Kontinuität des Äußerungskontexts zu bewähren. So wird sukzessive die Struktur des Gesamtkontexts der Protokollbasis erschlossen. Sie gilt dann als erschlossen, wenn im empirischen Material die regelgeleitete Reproduktion der Auswahl spezifischer semantischer Optionen aus dem Horizont des insgesamt Möglichen erkennbar geworden ist (vgl. Wernet 2006).

Die Stunde beginnt – wie so oft – mit dem Vergleichen der Hausaufgaben, als ein Schüler scheinbar unvermittelt öffentlich bekennt: *Ähm, können Sie das vielleicht noch mal erklären, weil ich hab' das so ganz und gar nicht verstanden, was man da machen sollte.* Dieser Schüler artikuliert hier sein subjektives Nichtverstehen in doppelter Hinsicht: zum einen bezogen auf einen Sachzusammenhang (*das*) und zum anderen bezogen auf eine allgemeine Handlungsvorstellung (*was man machen sollte*). Was hat es mit dieser latenten Mehrdeutigkeit auf sich?

Objektiv gesehen ersucht er seinen Lehrer um Hilfe, indem er sich an ihn mit einer Bitte um professionelle Begleitung der eigenen Verstehensbemühungen wendet. Zugleich konstatiert er das vollständige Scheitern seiner bisherigen Bemühung, was einem aktuellen Eingeständnis der eigenen Hilflosigkeit gleichkommt.

Ein auf solche Weise angesprochener Pädagoge kommt nicht umhin, diese Interpretation aktuell zu konkretisieren: Entweder steckt der Schüler in einer tiefen Krise, dann wäre sein weiterer Lernprozess akut bedroht. Oder aber er artikuliert eine eigene Beziehung zu den Gegenständen bzw. Aufgaben, die der Lehrer als für die Konkretisierung der Bildungsplanung Verantwortlicher bisher in den Unterricht eingebracht hat. In solchem Fall würde er nicht so sehr an sich selbst zweifeln, wie am Sinn der vom Lehrer vermittelten Sache. Seine Beziehung zum Lehrer als Lehrer wäre dann akut gestört. Beide Möglichkeiten schließen sich offensichtlich aus.

Was hier tatsächlich der Fall ist, erweist sich, wenn man das bisherige Interpretationsergebnis mit dem konkreten Kontext der Schüleräußerung im empirischen Material konfrontiert. Dieses stellt den Gesamtverlauf aller protokollierten Interaktionen sequenziell und möglichst lückenlos unter Zuhilfenahme wohldefinierter Sonderzeichen dar.

Sw8: *Kann ich mit den Hausaufgaben anfangen.*

Lm: *Ja, bitte.*

Sw8: *Also ähm {2 sec. Unruhe} ähm Enn hoch zwei plus acht Enn plus sechzehn gleich ähm in Klammern Enn plus vier hoch zwei.*

Lm: *[Genau]*

Sm?: *[falsch]*

Sm1: *Ähm Herr Lm.*

Lm: *Bitte.*

Sm1: *Ähm, können Sie das vielleicht noch mal erklären, weil ich hab' das so ganz und*

> *gar nicht verstanden, was man da machen sollte. (.) Ich hab das auch nicht*
> *gemacht. =*

S?:   *=Ich auch nicht. {1–2 sec. Pause}*

Eine Schülerin hatte sich gemeldet, um der Klasse ihre Lösung der Hausaufgaben zu präsentieren. Bereits in der unmittelbaren Wahrnehmung des Ergebnisses offenbaren sich Differenzen. Während der Lehrer die genannte Lösung bestätigt, äußert ein Schüler spontan mit einem zeitgleich artikulierten Kommentar, die Lösung sei falsch. An diese momentane Verwirrung schließt nun die Bitte des Schülers Sm1 unmittelbar an.

Zugleich wird durch die Fortsetzung seiner Äußerung nach einer Pause von ca. einer Sekunde, an die sich eine weitere spontane Schüleräußerung unmittelbar anschließt, deutlich: Der als Bitte artikulierte Sprechakt ist eigentlich eine Entschuldigung für nichtgemachte Hausaufgaben. Damit wird die Angelegenheit nun pädagogisch brisant. Der Schüler formuliert eine Legitimitätsaussage von folgendem Inhalt: *Ich kann Hausaufgaben nur erledigen, wenn ich die entsprechende Sache verstanden habe.* Und in diesem Zusammenhang erhellt sich nun die seltsame Mehrdeutigkeit der Äußerung als Begründung seiner Bitte: *Wenn ich nicht einmal verstanden habe, was man tun sollte, bin ich auch nicht in der Lage, eine Lösung zu versuchen.* Zur Verstärkung dieses Anliegens bestätigt ein zweiter Schüler, dass es ihm ähnlich ergangen sei.

Pragmatische Grundlage dieser Deutung ist die für Schulunterricht zu Grunde gelegte Regel, dass die Bearbeitung sog. Hausaufgaben für alle Schüler als Pflicht gilt. Klar ist hier zu erkennen, dass sich das Unterrichten bereits am Stundenbeginn in einer Krise befindet. Der Lehrer hat sich spontan zu entscheiden: Entweder er weist das Ansinnen erzieherisch ab, dann würde er die Verstehensverantwortung an den Schüler zurückspiegeln und ihm signalisieren, er habe sich nicht richtig angestrengt bzw. in der vorigen Stunde nicht gut zugehört. Oder aber der Lehrer akzeptiert die Entschuldigung und damit auch den Anspruch, die fragliche Sache noch einmal erschließend zu klären. Beide Anschlussmöglichkeiten an die bisher letzte Schüleräußerung schließen sich insofern aus, als der Lehrer jeweils unterschiedliche Erwartungen an das Schülerverhalten prospektiv zur Regel macht. Es handelt sich somit um spezifische pädagogische Deutungsmuster der Unterrichtseingangsphase.

16.1.2 Das Sachproblem in genetischer Perspektive

Um welche Sache geht es hier? Alle naheliegenden Antworten wie etwa quadratische Ergänzung, binomische Formel oder auch ganz allgemein Algebra sind aus der Sicht der fragenden Instanz selbst bestimmungsbedürftig. Versuchen wir, vom Allgemeinen ausgehend eine genauere Bestimmung vorzunehmen, um möglicherweise auf diesem Weg ein Stück weit zu verstehen, ob es für das Verhalten des Schülers tiefer liegende Gründe gibt, als es eine vorschnelle Vermutung von Desinteresse oder gar Faulheit konstatieren würde.

Was ist Algebra? Entstanden vor über einem Jahrtausend, handelt es sich heute um ein ganzes Teilgebiet der Mathematik. Im Unterschied zur vorher entwickelten Arithmetik und Geometrie ist ihre Enstehung eng an eine Neuheit geknüpft: die Verwendung der Null nicht nur als eines Zeichens beim Rechnen, sondern auch die semantische Akzeptanz von nichts als etwas. Das Wort selbst geht zurück auf ein im Jahre 825 von al-Chwarizmi in Bagdad verfasstes Rechenbuch mit dem Titel „Das kurz gefasste Buch über die Rechenverfahren durch Ergänzen und Ausgleichen". In diesem Buch geht es, in heutige Sprache gefasst, um das Auflösen von linearen und quadratischen Gleichungen (vgl. Kaplan 2000). Um Gegenstände also, die als spezieller Teil mathematischer Curricula weltweit die Aufmerksamkeit von Dreizehn- bis Sechszehnjährigen beanspruchen. So gesehen ist Algebra zunächst eine Kunstlehre zum Auffinden von Problemlösungen.

Für jemanden, der diese Kunst beherrscht, handelt es sich dabei um ebenso einfache Operationen, wie es das Zählen und Messen für Jugendliche in der Regel sind. Der Titel von al-Chwarizmis Buch deutet jedoch an, dass dies immanent gedacht keineswegs so sein dürfte: Zwar ist formalisierend von Rechenverfahren die Rede, was aber genau da berechnet werden kann oder soll, bleibt unausgedrückt. Man darf als potentieller Leser eines solchen Buches also hoffen, dass der Autor die diesbezüglichen Ziele und Kontexte mitteilen werde. Was Heranwachsenden so gesehen Schwierigkeiten bei der Erschließung von Algebra bereiten könnte, wäre die Abwesenheit immanenter Motivierung und müsste sich deshalb auf die gedankliche Unausdrückbarkeit entsprechender Repräsentationen beziehen.

Versucht man sich als Mathematiker bzw. Historiker unter dieser Perspektive in die Geschichte der Mathematik hineinzudenken, so fällt einem schnell auf, dass im Unterschied zu Geometrie und Arithmetik, deren Bezeichnungen auf ihren griechischen Ursprung und eine problemkonstitutive Spannung von Maß und Zahl bzw. Zählen und Messen verweisen, allein der Name Algebra mit einer historisch späteren Epoche verbunden ist und auf eine neue Art des Denkens hinweist: Das Wort stammt aus dem Arabischen (al-gabr bzw. al-dschabr) und bedeutet soviel wie „Wiederherstellung", „Ergänzung". Es steht für Vorstellungen der „Wiedereinrichtung eines Ganzen".

Deutlich sind dabei zwei Momente unterscheidbar: Etwas ehemals Intaktes soll durch ein entsprechend kunstfertiges Vorgehen wieder verwendungsfähig gemacht werden; außerdem wird die Art dieses Vorgehens als Ergänzen von etwas Fehlendem aufgefasst. Vergleicht man allein diese Bedeutungskomplexion mit den vertrauten Vorstellungen vom Zählen und Messen, dann lässt sich die spezielle Art der Komplikation erahnen, welcher Lernende im Zusammenhang mit Algebra begegnen: eine im Rahmen quantitativer Fraglichkeit weitgehende Unschärfe bzw. sogar Unbestimmtheit dessen, was im Problemkontext bestimmungsbedürftig ist. Erkenntnistheoretisch gefasst, erscheint es in einer Differenz subjektiver und objektiver Perspektivität zunächst als „Unbestimmtheit des Unbekannten" bzw. als methodische Frage nach Möglichkeiten der Objektivierung von Mehrdeutigkeit bei der Problembestimmung.

16.2 Verstehen von Algebra im Unterricht

Deshalb erscheint es unter forschungsmethodischem Gesichtspunkt als sinnvoll, sich in künstlich naiver Fragehaltung zunächst einmal der Problemstellung zu nähern, so wie sie den Lernenden objektiv gesehen erscheint.

Zwar wurde in der vergangenen Unterrichtsstunde eine Aufgabe formuliert. In welcher Form das geschehen ist und mit welchem Ziel, muss einem Schüler Tage später jedoch nicht mehr in allen Details, ja noch nicht einmal in den wesentlichen Aussagen – wie die Nachfrage von Sm1 deutlich zeigt – vor Augen stehen. Zusätzlich stellt sich die Frage, ob die Aufgabe zum Zeitpunkt ihrer Formulierung überhaupt verstanden wurde. Was dagegen allen Anwesenden, dem Lehrer ebenso wie allen anderen Sprechern und Zuhörern objektiv gesehen zugänglich wird, ist der manifeste Sinn des in der Klassenöffentlichkeit Gesagten, Gezeigten usw.

Innerhalb einer Perspektive immanenter Sinnrekonstruktion lässt sich fragen, worin die pragmatische(n) Bedeutung(en) dieser Sinnmanifestation bestehen. Die potentielle Mehrdeutigkeit des aktuell Ausgedrückten verweist mitunter auf zunächst versteckte, auf den ersten Blick nicht erfasste Nebenbedeutungen (s. o.). Eine Explikation dieser Mehrdeutigkeit ist prinzipiell hilfreich, wenn es darum geht, Verstehensschwierigkeiten von Akteuren in einem aktuellen Kontext zu rekonstruieren (vgl. Rosch 2010a, Kap. 1.4).

Das Protokoll der fraglichen Unterrichtsstunde beinhaltet neben der Qualifizierung des Fraglichen als Hausaufgaben diesbezüglich zunächst nur eine einzige inhaltliche Bestimmung: *Enn hoch zwei plus acht Enn plus sechzehn gleich ähm in Klammern Enn plus vier hoch zwei.* Worin besteht, sozialwissenschaftlich gesprochen, der objektive Sinn dieses Protokollsatzes?

Wahrscheinlich hatte die Schülerin bei der schriftlichen Bearbeitung der Hausaufgabe bereits die viel effektivere Sprache der Algebra verwendet, um den gedanklichen Ablauf bzw. das Ergebnis ihrer Lösungsbemühungen zu fixieren: $n^2 + 8n + 16 = (n+4)^2$. Deshalb besteht im Rahmen einer Fallrekonstruktion das methodisch zu bearbeitende Problem zunächst darin, den latenten Sinn einer solchen Bestimmung aufzuklären.

Da es sich, wie die beiden Anschlussäußerungen deutlich machen, um eine satzförmige Äußerung innerhalb eines illokutiven Sprechakts (vgl. Searle 1971, Kap. 2, sowie zum Problem der Gelingensbedingungen Kap. 3) handelt, die in der Fraglichkeit eines Geltungszusammenhangs steht, fehlt für ihr volles Verständnis aktuell eine Kontextbedeutung, die vom Sprecher jedoch als allgemein bekannt unterstellt wird. Mathematisch gesehen sind dafür zumindest folgende drei Möglichkeiten denkbar:

A Wandle die folgende Summe in ein Produkt um: $n^2 + 8n + 16$.

B Schreibe den folgenden Ausdruck als binomische Formel: $n^2 + 8n + 16 = ?$

C Welche Zahl ist in dem folgenden Rechenausdruck hinzuzufügen, damit ein vollständiges Quadrat entsteht: $n^2 + 8n$?

Worin besteht für jeden dieser Kontexte die zentrale inhaltliche Fraglichkeit? Handelt es sich um mathematisches Fachwissen, oder können die mit der Aufgabe verbundenen Probleme auch ohne Vorkenntnisse verstanden und bearbeitet werden?

16.2.1 Didaktische Aufgabenanalyse bezüglich Lehre

Bei Variante A handelt es sich um einen Aufgabentypus, der als sinnvoll erst seit dem 15. Jahrhundert antizipierbar ist. Im Unterschied zu den Kunstgriffen al-Chwarizmis und seiner Nachfolger begann John Napier, ganze Ausdrücke gleich Null zu setzen und zu fragen, für welche eingesetzten Zahlen das denn stimmen werde. Variante B enthält kein eigentlich mathematisches Problem, sondern statt dessen mit der Bezeichnung „binomische Formel" einen Eigennamen, der für eine allgemeingültige Gleichung mit zwei Unbestimmten steht. Diese Aufgabe testet in Gestalt von Vertauschungs- und Ersetzungsregeln lediglich das Grundverständnis der formalen Sprache der Algebra. In Variante C dagegen wirkt bereits die Formulierung inhaltlich bestimmungsbedüftig: Wie nämlich aus einem Rechenausdruck ein vollständiges Quadrat entstehen kann, muss für einen naiven Leser zunächst als Rätsel erscheinen. Denn die geometrische Figur ist als solche ja entweder ein Quadrat, oder sie ist keins. Was also ist hier das Unvollständige, welches nur durch eine Ergänzung überhaupt wiederherzustellen wäre? Etwa ein Quadratrest? Wie aber kann man sich so etwas, in für Mathematiker und Laien möglicherweise unterschiedlicher Perspektive, überhaupt vorstellen?

Fragen dieser Art stellen sich typischerweise immer wieder, wenn man versucht, den objektiven latenten Sinn schulischer Aufgabenstellungen zu rekonstruieren (vgl. dazu allgemein Rosch 2010a, Kap. 5.1, sowie diskutiert an einem Beispiel aus der Geschichte der Pädagogik in Rosch 2009): *Welcher Art müsste eine gelingende Bearbeitung der verschiedenen Aufgaben sein, und wie ist sie jeweils pragmatisch konstituiert?*

Im Unterschied zu den Varianten A und B ist die Formulierung von Variante C hochgradig visuell aufgeladen. Hier geht es nicht allein um Algebra, sondern um einen übergreifenden Kontext, in welchem Geometrie und Algebra sich gedanklich vereinen lassen müssen.

Es zeigt sich im weiteren Verlauf der Interaktionen, dass es genau eine solche Variante ist, die der Lehrer zur Grundlage seiner didaktischen Modellierung und damit auch der aufgabenförmigen Unterrichtsplanung gemacht hat.

Das Problem wird im Anschluss an die Schülerfrage anhand einer Tafelskizze erklärt: Einem Quadrat der Seitenlänge n werden insgesamt 8 Streifen der Länge n und der Breite 1 hinzugefügt: 4 auf der rechten Seite und 4 an der unteren Seite. Füllt man die Lücke rechts unten mittels eines kleinen Quadrats (von der Seitenlänge 4) auf, so entsteht ein großes Quadrat. Das Vorgehen ist eine Visualisierung der sogenannten quadratischen Ergänzung $n^2 + 8n + 4 \cdot 4 = (n+4)^2$.

Dieser Unterricht kann somit als didaktisch avanciert gelten: Den Schülern wird ein nach allgemeinem Verständnis schwieriger Teil der Mathematik quasi direkt gezeigt.

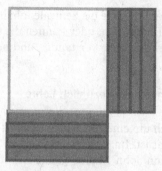

Abbildung 16.1. Erste Visualisierung – die gelehrte Variante

Dabei mag die Hoffnung leitend gewesen sein, auf diese Weise sei es möglich, die sehr häufig auftretenden Probleme beim Verstehen und Gebrauch der mathematischen Formelsprache durch Anschaulichkeit zu umgehen. Zugleich zeigt es sich, dass der Lehrer dem Schüler keine Nachlässigkeit unterstellt, sondern den zuvor behandelten Lösungsweg noch einmal erklären lässt und ihn sodann anschaulich expliziert.

16.2.2 Didaktische Aufgabenanalyse bezüglich Lernen

Woran aber ist das Verstehen der Hausaufgabe im Falle von Sm1 und seines vom – zumindest manifest – gleichen Problem betroffenen Mitschülers gescheitert?

Da der Lehrer sich zuvor bereits entschieden hatte, den Schülern weder Faulheit noch Nachlässigkeit zu unterstellen, kann es sich aus seiner aktuellen Perspektive heraus nur um ein sachlich bedingtes Verstehensproblem handeln. Worin könnte dieses bestehen? Im Unterschied zu den anderen algebraischen Lesarten beinhaltet die vom Lehrer im Unterricht gewählte eine Kontextualisierung, die Geometrie und Algebra sinnvoll aufeinander bezogen auffasst: nicht nur Zahlen und Buchstaben, sondern auch Strecken und Figuren können sich unter bestimmten Umständen gegenseitig ersetzen.

So gesehen setzt das, was offenbar als anschauliche Hilfe gedacht war und nun visuell in Erscheinung tritt, wie jedes Artefakt in der sinnstrukturierten Welt Regeln zu seiner erschließenden Interpretation voraus. Diese können evident oder unverständlich sein. Ihre intuitive Assoziation mit dem Kontext ist Bedingung der Möglichkeit von dessen sachgerechter Bestimmung (vgl. Rosch 2010b). Im vorliegenden Fall steht die zu ergänzende Figur für eine unbekannte Zahl. Aufgrund der prinzipiellen Mehrdeutigkeit solcher Zuordnungen könnte das Verständnis also daran scheitern, dass der Sinn der erwarteten gedanklichen Reduktion einer quadratischen Figur auf ihren Flächeninhalt nicht klar ist.

Die das Problem zu einer Lösung führende geometrische Operation, das Ergänzen des 4×4-Quadrats in der rechten unteren Ecke, lässt sich zwar direkt in eine Antwort der mit Aufgabenvariante C gestellten Frage übersetzen – in die Zahl 16 – die dabei unterstellte Analogie zwischen numerischen Potenzen und deren geometrischer Interpretation ist jedoch keineswegs selbstverständlich. Historisch gesehen war diese Idee konstitutiv für die koordinative Sprachform der Algebra (Kvasz 2008, S. 173 ff.). Auch in synchroner pragmatischer Perspektive lässt sich eine gewisse objektive Bestimmungsbedürftigkeit vermuten, wenn Henk J.M. Bos und Karin Reich über Descartes' Erklärung der algebraischen Operationen in seiner 1637 erschienenen *Géométrie* sagen, dass es in dem Buch einen Grundlegungsteil gibt, „der sich mit der Interpretation der arithmetischen Operationen im geometrischen Kontext befasst und ohne den die Anwendung der Algebra auf die Geometrie unmöglich wäre" (Scholz 1990, S. 199).

Aus Sicht des Lehrers liefert die Visualisierung in Abb. 16.1 eine geometrisch realisierte Evidenz für die von der Schülerin Sw8 zu Anfang genannte Formelgleichung auf der Grundlage einer Vorstellung direkter Entsprechung zwischen dem Quadrat eines Rechenausdrucks und der namensgleichen geometrischen Figur. Doch der Schüler Sm1 behält seine Zweifel an dieser eleganten Art Problemlösung:

Lm: *Vier mal vier, das sind insgesamt sechzehn einzelne {3 sec.} und dann hab' ich wieder 'n ganzes Quadrat. {1–2 sec.} **Sm1, beantwortet das deine Frage?***

Sm1:   >*sehr schnell Ja, also noch nicht so richtig, weil man könnt das doch jetzt auch anders noch machen. Man könnt' doch jetzt auch einfach diese ganzen Streifen, das Quadrat und halt alle Streifen in eine Reihe und da unten ganz viele von diesen Einsern, also wieder ganz andre.< {2 sec.} Also das sind ja genau so viele.*

Interessant ist dabei die Formulierung des Zweifels. Einerseits hat sich der Schüler auf die Grundidee der Analogisierung des algebraischen Problems mit einer geometrischen Darstellung eingelassen, andererseits macht er einen Gegenvorschlag für deren konkrete Realisierung: Er will *diese ganzen Streifen* alle *in einer Reihe* anordnen. Er sucht also intuitiv nach einer Vereinfachung des geometrischen Vorgehens.

Plausibel erscheint ihm dabei, dass auf diesem Wege die Figur eines Quadrats entstehen wird. Man brauche nur den Raum unter dem zuvor gedanklich durch Zusammensetzung realisierten Rechteck mit *ganz vielen von diesen Einsern* aufzufüllen, um im Ergebnis dieser „quadratischen Ergänzung" analog zur Musterlösung ein großes Quadrat zu erhalten.

Um die Frage einer möglichen Übersetzung dieses Vorgehens in die Formelsprache der Algebra kümmert er sich dabei nicht. Statt dessen vermutet er: *Also das sind ja genau so viele.* Der Schwerpunkt seines Zweifels liegt also auf der Eindeutigkeit des zuvor gezeigten Lösungsverfahrens und ist somit methodisch motiviert. Indem der Schüler nach einer anderen Problemlösung sucht, bekundet er ein genuines Erkenntnisinteresse.

16.2.3 Bildung als Problem der Einheit des Verstehens

In Unterscheidung objektiver und subjektiver Perspektiven ist nun zu fragen, auf was für ein mathematisches Problem die Frage des Schülers zielt und worin die von ihm selbst als Nichtverstehen ausgewiesene Schwierigkeit im offiziellen Unterrichtskontext bestehen könnte. Im Sinne didaktischer Aufgabenanalyse konstruktiv gewendet wäre außerdem zu fragen, wie man als Lehrer auf solche Schwierigkeiten reagieren könnte. Hier macht es perspektivisch sicher einen Unterschied, ob man sich diese Frage – etwa in einem kasuistischen Ausbildungs- oder Forschungskontext – schon einmal gestellt hat oder nicht.

Im rekonstruierten Kontext gibt es zwei unterscheidbare Möglichkeiten für das Nichtverstehen, die sich gemäß der objektiven Mehrdeutigkeit der Eingangsfrage des Schülers unterscheiden lassen. Demgemäß bestehen für die letzte betrachtete Schüleräußerung (s. o.) zwei Lesarten pragmatischer Bedeutung:

1. Der Schüler Sm1 versteht nicht, wie die Schülerin Sw8 zu ihrer Lösung gekommen ist.

2. Er versteht nicht, warum diese Lösung in ihrer konkreten Form notwendig ist.

Beide Lesarten beziehen sich bis zu dem Punkt auf ein und dieselbe soziale Wirklichkeit, an welchem für den Schüler ein direktes Weitervoranschreiten im Unterricht aktuell nicht als sinnvoll erscheint. Er äußert einen pragmatisch geerdeten Verstehensanspruch: Die Vermittlung im Unterricht soll nachvollziehbar sein. Grundlage dieser Vorstellung sind für ihn in erster Linie Regeln des Argumentierens und logischen Schließens. Die Gründe für eine solche Sicht sind jedoch in beiden Fällen jeweils andere.

Im ersten Fall bestünde das Problem von Sm1 im konkreten Nachvollzug, sprich Verstehen, des Unterrichtsstoffs. Er will wissen, wie und warum die Schülerin genau so vorgegangen ist. Sein Problem wäre auf Lernen im Sinne einer Sicherung der langfristigen Stabilität des erworbenen Wissens bezogen.

Im zweiten Fall dagegen ginge es ihm um eine ausdeutende Problematisierung des Unterrichtsgegenstandes. Dann hätte er sich die Aufgabe in einem tieferen Sinne als Problem zugeeignet, die bloße Kenntnis von Vorgehensweise und Ergebnis wären dann für ihn nicht zufriedenstellend. Sein Problem wäre demgemäß auf die Realisierung eines Bildungsprozesses auf dem Gebiet der Mathematik bezogen. Die dabei implizit in Anspruch genommenen Maßstäbe für Verstehen bzw. Nichtverstehen wären selbst mathematische.

Beide Varianten pragmatischer Bedeutung schließen sich insofern aus, als sie unterschiedlich motiviert sind. Ihre Totalität erscheint als unmittelbare Fortsetzung jener Begründung zu Anfang der Stunde, mit welcher Sm1 seine Nichterledigung der Hausaufgaben zu rechtfertigen versucht hatte. In diesem Sinne kann man sagen, dass sich nun die Ambivalenz des Schülers in seiner doppelt realisierten Beziehung – einerseits zum Unterricht als sozialer Wirklichkeit und andererseits zum Gegenstand als epistemischer Wirklichkeit – reproduziert.

Wie bereits angedeutet, enthält die Schüleräußerung entscheidende Momente, die das Vorliegen der zweiten Lesart plausibel erscheinen lassen. Dennoch ist es erst der weitere Verlauf der Interaktionen im empirischen Material, der über die Verwirklichung entsprechender Möglichkeit im sozialen Prozess Auskunft gibt.

Die unmittelbare Reaktion des Lehrers erweist, dass für ihn die vom Schüler eingebrachte Frage nach Mehrdeutigkeiten bei der geometrischen Visualisierung der Aufgabe eine Frage der Eindeutigkeit des Ergebnisses ist. Obwohl er damit die Bildungsaspiration des Schülers zunächst in den Hintergrund rückt, ist an dieser Stelle noch nicht ausgeschlossen, dass der Schüler in der Folge sein spezifisches Interesse wird befriedigen können. Da der Lehrer streng bei der Sache bleibt, kehrt sich lediglich die Beweislast um: Lm würde sich für die alternative Lösung interessieren, wenn sie zu einem anderen Ergebnis der Aufgabe führte.

Lm: *Kommt da was anderes bei raus? {Lm zeichnet rechts neben das bestehende Quadrat das Folgende: (vgl. Abb. 16.2)}*

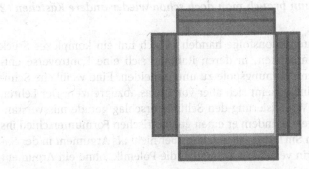

Abbildung 16.2. Zweite Visualisierung – vom Lehrer als Schülervorstellung vermutete Variante

Zugleich versucht er den Schülervorschlag einer „anderen Geometrisierung" des Problems in den Unterrichtsprozess aufzunehmen, missversteht dabei aber das vom Schüler Artikulierte. Er deutet also die vorherige Schüleräußerung eher gemäß erster Lesart. Statt ein Bildungsproblem zu sehen, vermutet er bei Sm1 lediglich oberflächliche Verstehensschwierigkeiten. Da der Schüler in der Folge aber seine Sicht sehr konsequent verteidigt, erledigt sich das Problem auch nicht durch eine alternative Erklärung des Lehrers. Es kommt zu einer Zuspitzung der Diskussion, in die sich schließlich eine Schülerin einschaltet, die den Vorschlag von Sm1 reformuliert. Im Anschluss daran verändert sich die Situation insofern, als sich der Schüler Sm1 zu einer grundsätzlichen Verteidigung in Form ausführlicher Explikation seiner Problemsicht veranlasst sieht.

Sw?:   *Oah er meint einfach, dass man alle Streifen in eine Richtung anlegt.*

Lm: *Ja, aber dann gibt es kein Quadrat.*

Sm1: **Ja [aber da gibt's] doch auch kein Quadrat**

Sw?:   *[Ja eben.]*

Sm1:   **und da [muss man doch erstmal]**

Lm: *[Hier hast du doch wieder 'n Quadrat stehen.]*

Sm1:   **auch erst diese Dinger dazu machen, diese kleinen**

Sw?:   *Jaja, die gehören ja auch dazu. (.) Die sollst du ja dazumachen.*

Lm: *Und jetzt, jetzt kannst du aber (..)*

Sw?:   *Oah, die Aufgabe ist [doch rauszukriegen wie viele Kästchen man von den einzelnen Dingern] braucht, damit's wieder zum Quadrat wird.*

Lm: *[pshht, (..) Sm14 (..) Sm12]*

Sm1:   **Ja aber das kann man doch auf mehrere Arten machen (..) Wenn [man das]**

Lm: *[Sm1]*

Sm1:   **jetzt anders anlegt, dann mach-, kann man das doch schon wieder anders machen (..) dann brauch man doch schon wieder andere Kästchen (2 sec.)**

Bei dieser relativ kurzen Interaktionsfolge handelt es sich um ein komplexes Stück spontan konstituierter Öffentlichkeit, in deren Rahmen sich eine Kontroverse entspinnt. Deutlich sind mehrere Meinungspole zu unterscheiden. Eine weibliche Schülerin versteht, was Sm1 meint, scheint sich aber von etwas abzugrenzen. Der Lehrer, welcher mit seiner zweiten Visualisierung den Schülervorschlag gerade missverstanden hatte, argumentiert dagegen, indem er einen geometrischen Formunterschied ins Spiel bringt. Dieser wird von Sm1 zwar als solcher, aber nicht als Argument in der Sache akzeptiert. Eine Schülerin verschärft zusätzlich die Polemik, ohne ein Argument zu nennen.

Damit stehen sich zwei Sichtweisen auf den Gegenstand der Aufgabe gegenüber. Einem Teil der Schüler genügt zu wissen, was das richtige Ergebnis der Hausaufgabe ist und wie man zu ihm gelangt. Möglicherweise verteidigen diese Schüler die zuvor mühsam errungene eigene Einsicht in den Handlungszusammenhang, in *wie man's macht*. Ein anderer Teil – repräsentiert durch Sm1 – insistiert auf der Geltung von getroffenen Aussagen im Zusammenhang mit einer bisher nur in Ansätzen explizierten Fraglichkeit in der Sache. Diese(r) Schüler fassen den aktuellen Kontext im Sinne von Lesart zwei auf.

Damit sind die in den Äußerungen von Sm1 immanent angelegten Mehrdeutigkeiten nun manifester Teil des Unterrichtskontexts geworden. Zudem geht es nicht mehr nur um einen Aufgabenbearbeitungsprozess und sein Ergebnis, sondern um die Gültigkeit von Argumenten. Stand zu Anfang des Unterrichts latent noch eine pädagogische Legitimitätsfrage im Raum, so handelt es sich mittlerweile um die Frage nach der Angemessenheit bzw. Legitimität von Argumenten, die sich auf ein mathematisches Problem beziehen.

In der Sache wird der diesbezügliche Erkenntnisanspruch des Schülers durch ein neues Argument untermauert: Wenn man bei der geometrischen Darstellung des ursprünglichen Rechenausdrucks auch auf andere Art vorgehen kann, dann braucht man doch schon wieder andere Kästchen. Da alle diese Kästchen von gleicher Form und Größe sind, kann deren Anderssein nur in ihrer Anzahl oder Anordnung bestehen. Das aber bedeutet im Argumentationszusammenhang: *Dann erhält man doch möglicherweise auch eine andere Zahl für die Ergänzung als bisher.*

Sm1 hat nun eine eigene, subjektive Sicht auf das Problem der Aufgabe entwickelt: Es gibt hier ein Quadrat, eine bestimmte Anzahl von Streifen sowie eine noch unbestimmte Anzahl kleiner, aber gleich großer *anderer Kästchen*, die er zuvor als *ganz viele von diesen Einsern* bezeichnet hatte. Aus diesen drei Sorten von Bestandteilen soll ein großes Quadrat entstehen, und die Anzahl dieser Kästchen ist das bei dieser Aufgabe eigentlich Interessierende.

Objektiv gesehen zweifelt er die von seiner Mitschülerin Sw8 vorgestellte, vom Lehrer nochmals explizierte Aufgabenlösung an – „Woher kann man wissen, dass es (nur) die Zahl 16 ist, welche addiert werden muss? Wenn es schon verschiedene Lösungsfiguren gibt, warum dann nicht auch verschiedene Zahlen als Lösung?"

In dieser Unterrichtsstunde vollzieht sich empirisch unstrittig etwas, wovon Bildungstheoretiker oft nur träumen. Aus einer gewöhnlichen Frage beim Vergleichen von Hausaufgaben wird im Zuge der Ausschärfung einer Fraglichkeit die vertiefte Bestimmung eines Unterrichtsgegenstands. Nicht nur erhält die binomische Formel eine sozusagen klassische Visualisierung, auch die logisch tiefer liegende Frage nach den Bedingungen der Möglichkeit solcher Art Vergegenständlichung wird von Schülern erarbeitet. Bezogen auf einen alten Anspruch gymnasialen Mathematikunterrichts – zuletzt im Sinne eines Gesamtkonzepts vertreten von (Wittenberg 1963) – und die damit verbundenen, weitgehenden Hoffnungen einer Synthese humanistischer und realistischer Bildung – so in fächerübergreifender, unterrichtsmethodischer Perspektive (Wagenschein 1968) – kann die (metaphorische) Fruchtbarkeit aufklärender Momente, wie sie sich im analysierten Unterricht bis hierhin andeuten, in ihrer Bedeutung nicht hoch genug eingeschätzt werden – vgl. dazu (Copei 1960).

Zugleich wird deutlich, dass die nun pragmatisch konstituierte Vermittlungsaufgabe darin besteht, die logische Diskrepanz zwischen objektiver Anforderungsstruktur der Aufgabe und subjektiver Schülersicht im weiteren Unterrichtsverlauf aufzuheben. Dazu ist es nötig, den Erkenntnisanspruch des Schülers ernstzunehmen und seinen Zweifel mittels sachlicher Argumente auszuräumen. Bildung im Sinne eines empirisch nachweisbaren Ereignisses wäre also an die Realisierung einer Einheit des Verstehens in sachlicher und sozialer Hinsicht gebunden.

Literatur

[Austin 1979] Austin, John L.: *Zur Theorie der Sprechakte (How to do things with Words)*. 2. Aufl. Stuttgart: Reclam, 1979.

[Blankertz 1982] Blankertz, Herwig: *Die Geschichte der Pädagogik von der Aufklärung bis zur Gegenwart*. Wetzlar: Büchse der Pandora, 1982.

[Copei 1960] Copei, Friedrich: *Der fruchtbare Moment im Bildungsprozess*. 5. Aufl. Heidelberg: Quelle & Meyer, 1960.

[Gallin u. a. 1990] Gallin, Peter; Ruf, Urs: *Sprache und Mathematik in der Schule. Auf eigenen Wegen zur Fachkompetenz. Illustriert mit sechzehn Szenen aus der Biographie von Lernenden*. Zürich: Verlag Lehrerinnen und Lehrer Schweiz (LCH), 1990.

[Gruschka 2005] Gruschka, Andreas: *Auf dem Weg zu einer Theorie des Unterrichtens. Die widersprüchliche Einheit von Erziehung, Didaktik und Bildung in der allgemeinbildenden Schule*. Frankfurt a. M.: Frankfurter Beiträge zur Erziehungswissenschaft, 2005.

[Gruschka 2009] Gruschka, Andreas: *Erkenntnis in und durch Unterricht. Empirische Studien zur Bedeutung der Erkenntnis- und Wissenschaftstheorie für die Didaktik*. Wetzlar: Büchse der Pandora, 2009.

[Jahnke 1990] Jahnke, Hans Niels: *Mathematik und Bildung in der Humboldtschen Reform*. Göttingen: Vandenhoek & Ruprecht, 1990.

[Kaplan 2000] Kaplan, Robert: *Die Geschichte der Null*. Frankfurt a. M. (u. a.): Campus, 2000.

[Kvasz 2008] Kvasz, Ladislav: *Patterns of Change. Linguistic Innovations in the Development of Classical Mathematics*. Basel (u. a.): Birkhäuser, 2008.

[Rosch 2009] Rosch, Jens: *Kerschensteiners Starenhaus. Eine Fallstudie zur Problematik projektorientierten Unterrichts*. Opladen, Farmington Hills, Michigan: Budrich, 2009.

[Rosch 2010a] Rosch, Jens: *Das Problem des Verstehens im Unterricht*. Frankfurt a. M.: Frankfurter Beiträge zur Erziehungswissenschaft, 2010.

[Rosch 2010b] Rosch, Jens: Didaktische Aufgabenanalyse als Modellierung von Tiefenstruktur. In: Kadunz, Gert (Hrsg.): *Sprache und Zeichen. Zur Verwendung von Linguistik und Semiotik in der Mathematikdidaktik*. Hildesheim, Berlin: Franzbecker, 2010, S. 225–270.

[Scholz 1990] Scholz, Erhard (Hrsg.): *Geschichte der Algebra. Eine Einführung*. Mannheim, Wien, Zürich: Wissenschaftsverlag, 1990.

[Searle 1971] Searle, John R.: *Sprechakte. Ein sprachphilosophischer Essay*. Frankfurt a. M.: Suhrkamp, 1971.

[Wagenschein 1968] Wagenschein, Martin: *Verstehen lehren – genetisch, sokratisch, exemplarisch*. Weinheim (u. a.): Beltz, 1968.

[Wernet 2006] Wernet, Andreas: *Einführung in die Interpretationstechnik der objektiven Hermeneutik*. 2. Aufl. Wiesbaden: VS, 2006.

[Wittenberg 1963] Wittenberg, Alexander: *Bildung und Mathematik. Mathematik als exemplarisches Gymnasialfach*. Stuttgart: Klett, 1963.

17 Mathematik beim Schreiben denken – Auseinandersetzungen mit Mathematik in Form von selbst erdachten Dialogen

ANNIKA M. WILLE

„In the actual life of speech, every concrete act of understanding is active: it assimilates the word to be understood into its own conceptual system filled with specific objects and emotional expressions, and is indissolubly merged with the response, with a motivated agreement or disagreement."

Bachtin 1981, S. 282

Ein *aktiver Verstehensprozess*, von dem Michail M. Bachtin spricht, ist bei Schülerinnen und Schülern eine Voraussetzung für nachhaltiges Lernen von Mathematik. Daher stellt sich die Frage, wie ein solcher Prozess im Unterricht angestoßen werden kann. Das Schreiben *selbst erdachter Dialoge* (Wille 2008) wird im Folgenden als eine Möglichkeit für so einen Anstoß vorgestellt. Hierbei schreibt eine Schülerin oder ein Schüler einen Dialog zweier Protagonisten, die sich über eine mathematische Fragestellung unterhalten. Nach einer Einbettung in andere Arten von *Schreiben im Mathematikunterricht*, geht es um die Fragen, auf welche Weise Schülerinnen und Schüler beim Schreibprozess selbst erdachter Dialoge reflektieren, und welche Bedeutung die Art und Weise, *wie* Schülerinnen und Schüler selbst erdachte Dialoge schreiben, für ihren Lernprozess haben kann.

17.1 Selbst erdachte Dialoge, eine Form des Schreibens im Mathematikunterricht

In der Mathematikdidaktik wurden bereits unterschiedliche Formen des mathematischen Schreibens untersucht, wie beispielsweise das Schreiben von Journals (Borasi u. a. 1989) oder von Reisetagebüchern (Gallin u. a. 1998). So beschreiben Peter Gallin und Urs Ruf verlangsamte Prozesse beim Schreiben im Gegensatz zum Sprechen:

„Beim Schreiben laufen also ganz ähnliche Prozesse ab wie beim Sprechen, sie werden aber stark verlangsamt und treten dadurch deutlicher ins Bewußtsein."

Gallin u. a. 1998, S. 42

Und Hermann Maier hebt hervor:

> „Die Schüler werden angeregt, sich die Inhalte in besonderer Weise bewusst zu machen, sie zu analysieren und verstehend zu durchdringen."
>
> Maier 2000, S. 13

Einen positiven Beitrag zum Verstehensprozess von Schülerinnen und Schülern sehen auch Shield und Galbraith (vgl. Shield u. a. 1998), die sich auf das Schreiben von Journals beziehen:

> „Writing about a mathematical idea can be an elaborative process which has the potential to enhance understanding."
>
> Shield u. a. 1998, S. 36

Selbst erdachte Dialoge im Mathematikunterricht (Wille 2008, Wille 2010, Wille 2011, Wille u. a. 2009) sind nun eine weitere Form des mathematischen Schreibens. Dabei schreibt, wie bereits erwähnt, eine Schülerin oder ein Schüler einen Dialog zwischen zwei Protagonisten, die eine mathematische Fragestellung diskutieren. Die Fragestellung kann zum Beispiel beinhalten, über einen Begriff zu reflektieren oder auch etwas selbst mathematisch zu entdecken. Als hilfreich hat es sich erwiesen, einen Anfangsdialog vorzugeben, der dann vom Lernenden fortgesetzt wird, weil die Schülerinnen und Schüler so in der Regel schnell anfangen zu schreiben. In Kapitel 17.4.3 sieht man ein Beispiel eines solchen Anfangsdialoges.

Selbst erdachte Dialoge unterscheiden sich zunächst von ihrer Struktur von den oben genannten Arten des Schreibens im Mathematikunterricht. Die Dialogform ist vorgegeben und hat Folgen für den Schreibenden. So kann es beispielsweise zu einer *doppelten Reflexion* beim Schreibprozess kommen, wenn der Schreibende einerseits explizit in der Rolle eines Protagonisten etwas schreibt und andererseits in der Rolle des anderen Protagonisten aktiv zuhört (vgl. Kapitel 17.3.2). Zudem ist in selbst erdachten Dialogen häufig zu beobachten, dass Schülerinnen und Schüler nicht in erster Linie schreiben, *was* sie verstanden haben, sondern *wie* sie es verstanden haben (vgl. Kapitel 17.3.1). Auf diese Weise erhält der Leser einen besonderen Einblick in die mathematische Vorstellungen der Schülerinnen und Schüler (vgl. Kapitel 17.4.5).

Eine gewisse Nähe des Schreibprozesses selbst erdachter Dialoge mit Denkprozessen wird von Sarah, einer Schülerin einer 5. gymnasialen Klasse aus Bremen, formuliert (Abb. 17.1).

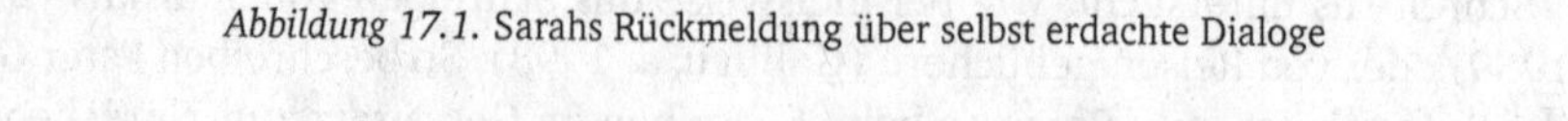

Bei den Gesprächen hatte ich das Gefühl, dass man jetzt schreiben kann was man denkt.

Abbildung 17.1. Sarahs Rückmeldung über selbst erdachte Dialoge

Dabei stellt sich die Frage über den Zusammenhang des Prozesses des Denkens und des Prozesses des Schreibens eines selbst erdachten Dialoges.

Für Anna Sfard (vgl. Sfard 2008) ist der Prozess des Denkens eng mit Kommunikation verbunden. Sie verwendet dabei den Begriff *Commognition* sowohl für den Prozess des Denkens als auch für Kommunikation. Dabei definiert sie *Denken* als *Individualisierung interpersonaler Kommunikation* und auch als den Prozess der Kommunikation zwischen einer Person und ihr selbst, welcher nicht verbal sein muss.

Ein Ansatz, selbst erdachte Dialoge in Sfards theoretischen Rahmen einzubetten, ist nun, sie als *eine Form von schriftlicher Selbstkommunikation* zu betrachten. Dabei ist die Idee, dass das Schreiben eines selbst erdachten Dialoges mathematische Selbstkommunikation anregen könnte, um mathematische Ideen zu entwickeln, sie zu überprüfen und die eigenen mathematischen Gedanken zu reflektieren (vgl. Wille 2011).

17.2 Sprachgenres bei Bachtin

Michail M. Bachtins Theorie über Sprachgenres (Bachtin 1986) liefert eine *Sprache*, die es ermöglicht, selbst erdachte Dialoge und ihre Eigenschaften genau zu betrachten. Daher werden nun zunächst zentrale Begriffe und Aussagen Bachtins erläutert, die später auf selbst erdachte Dialoge angewendet werden.

Eine *Äußerung* ist für Bachtin bestimmt durch den *Wechsel des Sprechenden, bzw. Schreibenden*. Das heißt, Bachtin unterscheidet Sätze und Äußerungen. Eine Äußerung kann beispielsweise aus nur einem Ausruf oder auch aus verschiedenen Sätzen bestehen. So ist ein Roman, der von einem Autor geschrieben wurde, in diesem Sinne genau eine Äußerung.

Äußerungen sind durch verschiedene Faktoren bestimmt, wie zum Beispiel durch die Idee der Form der Äußerung, durch den Adressaten und durch das Thema der Äußerung. Ein *Sprachgenre* ist nun eine *typische Form von Äußerungen*. Beispiele sind das Sprachgenre der Briefe, das Sprachgenre wissenschaftlicher Arbeiten oder auch das Sprachgenre der Unterhaltungen bei Tisch.

Dabei unterscheidet Bachtin primäre und sekundäre Sprachgenres. *Primäre Sprachgenres* sind einfache Sprachgenres, die nicht aus anderen zusammengesetzt sind. Ein Beispiel ist das Sprachgenre der direkten Dialoge. *Sekundäre Sprachgenres* sind komplexe Sprachgenres, die andere Sprachgenres einbetten. Ein Beispiel ist das Sprachgenre der Romane. In einem Roman kann ein direkter Dialog oder ein Brief vorkommen, doch die Autorin oder der Autor bleibt gleich. Es kommt also zu keinem echten Wechsel des Schreibenden und daher ist zum Beispiel ein Brief im Roman keine eigene Äußerung, sondern Teil der Gesamtäußerung des Romans.

Bachtin nennt ein Sprachgenre *familiär*, wenn der Sprechende (oder Schreibende) und der Zuhörende (oder Lesende) sich besonders nahe sind. In familiären Sprachgenres seien der Sprechende (oder Schreibende) und der Adressat ohne Rang, was zu einer gewissen Offenheit des Sprechens führe.

Für Bachtin ist das *Zuhören* ein *aktiver Verstehensprozess*. Dabei beschränkt sich das Zuhören nicht nur auf das Zuhören in direkten Dialogen, sondern kann auch in Form vom Lesen einer schriftlichen Äußerung sein. Bereits beim Zuhören wird eine Antwort vorbereitet. Diese kann auch eine Form von stillen Verstehen sein. Er schreibt dazu:

> „The fact is that when the listener perceives and understands the meaning (the language meaning) of speech, he simultaneously takes an active, responsive attitude towards it. He either agrees or disagrees with it (completely or partially), augments it, applies it, prepares for its execution, and so on. And the listener adopts this responsive attitude for the entire duration of the process of listening and understanding, from the very beginning – sometimes literally from the speaker's first word. Any understanding of live speech, a live utterance, is inherently responsive, although the degree of this activity varies extremely."
>
> Bachtin 1986, S. 68

Bachtin beschreibt, dass das aktive Zuhören auch einen Einfluss auf den Sprechenden oder Schreibenden hat, der seinerseits eine Antwort erwartet. Er führt dazu aus:

> „And the speaker himself is oriented precisely toward such an actively responsive understanding. He does not expect passive understanding that, so to speak, only duplicates his own idea in someone else's mind. Rather he expects response, agreement, sympathy, objection, execution, and so forth."
>
> Bachtin 1986, S. 69

Das heißt, der Sprechende oder Schreibende erwartet keine eindeutige Abbildung seiner Äußerung in den Kopf des Zuhörenden (oder Lesenden). In dem Sinne bestimmen für Bachtin die zu erwartenden Äußerungen bereits die aktuelle Äußerung.

17.3 Selbst erdachte Dialoge innerhalb Bachtins theoretischen Rahmen

17.3.1 Das Sprachgenre der selbst erdachten Dialoge

Ein selbst erdachter Dialog, der von einer Person geschrieben wurde, ist im Sinne Bachtins *eine* Äußerung. Dabei ist ein Anfangsdialog, der vom Lernenden fortgesetzt werden soll, eine separate Äußerung. Die Äußerung, die der erdachte Dialog ist, unterscheidet sich von vielen anderen Äußerungen dadurch, dass sie eine Dialogform hat und auch die Adressaten, in der Regel Lehrende und Mitschülerinnen und -schüler, gehören zu einer bestimmten Gruppe. Zudem ist im Mathematikunterricht das Thema eines selbst erdachten Dialoges mathematisch und nicht beliebig. Da selbst erdachte Dialoge also eine bestimmte Form haben, kann man vom *Sprachgenre der selbst erdachten Dialoge* sprechen.

Dieses Sprachgenre ist ein *sekundäres*. Insbesondere bettet es das *Sprachgenre der direkten Dialoge* ein. Man muss hier also zwischen der Gesamtäußerung, die der erdachte Dialog ist, und den *erdachten Äußerungen* der Protagonisten, aus denen die Gesamt-äußerung zusammengesetzt ist, unterscheiden. Erdachte Äußerungen sind also keine echten Äußerungen im Sinne Bachtins, denn anstelle eines Wechsels des Sprechenden oder Schreibenden gibt es hier einen Wechsel der *erdachten Sprechenden*. In selbst erdachten Dialogen gibt es somit eine gewissen *Dualität*: Es gibt erdachte Äußerungen, die zusammen die gesamte Äußerung des erdachten Dialoges ergeben.

Da der Lehrende einer der Adressaten eines selbst erdachten Dialoges ist, handelt es sich insgesamt nicht um ein familiäres Sprachgenre. Wenn es sich aber um selbst erdachte Dialoge handelt, bei denen die Protagonisten zwei Schülerinnen oder Schüler sind, so wird ein *familiäres Sprachgenre eingebettet*. Daher haben solche selbst erdachten Dialoge das *Potential*, dass die erdachten Äußerungen eine größere Offenheit zeigen, als wenn der Lernende direkt an die Lehrerin oder den Lehrer schriebe, dass Fragen gestellt werden können als ob sie sich an jemanden vom selben Rang richte-ten, dass verschiedene Lösungswege ausprobiert werden können, insbesondere auch solche, von denen der Schreibende noch nicht weiß, ob sie zu einem Ergebnis führen und dass Fehler während des Schreibens korrigiert werden können. So hebt beispiels-weise eine 11-jährige Schülerin in einer Rückmeldung über selbst erdachte Dialoge hervor, wie Lösungen verändert werden können (Abb. 17.2).

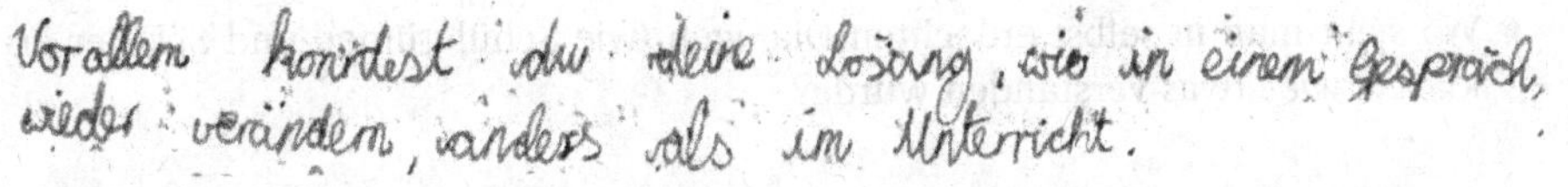

Vor allem konntest du deine Lösung, wie in einem Gespräch, wieder verändern, anders als im Unterricht.

Abbildung 17.2. Rückmeldung einer 11-jährigen Schülerin über selbst erdachte Dialoge

Eine weitere Folge des eingebetteten familiären Sprachgenre kann die bereits erwähn-te Beobachtung sein, dass die Schülerinnen und Schüler nicht in erster Linie schrei-ben, *was* sie verstanden haben, sondern *wie* sie es verstanden haben. Einer anderen Schülerin oder einem anderen Schüler wird möglicherweise eher das „Wie" anstatt nur das „Was" erklärt. Das heißt, als Leser bekommt man in dem Fall einen besonde-ren Blick auf Verstehensprozesse des Schreibenden.

17.3.2 Doppelte Reflexion

Dass Bachtin das Zuhören als aktiven Verstehensprozess ansieht, bei dem bereits eine Antwort vorbereitet wird (vgl. Kapitel 17.2), lässt sich auf erdachte Dialoge anwen-den: Wenn sich der Schreibende in den zuhörenden Protagonisten hineinversetzt, so ist es möglich, dass er sowohl die eine erdachte Äußerung schreibt, also auch im Sin-ne eines aktiven Verstehensprozesses zuhört. Das heißt, beim Schreiben erdachten Äußerungen kann es vorkommen, dass der Schreibende in *doppelter Weise* erdachte Äußerungen *reflektiert*: einerseits explizit schreibend und gleichzeitig aktiv zuhörend. In dem Sinne kann von einer *doppelten Reflexion* gesprochen werden.

Die Schülerin oder Schüler erwartet also möglicherweise nicht nur eine Antwort vom Mathematiklehrenden oder seinen Mitschülerinnen und Mitschülern zu seinem selbst erdachten Dialog, sondern der Lernende kann sich vorstellen, dass sich jede erdachte Äußerung eines Protagonisten an eine erdachte Schülerin oder einen erdachten Schüler richtet. Auf die Weise antwortet der Schreibende auf seine eigenen erdachten Äußerungen.

17.4 Beispiele

Im Folgenden sollen nun zwei Aspekte des Vorangegangenen herausgenommen werden und dazu Beispiele gezeigt werden. Alle Beispiele von selbst erdachten Dialogen stammen aus einem Projekt zu Zahlbereichserweiterungen. Der Fokus soll hier nun aber ausschließlich zum einen auf der doppelten Reflexion beim Schreibprozess und zum anderen auf der oben genannten mögliche Folge des eingebetteten familiären Sprachgenre liegen. So sind also die Untersuchungsfragen:

- Ist eine doppelte Reflexion beim Schreibprozess selbst erdachter Dialoge zu beobachten?

- Wo sieht man in selbst erdachten Dialogen, wie Schülerinnen und Schüler erklären, *wie* etwas verstanden wurde?

17.4.1 Methode

In einem ganzen Schuljahr (2008/2009) schrieben Schülerinnen und Schüler einer 5. Klasse eines Bremer Gymnasiums regelmäßig selbst erdachte Dialoge. Der Prozess des Schreibens wurde bei einigen (5 bis 8) Schülerinnen und Schülern jeweils gefilmt. Anschließend wurde mit diesen Schülerinnen und Schülern ein *Stimulated Recall* durchgeführt, was ebenfalls auf Video aufgenommen und anschließend transkribiert wurde. Dabei wurden der einzelnen Schülerin oder dem Schüler nach dem Schreiben des erdachten Dialoges das Video der Aufnahme zusammen mit dem eigenen erdachten Dialog gezeigt. Das Video wurde jeweils unterbrochen, wenn der Lernende etwas kommentieren wollte oder wenn der Interviewende Fragen hatte.

Analysiert wurden dann später sowohl die selbst erdachten Dialoge, als auch die Transkripte der Stimulated Recalls.

17.4.2 Selbst erdachte Dialoge in zwei Schichten analysieren

Die bereits erwähnte Dualität im Sinne von erdachten Äußerungen, die die gesamte Äußerung des erdachten Dialoges ergeben, hat auch Folgen für die Analyse eines selbst erdachten Dialoges. Wegen dieser Dualität bietet sich eine Analyse von selbst erdachten Dialogen in *zwei Schichten* an: Zunächst werden die erdachten Äußerungen so angesehen, als ob sie reale Äußerungen zwischen echten Gesprächspartnern wären. Im zweiten Schritt werden die erdachten Äußerungen als das betrachtet, was sie sind: geschrieben von einem Schreibenden, der sich vorstellte, was die Protagonisten sagen könnten.

17.4.3 Lernumgebung

Als Hauptmodell für die Bruchzahlen wurde im Unterricht das *Leitermodell* verwendet, welches der Bremer Lehrer Klaus Lies für seinen Unterricht (2002 bis 2006) entwickelte (Halverscheid u. a. 2006). Dabei wird der Zahlenstrahl aufrecht gestellt und mit Sprossen versehen. Bei Bruchzahlen können neue Sprossen eingezogen werden.

Der folgende *Anfangsdialog* war die Aufgabenstellung für einen selbst erdachten Dialog am Ende des Schuljahrs. Das Entdecken sollte hier im Vordergrund stehen.

„Zwei Schülerinnen oder Schüler S1 und S2 unterhalten sich:

S1:   Stell dir vor, ich addiere zur 1 die $\frac{1}{2}$.

S2:   Ja, gut. Das ist $\frac{3}{2}$.

S1:   Jetzt addiere ich zu dem Ergebnis $\frac{1}{4}$ und zu dem Ergebnis $\frac{1}{8}$ und zu dem Ergebnis $\frac{1}{16}$ und dazu $\frac{1}{32}$ und so weiter.

S2:   Du meinst also so etwas? *S2 schreibt auf einen Zettel:*
$$1 + \frac{1}{2} + \frac{1}{4} + \frac{1}{8} + \frac{1}{16} + \frac{1}{32} + \cdots$$

S1:   Genau! Das wird ganz schön groß, oder?

        S2 überlegt...

S2:   Ich bin mir da nicht so sicher. Ich glaube, so groß wird das gar nicht.

S1:   Vielleicht helfen uns ja Bilder weiter oder wir rechnen das einmal nacheinander aus.

S2:   Gute Idee! Lass uns anfangen! Vielleicht finden wir ja heraus, wie groß das wird.

Führe das Gespräch der beiden fort. Schreibe mindestens eine ganze Seite.“

17.4.4 Beispiel „Lukas": Zur doppelten Reflexion

Fragestellungen.   Der unten stehende Ausschnitt des selbst erdachten Dialoges von Lukas, einem 11-jährigen Schüler, soll nun dahingehend untersucht werden, inwieweit eine *doppelte Reflexion* bei Lukas (vgl. Kapitel 17.3.2) beobachtet werden kann. Dabei ist die Fragestellung für die *erste Analyseschicht*:

> *1. Schicht: An welchen Stellen hören die Protagonisten im Sinne eines aktiven Verstehensprozesses zu?*

Und die Frage für die *zweite Analyseschicht* ist:

> *2. Schicht: Kann beobachtet werden, dass Lukas in doppelter Weise erdachte Äußerungen reflektiert?*

Für die zweite Schicht wird dann zusätzlich zum selbst erdachten Dialog auch das Transkript des Stimulated Recalls mit Lukas hinzugezogen.

Ausschnitt von Lukas' selbst erdachten Dialog. Der selbst erdachte Dialog von Lukas beginnt damit, dass er seine beiden Protagonisten verschiedene Summen, wie zum Beispiel $\frac{3}{2} + \frac{1}{4}$ im Kopf ausrechnen lässt. Danach folgt der unten stehende Ausschnitt. Lukas' Originaltext (Abb. 17.3) wurde zur besseren Lesbarkeit abgeschrieben:

Lukas' selbst erdachter Dialog, Seite 2, Absatz 11 bis 15:

(11) „S2:   Ich schreibe die Aufgaben auf und wir beide rechnen sie dann aus.

(12) S2 schreibt: $15/8 + 1/16 =$

(13) S1:   Mist ich habe vergessen wie man es schriftlich rechnet! Könntest du es mir vielleicht noch einmal erklären S2?

(14) S2:   Aber klar doch. Dafür sind gute Freunde ja da.

(15) S2:   Guck mal, wenn du diese beiden zahlen auf den gleichen Nenner bringst kannst du die Zähler zusammenrechnen und so hast du dann das Ergebnis was dort heraus kommt."

Lukas' selbst erdachter Dialog, Seite 3, Absatz 16 bis 18:

(16) „S1:   Als du mir das erzählt hast ist mir klar geworden, dass wir es gar nicht zusammen rechnen brauchen, denn die Zahlen werden ja immer kleiner und wenn die Zahlen kleiner werden ist es klar, dass die Zahl die herauskommt nicht sonderlich groß sein kann.

(17) S1:   Stimmt, ist mir noch gar nicht aufgefallen.

(18) S2:   Oh, jetzt habe ich mich mit deiner Hilfe selbst aufgeklärt. Danke S1!"

Im Fokus sollen nun die Absätze 16 bis 18 stehen. Dabei ist anzumerken, dass Lukas sich vermutlich in Absatz 17 und 18 bei „S1" und „S2" verschrieben hat. Daher wird im Folgenden Absatz 17 so gelesen als sei er die erdachte Äußerung von S2 und Abatz 18 die erdachte Äußerung von S1.

Abbildung 17.3. Lukas' selbst erdachter Dialog, Seite 2, Absatz 11 bis 15, und Seite 3, Absatz 16 bis 18

1. Schicht. Der Protagonist S1 sagt in Absatz 16: „Als du mir das erzählt hast ist mir klar geworden, dass wir es gar nicht zusammenrechnen brauchen, denn... " Der Protagonist S1 hat also etwas verstanden, als der Protagonist S2 ihm etwas erzählt hat. Das heißt, *während S2 sprach, hörte S1 aktiv zu* und bereitete so die Antwort in Absatz 16 vor. Dort erläutert S1, dass man „es", vermutlich die Summen, nicht zusammenrechnen müsse, da die Zahlen immer kleiner werden und daher die resultierende Zahl nicht sehr groß sein könne. Mit den Zahlen, die kleiner werden, meint er wahrscheinlich die aufeinander folgenden Summanden.

Auch in Absatz 18 bestätigt S1, dass er etwas mit Hilfe des anderen verstanden hätte, obwohl diesem das, wie man in Absatz 17 liest, vorher nicht aufgefallen war.

Es wird also deutlich, dass der Protagonist S1 im Laufe der Unterhaltung mit S2 im Sinne eines aktiven Verstehensprozesses zuhörte.

2. Schicht. In der 2. Schicht, werden die erdachten Äußerungen nicht mehr als reale Äußerungen angesehen, sondern als das, was sie waren, also erdachte Äußerungen, die von Lukas aufgeschrieben worden waren. Die Absätze 16 bis 18 machen nun verschiedene Lesarten möglich:

1. Lesart: Lukas *stellte sich vor*, dass dem Protagonisten etwas auffiel, als der andere es sagte. Dabei bleibt offen, wann Lukas selbst darüber nachdachte.

2. Lesart: Lukas fiel etwas auf, als er sich *durchlas*, was die Protagonisten S1 und S2 im Anfangsdialog der Aufgabenstellung oder später im eigenen fortgesetzten Dialog sagten.

3. Lesart: Lukas fiel etwas auf, als er in der Rolle des Protagonisten S2 etwas *aufschrieb*.

Mit dem selbst erdachten Dialog allein lassen sich diese Lesarten nicht weiter eingrenzen. An der Stelle ist daher der *Stimulated Recall*, der mit Lukas nach dem Schreiben seines erdachten Dialoges durchgeführt wurde, hilfreich. Der Interviewer fragt darin, wann Lukas das, was er in Absatz 16 geschrieben hat, in den Sinn gekommen ist.

Daraufhin antwortet Lukas:

Lukas: Das (.) ich glaube das war (.) hm, weiß nich, *(blättert im Heft)* hier *(zeigt auf Absatz 14)*. Das, also ich, ich glaube (.) hier *(zeigt auf Absatz 15)* hab ich ja noch mal nachgedacht. Und da *(zeigt auf Absatz 15)* hab ich das gemacht. Da wusst ich eben grad nicht, was ich da so nachgedacht hab. Und das glaub ich war da. (..)

Transkriptionsregeln (Auszug): (.) Pause (etwa 1s), (..) Pause (etwa 2s)

Im Video, das von Lukas' Schreibprozess gemacht wurde, sieht man außerdem, dass Lukas beim Schreiben von Absatz 12 bis 15 nur eine kleine Pause zwischen Absatz 14 und Absatz 15 macht. Im Stimulated Recall erklärt Lukas, dass er dort überlegt habe, wie er es „S1" erklären kann. Mit „es" ist vermutlich die Addition von Bruchzahlen gemeint, da dies dann in Absatz 15 erklärt wird. Vor allem nach Absatz 15 schreibt Lukas zügig weiter.

Liest man Lukas' Antwort im Stimulated Recall, so erscheint es wahrscheinlich, dass Lukas beim Schreiben von Absatz 15 aktiv zugehört hat und sich überlegt und damit vorbereitet hat, was er daraufhin in Absatz 16 schrieb. Was genau er von den Gedanken in Absatz 16 schon vorher wusste oder sich vorher überlegt hat, ist nicht mit Sicherheit zu sagen. Dennoch kann man schließen, dass Lukas sich nicht schon alles, was in Absatz 16 kam, vor den Absätzen 14 und 15 überlegt hatte.

Insgesamt kann man also sagen, dass Lukas in doppelter Weise erdachte Äußerungen reflektiert, einerseits schreibend und andererseits aktiv zuhörend. Man kann daher auch schließen, dass Lukas über sein eigenes Denken nachdenkt. Dies wird später in Kapitel 17.5 noch einmal aufgegriffen.

17.4.5 Beispiele: „Wie" statt nur „Was"

Wie sich die Schülerinnen und Schüler auf unterschiedliche Weise Bruchzahlen und verschiedene Summen vorstellen, lässt sich in den folgenden vier kurzen Ausschnitten sehen. Zum einen wird so ersichtlich, wie die Schülerinnen und Schüler Bruchzahlen auf unterschiedliche Weise darstellen und zum anderen, wie hilfreich oder nicht hilfreich ihre Darstellung für sie ist.

Zunächst sieht man, dass sich Ferdinand (Abb. 17.4) die Summe $\frac{1}{2} + \frac{1}{4} + \frac{1}{8} + \frac{1}{16} + \frac{1}{32}$ mit Hilfe eines *Kreises* veranschaulicht. Im darauf folgenden erdachten Dialog erklärt dann ein Protagonist dem anderen, wie man darauf kommt.

Anna (Abb. 17.5) hingegen zeichnet in ihrem erdachten Dialog verschiedene *Leitern* und erläutert diese. Zunächst ist es eine Leiter, die als kleinsten Sprossenabstand $\frac{1}{8}$ hat. Mit unterschiedlichen Farben markiert Anna in ihren Leitern Kästen um verschiedene Buchzahlen, wie man aus ihrer „Legende" entnehmen kann.

Als nächstes zeichnet Anna eine Leiter, die als kleinsten Sprossenabstand $\frac{1}{32}$ hat.

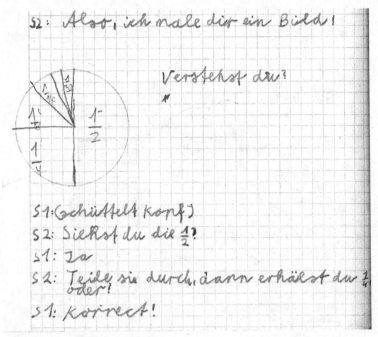

S2: Also, ich male dir ein Bild!

Verstehst du?

S1: (schüttelt Kopf)
S2: Siehst du die $\frac{1}{2}$?
S1: Ja
S2: Teile sie durch, dann erhälst du $\frac{1}{4}$ oder!
S1: korrect!

Abbildung 17.4. Ausschnitt aus Ferdinands erdachten Dialog

Da Annas zuletzt gezeichnete Leiter nicht genügend Platz nach oben hat, zeichnet sie diese Leiter auf der nächsten Seite weiter (Abb. 17.6). Sie beginnt daher schon bei $\frac{41}{32}$. Wieder umrahmt Anna mit Farben die verschiedenen Bruchzahlen und kommt so zu einer Abschätzung ihrer Summe.

Manuel (Abb. 17.7) versucht sich die Bruchzahl $\frac{63}{32}$ zunächst mit *Kästchen* vorzustellen (oben sind 63 Kästchen gemalt, unten 32).

Im Stimulated Recall sagt Manuel zu dem Bild:

Manuel: Und dann ist mir hier eingefallen, dass man so ja keine Bruchzahlenbilder malt.

Das zeigt sich auch darin, dass der andere Protagonist als nächstes sagt: „Och doch nicht so!".

An dieser Stelle hilft also Manuel seine Darstellung von der Bruchzahl $\frac{63}{32}$ nicht weiter, aber er *reflektiert* über diese Schwierigkeit. Auf diese Weise kann daher ein nachhaltiger Lernprozess einsetzen, indem beispielsweise von der Seite des Lehrenden angesetzt wird mit der Frage, welche Darstellungsform denn stattdessen weitergeholfen hätte.

Schließlich greift auch Emma (Abb. 17.8) auf das *Leitermodell* zurück, beschreibt es aber allein *mit Worten*.

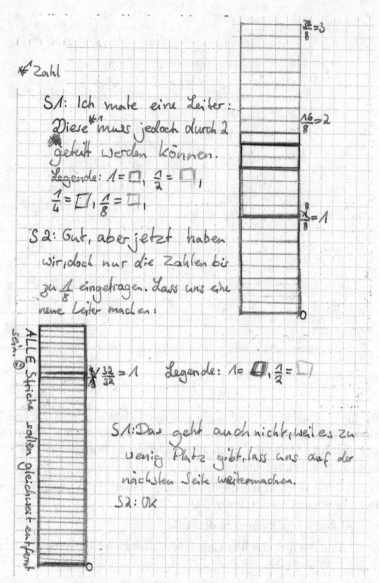

Abbildung 17.5. Ausschnitt aus Annas erdachten Dialog, Seite 1

So kann Emma abschätzen, dass ihre Ergebniszahl $\frac{62}{32}$ (sie hatte sich an einer Stelle verrechnet) kleiner als $\frac{2}{1}$ ist und wie sie darauf kommt.

Obwohl alle Beispiele verschieden sind, ist ihnen jedoch gemein, dass eine erdachte Schülerin oder ein erdachter Schüler einem anderen erklärt, *wie* etwas verstanden wurde. Mit Hilfe dieser Aufgabe wird außerdem ersichtlich, wie reichhaltig die Dar-

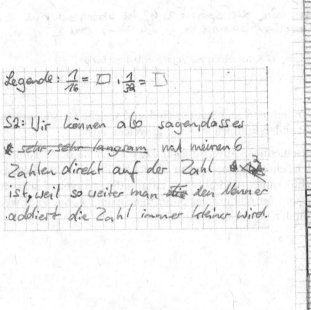

Legende: $\frac{1}{16}$ = ☐ , $\frac{1}{32}$ = ☐

S2: Wir können also sagen,dass es
~~sehr, sehr langsam~~ mit meinen 6
Zahlen direkt auf der Zahl ~~etw~~
ist, weil so weiter man ~~etw~~ den kleiner
addiert die Zahl immer kleiner wird.

$\frac{96}{32}$ = 3

$\frac{64}{32}$ = 2

Abbildung 17.6. Ausschnitt aus Annas erdachten Dialog, Seite 2

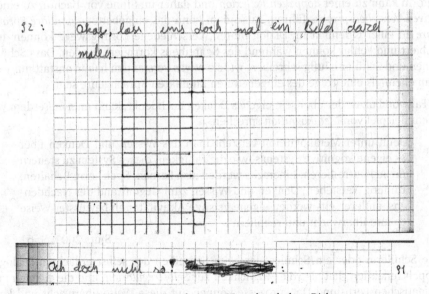

S2 : Okay, lass uns doch mal ein Bild davon
malen.

Ach doch nicht so! ~~■■■~~ :   S1

Abbildung 17.7. Ausschnitt aus Manuels erdachten Dialog

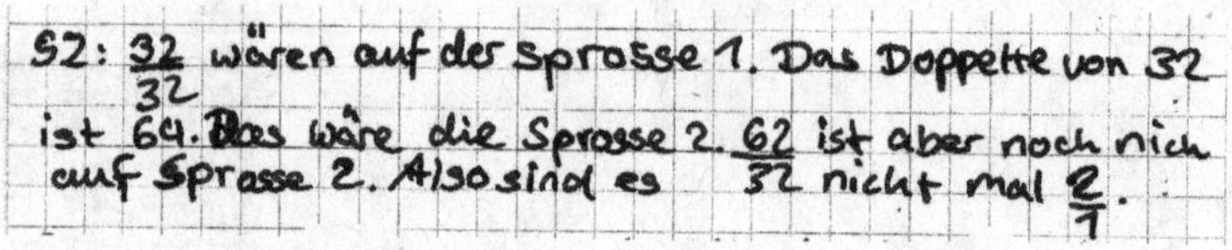

S2: 32 wären auf der Sprosse 1. Das Doppelte von 32
ist 64. Das wäre die Sprosse 2. 62 ist aber noch nich
auf Sprosse 2. Also sind es   32 nicht mal $\frac{2}{7}$.

Abbildung 17.8. Ausschnitt aus Emmas erdachten Dialog

stellungsformen der Schülerinnen und Schüler sind und welche Darstellungsformen für die einzelnen Schreibenden hilfreich waren und welche nicht.

Es ergeben sich so unterschiedliche Ansetzungspunkte für den Mathematikunterricht. Zum einen bekommt der Lehrende einen guten Überblick über die aktuellen Vorstellungen der eigenen Schülerinnen und Schüler, zum anderen ergeben sich weitere Fragen wie bei Manuel, und Ausschnitte der erdachten Dialoge können auf weiteren Arbeitsblättern wieder in den Unterricht zurückfließen.

17.5 Diskussion

Wie bereits genannt, haben selbst erdachte Dialoge spezifische Eigenschaften, die sie von anderen Formen von Schreiben im Mathematikunterricht unterscheiden. Die Dialogform kann zu einer *doppelten Reflexion* und daher im Sinne von Bachtin zu einem *aktiven Verstehensprozess* führen. Außerdem kann das eingebettete *familiäre Sprachgenre* zu einer Offenheit im Dialog führen, verschiedene Lösungswege können ausprobiert und Fehler können während des Schreibens korrigiert werden. Dass Schülerinnen und Schüler häufig schreiben, *wie* sie etwas verstanden haben anstatt nur *was*, kann ebenfalls eine Folge des eingebetteten familiären Sprachgenre sein.

Im Fall von Lukas, der über sein eigenes Denken nachdenkt, kann man außerdem von einem Beispiel von *Metakognition* sprechen:

> „Denn unter Metakognition versteht man das Wissen und Denken über das eigene kognitive System sowie die Fähigkeit, dieses System zu steuern und zu kontrollieren. Einerseits werden also Lernen, Speichern, Behalten, Erinnern, Verstehen, Denken und Wissen zum Gegenstand des Nachdenkens, andererseits werden eigene geistige Aktivitäten in bewusster Weise geplant, überwacht und reguliert."
>
> Sjuts 2001, S. 61

Eine Schülerin oder ein Schüler, der beim Schreiben des selbst erdachten Dialoges doppelt reflektiert, hat also die Möglichkeit zur *Selbstregulation*, und die eigenen mathematischen Lern- und Denkprozesse können auf diese Weise überwacht und kontrolliert werden. Zudem können Schülerinnen und Schüler, wie im Beispiel von Manuel, eigene Vorstellungen bewerten und als hilfreich oder nicht so hilfreich für sich erkennen. Die Bedeutung dessen wird im Folgenden ersichtlich:

„Hohe Sachkenntnis gehen häufig einher mit wirkungsvollen Methoden der Planung, Überwachung und Regulierung der Lern- und Denkprozesse. Aber auch umgekehrt: Je genauer jemand die Abläufe über Wissenserwerb und -nutzung einzuschätzen vermag, desto besser kann er diese Kompetenz beim Denken und Lernen verwenden."

Sjuts 2001, S. 68

Selbst erdachte Dialoge im Mathematikunterricht können also einen Beitrag dazu liefern, einen Einblick in Lern- und Denkprozesse von Schülerinnen und Schülern zu bekommen. Diesen Einblick erhält zum einen der Lesenden, aber möglicherweise auch der Schreibenden selbst.

Es bleiben nun einige Frage offen, zum Beispiel, wie die mögliche Offenheit in selbst erdachten Dialogen Aufschluss über das Bild von Mathematik gibt, dass der Schreibende hat, oder welche Arten von Anfangsdialogen welche Art von selbst erdachten Dialogen initiieren. Und schließlich bleibt noch, in weiteren Lehr- und Lernsituationen selbst erdachte Dialoge einzusetzen und zu analysieren, auf welche Weise Reflexions- und Lernprozesse wirkungsvoll angestoßen werden können.

Literatur

[Bachtin 1981] BAKHTIN (BACHTIN), Mikhail M.; HOLQUIST, M. (Übers.); EMERSON, C. (Übers.): *The dialogic imagination, four essays*. Austin: University of Texas Press, 1981.

[Bachtin 1986] BAKHTIN (BACHTIN), Mikhail M.; McGEE, V. W. (Übers.): *Speech genres and other late essays*. Austin: University of Texas Press, 1986.

[Borasi u. a. 1989] BORASI, R.; ROSE, B. J.: Journal writing and mathematics instruction. In: *Educational Studies in Mathematics* 20 (1989), Nr. 1989, S. 347–365.

[Gallin u. a. 1998] GALLIN, Peter; RUF, Urs: *Sprache und Mathematik in der Schule: Auf eigenen Wegen zur Fachkompetenz*. Seelze: Kallmeyer, 1998.

[Halverscheid u. a. 2006] HALVERSCHEID, S.; HENSELEIT, M.; LIES, K.: Rational numbers after elementary school: realizing models for fractions on the real line. In: NOVOTNÁ, J. (Hrsg.); MORAOVÁ, H. (Hrsg.); KRÁTKÁ, M. (Hrsg.); STEHLÍKOVÁ, N. (Hrsg.): *Proceedings of the 30rd Conference of the International Group for the Psychology of Mathematics, Vol. 3*. Prague: 2006, S. 225–232.

[Maier 2000] MAIER, Hermann;: Schreiben im Mathematikunterricht. In: *Mathematik Lehren* 99 (2000), S. 10–13.

[Sfard 2008] SFARD, Anna: *Thinking as Communicating: Human Development, the Growth of Discourses, and Mathematizing*. Cambridge: Cambridge University Press, 2008.

[Shield u. a. 1998] SHIELD, M.; GALBRAITH, P.: The analysis of students expository writing in mathematics. In: *Educational Studies in Mathematics* 36 (1998), Nr. 1, S. 29–52.

[Sjuts 2001] SJUTS, Johann: Metakognition beim Mathematiklernen: das Denken über das Denken als Hilfe zur Selbsthilfe. In: *Der Mathematikunterricht* 47 (2001), Nr. 1, S. 61–68.

[Wille 2008] WILLE, Annika M.: Aspects of the concept of a variable in imaginary dialogues written by students. In: FIGUERAS, O. (Hrsg.); CORTINA, J. (Hrsg.); ALATORRE, S. (Hrsg.); RO-

JANO, T. (Hrsg.); SEPÚLVEDA, A. (Hrsg.): *Proceedings of the 32rd Conference of the International Group for the Psychology of Mathematics, Vol. 4.* Cinvestav-UMSNH, 2008, S. 417–424.

[Wille u. a. 2009] WILLE, Annika M.; BOQUET, Marielle: Imaginary dialogues written by low-achieving students about origami: a case study. In: TZEKAKI, M. (Hrsg.); KALDRIMIDOU, M. (Hrsg.); SAKONIDIS, C. (Hrsg.): *Proceedings of the 33rd Conference of the International Group for the Psychology of Mathematics, Vol. 5.* 2009, S. 337–344.

[Wille 2010] WILLE, Annika M.: Steps towards a structural conception of the notion of variable. In: DURAND-GUERRIER, Viviane (Hrsg.); SOURY-LAVERGNE, Sophie (Hrsg.); ARZARELLO, Ferdinando (Hrsg.): *Proceedings of CERME 6, January 28th-February 1st 2009, Lyon, France.* INRP, 2010, S. 659–668. www.inrp.fr/editions/cerme6.

[Wille 2011] WILLE, Annika M.: Activation of inner mathematical discourses of students about fractions with the help of imaginary dialogues: a case study. In: UBUZ, B. (Hrsg.): *Proceedings of the 35rd Conference of the International Group for the Psychology of Mathematics, Vol. 4.* 2011, S. 337–344.

18 Die Ableitung des Sinus ist der Kosinus, oder: Wie autoritär ist die Mathematik?

MARTIN LOWSKY

18.1 Der Beweis von $\sin' = \cos$

Wir erinnern uns: Der Beweis für die Aussage $\sin' = \cos$ lässt sich so führen:

$$\sin' x = \lim_{h \to 0} \frac{\sin(x+h) - \sin x}{h}$$

$$= \lim_{h \to 0} \frac{2\cos\frac{2x+h}{2}\sin\frac{h}{2}}{h}, \qquad \text{denn } \sin\alpha - \sin\beta = 2\cos\frac{\alpha+\beta}{2}\sin\frac{\alpha-\beta}{2}$$

$$= \cos x \lim_{h \to 0} \frac{\sin\frac{h}{2}}{\frac{h}{2}}, \qquad \text{denn } \lim_{h \to 0}\cos\frac{2x+h}{2} = \cos x$$

$$= \cos x, \qquad \text{denn } \lim_{h \to 0}\frac{\sin h}{h} = 1 \quad \text{(vgl. Abbildung 18.1)}.$$

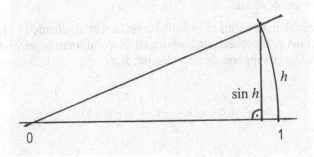

Abbildung 18.1

Dieses Tableau birgt drei Aspekte:

- Der Beweis hat einen *elementaren* Teil: Eine elementare Formel aus dem Bereich der Sinus-Additionen wird verwendet.

- Der Beweis hat einen *infinitesimalen*, einen „dynamischen" Teil. Dieser Teil unternimmt eine Grenzwertbetrachtung, er ist damit ein typischer Baustein der Differenzialrechnung.

- Die Aussage selbst – „die Ableitung des Sinus ist der Kosinus" – ist sprachlich klar, leicht zu merken, *plakativ*.

Für den gelernten Mathematiker sind diese drei Aspekte ein schöner, dem eigenen Mathematikverständnis wohltuender Sachverhalt. Da sieht man, wie ästhetisch diese Wissenschaft ist! Stellen wir uns aber nun vor, wir sollten mathematischen Anfängern, also Schülern und Schülerinnen, diesen Satz und diesen Beweis nahebringen. Wie ist es nun mit den drei Aspekten?

Besprechen wir den Aspekt *elementar*! Die Anfänger erkennen nicht, dass der erste Teil elementar ist. Denn die Formel für $\sin\alpha - \sin\beta$ ist ihnen unbekannt. Sie müssen sie ihrer Formelsammlung, also einem Buch, entnehmen oder sie gesagt bekommen. Die Formel ist überdies undurchsichtig, auch ich könnte nicht sagen, wie man sie herleitet. Aber als Mathematiker, der ja eine große „Frustrationstoleranz" (Nickel 2011, S. 48) hat, nehme ich die Formel hin und spüre dabei, dass sie „elementar" ist, also sich allein mittels der Definitionen von Sinus und Kosinus finden lässt. Mit diesem Gefühl gebe ich mich zufrieden, für die Schüler ist diese fremde Formel hohe und undurchschaubare Mathematik – diese Formel ist ein Stück „autoritärer" Mathematik. (Ich komme auf den Ausdruck zurück.) Dieser elementare Teil des Beweises (inkl. der Grenzwertbetrachtung von $\cos\big((2x+h)/2\big)$ für $h \to 0$) führt erstaunlicherweise sehr weit, nämlich zu der Einsicht, dass $\sin' x$ bis auf einen Faktor gleich $\cos x$ ist.

Der zweite Aspekt, unter dem Stichwort *infinitesimal*, spricht das Interesse der Anfänger sofort an. Sie erkennen aus der Skizze, dass für kleine h die Werte h und $\sin h$ ungefähr gleich sind und dass der fragliche Quotient gegen 1 strebt. Das geometrische Detail und die Grenzwert-Vorstellung wirken zusammen. Implizit verwendet man bei diesem Beweis die seit der griechischen Mathematik bekannte Tatsache, dass die Kreislinie „glatt" verläuft, also durch Tangenten- oder Sehnenstücke beliebig genau angenähert werden kann.

Erwähnt sei, dass sich dieser infinitesimale Beweis bekanntlich auch anders darstellen lässt: Man zeichnet in die Skizze auch $\cos h$ und $\tan h$ ein; man betrachtet die drei von 0 ausgehenden Flächen inneres Dreieck, Sektor, äußeres Dreieck; man kommt auf die Ungleichung

$$\frac{1}{2}\sin h \cdot \cos h < \frac{1}{2}h \cdot 1 < \frac{1}{2}\tan h \cdot 1;$$

man dividiert durch $\frac{1}{2}\sin h$ und erhält

$$\cos h < \frac{h}{\sin h} < \frac{1}{\cos h}.$$

Wegen $\cos 0 = 1$ und der Stetigkeit der cos-Funktion ergibt sich der gesuchte Grenzwert

$$\lim_{h \to 0} \frac{\sin h}{h} = 1.$$

Auch hier fließt die Tatsache ein, dass die Kreislinie glatt verläuft, nämlich in die Formel für die Sektorfläche:

$$\frac{1}{2} h \cdot 1.$$

Die Schüler nehmen vielleicht den Taschenrechner, um den Grenzwert 1 experimentell nachzuprüfen. Es gibt übrigens Schulbücher, die die Aussage $h \approx \sin h$ für kleine h allein durch den Rückgriff auf den Taschenrechner zu belegen versuchen; so etwa ein neuerer Band der Reihe „Lambacher Schweizer" (vgl. Brandt u. a. 2007, S. 69). Dieses Vorgehen mittels eines undurchschaubaren Taschenrechners erscheint mir hier unangemessen, da es doch die einfache zeichnerische Begründung gibt.

Interessanterweise ist der hier behandelte $\lim ((\sin h)/h)$ gleich dem Differenzialquotienten des Sinus an der Stelle 0. Der nicht-elementare Beweisteil von $\sin' x = \cos x$ ist also der Beweis von $\sin' 0 = 1$.

Wenden wir uns dem Aspekt der *plakativen* Aussage zu! Dieser Aspekt ist gefährlich und erfreulich zugleich. Gefährlich, weil Anfänger oft keine Lust haben, einen längeren Beweis zu erfahren für etwas, das wunderbar einfach ausgedrückt ist. Die plakative Aussage $\sin' = \cos$ überwältigt den Schüler, die Schülerin so, dass er und sie nicht mehr zuhören, wenn die Lehrkraft den Beweis beginnt. Solch ein Satz ist, und das ist zugleich das Erfreuliche, Balsam für das Ich des Schülers. Denn im Vorbewussten des Schülers laufen diese Gedanken ab: Ich weiß, was der Sinus ist; ich weiß, was der Kosinus ist; ich weiß, was Ableitung ist – und nun weiß ich einen mathematischen Satz, in dem die drei Begriffe vorkommen. Man empfindet eine innere Beseligung, die einen weiterhin für die Mathematik motiviert und ohne die es kein sinnerfülltes mathematisches Denken gibt (wie Rudolf Wille einmal dargelegt hat; vgl. Wille 2000, S. 19 f.). Man ist nicht verlockt, den Beweis des Satzes zu kennen; er wäre ein Rückschritt weg von der guten Formulierung. Nun könnte man einwenden, der Lehrer bzw. die Lehrerin brauche ja nicht mit der Aussage des Satzes, mit dem Plakativen, zu beginnen; es könne mit dem Beweis selbst gestartet werden unter dem die Neugier anstachelnden Vorzeichen: „Mal sehen, was herauskommt!" Das wäre eine gute Idee, wenn die Formel $\sin' = \cos$ nicht schon in der Formelsammlung stände und von den Schülern sofort eingesehen würde oder längst eingesehen worden ist.

Es sei eine persönliche Erinnerung eingefügt. Als ich in meinem Mathematikstudium in den mittleren Semestern war, ging in den mathematischen Sälen die Nachricht um, dass die Vermutung „Jede Gruppe ungerader Ordnung ist auflösbar" bewiesen sei und dass dies ein großer Schub für die Forschung sei. Dieser einfach formulierte Satz von Feit und Thompson (1963) und der Umstand, dass man mir das sagte – die Begriffe „Gruppe", „ungerade Ordnung", „auflösbar" hatte ich gerade gelernt – und ich jetzt auch zu den Wissenden gehörte, betörten mich. Sie betörten mich so, dass mich die Frage nach dem Beweis des Satzes, knapp 300 Seiten in gedrängtem

Stil, und nach den Beweisideen erst später interessierte. Die einstige Freude am Satz von Feit-Thompson war gewissermaßen ein Schwungholen für später. Ein Thema der Gruppentheorie wurde dann meine Dissertation.

Über die Formelsammlung ist zu sagen: Sie spielt heute eine andere Rolle als in meinen Schülerjahren. Heute, in unserer Wissensgesellschaft oder besser Informationsgesellschaft – oder noch besser: der Gesellschaft der Datenfluten, denen wir „ohne verstehende Aneignung" begegnen (Liessmann 2006, S. 30) –, in der man sich aus dem Internet beliebig Informationen holt, ist der unkritische Blick in die Formelsammlung selbstverständlich. (Ein Abiturient fragte mich einmal, ob er in der Prüfung zwei Formelsammlungen benutzen dürfe statt einer; erst durch Blättern darin komme er auf Lösungsideen.) Ich bin noch aufgewachsen mit der Vorstellung: In der Formelsammlung steht, was ich schon weiß, und ich schaue nur nach, um mich zu vergewissern und mich vor Irrtümern zu schützen; ich verantworte sozusagen, was ich ihr entnehme, ich bleibe autonom. Heute gilt: Die Formelsammlung bietet einen Fundus an Informationen, die man nicht zu verstehen braucht, aber benutzen soll. Auch diese Einstellung trägt dazu bei, dass man keine Lust hat, gerade bei der schönen Formel über die Ableitung des Sinus sich für den Beweis zu interessieren.

18.2 Der Umgang mit der Plausibilität

Als Lehrer in der Oberstufe habe ich unseren Satz öfters behandelt und den Beweis vorgetragen, so vollständig wie zu Anfang beschrieben. Später allerdings tat ich dies in knapperer Weise, unter besonderer Betonung des infinitesimalen Aspekts. Beim letzten Mal habe ich versucht, gegenüber den Schülern mit offenen Karten zu spielen. Und das verlief so: Ich habe den jungen Leuten den Satz genannt und ihnen gesagt, es gebe dafür einen komplizierten Beweis, den ich ihnen vorführen werde, es sei denn, unsere Aussage erscheine ihnen plausibel. Da antworteten einige sofort, die Aussage sei ihnen plausibel: „Die Ableitung des Sinus ist der Kosinus" klinge einfach gut, in der Formelsammlung hätten sie den Satz auch schon gesehen, und Sinus und Kosinus seien verwandte Funktionen.

Das waren legitime Reaktionen; sie drücken einige Seiten des „mathematischen Bewusstseins" aus, worüber Rainer Kaenders auf der Tagung in Siegen 2009 vorgetragen hat (vgl. Kaenders u. a. 2011; in neueren Stellungnahmen verwenden die beiden Autoren den Ausdruck „Bewusstheit", siehe ihren Beitrag in diesem Band). Hätte ich Kaenders' Gedanken schon früher gekannt, hätten sie mich zu besonderen Diskussionen mit den Schülern angeregt. Ich denke da vor allem an das „intuitive Bewusstsein" („Es muss irgendwie so sein"; ebd., S. 81), das „soziale Bewusstsein" (man kann der Formelsammlung vertrauen; vgl. ebd., S. 78) und das „kontextbezogene Bewusstsein" (für Sinus und Kosinus spielt der „Bedeutungskontext" eine Rolle; ebd., S. 81). Beim Lernenden und beim Forschenden sind diese „Bewusstheiten" vorhanden, in ihnen verbindet sich die Kenntnis von Begriffen mit den Erfahrungen des eigenen Denkens und des eigenen Tuns. In dieser neuen Sicht lässt sich sagen: Mein Ziel als Lehrer musste sein, auch das „logische" und das „theoretische Bewusstsein" der Lernenden zu aktivieren (vgl. ebd., S. 82 f.).

Wie habe ich mich tatsächlich gegenüber den Schülern verhalten? Ihr erstes und ihr zweites Plausibilitätsargument – der Satz klinge gut und er stehe in der Formelsammlung – habe ich ihnen nicht abgenommen, wohl aber das dritte: Sinus und Kosinus seien verwandte Funktionen. Ich fragte genauer nach und bekam gesagt: Der Sinus sei eine trigonometrische Funktion, also müsse seine Ableitung ebenfalls trigonometrisch sein. Dem widersprach ich mit dem Hinweis: Die Ableitung des Logarithmus sei nicht irgendwie logarithmisch, sondern eine rationale Funktion ($\log' x = 1/x$) , woraufhin die Schüler mir das genauere Argument nannten: Der Sinus sei periodisch, habe die Periode 2π, und ebenso der Kosinus; das passe doch gut zusammen. Nun ergab sich eine gute Diskussion, wobei allen nach und nach klar wurde, dass der Kosinus in hochgradiger Weise als die Ableitung des Sinus infrage kommt. Denn er ist genau da gleich 0, wo der Sinus horizontal verläuft, und genau da gleich ± 1, wo der Sinus am steilsten im positiven bzw. negativen Sinne ist. Nun war allen plausibel, dass unser Satz gilt, und doch widersprach ich: Ist die Sache „± 1" wirklich gesichert, ist klar, dass der Sinus an den steilsten Stellen die Steigung 1 oder -1 hat? Könnte nicht etwa gelten $\sin' x = 0{,}9 \cdot \cos x$?

Wir hatten bis jetzt zwar nichts bewiesen, hatten uns aber wichtige Gedanken gemacht, die uns an die Eigenschaften von Sinus und seiner denkbaren Ableitungsfunktion herangeführt hatten. Nun habe ich meinen Schülern angekündigt, den letzten Teil werden wir nun beweisen, und habe ihnen den Beweis vorgetragen. Es ging also noch um die spezielle Aussage $\sin' 0 = 1$, d. h. um

$$\lim_{h \to 0} \frac{\sin(0+h) - \sin 0}{h} = \lim_{h \to 0} \frac{\sin h}{h} = 1.$$

Das ist genau der infinitesimale Aspekt von vorhin.

Ich habe also den Schülern unseren Satz nahegebracht, indem ich eine Plausibilitätsbetrachtung verbunden habe mit einem exakten Beweisschritt infinitesimaler Art. Plausibilitätsbetrachtung und Beweisschritt waren, wie es sein muss, voneinander getrennt. Ob mein Vorgehen ideal ist, ist nicht sicher, aber ich war ganz zufrieden.

Anschließend haben wir noch ein paar Gedanken erörtert. Wenn die Ableitung des Sinus der Kosinus ist, kann man sagen, den Sinus abzuleiten, bedeute, ihn um $\pi/2$ nach links zu verschieben, und daraus folgt, da seine Periode 2π ist, dass 4-maliges Ableiten des Sinus zum Sinus selbst führt. Natürlich gab es noch mehr zu besprechen und von mir als Ausblick anzukündigen, wozu ich aber nur teilweise gekommen bin: Zum Beispiel redeten wir darüber, dass bei der Exponentialfunktion nicht erst die vierte, sondern schon die erste Ableitung zur Ausgangslage führt; oder über die zentrale Rolle des Ableitens an der Stelle 0, die auch bei der Exponentialfunktion erscheint, oder darüber, dass man in sehr vielen Fällen eine Funktion schon dann vollständig kennt, wenn man alle Ableitungen an der Stelle 0 kennt (Stichwort: MacLaurin'sche Potenzreihenentwicklung), oder schließlich darüber, dass man in der Mathematik nicht nur den Ehrgeiz hat, etwas zu beweisen, sondern es elegant zu beweisen. Am liebsten hätte ich meinen Schülern, um vollständig zu sein, jetzt den erwähnten elementaren Beweisteil auch noch vorgeführt, aber da hätte ich ihre Geduld überfordert.

18.3 Die Mathematik – demokratisch und doch autoritär

Ich möchte ein Resümee ziehen und dabei auf das Stichwort „autoritär" zurückkommen. Wie autoritär ist die Mathematik? Der Anfänger kann unseren Satz sich zu eigen machen, indem er ihn der Formelsammlung entnimmt, oder, das andere Extrem, indem er sich den Beweis vollständig vorführen lässt. In beiden Fällen erlebt er die Mathematik als autoritär: im ersten Fall sowieso, aber im zweiten Fall auch, wo er eine sogenannte elementare Formel verwenden soll, die er auch nur aus der Formelsammlung oder von der Lehrperson erfahren kann. Der von mir vorgeschlagene zweigeteilte Weg führt weg vom autoritären Denken, er ist demokratisch. Das ist ein feierliches Wort, aber grundsätzlich gilt: Die Mathematik ist eine demokratische Wissenschaft. Sie nennt genau ihre Axiome, sie spricht eine präzise unrhetorische Sprache, sie will nicht überreden, sondern sie führt Beweise in nachvollziehbaren Schritten.

Dies wissen wir alle, aber wir wissen auch: Beweise können so kompliziert und so zitatenreich (also mit Verwendung anderer Sätze) und so lang sein und obendrein vom Computer abhängen (nämlich von ihm bearbeitete Sonderfälle enthalten, was seinerzeit beim Beweis des Vierfarbensatzes der Fall war), dass selbst gelernte Mathematiker das Nachprüfen nicht leisten können. Ja sogar ist es heutzutage so, dass, wie Gregor Nickel sagt, ein mathematischer Vortrag zumeist „nur noch einigen wenigen Spezialisten verständlich ist, und dass das gesamte übrige Fachpublikum zu Analphabeten degradiert wird" (Nickel 2011, S. 48). Albrecht Beutelspacher hat in diesem Zusammenhang einmal von der „Kommunikationsunfähigkeit" der Mathematiker gesprochen (Beutelspacher 2001, S. 98). Wird ein bisher gesuchter Beweis endlich erbracht, wie vor 19 Jahren der des Großen Satzes von Fermat, so wartet die Fachwelt zunächst, ob die diesbezüglich hoch Spezialisierten, die zuständigen Autoritäten, einen Fehler oder eine Lücke finden, und wenn das nach gewisser Zeit nicht der Fall ist, sind sie von der Richtigkeit des Beweises überzeugt. In der Fachwelt herrscht der Konsens: Maßstab dafür, ob ein Beweis korrekt ist, ist das Ausbleiben von Einsprüchen. In ihren neuesten Entwicklungen ist demnach die Mathematik eine autoritär auftretende Wissenschaft.

Ähnlich wie der eben genannten Fachwelt geht es, auf niedrigerem Niveau, dem mathematischen Anfänger, der einen Beweis der Schulmathematik nicht nachvollziehen kann, weil dieser intellektuell anspruchsvoll ist, ungewohnt lang ist oder mit dem Zitieren anderer Sätze arbeitet; kurz: weil er schwer ist. Und doch ist der Anfänger von der Wahrheit des Satzes überzeugt, weil die Autorität des Lehrers oder eines Buches dahinter steht. In dieser Abhängigkeit von Autoritäten befanden sich meine Schüler angesichts des besprochenen Satzes über den Sinus, und aus dieser Abhängigkeit habe ich sie herauszuholen versucht. Ich möchte als Appell sagen: Dass die Mathematik autoritär ist, diese Erfahrung macht der Schüler sowieso, aber der Lehrer muss sich bemühen zu zeigen, dass sie prinzipiell demokratisch ist.

Versuchen wir, die autoritäre Mathematik mit drei Beispielen zu kennzeichnen. Es geht dabei um Abstufungen dieser Autorität, je nachdem, wie stark der Einzelne mit mathematischen Fragen vertraut ist:

- Satz: $\sin' = \cos$.
  Der Satz gilt. Denn: Siehe oben.

- Satz: *Jede Gruppe ungerader Ordnung ist auflösbar.*
  Der Satz gilt. Denn: Siehe W. Feit and J. G. Thompson: *Solvability of groups of odd order.* In: Pacific Journal of Mathematics 13 (1963), S. 755–1029.

- Satz: *Der Große Satz von Fermat.*
  Der Satz gilt. Denn gegen den Beweis von Andrew Wiles (1993) sind keine Einsprüche erhoben worden.

Für den Laien ist schon im ersten der hier genannten Sätze die Mathematik autoritär. Für einen mathematisch etwas Gebildeten ist die Mathematik erst im zweiten Satz autoritär; wie sollte er, der Nichtspezialisierte, die vielen Seiten in einem mathematischen Fachblatt durcharbeiten können. Für fast alle, auch fast alle Spezialisten, ist dann im dritten dieser Sätze die Mathematik autoritär. Natürlich besagt unsere Abstufung von „autoritär" auch: Je mehr ich im Laufe meines Lebens in die Mathematik eindringe, desto mehr habe ich die Gelegenheit, die demokratische Mathematik zu erfahren.

Wir müssen uns also darüber klar sein, dass die Mathematik zwar grundsätzlich demokratisch ist, dass sie uns aber zumeist autoritär gegenübertritt. Es kann nicht anders sein, weil die Mathematik intellektuell anspruchsvoll, hoch spezialisiert und weitverzweigt ist. Dieser zwangsläufig autoritäre Charakter der Mathematik ist von Schriftstellern, die nicht Mathematiker sind, wahrgenommen worden. Ich zitiere im Folgenden zwei Stellen.

Molière: Der eingebildete Kranke.   Komödie von 1673, Fassung von 1682. Die Komödie attackiert die Ärzte. Eine der Figuren ist ein gebildeter vornehmer Mann, er kritisiert den Hausarzt seines Freundes mit diesen Worten:

> „Er ist Arzt durch und durch, vom Scheitel bis zur Sohle; ein Mensch, der an seine Regeln mehr glaubt als an alle Beweise der Mathematik und der es für ein Verbrechen hielte, ihre Richtigkeit zu überprüfen; der nichts Unklares in der Medizin sieht, nichts Zweifelhaftes, nichts Gefahrvolles [...]."
>
> III. Akt, 3. Szene; Molière 2010, Bd. II, S. 725 f., deutsch von M. L.

In der freien Übertragung von Johanna und Martin Walser lautet der Passus:

> „[Er ist] Mediziner durch und durch. Der hält seine Regeln für wahrer als alle Beweise der Mathematik; sie zu prüfen – ihm wär's ein Verbrechen. Für ihn gibt es in der Medizin nichts Unentdecktes, nichts Zweifelhaftes, nichts Schwieriges [...]."
>
> Molière 2011, S. 55

Was hören wir? Es geht um den Gegensatz von Medizin und Mathematik und um etwas Prinzipielles über die Mathematik. Die Worte deuten an, dass es eine lobenswerte Einstellung sei, mathematische Beweise zu glauben. Ausführlicher: Die Worte besagen, der Arzt, der an seine medizinischen Regeln mehr glaubt als an die mathematischen Beweise, sei zu tadeln. Es wird damit suggeriert: An etwas zu glauben und dessen Richtigkeit unüberprüft zu lassen, das sei ein Fehler, außer in der Mathematik. Dass einer an die Beweise der Mathematik glaubt, das sei in Ordnung. Mathematische Beweise müsse man einfach abnicken. Molière benutzt tatsächlich das Wort „glauben" (croire).

Molières Figur spricht aus der Position eines Nichtmathematikers, und insofern hat sie mit ihren bitteren Worten Recht. Aber vielleicht hat sie überhaupt Recht; genauer: Vielleicht müssen wir heute dieser Figur Recht geben, wenn wir die moderne Entwicklung der Mathematik und die Ergebnisse ihrer hochspezialisierten Fachleute betrachten.

Arno Schmidt: Schwarze Spiegel. Zukunftsroman, 1951 geschrieben und veröffentlicht. Die folgende Passage spielt 1961. Die Erde ist zerstört, nur noch einer lebt, der Held des Romans.

> „*Das Problem des Fermat*: In $A^N + B^N = C^N$ soll, die Ganzzahligkeit aller Größen vorausgesetzt, N nie größer als 2 sein können. Ich bewies es mir rasch so:
>
> (1) $A^N = C^N - B^N$ oder $A^{\frac{2 \cdot N}{2}} = (C^{\frac{N}{2}} - B^{\frac{N}{2}}) \cdot (C^{\frac{N}{2}} + B^{\frac{N}{2}})$ oder also
>
> (2) $A^{\frac{N}{2}}$ = Wurzel aus der rechten Seite [usw., es folgen noch 12 Zeilen, die allerlei Termumformungen enthalten und zu der Folgerung führen:]
>
> Für die Bedingung der Ganzzahligkeit darf jeder Ausdruck $A^N + B^N + C^N + D^N + \cdots = Z^N$ in seiner sparsamsten Form auf der linken Seite N Glieder haben, nicht weniger!"
>
> Schmidt 1987, S. 231 f.

Natürlich ist das Ganze kein Beweis des Fermat'schen Satzes, aber der Ich-Erzähler behauptet es. Mag sein, dass er es aus eigener Überzeugung behauptet, mag sein, dass er zum Zeitvertreib nur ein „Rollenspiel" vollzieht (Wege 2012, S. 166), das Rollenspiel des erfolgreichen Mathematikers. Er behauptet sogar, er habe eine stärkere Aussage bewiesen. Diese in den letzten Zeilen genannte stärkere Aussage ist die Euler'sche Vermutung. Aber sie ist, im Gegensatz zum Satz des Fermat, falsch, wie 1966 von L. J. Lander und T. R. Parkin entdeckt wurde. Ihr Gegenbeispiel lautet: $27^5 + 84^5 + 110^5 + 133^5 = 144^5$ (links stehen nur 4 Summanden; vgl. Euler 2012, siehe auch Lowsky 1992).

Und doch hat der Erzähler den Satz von Fermat im modernen Sinn „bewiesen", nämlich dann, wenn wir den Maßstab von vorhin bedenken, d. h. dem Konsens der Fachwelt folgen. Denn in der Romanfiktion bleiben die Einsprüche gegen dieses „Beweisen" aus. Es gibt ja niemanden, der den Erzähler auf Fehler hinweisen könnte, er lebt allein auf der Welt. Unsere Passage ist eine Parabel über die autoritäre Mathematik.

Der Erzähler benutzt interessanterweise zu Beginn die Formulierung „Ich bewies es mir". Damit spielt er darauf an, dass er allein auf der Welt ist, kein Publikum mehr hat und sein Beweis nur ihm und sonst niemandem Erkenntnisgewinn liefert. Er spielt auch darauf an, dass, wie eben gesagt, es keinen gibt, der den „Beweis" widerlegen könnte; der Beweis gelingt insofern. Die Formulierung „Ich bewies es mir" kann aber auch heißen: Ich in meiner Individualität fühle mich wohl dabei, mathematische Begriffe zu kennen und mathematische Zusammenhänge wahrzunehmen.

Das ist die Beseligung, von der ich am Anfang gesprochen habe, die innere Freude dessen, der „Bescheid weiß", eine Beseligung, die hier aber, dank eigener Kreativität, noch wesentlich gesteigert ist. Sie gibt es bei dem einsamen Helden Arno Schmidts in der Romanfiktion, sie gibt es sicher auch bei dem Schriftsteller Arno Schmidt, der das alles ersonnen hat – sie gibt es aber auch auf höchstem Niveau. Andrew Wiles sagte 1993 in einem Interview, nachdem er den Beweis für den Satz des Fermat erbracht hatte (Wiles 1993): „Das erhebende Gefühl hatte ich, als ich wußte, das Problem gelöst zu haben. Anderen davon zu erzählen ist nicht so wichtig."

Literatur

[Beutelspacher 2001] BEUTELSPACHER, Albrecht: „*In Mathe war ich immer schlecht. . . ".* Braunschweig, Wiesbaden: Vieweg, 2001.

[Brandt u. a. 2007] BRANDT, Dieter; REINELT, Günther: *Lambacher-Schweizer Mathematisches Unterrichtswerk für das Gymnasium. Gesamtband Oberstufe. Ausgabe B.* Stuttgart, Leipzig: Klett, 2007.

[Euler 2012] LAWRENCE, Snezana: *Euler's Conjecture.* http://www.mathsisgoodforyou.com/conjecturestheorems/eulerconjecture.htm. Stand: 24. September 2012.

[Kaenders u. a. 2011] KAENDERS, Rainer; KVASZ, Ladislav: Mathematisches Bewusstsein. In: HELMERICH, Markus (Hrsg.); LENGNINK, Katja (Hrsg.); NICKEL, Gregor (Hrsg.); RATHGEB, Martin (Hrsg.): *Mathematik verstehen. Philosophische und Didaktische Perspektiven.* Wiesbaden: Vieweg + Teubner, 2011, S. 71–85.

[Liessmann 2006] LIESSMANN, Konrad Paul: *Theorie der Unbildung. Die Irrtümer der Wissensgesellschaft.* Wien: Zsolnay, 2006.

[Lowsky 1992] LOWSKY, Martin: Mathematik und Poesie. Arno Schmidt in der Avantgarde. In: MENKE, Timm (Hrsg.): *Arno Schmidt am Pazifik. Deutsch-amerikanische Blicke auf sein Werk.* München: edition text + kritik, 1992, S. 122–134.

[Molière 2010] MOLIÈRE: *Œuvres complètes (2 Bde.).* Paris: Gallimard / Bibliothèque de la Pléiade, 2010.

[Molière 2011] MOLIÈRE; WALSER, Johanna (Übers.); WALSER, Martin (Übers.): *Der eingebildete Kranke.* Frankfurt a. M., Berlin: Suhrkamp, 2011.

[Nickel 2011] NICKEL, Gregor: Mathematik – die (un)heimliche Macht des Unverstandenen. In: HELMERICH, Markus (Hrsg.); LENGNINK, Katja (Hrsg.); NICKEL, Gregor (Hrsg.); RATHGEB,

Martin (Hrsg.): *Mathematik verstehen. Philosophische und Didaktische Perspektiven*. Wiesbaden: Vieweg + Teubner, 2011, S. 47–57.

[Schmidt 1987] SCHMIDT, Arno: Schwarze Spiegel. In: *Bargfelder Ausgabe. Werkgruppe I: Romane, Erzählungen, Gedichte, Juvenilia, Bd. 1*. Bargfeld: Haffmans, 1987, S. 199–260.

[Wege 2012] WEGE, Sophia: Always look on the bright side of life. Kognitive Komik in Arno Schmidts „Schwarze Spiegel". In: *treibhaus. Jahrbuch für die Literatur der fünfziger Jahre, Bd. 8*. München: text + kritik, 2012, S. 152–173.

[Wiles 1993] Sieben Jahre gegrübelt. Ein Interview mit Andrew Wiles. In: *Die Zeit* (6. August 1993), S. 24.

[Wille 2000] WILLE, Rudolf: Bildung und Mathematik. In: *Mathematische Semesterberichte 47* (2000), Nr. 1, S. 11–25.

19 Phänomene in Mathematik und Physik – Bericht aus einem interdisziplinären didaktischen Seminar

LUCAS AMIRAS und HERBERT GERSTBERGER

19.1 Vom Phänomen zum Wissen

19.1.1 Gibt es mathematische Phänomene?

Den Ausgangspunkt der Diskussion zwischen den beiden Autoren dieses Beitrags (zugleich Initialfrage zum Entstehen des Seminars) bildete die Frage, ob es auch mathematische Phänomene gebe. Um dieser Frage nachzugehen ist es zunächst ratsam, den Phänomenbegriff historisch-kritisch und systematisch zu erörtern. Die historisch-kritische Diskussion führt dann zur Begriffsklärung und zur systematischen Frage nach der Einordnung von Phänomenen im Erkenntnisprozess.

Wir wollen im Folgenden mit einem vorläufigen alltagssprachlichen Phänomenbegriff (im Sinne von „Erscheinung"; diese kann eine Situation, ein Sachverhalt, ein Prozess oder ein Ereignis darstellen) operieren und erst dann zu einer konzeptionellen Fassung kommen.

Seit der Urzeit sieht sich der Mensch mit *Naturphänomenen* und solchen des eigenen Daseins (Leibfunktionen, Gefühlen, Schlaf, Träumen, usw.) konfrontiert. Bei ersten Versuchen, solche Ereignisse einzuordnen, sind die Erklärungsmodelle durchweg religiöser Natur. In der griechischen Antike wird später der Weg hin zu einer rationalen Erklärung und zum Aufsuchen von einheitlichen Erklärungen und zu Hypothesen, die Voraussagen erlauben, beschritten. Zugleich verweisen Phänomene auf mögliche Erkenntnisse, die, wie Anaxagoras eindrücklich formuliert, hinter der Wahrnehmung liegen (ΟΨΙΣ ΤΩΝ ΑΔΗΛΩΝ ΤΑ ΦΑΙΝΟΜΕΝΑ). In der Schule Platons wird an einem astronomischen Programm gearbeitet, welches die beobachtbaren Unregelmäßigkeiten von Gestirnsbewegungen auf die Kreisbewegung zurück zu führen trachtet, um damit die „Phänomene zu retten", d. h. rational begreifen zu können. Dazu siehe (Mittelstraß 1962).

Aristoteles bezieht sich auf die alltäglichen Phänomene und ihre sprachliche Fassung, deren Klärung nach seiner Auffassung eine Aufgabe der Dialektik ist. Seine Phänomenologie der alltäglichen Erfahrung bildet die Basis von Theorie und wissenschaftlicher

Erfahrung. Die neuzeitliche Betrachtung der Phänomene als Grundlage wissenschaftlicher Erfahrung unterscheidet sich gegenüber der antiken Auffassung vor allem darin, dass die Rolle des *Experiments* zur Überprüfung von Hypothesen konstitutiv wird. Das Experiment als Erkenntnisquelle schafft im Übrigen auch neue Phänomene, die damit zum neuen Erkenntnisgegenstand und zur Basis wissenschaftlicher Erfahrung werden. Hypothesen über den Zusammenhang von Erscheinungen sollen sich aber doch durch eine Nähe zu ihnen und damit auch zum Experiment auszeichnen. Als Gemeinsamkeit der antiken und der neuzeitlichen Auffassung lässt sich feststellen:

A. *Insofern das Phänomen als Gegenstand der Wahrnehmung den Beobachter auf der Wahrnehmung unzugängliche Gegenstände der Erkenntnis verweist, mit denen es zusammenhängt, besitzt es indizialen Zeichencharakter; es ist also ein Index, im Gegensatz zu den Zeichentypen Ikon und Symbol.*

Sucht man in der Mathematik nach ausgewiesenen Phänomenen, so stößt man z. B. auf das sogenannte *Gibbssche Phänomen* oder *Gibbssches Rigging*: Entwickelt man eine Fourier-Reihe aus einer unstetigen Funktion, so ergeben sich dabei an den Unstetigkeitsstellen typische Über- und Unterschwinger. Diese lassen sich auch dann nicht verringern, wenn man die Funktion durch weitere Summenglieder approximiert. (Dieses Phänomen findet eine Anwendung bei der Bildkompression durch verlustbehaftete Verfahren wie JPEG oder verlustfreie wie PNG.)

Betrachtet man nun einige Kandidaten für weitere mathematische Phänomene, so wird eine begriffliche Schwierigkeit offensichtlich. Man könnte beispielsweise *Grundfiguren* der Geometrie (Körper, Flächen, Linien, Punkte) oder auch *Symmetrie* als Phänomene ansehen. Geometrische Formen wie Ebene und Gerade würde man als spezielle mathematische, eben räumliche Phänomene ansprechen können. Ähnlich verhält es sich mit Verhältnissen, die mit Begriffen wie *gerade, ungerade, Primzahl, Konvergenz, Stetigkeit* beschrieben werden, oder Sachverhalten, die in Sätzen wie *Thales, Pythagoras* oder etwa der *Eulerschen Gleichung* formuliert werden. Auch hierbei ist man, je nach Vorwissen, dazu geneigt von mathematischen „Phänomenen" zu sprechen, zumindest von solchen, die diesen theoretischen Konstrukten zugrunde liegen, ohne dabei einen genaueren Begriff davon zu besitzen.

Im Folgenden wollen wir der Präzisierung eines Phänomenbegriffs näherkommen, der sowohl Naturphänomene als auch artifizielle Effekte und experimentelle Ereignisse der Naturwissenschaften umfasst und insbesondere mathematische Phänomene einschließt.

19.1.2 Defizite der Begriffsbildung und Ansätze zur Begriffsklärung

Der Phänomenbegriff, wie er in der einschlägigen Literatur erscheint (z. B. in Mittelstraß 2004, Ritter 1989) ist für unsere Bedürfnisse nicht hinreichend geklärt bzw. in eine Konzeption der Wissenskonstitution eingeordnet. Insbesondere fehlt der explizite Bezug auf eine geeignete Hintergrundtheorie, so dass bereits von daher die Stellung von Phänomenen im Erkenntnisprozess kaum hinreichend hervortritt. Das hat nicht nur wissenschaftstheoretische Bedeutung speziell für Mathematik und Physik, sondern auch Konsequenzen für deren Didaktik, insbesondere wenn es darum geht, eine Phänomenorientierung im Unterricht aus grundsätzlichen Einsichten heraus genauer zu fassen und zu begründen.

Betrachtet man die Vielfalt der Bereiche, in welchen Phänomene auftreten, in der Natur, Wirtschaft, Technik, Gesellschaft, Kunst und sogar der Mathematik, so wird eines klar: *Naturphänomene* sind nur eine Art von Phänomenen, die traditionell vor der Neuzeit dominierten. Vielfach ist jedoch der Bezug auf durch menschliche *Handlungen*, also *künstlich* erzeugte oder bewirkte Phänomene von Bedeutung. Experimente (die es nicht nur in den Naturwissenschaften gibt) sind nur ein Beispiel davon. Damit erscheint auch ein Zugang zu mathematischen Phänomenen möglich, denn in der Mathematik haben wir es in erster Linie mit Handlungen, wenn auch besonderer Art zu tun.

Phänomen und Evidenz. Basis und Organon der Rezeption von Naturphänomenen sind zunächst die Sinne. Jedoch sind diese nicht als von der Geschichte des Individuums unabhängige tabula rasa aufzufassen, sondern mit persönlichen und kulturellen Prägungen verbunden, was sowohl eine Erweiterung als auch eine Relativierung der Perzeptionsbasis bedeutet. Weiterhin gehört zu den vorausgesetzten Gegebenheiten neben der entsprechenden physiologischen Ausstattung auch die Fähigkeit, einen Teil der diffusen und kontinuierlichen Gesamtheit von Eindrücken zu fokusieren im Sinne einer Figur-Grund-Relation. Diese stillschweigenden Voraussetzungen der Sinneswahrnehmung werden in gängigen Definitionen des Begriffs Naturerscheinung kaum problematisiert, z. B. in (Wagenschein 1976). Die Behauptung einer unmittelbaren Gegebenheit trifft auf Gegenargumente, die Michael Hampe so zusammenfasst: Man könne zwei epistemische Arten unmittelbarer Erkenntnis unterscheiden, die unmittelbare Erfahrung von Einzeldingen und unmittelbares Wissen von Tatsachen. (Hampe 2006, S. 84).

> „Die Kritik von Theorien der Unmittelbarkeit richtet sich vor allem gegen" diese „beiden Unmittelbarkeitsbegriffe, indem die Suche nach Atomen der Erfahrung und nach letztbegründendem Wissen entweder für unmöglich erfolgreich oder als überflüssig charakterisiert wird."
>
> Hampe 2006, S. 86

Aus der Kritik an der behaupteten epistemischen Unmittelbarkeit ziehen wir die Konsequenz, die Vorstellung einer unmittelbarer Erfahrung oder unmittelbaren Wissens zu ersetzen durch einen Begriff der Evidenz, der keine ultimative Fundierung meint, sondern eine reflektierte Beschreibung von Annahmen und Voraussetzungen, welche in der gerade aktuellen Konfrontation mit einem Phänomen nicht in Frage gestellt werden. Dies wäre der Fall, wenn wir bei einem Naturphänomen die Möglichkeit einer Sinnestäuschung zuließen. Vertrauen wir jedoch den Sinnen, so stellen die Sinnesdaten die Evidenzbasis dar, auf der das Phänomen „sich zeigt".

Für einen Begriff des mathematischen Phänomens ist die Evidenzbasis in anderer Weise spezifisch. Mathematik mag sich durchaus „im Kopf", auf der Basis von Gedanken und mentalen Modellen abspielen; dies scheint jedoch nicht ohne die Hilfe von Zeichnungen, Skizzen, geschriebenen oder gedachten Bildern möglich zu sein – sämtlich ikonische Darstellungen eines hypothetischen Sachverhalts oder Handlungsmusters. Diese notwendige Basis wird nach Peirce unter dem Begriff „Diagramm" zusammengefasst und die Tätigkeit an solchen Diagrammen als „Diagrammatisches Denken" bezeichnet. Mathematik, charakterisiert als Bereich des notwendigen Schließens, ist nach Peirce stets diagrammatisch.

> „All necessary reasoning without exception is diagrammatic. That is, we construct an icon of our hypothetical state of things and proceed to observe it. This observation leads us to suspect that something is true, which we may or may not be able to formulate with precision, and we proceed to inquire if it is true or not."
>
> Peirce 1998, S. 212

Kürzer heißt es an anderer Stelle:

> „A diagram is an *icon* or schematic image embodying the meaning of a general predicate; and from the observation of this *icon* we are supposed to construct a new general predicate."
>
> Peirce 1998, S. 303, kursiv im Orig.

Konstruieren und Beobachten sind also wesentliche Handlungen des diagrammatischen Denkens, worin eine Ähnlichkeit zum physikalischen Experimentieren vorliegt. Um etwas, was die Lehrerin konstruiert hat, als Diagramm eines geometrischen Begriffs wie z. B. „Dreieck" wahrzunehmen zu können und um Manipulationen daran *als* geometrische Handlungen beobachten zu können, muss die Schülerin also sozusagen diagrammatisch alphabetisiert sein. Nur so kann ihr ein Tatbestand als Phänomen begegnen, etwa wenn gezeigt wird – oder „sich zeigt" –, dass die drei Seitenhalbierenden eines Dreiecks einen gemeinsamen Schnittpunkt besitzen. Verstehen wir als Beispiel das Pascal'sche Dreieck mit den bekannten Konstruktionsregeln als Diagramm. Die Ikonizität besteht in der Positionierung des Zeichens der Summe zweier Zahlen unter den beiden betreffenden Zahlzeichen. Die zum Lesen des Diagramms notwendige Evidenzbasis enthält außer der Kenntnis der Ziffern auch die der Addition. Sind auch die Multiplikation und Teilbarkeit bekannt, so ist der Zugang zu Phänomenen geöffnet, wie sie sich z. B. bei der Markierung aller Siebenervielfachen zeigt. (Es entsteht eine Struktur aus Teildreiecken.)

Wir schlagen auf Grund solcher Überlegungen einen *relationalen Phänomenbegriff* vor, der durch die folgende Eigenschaft gekennzeichnet ist:

B. *Phänomene sind nur in Relation zur wahrnehmenden und handelnden Person zu verstehen. Sie setzen bei dieser eine Evidenzbasis voraus. Diese ist im Falle von Naturphänomenen durch die Sinne gegeben und wird in der Physik durch technische Sensorik erweitert. Im Falle der Mathematik ist diese Basis diagrammatischer Natur.*

Phänomen und Handlung. Phänomene sind also mit Handlungen verbunden und in Handlungszusammenhänge eingebettet. Gehen wir von einem Handlungsbegriff aus, der Absicht und Zweckgerichtetheit einschließt, so mag ein scheinbar passiver Wahrnehmungsakt nicht als Handlung gelten. Folgt man jedoch Peirce, so ist selbst der wache Zustand der Aufmerksamkeit ein Fall von Aktivität. „The waking state is a consciousness of reaction; and as the consciousness itself is two-sided, so it has two varieties; namely action [...] and perception [...]" (Short 2007, S. 77).

Im Vergleich zum „unschuldigen" Wahrnehmen sind jedoch häufig Handlungen höherer Intentionalität, Finalität und Invasivität relevant: Beobachten, Manipulieren und Experimentieren bis hin zum Modell- und Theoriebilden. Dem entspricht eine graduelle Sicht des Phänomens. Wir plädieren also im Gegensatz zu einem „kontemplativen" für einen *pragmatischen* oder *operativen Phänomenbegriff*, der Phänomene als Effekte des Handelns einbezieht und ihren Zusammenhang mit Handlungen zu explizieren sucht. Entsprechend zum pragmatischen Aufbau von Handlungszusammenhängen gibt es hier auch eine Schichtung von Phänomenen und Phänomenbereichen, die mit Handlungen und ihren Wirkungen einhergehen.

Das Ansprechen von Phänomenen auch als Effekte des Handelns bedeutet jedoch nicht, dass jeder Effekt oder Ergebnis einer Handlung als Phänomen zu bezeichnen wäre. Schon umgangssprachlich erwarten wir etwas Besonderes, wenn wir eine Person, eine Situation oder Erscheinung als „Phänomen" oder „phänomenal" bezeichnen. Es sind dabei höhere Erwartungen, Anforderungen zu erfüllen, wie z. B. bei folgenden Aspekten: Affektive Aspekte von Phänomenen (Staunen, Begeisterung, Überraschung u. a.); Kognitive Aspekte (keine schnelle, oder nur kontroverse Erklärung verfügbar, Rätselcharakter, Grenze des Erklärens bzw. Verstehens erreicht); körperliche bzw. seelische Aspekte; Erlebnisaspekt; technische Aspekte; ästhetische und ethische Aspekte.

Durch solche Merkmale können Phänomene zum treibenden Impuls ganzer Handlungszusammenhänge bis hin zu Wissenschaftszweigen und sogar von Kulturen werden. So ist die periodische Überschwemmung des Niltals prägend für die altägyptische Kultur. Der Aufbau von aufeinander bezogenen Handlungszusammenhängen ließe sich diagrammatisch grob in Form einer Spirale darstellen. Die Basis des Handelns ist jederzeit eine Praxis, die sich durch ein funktionierendes, gelingendes Handeln kennzeichnen lässt. In dieser Praxis sind laufend Situationen zu bewältigen, die eine Anwendung von Handlungsschemata auf neue Situationen erfordern oder Grenzen des Handelns aufzeigen. Diese Grenzen zu überwinden erfordert experimentelles Handeln, um neue Handlungsmöglichkeiten zu eröffnen. Die neuen Handlungsmöglichkeiten brauchen jedoch Zeit und Übung, damit sie sich stabilisieren und etablieren, um schließlich Teil der Praxis zu werden oder diese Praxis gar zu transformieren. Dabei kann auch die Evidenzbasis erweitert oder verändert werden.

Die hier ins Auge gefasste Praxis kann sowohl die alltägliche Praxis als auch eine wissenschaftliche Praxis sein. Jedenfalls lässt sich die wissenschaftliche Praxis der Mathematik und Physik als eine Praxis begreifen, in der neben *Wahrnehmen* und *Beobachten*, das *Experimentieren* (im üblichen Sinne und im Sinne wissenschaftlicher

Experimente) und das *Modellieren* (mit allen was dazu gehört, insb. Begriffs- und Theoriebildung) als zusammenwirkende Prozesse der Erkenntnisgewinnung bzw. als Handlungsweisen konstitutiv sind. Phänomene werden auf jeder Stufe der spiralförmigen Entwicklung dieser wissenschaftlichen Praxis durch Handeln bzw. Experimentieren erzeugt oder bewirkt und haben in dieser Praxis ihren systematischen Ort, d. h. sie sind darin pragmatisch eingeordnet.

Zusammenfassend können wir unsere bisherige Erweiterung des Phänomenbegriffs nun wie folgt formulieren:

C. *Phänomene sind durch Fakten gegeben und durch Handlungen vermittelt. Sie sind in einem Bereich zwischen den Polen datum (Gegebenes), perceptum (Wahrgenommenes) und factum (Gemachtes) lokalisiert (Tripolarität).*

D. *Die Konfrontation mit einem Phänomen kann als Initialzündung für Spekulation oder Forschung fungieren. Phänomene können durch ihren Neuigkeitswert, durch ihre Lebensrelevanz sowie durch kognitive, emotive oder ästhetische Qualitäten zu Handlungen anregen, insbesondere zu solchen, die auf Erkenntnis und Wissen zielen. (Initialität)*

Phänomen und Erkenntnis.   Zur Kennzeichnung von Phänomenen als Initiatoren von Erkenntnis gehen wir über die Betrachtung einzelner Ereignisse hinaus. Man wird nicht jedes kontingente einzelne Ereignis als Phänomen bezeichnen wollen, sondern etwa erwarten, dass die Bedingungen seiner Entstehung regelhaft und damit in vielen Fällen reproduzierbar sind. Dazu sind bei mehreren Ereignissen Kriterien der Vergleichbarkeit erforderlich. Solche Kriterien bilden die Grundlage einer Abstraktion, die es gestattet, eine Gesamtheit von Ereignissen demselben Typ zuzuordnen. Ist unter solchen Bedingungen ein gemeinsames Prinzip zu finden, so lassen sich unterschiedliche Phänomene zusammenfassen. Einzelne, isolierte Ereignisse sind, wenn nicht gänzlich unrealistisch, so doch nicht besonders interessant. Tatsächlich stehen Ereignisse in Handlungszusammenhängen. Insbesondere können sie bewusst fokussiert, aufgesucht, herbeigeführt und manipuliert werden. Damit ergibt sich die Option, ein phänomenales Ereignis in einer Reihe mit vergleichbaren oder auch kontrastierenden Ereignissen zu sehen und solche Reihen herzustellen. Der Induktionsprozess im Sinne eines empiristischen Erkenntnismodells ist hier verortet. Schließlich werden bestimmte Ereignisse als Typus zusammengefasst und in eine Erfahrung von Regelmäßigkeit und Verlässlichkeit eingebunden (siehe auch Peirce 2002). Dies ist die Stufe der Begriffs- und Modellbildung bis hin zur Gesetzesaussage. Unser Phänomenbegriff ist also *konditional* und *regelorientiert.* Wir schließen die Skizze unseres Phänomenbegriffs durch folgende Kennzeichnung ab:

E. *Phänomene sind für die Generierung von Wissen relevant, wenn sie in einer Pluralität vorliegen, welche Typenbildung und die Feststellung von Regelhaftigkeit zulässt.*

19.2 Bericht aus dem Seminar

19.2.1 Zur Phänomenorientierung des Unterrichts

Die Empfehlung, Phänomene an den Anfang eines Unterrichtsganges zu stellen, hat in den Didaktiken der Naturwissenschaften – insbesondere der Physik – eine Tradition, die mindestens auf Martin Wagenschein zurück geht.

Eine phänomenorientierte Didaktik findet sich in teilweiser Konkurrenz und teilweiser Kompatibilität zu anderen Paradigmen, insbesondere zur Kontextorientierung, zur Kompetenzorientierung und zur Handlungsorientierung. Zu einer Rechtfertigung phänomenorientierten Unterrichts kann neben einer begrifflichen und wissenschaftstheoretischen Reflexion auch die Untersuchung des wechselseitigen Verhältnisses der genannten Paradigmen gehören.

Eine Grundlage für diese Diskussion kann die oben versuchte Explikation des Phänomenbegriffs darstellen. Es ist damit offenbar geworden, dass eine Orientierung an Phänomenen ohne Handlungsorientierung nicht schlüssig ist. Andererseits ist *Kompetenz* ja nichts anderes als ein handelnder Umgang mit Wissen. Sie zeigt sich im Handeln, und kann auch nur so gelernt werden. Dass schließlich Handeln ohne Praxiszusammenhang keinen Sinn hat, ist so selbstverständlich, dass damit auch die Forderung nach Kontextorientierung eigentlich nur einen (selbstverständlichen) Hinweis auf die Kontextabhängigkeit bei der Handlungsorientierung darstellen kann. Nicht anders verhält es sich mit einer besonders wichtigen Forderung an den mathematisch-naturwissenschaftlichen Unterricht, der *Problemorientierung*. Im obigen Handlungsmodell ist diese Komponente der Problemorientierung zentral. Es gibt jedoch auch eine wichtige Parallele zwischen Problemen und Phänomenen: Als Problem bezeichnet man gewöhnlich eine komplexere Aufgabe, die nicht leicht zu lösen ist und noch andere Aspekte aufweist, die analog zu den Forderungen sind, die wir an Phänomene gestellt haben.

19.2.2 Beispiele im Sinne der Phänomenorientierung

Im besagten Seminar mit Studierenden des Lehramts wurden die zuvor angesprochenen Fragestellungen sowohl theoretisch als auch anhand praktischer Fallbeispiele behandelt.

Die Aktivitäten im Seminar bestanden neben der Aufarbeitung des Phänomenbegriffs und der Abklärung der benötigten Begrifflichkeit (Empirie, Experiment versus Phänomen) in der Inszenierung von Phänomenen und der anschließenden Diskussion, in der auch Vorschläge zum Experimentieren verfolgt wurden. Die *Inszenierungen* (also das Bereitstellen von Experimenten und Aufgaben) wurden teilweise von TeilnehmerInnen übernommen, teilweise von den Veranstaltern selbst.

Die folgenden Inszenierungen bzw. Beispiele sollen exemplarisch die Arbeit an den verschieden Aspekten dieser Seminararbeit vermitteln.

Wasserglas – Inszenierung. Zu Beginn des Seminars wurden die Studierenden mit einem Alltsgegenstand, einem mit Wasser gefüllten Trinkglas konfrontiert. Die dazugehörige Aufgabenstellung forderte sie auf, zunächst möglichst unbefangen wahrzunehmen, ihre Wahrnehmungen zu beschreiben und auch die Grenzen der Beschreibbarkeit zu reflektieren. Sodann sollten sie Fachbegriffe und Theorieelemente ins Spiel bringen und schließlich Variationen und Manipulationen der Anordnung durchführen. Als Horizont wurde die Planung von Experimenten angegeben.

Die Evaluation der Protokolle ergab eine Unterscheidbarkeit gemäß folgenden Kategorien:

(1)	Perzepte	(5)	Systematiken
(2)	Perzeptuale Aussagen	(6)	Manipulationen
(3)	Theoriegeladene Aussagen	(7)	Experimente.
(4)	Fachtermini		

Wie nicht anders zu erwarten war wurden bei den perzeptionsbezogenen Kategorien (1) und (2) besondere, phänomenspezifische Wahrnehmungsinhalte genannt und nicht etwa Bestandteile der Evidenzbasis. Die Kategorien (3) bis (5) betreffen Vorwissen, das über die Evidenzbasis hinausgeht und zur oben beschriebenen Abstraktion auf der Basis vergleichbarer Phänomene gehört. Eine Betrachtung einer solchen Gesamtheit wurde jedoch nur indirekt angeregt durch die Kategorie (6).

Durch Umordnung und Zusammenfassung der Kategorien (1) bis (6) kann in nicht zwingender, aber doch plausibler Weise der – von uns nachträglich konstatierte – oben beschriebene Dreischritt rekonstruiert werden:

(I) Einzelnes Phänomen: Kategorien (1) und (2);

(II) Vergleichbare Phänomene: Kategorie (6);

(III) Subsumption unter eine Gesetzmäßigkeit: Kategorien (4), (5) und (7).

In unserer Bezugnahme auf Peirce ergibt sich hier die Frage, ob ein solcher Dreischritt mit seinen Kategorien Erstheit, Zweitheit, Drittheit[1] verwandt oder gar auf diese zurückzuführen seien. Wir stellen diese Frage hier zurück, um uns nicht in exegetische Feinheiten zu verlieren; auch wäre ein Gewinn einer solchen philosophischen Überhöhung für didaktische Belange beim jetzigen Stand der Dinge nicht offensichtlich.

---

[1] Peirce' Phänomenologie ist in enger Verbindung zu seinen weiteren denkerischen Anliegen zu sehen, insbesondere zu seiner Zeichentheorie und seiner Auffassung grundlegender Kategorien; diese stellt er Kants Lehre von den Formen der Anschauung und des Verstandes gegenüber als radikalere und voraussetzungsfreiere Antwort auf die Frage, auf welche Weise Elemente der Wirklichkeit gegeben sein können. Diese Kategorien werden von Peirce an vielen Stellen beschrieben und begründet. Es ist sinnvoll, sich auf das Spätwerk zu beziehen, insbesondere auf die dritte Harvard-Vorlesung vom 1903 mit dem Titel The Categories Defended (Peirce 1998, S. 160–178)

Was an diesem Versuch bemerkenswert erscheint, ist die Vielfalt der Beobachtungen am ruhenden Glas, die Versuche der Erklärung der beobachteten Erscheinungen und das anschließende Experimentieren, das neue Erscheinungen bewirkt. Das Hauptziel dieses Versuches (dieser Inszenierung) war es, durch die Schaffung einer einfachen, künstlichen Situation die Wahrnehmungsfähigkeit herauszufordern. Teilziele waren dabei: Die Aufmerksamkeit herausfordern, das Loslassen und Einlassen auf Phänomene, das Beobachtungsvermögen schulen, den Blick weg von der Konsumption oder Vorwegnehmen von Erfahrung hin zum Erlebnis leiten. Angeregt wurde der Versuch durch die Anmerkungen von Grebe-Ellis in (Grebe-Ellis 2005).

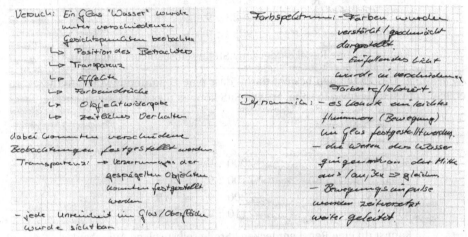

Abbildung 19.1. Protokoll einer Partnerarbeit

Teilbarkeitsregeln. Phänomenorientierung im Mathematikunterricht kann durch das Bereitstellen von Aufgaben bzw. Lernumgebungen erfolgen, in welchen relevante Phänomene erschlossen werden, die allmählich auf Begriffe oder Regeln bzw. gesetzmäßig zu formulierende Einsichten führen. Im Seminar stellte ein Student die Quersummenregel zur Teilbarkeit durch 9 als ein (arithmetisches) Phänomen hin. Die Frage war, wie man diesen Gegenstand phänomenorientiert unterrichten könnte, was im Seminar didaktisch und methodisch erörtert wurde.

Der folgende Vorschlag orientiert sich an der Absicht, Schülerinnen und Schülern Aufgaben anzubieten, die gezielt Teilbarkeitsphänomene vermitteln, zu Konstruktionen und dann zur Erklärung bzw. zu Regelbildung anregen auf dem Weg zur Quersummenregel. Es handelt sich also um Inszenierungen, die das Ziel verfolgen, problemorientiert an die Entdeckung und Erklärung einer Regel heranzugehen, was auch exemplarische Bedeutung hat. Den Unterrichtsgang könnte man sich ab Klasse 6 folgendermaßen vorstellen:

1. Die Lehrperson behauptet, den Rest bei Division durch 9 schnell nennen zu können und fordert einzelne SuS auf, jeweils eine mehrstellige (z. B. vierstellige) Zahl zu

nennen. Sie macht dabei natürlich Gebrauch von der Quersummenregel, die den SuS noch nicht bekannt ist. Sie sind auf die Division, die länger dauert, als Kriterium angewiesen. Die SuS vermuten zu Recht einen „Trick" und möchten diesen lernen. Die Lehrperson erklärt jedoch, dass sie die SuS die Regel entdecken lassen will und bietet ihnen Aufgaben an.

2. Der erste Satz von Aufgaben sieht so aus.

Rechne aus und achte auf die Reste!						
4538 : 9	=	R		3298 : 9	=	R
5384 : 9	=	R		8392 : 9	=	R
8534 : 9	=	R		2983 : 9	=	R
3845 : 9	=	R		9283 : 9	=	R
Kannst du eine Regel entdecken? Stelle selbst solche Aufgaben!						

Anmerkung: Das Phänomen besteht darin, dass eine Umordnung von Ziffern Zahlen erzeugt, die den gleichen Rest haben. Die SuS können dies ausgiebig ausprobieren.

3. Der zweite Satz von Aufgaben:

Berechne die Reste!						
3001 : 9	=	R		2000 : 9	=	R
3201 : 9	=	R		2100 : 9	=	R
3400 : 9	=	R		2200 : 9	=	R
3051 : 9	=	R		2110 : 9	=	R
Kannst du eine Regel entdecken? Stelle selbst solche Aufgaben!						

Anmerkung: Eine Veränderung von Ziffern an einer Zahl verändert den Rest bei Division mit 9 im gleichen Sinne. (Natürlich bis zu einem Vielfachen von 9.) Gleiche Veränderung an zwei Ziffern an beliebiger Stelle ergibt den gleichen Effekt. Die Zahlen sind so gewählt, dass der Rest die Quersumme der Ziffern ist.

4. Der dritte Satz von Aufgaben:

Berechne die Reste, bei einigen Aufgaben geht es auch im Kopf!						
2 : 9	=	R		1 : 9	=	R
20 : 9	=	R		10 : 9	=	R
200 : 9	=	R		100 : 9	=	R
2000 : 9	=	R		1000 : 9	=	R
Was sagst du dazu? Kannst du erkennen, wie die Reste in den Aufgaben zuvor entstehen?						

Anmerkung: Die weitere Einsicht besteht darin, dass der Rest bei Division durch 9 sich aus den Resten der Division von Stufenzahlen ergibt. An jeder Stufenzahl ergibt sich bei der Division durch 9 eine 1 als Rest. Die Aufgaben sollen die SuS dazu führen, die Rolle der Stufenzahlen zu entdecken.

5. Die Erklärung der bisher erzeugten Phänomene kann über eine konkrete Darstellung von Zahlen in einer Stellentafel und der Betrachtung der Reste anschaulich erfolgen. Das heißt, dass der dritte Aufgabensatz ergänzt werden kann durch Aufgaben, die sich am folgenden Arrangement orientieren. Dazu eignen sich zwei Medien, die hier dargestellten Mehrsystemblöcke (MBS) (Abb. 19.2) und Geld.

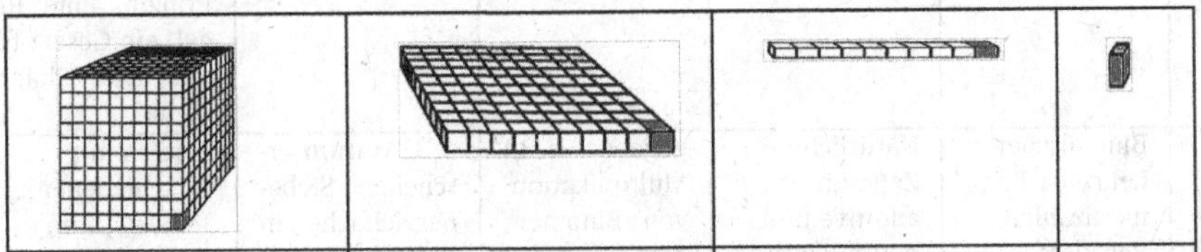

3	4	2	5

Abbildung 19.2. Neunerreste von 10^n

Diese Darstellung macht die Verhältnisse anschaulich klar. In jeder Spalte ergeben sich so viele Würfel (Einer, markiert) als Rest, wie die jeweilige Ziffer angibt. Die Summe (Quersumme) ist bei dieser ersten Teilung der Rest, der noch weiter durch 9 zu teilen ist, bis eine Zahl kleiner 9 übrig bleibt.

Entsprechend sieht das Arrangement mit Geld aus. Man legt den Betrag mit Scheinen von 1000, 100, 10 Euro und Münzen von 1 Euro in einer Tabelle aus und addiert die Reste bevor man eventuell nochmals durch 9 teilt, um einen Rest kleiner 9 zu erhalten.

Anmerkung: Die Darstellung in der Stellenwerttafel ist für schwächere Schüler besonders hilfreich, aber auch alle anderen können von ihr profitieren. Man kann diese Darstellung auch von den Schülern erarbeiten lassen, sofern man dies für angezeigt hält. Auf der Basis der in den Aufgaben gemachten Erfahrungen ist jedoch auch die Erarbeitung im Klassengespräch sinnvoll.

Zusammenfassung. Die folgende Tabelle stellt die Zuordnung zwischen den im ersten Teil entwickelten Merkmalen von Phänomenen und den konkreten Fällen des zweiten Teils dar. Sie kann auch als Planungsinstrument für den Unterricht dienen.

	(A) indizial	(B) relational	(C) tripolar	(D) initial	(E) konditional
Schlüsselbegriffe	Index, Zeichen, Verweis	Evidenz, Evidenzbasis, Alphabetisierung	Gegebenes (datum), Wahrgenommenes (perceptum), Gemachtes (factum)	Herausforderung, Problem, Neugier, Relevanz	Möglichkeitsbedingungen, Reproduzierbarkeit, Regelhaftigkeit, Gesetzmäßigkeit

	(A) indizial	(B) relational	(C) tripolar	(D) initial	(E) konditional
Fragen	Was steckt dahinter?	Was sind die vorausgesetzten Mittel meiner Wahrnehmung?	Was ist gegeben, was ist gemacht, was nehme ich wahr?	Was will ich erkennen, wissen? Was nützt es mir, wenn ich das Phänomen besser verstehe?	Wie kann ich das Phänomen reproduzieren? Welche ähnlichen Phänomene gibt es? Was ist das Gemeinsame? Gibt es ein Prinzip, eine Regel, ein Gesetz für alle diese Phänomene?
Bsp.1 (Pascalsches Dreieck)	Binomischer Lehrsatz, Fibonaccizahlen, Restklassen, ...	Natürliche Zahlen; additive und multiplikative Struktur	gegeben z. B.: Multiplikation von Binomen; gemacht: Darstellung als PD.; wahrgenommen: Teilstrukturen des PD.	z. B. Warum erscheinen Siebenervielfache in Dreiecken? Wie geht es weiter (approx. Sierpinski-Dreieck)	Spielen mit verschiedenen Teilern, prim, nichtprim ...
Bsp.2 (Teilbarkeit)	Restklassen; Besonderheiten des Dezimalsystems	Natürliche Zahlen; Division; (evtl. Algorithmus)	gegeben: Auswahl von Zahlen gemacht: Bestimmung der Reste wahrgenommen: Gleiche Quersummen	Was hat die Quersumme mit dem Neunerrest zu tun? geht es auch bei anderen Teilern (z. B. 3)	Dreierprobe Alternierende Quersumme (Elferprobe) Nicht-kompatible Beispiele (Fünferprobe)

Literatur

[Grebe-Ellis 2005] GREBE-ELLIS, Johannes; THEILMANN, Florian (Hrsg.): *open eyes 2005. Ansätze und Perspektiven einer phänomenologischen Optik – eine Arbeitstagung vom 5. bis 8. September 2005 in Berlin*. Berlin: Logis Verlag, 2006, S. 6–11.

[Hampe 2006] HAMPE, Michael: *Erkenntnis und Praxis. Zur Philosophie des Pragmatismus.* Frankfurt am Main: Suhrkamp, 2006.

[Mittelstraß 1962] MITTELSTRASS, Jürgen: *Die Rettung der Phänomene: Ursprung und Geschichte eines antiken Forschungsprinzips.* Berlin: De Gruyter, 1962.

[Mittelstraß 2004] MITTELSTRASS, Jürgen (Hrsg.): *Enzyklopädie Philosophie und Wissenschaftstheorie.* Stuttgart: Metzler, 2004.

[Peirce 1998] PEIRCE, Charles S.: *The Essential Peirce. Selected Philosophical Writings Vol. 2 (1893–1913).* Edited by the Peirce Edition Project. Bloomington: Indiana University Press, 1998.

[Peirce 2002] PEIRCE, Charles S.: Was heißt Pragmatismus? (1905). In: *Philosophie des Pragmatismus. Ausgewählte Texte von Ch.S. Peirce, W. James, F.C.S. Schiller, J. Dewey. Mit einer Einleitung herausgegeben von E. Martens.* Stuttgart: Philipp Reclam jun., 2002.

[Ritter 1989] RITTER, Jürgen (Hrsg.); GRÜNDER, Karlfried (Hrsg.): *Historisches Wörterbuch der Philosophie. Band 7 (P–Q)*. Basel: Schwabe, 1989.

[Short 2007] SHORT, Thomas L.: *Peirce's Theory of Signs*. New York: Cambridge University Press, 2007.

[Wagenschein 1976] WAGENSCHEIN, Martin: Rettet die Phänomene (Der Vorrang des Unmittelbaren). In: *Scheidewege* 1 (1976), S. 76–93.

20 Mathematik als historischen Prozess wahrnehmen

Hans Max Sebastian Schorcht

Laut dem Mathematik- und Wissenschaftshistoriker Moritz Epple besitzt die Beschäftigung mit Geschichte der Mathematik eine doppelte Gegenständlichkeit (vgl. Epple 1999, S. 26). Auf der einen Seite steht das zu betrachtende Produkt, das Resultat der jeweiligen mathematischen Forschung. Auf der anderen Seite betrachtet man die Variation, die Veränderung des mathematischen Gegenstandes. Für Epple zeichnet sich diese Perspektive durch Fragen über die Veränderungen der Erkenntnisgegenstände und -techniken, der Handlungskontexte und der Rationalitätsvorstellungen der mathematisch Handelnden aus. Mathematisches Handeln ist ein „Bereich menschlichen Handelns [...], in welchem mathematisches Wissen produziert und verwendet wird.", wobei als „mathematisches Wissen [...] alles Wissen gelten [soll], das zu irgendeinem Zeitpunkt als mathematisches Wissen *angesehen* wurde." [Hervorhebung im Original] (Epple 1999, S. 20) Die Sicht auf die Mathematik als ein Mathematisierungsprozess soll demnach folgende Fragen in den Betrachtungsmittelpunkt einer mathematikhistorischen Untersuchung stellen:

> „Im Hinblick auf welche Motive und Zwecke war dieses Handeln angemessen? [...] Welche Art von mathematischen Handlungen in einer bestimmten Episode mathematischer Praxis [galten] als vernünftig und sinnvoll [...]?"
>
> Epple 1999, S. 22 f.

Der Umgang mit Geschichte der Mathematik in der Schule verfolgt das Ziel, ein vertieftes Verständnis der Mathematik zu bewirken (vgl. Jahnke 1998, S. 4), indem ebendiese Veränderungen und Variationen mathematischer Begriffe und Handlungen analysiert werden. Die Betrachtung des Andersartigen, der Veränderung über die zeitliche Dimension in Relation zur eigenen, bekannten Sichtweise, ist eine Erfahrung mit dem Fremden – auch Alteritätserfahrung (vgl. Sauer 2009, S. 76) oder originale Begegnung (vgl. Roth 1969, S. 109–118) genannt. Sie kann ein Impuls für erste Interpretationserlebnisse seitens der Lernenden sein. Bei dem Versuch, das Fremde zu verstehen, werden die Schülerinnen und Schüler dazu angehalten, sich mit den Veränderungen im historischen Prozess zu beschäftigen. Dabei versuchen die Lernenden, die Bedeutung des historisch Fremden durch ein hermeneutisches Vorgehen zu erschließen (vgl. Kurt 2004, S. 23 f.). Vertieftes Verständnis über die Mathematik entsteht insofern auch bei der Auseinandersetzung mit dem historisch Fremden:

> „Weil jedes Phänomen – jedes historische und jedes Gegenwärtige – ,geworden ist', wird es besser und tiefer verstehbar aus der Kenntnis dessen,

was weiterwirkt, was neu dazukam, aus der Auseinandersetzung mit seiner Veränderung."

Schreiber 2004, S. 24

Veränderungen werden über Vergleiche auf Bekanntes wahrgenommen. Diese Vorer-
fahrungen, die die Schülerinnen und Schüler besitzen, beziehen sich auf die im Mathematikunterricht gelernten mathematischen Handlungen, aber auch auf die Phänomene und Erscheinungen in ihrer Umwelt. Somit werden mathematikhistorische
Überlegungen auf dem Hintergrund der gegenwärtigen Lebenswelt erschlossen (vgl.
Schreiber 2004, S. 21).

Wie gegenwärtige Phänomene nicht nur die Interpretation beeinflussen, sondern auch
zur Beschäftigung mit der Mathematikgeschichte führen können, soll im Folgenden
beschrieben werden. Außerdem wird darauf eingegangen, wie die Geschichtsdidaktik versucht, die Veränderungen im historischen Prozess darzustellen. Letztendlich
soll ein vertieftes Verständnis der mathematischen Begriffe Ziel der Beschäftigung mit
mathematikhistorischen Themen sein. Dazu könnten Überlegungen zu einem möglichen Orientierungswissen beitragen. Wie müsste eine Mathematikgeschichte didaktisch aufbereitet sein, damit sie Mathematik als Mathematisierungs*prozess* darstellt
und letztendlich nicht in einem Präsentatismus der Art *So war es schon früher* oder
Resultatismus – *Heute ist es besser* – verfällt (vgl. Spalt 1987, S. 311–314)?

20.1 Die römischen Zahlzeichen

20.1.1 Gegenwartsnahe römische Zahlzeichen

Ausgangspunkt der Überlegungen ist ein Phänomen in Leipziger Straßenbahnen. Dort
werden die Tickets, siehe dazu Abbildung 20.1, durch einen Stempel entwertet. Der
dabei entstehende Aufdruck ist eine Zahlenfolge, die eine Kodierung darstellt. Durch
Nachfrage bei den Leipziger Verkehrsbetrieben konnte Folgendes ermittelt werden:
Der rechte Code setzt sich zusammen aus der horizontal liegenden Entwerternummer
„5399" und dem Ausdruck „LVB", der als Abkürzung für die Leipziger Verkehrsbetriebe steht. Man kann den Bezirk „110" entschlüsseln, der für den Geltungsbereich
Leipzig gilt. Zusätzlich befindet sich die Angabe zum Jahr, es wird die letzte Zahl des
jeweiligen Jahres (hier die „2") genutzt, und zur Station, im Beispiel ist das die Halte-
stelle mit der Kodierung „0177". Am Ende der Zahlenfolge befindet sich die Uhrzeit:
„09^{36}".

Interessant erscheint der Vermerk des Datums, in Abbildung 20.1 ist das beim rechten
Code der 4. August. Die Monatsangabe auf dem Stempel ist in römischen Zahlzeichen
notiert. Der achte Monat des Jahres wird hier als „VIII" dargestellt. Die Darstellung
in einem additiven Zahlsystem mit fremden Symbolen erscheint nicht zufällig. Ver-
wundern dürfte, dass es sich dabei um ein scheinbar aktuell funktionelles Phänomen
handelt und nicht um eines der Ästhetik wegen, wie beispielsweise bei dem gängi-

gen Schulbuchbeispiel der Uhr mit römischen Zahlzeichen. Doch was prädestiniert die römischen Zahlzeichen im Gegensatz zu den westarabischen Zahlzeichen zur Verwendung in der Monatsangabe?

Abbildung 20.1. Ein Ticket der Leipziger Straßenbahn

20.1.2 Zahlaspekte gegenwartsnaher römischer Zahlzeichen

Zunächst kann festgehalten werden, dass die Darstellung in der fremden römischen Schreibweise eine semantische Abgrenzung zu den westarabischen Zahlzeichen darstellt. Römische Zahlzeichen werden heutzutage dann benutzt, wenn sich die Zahlen in ihrer Bedeutung unterscheiden. Beispielsweise in der semantischen Abgrenzung des Vorworts zum Haupttext, von Kapitel und Unterkapitel oder Botschaft und Anlage in Briefen. Beide Zahldarstellungen tauchen an diesen Stellen in ihrer Funktion als Ordinalzahl auf (zu Zahlaspekten siehe Padberg 2005, S. 16). Sie werden gleich gehandhabt, verweisen aber auf einen semantischen Unterschied.

Es kann auch vorkommen, dass römische Zahlzeichen in Abgrenzung zum verwendeten Zahlaspekt genutzt werden. Für Mathematiker dürfte die Unterscheidung zwischen Ordinalzahlaspekt und dem Rechenzahl-, Kardinalzahl-, Maßzahl- und Operatoraspekt am bekanntesten sein. Die Listendarstellung der Form (i), (ii), (iii) usw. ist durchaus sehr gebräuchlich in der Mathematik und grenzt den Ordinalzahlaspekt von anderen Zahlaspekten, die in Verbindung mit Rechenverfahren stehen, eindeutig ab. So hat Neper 1617, nach der Durchsetzung der westarabischen Zahlen in Europa, bei seinen Rechenstäben schon die römischen Zahlzeichen als semantische Abgrenzung zu den Ergebnissen genutzt (vgl. Menninger 1958, S. 263).

Römische Zahlzeichen zur semantischen Abgrenzung sind allerdings nur dann sinnvoll, wenn die Zahldarstellung letztendlich nicht zur Unhandlichkeit führt. Das kann beispielsweise an ihrem additiven Bildungsgesetzen liegen, wodurch große Mengen schnell unübersichtlich werden. Ausnahmen können heute Inschriften mit römischen Zahlzeichen auf Gebäuden sein, die das Erbauungsjahr festhalten. Die Jahresangabe tritt dann als Zählzahl – nach Padberg eine spezielle Art des Ordinalzahlaspekts (vgl. Padberg 2005, S. 16) – auf.

Der Codierungsaspekt von Zahlen erweitert sich bei den westarabischen Zahlzeichen durch die hohe Anzahl der Symbole. Das Leipziger Straßenbahn-Ticket in Abbildung 20.1 benutzt die römische Zahlschrift zwar auch als Kodierung, doch zeitgleich als Ordinalzahl. Die Änderung der Zahlzeichen verleiht dem Ganzen eine Struktur. Als semantische Abgrenzung von der restlichen Kodierung kann der Kontrolleur somit sicher den Code erfassen und die Haltestellennummer vom Datum und der Uhrzeit unterscheiden. Tatsächlich nutzen die Hersteller der Entwertergeräte die römischen Zahlzeichen als Strukturierungshilfe. Dies konnten die Leipziger Verkehrsbetriebe auf Anfrage bestätigen. Gleichzeitig verwiesen Sie auf die Möglichkeit, die Monatsangaben auch alphabetisch (JAN, FEB, MRZ etc.) darstellen zu können. In jedem Fall ist eine semantische Abgrenzung, die auch zur Strukturierungshilfe dient, notwendig, damit der Kontrolleur den Code schnell erfassen kann.

20.1.3 Anwendung römischer Zahlzeichen

Der Strich und der Punkt als Darstellung der Menge Eins erscheint als eines der elementarsten Darstellungsweisen in vielen Kulturen, sieht man von den altsumerischen und griechischen Zahlzeichen einmal ab. (Vgl. Ifrah 1986, S. 169–173 oder Gericke 2005, S. 286f.) Mit dieser intuitiven Darstellung ist es möglich, ohne Kenntnisse der Zahlschrift die Mengen Eins bis Vier additiv darzustellen und zu lesen. Für den Lernenden sind nur vier Symbole mehr zu lernen, damit die Zahlen bis 499 im römischen Zahlsystem darstellbar werden. Die arabische Zahlschrift bzw. das dezimale Positionssystem benötigt schon bis zur Menge 10 zehn Symbole. Andererseits kann mit zehn Zeichen im Positionssystem jede beliebige reelle Zahl dargestellt werden. Damit eröffnet sich für den Nutzer ein weites Anwendungsspektrum.

Bei den römischen Zahlzeichen bzw. bei der additiven Zahldarstellung ist die Bündelung schon vorgegeben. Für die Menge Siebenunddreißig müssen im römisch-additiven Zahlsystem aus einem Konglomerat von Zeichen die richtigen Bündelungen ausgewählt werden. Dabei ist die Stellung der Bündelungszeichen irrelevant. Bei „XXXVII" wird die Bündelung sofort ersichtlich. Gleichzeitig nutzt das römische Zahlsystem die simultane Zahlerfassung und beginnt mit der Bündelung schon bei Fünf. Solch eine Darstellung ist im Positionssystem nicht möglich, da dort die Bündelungseinheiten abstrakt hinter die Zahlzeichen und deren Stellung treten. Für die Darstellung „37" im Positionssystem muss somit nicht nur aus einem Fundus von zehn Zeichen ausgewählt, sondern auch die Stellung der Zahlzeichen beachtet werden. Die Reihenfolge wird relevant, weil die Zahlzeichen nicht mehr die konkrete Bündelung repräsentieren, sondern diese abstrakt hinter die Zahlzeichen und deren Stellung treten.

Für die Addition im additiven Zahlsystem sind nur die Bündelungsregeln zu beherrschen. Im Positionssystem benötigt man schon ein auswendig gelerntes Eins-und-Eins. Die Multiplikation und Division im additiven Zahlsystem könnte, durch problemloses Halbieren oder Verdoppeln, wie beispielsweise im additiven Zahlsystem der Ägypter, möglich sein (vgl. Imhausen u. a. 2007, S. 14–17 und vgl. Kennedy 1981, S. 32). Trotzdem etablierte sich das Positionssystem im europäischen Raum, da die Rechenverfahren zeitgleiches Rechnen und Zahlschreiben erlaubten und die Rechenmöglichkeiten der Europäer steigerten (vgl. Menninger 1958, S. 262–265).

Diejenigen Kaufleute, Beamte etc., die keine Rechentechniken mit den römischen Zahlzeichen beherrschten, waren auf die Rechenmeister angewiesen (vgl. Menninger 1958, S. 248–256), die das Bündeln und Entbündeln sachverständig ausführen konnten. Die Trennung von Rechnen und Zahlschreiben entfiel, als die neuen westarabischen Zahlzeichen in den europäischen Kulturraum eindrangen. Der Wandel vom Gebrauch der römischen Darstellungsweise der Zahlen zum Einsatz der westarabischen Zahlzeichen war ein langwieriger Prozess. Gerade die neuen Rechenverfahren begünstigten aber den Durchbruch der heutigen Zahlzeichen (vgl. Menninger 1958, S. 259).

20.2 Didaktische Überlegungen

20.2.1 Gegenwarts- und Zukunftsbezogenheit

Mathematikgeschichte im Unterricht soll den Mathematisierungsprozess, das Werden und den Wandel der Mathematik verdeutlichen. Zum besseren Verständnis, wie Wandel im historisch-genetischen Sinn vermittelt werden kann, lohnt sich ein Blick in die Geschichte und ihrer Didaktik. Ihr Gegenstand ist die kognitive Rekonstruktion dieses historisch-genetischen Wandels (vgl. Bergmann u. a. 2008, S. 79). Ziel ist die Ausbildung einer historisch fundierten Gegenwartsorientierung mit Hilfe der Entwicklung eines Bewusstseins für Geschichte (vgl. Sauer 2009, S. 18). Die Geschichtsdidaktik verknüpft zu diesem Zweck gegenwärtige Erscheinungen in der Lebensumwelt der Lernenden mit ihrer historischen Genese. Wichtig erscheinen dabei diejenigen historischen Prozesse, die bis in die Gegenwart hinein wirken oder sogar für zukünftige Gesellschaften von Bedeutung sein können (vgl. Goldmann 1971, S. 25). Die gegenwärtigen Phänomene werden bereichert durch eine sogenannte „zeitliche Tiefendimension" (Rüsen 2001, S. 83). Geschichte und ihre Didaktik betreibt Geschichte nicht um der Geschichte willen, sondern aus gegenwärtigen Fragen heraus: Sie ist gegenwarts- und zukunftsbezogen. Deshalb sollten mathematikhistorische Themen im Mathematikunterricht nach diesem Prinzip der Gegenwarts- und Zukunftsbezogenheit mit der Umwelt der Lernenden verknüpft werden:

> „Bezugspunkt für unsere Beschäftigung mit Vergangenheit ist stets die Gegenwart. Aus ihr kommt zuallererst unser Interesse an der Vergangenheit,

stammen die Fragen, die wir an sie anlegen, auf sie beziehen wir die Lehren, die wir uns vielleicht aus der Vergangenheit erhoffen."

Sauer 2009, S. 91

Die Entwicklung solch eines Geschichtsbewusstseins, der Verknüpfung von Gegenwärtigem mit Vergangenem, soll die Lernenden dazu befähigen, eine historisch-genetische Perspektive einzunehmen, um die Gegenwart besser verstehen zu können (vgl. Pandel 1991, S. 55–73). Die Fragen an die Gegenwart sind der initiierende Impuls für historische Überlegungen. Zukünftige Entscheidungen können ebenfalls anregend für Fragen an die Geschichte wirken. Die künftigen Ereignisse können somit von vergangenen Ereignissen inspiriert werden, indem die historische Genese der Phänomene in der Gegenwart beachtet wird. Dann können bewusste Entscheidungen gefällt und historische Bedingungen berücksichtigt werden. (Vgl. Schreiber 2004, S. 47)

Das Phänomen der Ticketentwertung in Leipziger Straßenbahnen scheint solch einen Anlass zu bieten, Fragen an die Vergangenheit zu richten. Über die Betrachtung der Zahlzeichen gelangt der Lernende zu den möglichen Darstellungsformen und somit zu historischen Fragestellungen. Die Inschriften auf Häusern und Gräbern, die Bezifferung der Seiten im Vorwort eines Buches oder die obligatorische Kirchturmuhr mit römischen Zahlzeichen bietet selbstverständlich auch einen Anlass für die Hinwendung zur Mathematikgeschichte. Die Ticketentwertung stellt allerdings ein Beispiel dar, dass nicht nur eine ästhetische Funktion hat, sondern einen funktionellen Charakter aufweist. Außerdem ist es ein Beispiel für aktuell genutzte römische Zahlzeichen, das nicht jedem geläufig sein dürfte und somit zunächst verwirrend wirkt und Fragen provoziert. Es geht nicht nur um totes Wissen, sondern um Wissen, das noch Funktion hat.

Die fremde Zahldarstellung auf dem Ticket der Leipziger Straßenbahn drängt somit zur Sinnbildung. Das Bedürfnis zum Verstehen leitet einen Prozess ein, der die Lernenden in die „historische Tiefendimension" des Phänomens führt. Es handelt sich um die Rüsensche „historische Sinnbildung": Der Lernende wird vom Gegenstand zur Erforschung historischer Genese getrieben (vgl. Rüsen 2001, S. 81 ff.). Die Verknüpfung historischer Fragestellung an gegenwärtigen Phänomenen verleiht der Beschäftigung mit mathematikhistorischen Themen einen Sinn. Gerade für die Lernenden erschließt sich dadurch der Nutzen solch einer thematischen Ausrichtung des Mathematikunterrichts.

Schon Wagenschein hat mit seiner Forderung nach einer Verwurzelung des Wissens durch die Orientierung an Naturphänomenen den Gegenwartsbezug im Unterricht befürwortet. In seiner Beschreibung einer „Formatio", einer allgemeinen Bildung des Menschen, sollen die Lernenden durch kritisches Hinterfragen zur Erkenntnis gelangen, um ihr so erworbenes Wissen in realen Phänomenen zu verankern und gegen Verwirrungen gefeit zu sein (vgl. Wagenschein 1968, S. 76–79). Die Anbindung mathematikhistorischer Themen an Phänomenen der Gegenwart scheint aus Perspektive der Wagenscheinschen Didaktik und der Geschichtsdidaktik demnach sinnvoll.

20.2.2 Historizitätsbewusstsein

Durch den Gegenwarts- und Zukunftsbezug sind die Lernenden dazu aufgefordert, ihre Fragen an realen Phänomenen auszurichten. Dabei kann die Hinwendung zur historischen Genese sinnstiftend sein. Die mathematikhistorische Dimension des Phänomens thematisiert die Veränderungen der mathematischen Gegenstände und Techniken, des Handlungsrahmens und der Rationalitätsvorstellungen der mathematisch Handelnden (vgl. Epple 1999, S. 26). Die Lernenden bilden, im geschichtsdidaktischen Sinn, ein Historizitätsbewusstsein in Bezug auf die Mathematik aus: Die Veränderungen in der eigenen Lebenswelt, beispielsweise der Neubau in der Nachbarschaft, das Wachstum der Pflanzen oder die Bildung neuer Staatssysteme, sind Umbrüche, die von den Lernenden direkt erfahrbar sind. Man spricht dabei von einer Historizität im lebensweltlichen Sinn. Die Veränderungen, die nicht direkt erfahrbar sind und über kommunikative Anlässe vermittelt werden, provozieren ein Historizitätsbewusstsein im historischen Sinn:

> „[...] Historizitätsbewusstsein [bezeichnet] jenen Aspekt [...], der Angaben darüber enthält, was im historischen Prozeß veränderlich ist und was statisch bleibt."
>
> Pandel 1991, S. 63 f.

Welche Veränderung traten ein, als die westarabischen Zahlzeichen bzw. das Positionssystem die römischen Zahlzeichen im europäischen Kulturraum verdrängten? Welche statischen Elemente sind erkennbar? Was ist das Statische, was das Veränderliche an den unterschiedlichen Zahlsystemen?

Die neue westarabische Zahlschrift, die die römischen Zahlzeichen ablöste, provozierte eine Veränderung in der Lebenswelt der Menschen: Die Darstellung aller reellen Zahlen wurde durch die neue Zahlschrift möglich, ohne dass ständig neue Zahlzeichen ausgedacht werden mussten. Der Drang zu einer einheitlichen und eindeutigen Regelung (vgl. Menninger 1958, S. 47–52) konnte gestillt werden. Zeitgleich wurden die Rechentechniken syntaktischer und die ursprüngliche Trennung der Ausführung des Kalküls und das schreiben der Zahlen aufgehoben (vgl. Menninger 1958, S. 259). Die Bündelungen sind bei den westarabischen Zahlzeichen nicht mehr explizit schriftlich fixiert, sondern müssen zu der Stellung der Ziffer in der Zahl hinzu gedacht werden.

Das Statische der Zahldarstellung drückt sich dadurch aus, dass die Bündelungen nicht verschwinden, sondern die Idee auch bei den westarabischen Zahlzeichen erhalten bleibt. Die Rechentechniken werden zwar syntaktischer, bleiben aber alltagsrelevant. Der Drang des Menschen zur Darstellung von Mengen wird nicht durch die neue Zahlschrift beendet, sie beginnt im Moment der Erweiterung des eigenen Spielraums der Zahldarstellung (vgl. Menninger 1958, S. 262).

Die Betrachtung der Historizität der mathematischen Gegenstände macht sie in ihren Facetten des Statischen und Veränderlichen greifbar. Im Mittelpunkt der Betrachtung steht nicht nur das vor uns liegende Produkt, die römischen Zahlzeichen, sondern

Beständig	*Veränderung*
Eindeutige Interpretation der Zahlzeichen;	Es müssen nicht immer neue Zeichen für höhere Mengen eingeführt werden;
Drang des Menschen zur Darstellung der Mengen;	Darstellung aller reellen Zahlen wird möglich;
Die Idee der Bündelung bleibt erhalten;	Die Bündelung tritt über ins Abstrakte: hinter die Stellung der Ziffer in der Zahl;
Rechentechniken zum vereinfachten Rechnen bleiben für die mathematisch Handelnden elementar;	Die Rechentechniken lösen sich von der Semantik und werden syntaktischer
...	Trennung von Rechnen und Zahlen schreiben ist nicht mehr gegeben;
	...

Tabelle 20.1. Historizität zu den Zahlsystemen

der Prozess der Mathematik wird thematisiert. Dadurch kann Mathematik für den Lernenden auch vertieft verstehbar werden, da er sich mit strukturellen Fragen zur Mathematik – nach Veränderung und Beständigkeit – auseinandersetzt. Es tritt die Veränderungsmöglichkeit der Zahldarstellung in den Vordergrund, was Freiraum für innovative Ideen und Möglichkeiten mathematischer Darstellungen schafft.

20.2.3 Orientierungs- und Verfügungswissen der Mathematik

Die Verknüpfung der Lebenswelt der Lernenden mit mathematikhistorischen Themen sollte nicht ausschließlich als Motivationshilfe verwendet werden. Mathematikaufgaben mit geschichtlichem Hintergrund können mehr leisten, wenn sie über die Einstiegsphase hinaus im Mathematikunterricht gegenwarts- und zukunftsbezogen behandelt werden. Die Erkenntnisse der Mathematikhistoriker zu präsentieren und darauf zu vertrauen, dass sich dadurch Sinnbildung ergibt und die Geschichte der Mathematik an Relevanz für die Lernenden gewinnt, scheint zu kurz gegriffen. Am Beispiel der Zahldarstellung würde nur das Produkt – die römischen Zahlzeichen – im jeweiligen historischen Kontext betrachtet und die Regeln zur Bildung dieser Zahlsymbole besprochen. Die heutigen westarabischen Zahlzeichen erscheinen dann als gelungeneres Resultat, im besseren Fall werden sie als Alternative dargestellt. Mathematik wird somit Gebrauchsgut der jeweiligen Zeitepoche: Das unnütze Produkt des additiven Zahlsystems wurde demnach abgelöst vom besseren Produkt: unser heutiges Positionssystem. Damit fällt die Betrachtung der Mathematikgeschichte in den befürchteten Resultatismus. Resultatismus nach Spalt bezeichnet die Darstellung historischer Prozesse in einem endenden, für besser befundenen, Fortschritt (vgl. Spalt 1987, S. 313). Damit wird die Mathematik einer Zukunft beraubt, weil die Gegenwart als fortschrittliches Stillleben, als nicht verbesserungswürdig erscheint (vgl. Bergmann u. a. 2008, S. 139).

Von der Vermittlung von Verfügungswissen spricht man, wenn die Darstellungsregeln eines additiven Zahlsystems besprochen werden. Die *Allgemeine Mathematik als Mathematik für die Allgemeinheit* nach Wille (vgl. Wille 2001) versucht das Verfügungswissen um ein Orientierungswissen, laut Radbruch ganz im platonischen Sinne (vgl. Radbruch 1997, S. 5), zu erweitern. Verfügungswissen beschreibt das Wissen an sich, während Orientierungswissen den Umgang mit diesem Wissen thematisiert. Verfügungswissen „ist objektivierbar, verfügbar, übertragbar, transportierbar – es handelt sich um Wissen quasi als Ware." (Radbruch 1997, S. 7) Am Beispiel der römischen Zahlzeichen wären dies die Regeln der Darstellung der Zahlsymbole und das Wissen über deren Verbreitung in der jeweiligen Zeitepoche. Orientierungswissen ist dagegen eine „Fähigkeit, Fertigkeit, Erfahrung, Disposition, Intuition [...] – nicht Wissen als Ware, sondern Wissen als Vermögen oder Kompetenz." (Radbruch 1997, S. 7) Das Verlangen nach Orientierung in einer technisierten, nach Verfügungswissen orientierten Gesellschaft, hat ebenfalls Mittelstrass geäußert. Er kritisiert, dass unsere Gesellschaft Anweisungen lehrt und lernt, die ohne handlungsleitendes Wissen zu einer Gesellschaft führen, welche wie eine Maschine die Anweisungen ausführt. Demnach lernen die Schülerinnen und Schüler zwar Verfügungswissen, wüssten aber nicht, wie es handlungsleitend anwendbar ist:

> „In dem Maße, in dem Wissenschaft zunehmend nur noch Verfügungswissen (über Natur und Gesellschaft) und kein Orientierungswissen (in Natur und Gesellschaft) mehr produziert, gerät die gesellschaftliche Welt in die Gefahr, sich selbst nicht mehr anders als eine bloße Maschine zu begreifen. Das heißt: sie bildet neben einem positiven Wissen und den zugehörigen Anweisungsstrukturen kein handlungsleitendes Wissen mit zugehörigen Orientierungsstrukturen mehr aus. Nicht begründete Zwecke und Handlungsregeln bestimmen die gesellschaftlichen Verhältnisse, sondern nur noch die Wirkungen einer einmal in Gang gesetzten gesellschaftlichen Praxis, hier: der Praxis technischer Kulturen."
>
> Mittelstraß 1982, S. 16

Die Behandlung der römischen Zahlzeichen im Mathematikunterricht sollte demnach nicht in der bloßen Vermittlung von Regeln enden, sondern auch eine Orientierung vermitteln. Ein *vertieftes Verständnis* äußert sich demnach nicht nur durch das Begreifen mathematischer Kalküle, sondern bietet dem Lernenden die Möglichkeit, Sinn und Bedeutung des Mathematischen zu erschließen. Nur welcher Art wird diese Orientierung sein, um das Verfügungswissen über Zahlsysteme mit handlungsleitendem

Wissen zu bereichern? Was könnte Orientierungswissen für die Darstellungsweisen von Zahlen bedeuten? Ein Anfang mit der Betrachtung der veränderlichen und statischen Elemente wie in Abschnitt 20.2.2 ist sicherlich getan. Weitere Untersuchungen könnten ein pointierteres Bild liefern.

Eine weitere Dimension bei der Analyse mathematischen Handelns im historischen Prozess ist die Perspektive auf heutige Auswirkungen des Vergangenen: Warum nutzt unsere Kultur römische Zahlzeichen heute beim Ordinalzahlaspekt? Der semantischen Abgrenzung wegen? Oder wird daran der Prozess der Mathematik, der Austausch des additiven Zahlsystem durch das dezimale Positionssystem erkennbar? Diese Hypothese taucht erst auf, wenn der historische Prozess der Mathematik betrachtet wird. Der gesamte Verlauf wird in Augenschein genommen, von der Vergangenheit zur Gegenwart und darüber hinaus:

> „Das Lernen an Geschichte muß immer auch über [...] [die; S. Schorcht] historische Dimension hinausgreifen auf Sinnzusammenhänge, die zwischen Gegenwart, Zukunft und Vergangenheit hergestellt werden können und den Reichtum der Geschichte erschließen."
>
> Bergmann u. a. 2008, S. 155

Nicht nur das Verfügungswissen, das Produkt der jeweiligen Epoche, steht im Mittelpunkt der Betrachtung, sondern auch seine Auswirkungen auf heutige Situationen. Für den Lernenden werden die römischen Zahlzeichen und die additive Zahldarstellung durch die Herausarbeitung des Orientierungswissens zu einem handlungsleitenden Wissen und bleiben nicht als Verfügungswissen, als „träges Wissen" (Reinmann-Rothmeier u. a. 1998, S. 482) wirkungslos. Das Benutzen der römischen Zahlzeichen in der Leipziger Straßenbahn, an Häusern und bei Namensgebungen – beispielsweise Queen Elizabeth II., Benedikt XVI. oder XXX. Olympische Sommerspiele – führt letztendlich zur wissenschaftlichen Sinnfrage: *Warum?* Die gegenwärtigen Erscheinungen in der eigenen Lebenswelt erhalten bei Beantwortung der Frage

> „[...] eine zeitliche Tiefendimension, in der das Andere der Vergangenheit als ein Teil ihrer selbst – etwa als unabgegoltenes Versprechen für die Zukunft, als kostbares Erbe oder auch als Hoffnungsträger für die Veränderung von Lebensverhältnissen – erscheint."
>
> Rüsen 2001, S. 83

20.3 Fazit

Am Beispiel der römischen Zahlzeichen auf dem Ticket der Leipziger Straßenbahn ist eine Verknüpfung mit einem Phänomen dargestellt worden, dass nicht unbedingt lebensweltnah, aber doch interessant wirkt. Gerade die Verknüpfung mathematikhistorischer Analysen an gegenwärtigen, im Alltag der Schülerinnen und Schüler auftauchenden Phänomenen führt zu Fragen an die Mathematikgeschichte. Diese historische Sinnbildung im Rüsenschen Ansatz sollte als geschichtsdidaktische Dimension im

Mathematikunterricht ernst genommen werden. Das Potential in der Auseinandersetzung mit mathematikhistorischen Fragestellungen liegt im Erlangen eines vertieften Verständnisses des mathematischen Gegenstandes. Dabei spielt die Betrachtung der Veränderungen der Erkenntnisgegenstände und -techniken, der Handlungskontexte und der Rationalitätsvorstellungen der mathematisch Handelnden eine entscheidende Rolle. Gerade die Entwicklung solch eines geschichtsdidaktisch geforderten Historizitätsbewusstseins im historischen Sinn, also die Unterscheidung des kommunikativ vermittelten Statischen und Veränderlichen im Prozess, kann das vermittelte Verfügungswissen um ein Orientierungswissen bereichern. Am Beispiel des Umbruchs von den römischen zu den westarabischen Zahlzeichen scheint die wichtigste Erkenntnis zu sein, dass die Bündelungen abstrakt 'hinter' die Stellung der Ziffern treten. Für Schülerinnen und Schüler ist dieses Wissen relevant, denn zur Einführung der schriftlichen Rechenverfahren werden meist die Bündelungen wiederholt thematisiert, da der syntaktische Algorithmus ansonsten nicht semantisch durchdrungen werden kann. Es geht folglich nicht nur um die Verfügung von Wissen, sondern auch um die Orientierung. Die Hoffnung ist, dass sich durch die Darstellung der Mathematik als Mathematisierungsprozess ein vertieftes Verständnis der Mathematik entwickeln lässt. Es scheint Potential vorhanden zu sein, wenn das Thema römische Zahlzeichen im Schulbuch nicht nur die Verwendungsregeln vermittelt, sondern auch die oben beschriebene Erkenntnis des Wandels der Darstellung von Bündelungen fördert.

Literatur

[Bergmann u. a. 2008] BERGMANN, Klaus; MAYER, Ulrich: *Geschichtsdidaktik, Beiträge zu einer Theorie historischen Lernens.* Schwalbach/Ts.: Wochenschau Verlag,, 2008.

[Epple 1999] EPPLE, Moritz: *Die Entstehung der Knotentheorie, Kontexte und Konstruktionen einer modernen mathematischen Theorie.* Braunschweig/Wiesbaden: Vieweg, 1999.

[Gericke 2005] GERICKE, Helmuth: *Mathematik in Antike und Orient.* 9. Aufl., Wiesbaden: Marix Verlag, 2005.

[Goldmann 1971] GOLDMANN, Lucien: *Gesellschaftswissenschaften und Philosophie.* Frankfurt a. M.: Europäische Verlagsanstalt Frankfurt, 1971.

[Ifrah 1986] IFRAH, Georges: *Universalgeschichte der Zahlen.* Frankfurt a. M. (u. a.): Campus Verlag, 1975.

[Imhausen u. a. 2007] IMHAUSEN, Annette; ROBSON, Eleanor; DAUBEN, Joseph W.; PLOFKER, Kim; BERGGREN, J. Lennart; KATZ, Victor J. (Hrsg.): *The mathematics of Egypt, Mesopotamia, China, India, and Islam.* Princeton (u. a.): Princeton Univ. Press, 2007.

[Jahnke 1998] JAHNKE, Hans Niels: Historische Erfahrungen mit Mathematik. In: *Mathematik lehren* 91 (1998), S. 4–8.

[Kennedy 1981] KENNEDY, James G.: Arithmetic with Roman Numerals. In: *The American Mathematical Monthly* 88 (1981), Nr. 1, S. 29–32.

[Kurt 2004] KURT, Ronald: *Hermeneutik, Eine sozialwissenschaftliche Einführung.* Konstanz: UVK Verlagsgesellschaft, 2004.

[Menninger 1958] MENNINGER, Karl: *Zahlwort und Ziffer, Eine Kulturgeschichte der Zahl.* Göttingen: Vandenhoeck und Ruprecht, 1979.

[Mittelstraß 1982] MITTELSTRASS, Jürgen: *Wissenschaft als Lebensform, Reden über philosophische Orientierungen in Wissenschaft und Universität.* Frankfurt a. M.: Suhrkamp, 1982.

[Padberg 2005] PADBERG, Friedhelm: *Didaktik der Arithmetik, für Lehrerausbildung und Lehrerfortbildung.* München: Elsevier, 2005.

[Pandel 1991] PANDEL, Hans-Jürgen: Dimensionen und Struktur des Geschichtsbewusstseins. In: SÜSSMUTH, Hans (Hrsg.): *Geschichtsunterricht im vereinten Deutschland. Auf der Suche nach Neuorientierung. Teil I.* Baden-Baden: Nomos Verlagsgesellschaft, 1991, S. 55–73.

[Radbruch 1997] RADBRUCH, Knut: *Der philosophische Wille zur allgemeinen Mathematik.* Manuskript zum Vortrag an der TU Darmstadt. 1997.

[Reinmann-Rothmeier u. a. 1998] REINMANN-ROTHMEIER, Gabi; MANDL, Heinz: Wissensvermittlung: Ansätze zur Förderung des Wissenserwerbs. In: KLIX, F. (Hrsg.); SPADA, H. (Hrsg.): *Enzyklopädie der Psychologie: Themenbereich C Theorie und Forschung, Serie II Kognition, Band 6 Wissen.* Göttingen: Hogrefe, 1998, S. 457–500.

[Roth 1969] ROTH, Heinrich: *Pädagogische Psychologie des Lehrens und Lernens.* Hannover: Schroedel, 1969.

[Rüsen 2001] RÜSEN, Jörn: *Zerbrechende Zeit. Über den Sinn der Geschichte.* Köln, Weimar, Wien: Böhlau, 2001.

[Sauer 2009] SAUER, Michael: *Geschichte unterrichten. Eine Einführung in die Didaktik und Methodik.* 8. Aufl., Seelze-Verlber: Erhard Friedrich Verlag, 2009.

[Schreiber 2004] SCHREIBER, Waltraud (Hrsg.): *Erste Begegnung mit Geschichte. Grundlagen historischen Lernens. Erster Teilband.* 2. erweiterte Aufl., Neuried: Ars Una, 2004.

[Spalt 1987] SPALT, Detlef D.: Die Bedrohung der Mathematikgeschichte durch die Didaktik. In: *Beiträge zum Mathematikunterricht.* Bad Salzdetfurth: Franzbecker, 1987, S. 311–314.

[Wagenschein 1968] WAGENSCHEIN, Martin: *Verstehen lehren. Genetisch – Sokratisch – Exemplarisch.* Weinheim, Basel: Beltz, 1999.

[Wille 2001] WILLE, Rudolf: Allgemeine Mathematik. Mathematik für die Allgemeinheit. In: LENGNINK, Katja (Hrsg.); PREDIGER, Susanne (Hrsg.); SIEBEL, Franziska (Hrsg.): *Mathematik und Mensch, Darmstädter Schriften zur Allgemeinen Wissenschaft.* Mühltal: Verlag Allgemeine Wissenschaft, 2001, S. 3–21.

21 Geschichte der Mathematik als Inspiration zur Unterrichtsgestaltung

YSETTE WEISS-PIDSTRYGACH, LADISLAV KVASZ und RAINER KAENDERS

21.1 Einleitung

Die Einbeziehung geschichtlicher Aspekte kann den Mathematikunterricht auf vielfältige Weise bereichern. Aus der Sichtweise des Historikers können bei der Verwendung historischer Materialien im Unterricht unter anderem Probleme durch unangebrachte Methodik und fehlendes Kontextverständnis auftreten. In der folgenden Arbeit steht jedoch nicht der fachgerechte Umgang mit historischen Inhalten im Vordergrund, sondern die Nutzung historischer Perspektiven als Quelle der Inspiration zur Unterrichtsgestaltung und als Diagnostikinstrument bei Verständnisproblemen. Im ersten Teil diskutieren wir kurz verschiedene Umgänge mit historischen Inhalten anhand existierender Präsentationsformen von Geschichte der Mathematik im Unterricht. Im zweiten Teil behandeln wir exemplarisch Beziehungen zwischen verschiedenen Modellen historischer Entwicklungen und beleuchten damit verbundene lerntheoretische Positionen. Davon ausgehend werden im dritten Teil für das konzeptuelle Verständnis mathematischer Begriffe relevante historische Aspekte in der Terminologie mathematischer Bewusstheit erfasst. Diese Aspekte orientieren sich an Mathematiklehrbuchbeispielen und Beispielen aus der Mathematikdidaktikausbildung von Gymnasiallehramtsstudierenden.

21.2 Präsentationsformen von Geschichte der Mathematik im Unterricht – Beispiele zum Umgang mit historischen Inhalten

Die Verwendung historischer Materialien zur unterhaltsamen und beziehungsreichen Gestaltung des Mathematikunterrichts, hat eine lange Tradition. So wird schon 1921 im Kontext einer von Walther Lietzmann in Göttingen gehaltenen Vorlesung zur Unterhaltungsmathematik die Bedeutung sozialer und kultureller Aspekte und das Potential historischer Kontexte für die unterhaltsame Gestaltung des Mathematikunterrichts thematisiert und die Veröffentlichung für den Unterricht verwendbarer Materialien angeregt. Das oft aktuelle Diskussionen dominierende Problem der Authentizität der Darstellung historischer Inhalte (Fried 2001) steht bei Lietzmann (Lietzmann

1922) trotz umfangreicher historischer Quellenverweise nicht im Vordergrund. Kognitive Anstöße zum Nachdenken über Mathematik und die Beschäftigung mit mathematischen Problemen werden durch Vielfalt, Lustiges und Merkwürdiges gegeben. Dies setzt im Unterschied zum historischen Ansatz nicht die Einordnung der Inhalte auf der Grundlage eines routinierten Verständnisses der gegenwärtigen modernen Mathematik voraus. Historische Inhalte und Beispiele sind Mittel, um den Lesern andere Sichtweisen zu eröffnen, sie oder ihn durch Metaphern, ungewohnte Darstellungen, Gegenüberstellungen aus Denkroutinen zu lösen und so tieferes Verständnis und einen spielerischen Umgang mit mathematischen Objekten zu ermöglichen. Im Unterschied zu verschiedenen von historisch interessierten Didaktikern entwickelten Modellen eines historisch orientierten Mathematikunterrichts (siehe Fauvel 2000) ist für Lietzmann Geschichte der Mathematik eine Quelle der Inspiration zum Geschichten erzählen – vom Hundertsten ins Tausendste zu kommen.

In den meisten aktuellen Mathematiklehrbüchern findet man historische Inhalte. Die Präsentationsformen reichen von historischen Anekdoten bis hin zu Auszügen aus historischen Dokumenten (in (Kronfellner 1998) findet sich eine Übersicht über gebräuchliche Einsatzformen historischer Inhalte im Unterricht). Diese Materialien sind gewöhnlich als in das Lehrbuchdesign angepasste Einschübe oder Ausblicke gestaltet.

Der Anspruch, eine passende Ergänzung zu einer kanonischen Stoffdarstellung im vorgegebenen Lehrbuchdesign zu sein und damit einhergehende Auslassungen und Umschreibungen führen leicht zu irrtümlichen Vorstellungen über die historische Entwicklung der behandelten mathematischen Ideen.

Das Lehrbuchbeispiel eines historischen Einschubs in Abbildung 21.1 zeigt das Bemühen Authentizität mit gewohnten Lern- und Lesegewohnheiten in Einklang zu bringen. Tabellarische Form, Durchnummerierung, die Verwendung der algebraischen Beschreibung von Inkommensurabilität – diese Darstellung soll Strukturierungshilfen für den als schwierig geltenden Widerspruchsbeweis geben. Die in der Beschreibung verwendete Sprache und Symbolik entspricht nur sehr bedingt derjenigen Euklids. Auch die bei den Schülern initiierte algebraische Herangehensweise spiegelt nicht das bei Euklid unterliegende geometrische Konzept der Kommensurabilität wieder. Die Darstellung knüpft an beim Schüler vorausgesetzte routinierte Fertigkeiten und Denkgewohnheiten wie algebraische Operationen, Einführung von Variablen und Termumformungen an. Der Schüler wird eher zum Nachvollziehen logischer Schritte als zum Nachdenken über historische und kulturelle Entwicklungen angeregt. Die vorgenommene Anpassung des historischen Ausschnitts erschwert die an sich schon sehr anspruchsvolle Aufgabe der Entwicklung entsprechender historischer oder sozialkultureller Kontexte. Letzteres und die Motivation der dem Beweis zugrundeliegenden Idee sind hier der Lehrperson überlassen.

Bei der Gestaltung von Lernumgebungen um historische Quellen kann die bewusste Einbeziehung der in Schulklassen häufig vertretenen nationalen Vielfalt in Sprache und Kultur lohnend sein. Ein Beispiel dafür wäre die Einbeziehung von Originaltexten, wie dem arabischen Originaltextes zu einer übersetzten und kommentierten

Beispiele	Beweise, dass $\sqrt{2}$ eine irrationale Zahl ist. *Behauptung:* $\sqrt{2}$ ist irrational. *Widerspruchsbeweis:* Annahme: Das Gegenteil ist wahr.	
Der nebenstehende Beweis ist der älteste überlieferte Beweis für die Irrationalität von $\sqrt{2}$. Er ist zugleich ein besonders schönes Beispiel für einen indirekten Beweis.	Folgerungen:	Erklärung:
	(1) $\sqrt{2}$ ist irrational.	
	(2) $\sqrt{2} = \frac{p}{q}$	Man kann $\sqrt{2}$ als vollständig gekürzten Bruch $\frac{p}{q}$ darstellen.
	(3) $2 = \frac{p^2}{q^2}$	Quadrieren der Gleichung
	(4) $p^2 = 2q^2$	Auflösen nach p^2
	(5) p^2 ist gerade	Eigenschaft gerader Zahlen
	(6) p ist gerade	Eigenschaft gerader Zahlen
	(7) $p = 2n$	p ist gerade, daher durch 2 teilbar
	(8) $p^2 = 4n^2$	Quadrieren von (7)
	(9) $4n^2 = 2q^2$	Einsetzen von (8) in Gleichung (4)
	(10) $2n^2 = q^2$	Dividieren der Gleichung (9) durch 2
	(11) q^2 ist gerade	Eigenschaften gerader Zahlen
	(12) q ist gerade	Eigenschaften gerader Zahlen
	(13) $q = 2m$	q ist gerade, daher durch 2 teilbar.
	(14) $\frac{p}{q}$ ist kein vollständig gekürzter Bruch	p und q sind gerade, also sind beide durch 2 teilbar.
Dies ist ein Widerspruchsbeweis zu der Annahme, dass $\sqrt{2}$ durch einen vollständig gekürzten Bruch darstellbar ist. Also ist $\sqrt{2}$ irrational.		

Abbildung 21.1. Beispiel eines historischen Inhalts in Klassenstufe 9, Schulbuchserie *Neue Wege*.

deutschen Fassung. Eine andere unterrichtspraktikable inhaltliche Verknüpfung mathematischer Inhalte und islamischer Kultur zeigt Moyon (Moyon 2011), in dem er einige geometrische Probleme der Flächenzerlegung auf Erbschaftsregeln in der Form von Regeln zur Aufteilung einer Ackerfläche zurückführt.

Ein spielerischer, sich an Phantasie, Übertragung und Variation orientierender Umgang mit historischen Begebenheiten läuft zwar Gefahr seine historische Authentizität und etwas Ernsthaftigkeit zu verlieren, kann aber einen vielfältigeren Umgang mit Mathematik unterstützen. Der Zeitgeist von Anekdoten und Begebenheiten kann sichtbar werden, wenn dieselbe Episode in verschiedenen Zeitaltern einschließlich der Gegenwart angesiedelt und umgedichtet wird. Möchte man z. B. historische Hypothesen zu Konstellationen von Himmelskörpern (Jahnke u. a. 2011) verstehen, können unerwünschte Realitätsbezüge und Denkgewohnheiten durch eine anfängliche Ansiedlung des Problems in einer Phantasiewelt umgangen werden. Die notwendige Entfremdung der Alltagserfahrung von Raum und Zeit kann durch den Übergang in fremde, durch Computerspiele, Science Fiction und Fantasy inspirierte Welten spielerisch erzeugt werden. Dabei entstehende Beziehungen zwischen außerschulischen sozialkulturellen und mathematischen Betrachtungsweisen gestatten vielfältige, im Speziellen historische Entwicklungen.

Literarische Versionen der Entwicklung mathematischer Strukturen in anderen Welten und nach anderen Regeln (Lewis Caroll, Jules Verne, Stanisław Lem, Kurd Laßwitz, Ian Stewart, Terry Pratchett, ...), sowie sozialer Beziehungen in der Welt mathematischer Objekte (Isaac Asimov, Edwin A. Abbott) gestatten eine unmittelbare Einbeziehung dramaturgischer Umsetzungen des Zusammenspiels kultur-historischer und mathematisch-naturwissenschaftlicher Erscheinungen.

Nehmen wir diese und viele andere Beispiele zusammen, so erkennen wir eine große Vielfalt möglicher Inspirationen durch historische Elemente im Mathematikunterricht.

21.3 Historische Sichtweisen auf mathematische Entwicklungen und Begriffsentwicklung im Mathematikunterricht

Die im ersten Abschnitt angeführten Literaturverweise und Schulbeispiele zeigen, dass historische Materialien in Lehrbüchern meist als Verweis auf historische Quellen oder als Illustration dokumentierter Geschichte gerade behandelter mathematischer Begriffe, Objekte, Methoden oder Mathematiker auftreten. Geschichte wird hierbei stark mit der Existenz historischer Quellen identifiziert; in der Regel ohne die historische Quelle selbst in den Blick zu nehmen. Das mag teilweise daran liegen, dass allgemeinbildende, die Verwendung historischer Quellen empfehlende Ziele des Mathematikunterrichts, wie etwa *Mathematik als lebendige, sich entwickelnde Wissenschaft zu erleben* oder *Zugänge zum kulturellen Erbe zu schaffen*, in so allgemeiner Formulierung schwer zu interpretieren sind. So wird das Mittel leicht zum Ziel und historisches Arbeiten auf den Verweis auf die pure Existenz historischer Quellen reduziert. Die historischen Herangehensweisen eigene Unbestimmtheit wird durch die Einfachheit der Kontrolle des Merkmals *Vorhandensein historischer Quellen* nicht zum Problem. Die spannende und sehr anspruchsvolle Aufgabe der Gestaltung einer Lernumgebung anhand der im Lehrbuch zitierten historischen Quelle durch historische Kontexte mit sozial-kulturellem und mathematisch-naturwissenschaftlichem Entwicklungspotential liegt in den Händen der Lehrperson. Wie kann aber anhand eines kurzen Ausschnitts eines historischen Textes mathematische Entwicklung fassbar gemacht werden und was überhaupt kann unter mathematischer Entwicklung verstanden werden?

Bei der Gestaltung dieses Kontextes spielt aus historischer Sicht die Frage nach der zugrunde zu legenden Wissenschaftstheorie und Philosophie und dem entsprechenden

Entwicklungsmodell eine entscheidende Rolle: beruht historischer Fortschritt auf endogenen oder exogenen Faktoren, basiert er auf der Tätigkeit einiger herausragender Persönlichkeiten, oder sind es vielmehr ökonomische, politische und gesellschaftliche Faktoren, die zur Weiterentwicklung des Faches beitrugen? Sind für das Verständnis mathematischer Entwicklung Methoden der Quellenanalyse und Quelleninterpretation, ethnomathematische Herangehensweisen oder die Orientierung an *Spuren der Verknüpfung* (Epple 2012) oder andere Perspektiven angebracht? Für den Mathematiklehrer sind bei der Bewältigung der anspruchsvollen Aufgabe anhand historischer Textauszüge mathematische, naturwissenschaftliche oder gesellschaftliche Entwicklungen sichtbar zu machen (siehe Kapitel 21.2), verschiedene historische Entwicklungsmodelle und entsprechend ausgearbeitete Beispiele interessant und sicher hilfreich. Für den Historiker stehen bei der Wahl des Entwicklungsmodells die Kriterien der Wissenschaftlichkeit und des Erkenntnisgewinns im Vordergrund.

Bei der Entwicklung von Lernumgebungen mithilfe historischer Quellen kann aber auch der Unterhaltungswert eine Rolle spielen. Whiggische oder gegenwartszentrierte Darstellungen (für diese Unterscheidung sowie für Diskussionen zu deren Unwissenschaftlichkeit siehe Wilson u. a. 1988) können dennoch genetischen Unterricht inspirieren oder wie im ersten Abschnitt exemplarisch gezeigt, durch Verlagern der Handlung, Personifizieren von Umständen und anderen Varianten der Entfremdung zu tieferem Verständnis führende Perspektivwechsel anstoßen. Dem nicht durch die Strenge historischer Wissenschaftlichkeit gebundenen Mathematikdidaktiker stehen auch andere Entwicklungsmodelle und weit mehr Möglichkeiten von historischen Quellen ausgehender Unterrichtsentwicklung offen.

Im Unterricht geht es weniger um die Entwicklung der Mathematik als solcher als um die Entwicklung konkreter mathematischer Begriffe und Konzepte.

Für die Entwicklung mathematischer Begriffe im Unterricht spielt auch die für den Historiker schwer zu fassende und oft nicht untersuchte *implizite Phase*, in welcher ein mathematisches Konzept noch nicht exaktifiziert, systematisiert, definiert oder bezeichnet ist, eine Rolle. Da entsprechende Strukturen oder Gesetzmäßigkeiten in diesem Stadium jedoch häufig als Problemlösemethode oder im Kontext innerhalb der mathematischen Sprache noch nicht vernetzter Darstellungen auftreten, kann die implizite Phase bei der Unterrichtsgestaltung für die Motivation der Definition oder für die Formulierung einer auf die Einführung des Konzepts zielenden Einstiegsaufgabe sehr hilfreich sein. Aus historischer Sicht gibt es hilfreiche Ansätze die Begriffsdynamik Intension – Extension zu erweitern, wie z. B. in Hans Wußings Modell durch *Ostension* (Scholz 2010).

Die Darstellung der Entwicklung der Eulerschen Polyederformel, wie Imre Lakatos (Lakatos 1976) sie gegeben hat, orientiert sich vordergründig an der Entwicklung der Mathematik als Sprache. Dieses Entwicklungsmodell mag für den Historiker whiggisch sein. Jedoch macht es wichtige Themen wissenschaftstheoretischer Diskussionen des letzten Jahrhunderts für ein Unterrichtsgespräch zugänglich und die ansonsten schwer zu vermittelnde Einsicht, dass auch bei mathematischen Begriffen Bedeutungen ausgehandelt werden, greifbar. Für die konzeptuelle langfristige Begriffsentwicklung im Unterricht lohnt es sich durchaus darüber nachzudenken, welche historischen oder anderen sozial-kulturellen Entwicklungsmodelle die in Abbildung 21.2 beschriebene Dynamik reflektieren. Auch für lokales Ordnen und Vernetzen von Begriffen der Schulmathematik es sinnvoll, sich mit Gesetzmäßigkeiten der Entwicklung der mathematischen Sprache und Gesetzmäßigkeiten bei der Herausbildung und Formalisierung mathematischer Methoden zu beschäftigen. Für historische Beispiele zur Veränderung der mathematischen Sprache in Algebra und Geometrie (siehe Kvasz 2008).

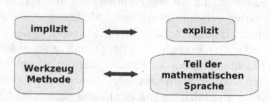

Abbildung 21.2. Dynamik zur mathematischen Begriffsentwicklung

21.4 Lernumgebungen gestalten durch historische Perspektiven und mathematische Bewusstheit

Die Entwicklung mathematischer Konzepte im Unterricht beruht auf Auslassungen, Ersetzungen, Deformationen, Verdrehungen, Individualisierungen und anderen Umgestaltungen der entsprechenden historischen Prozesse. Andererseits gibt es, wie schon im vorigen Kapitel diskutiert, viele Aspekte und Perspektiven unter welchen man die Entwicklung eines mathematischen Konzepts betrachten kann.

Das Beispiel in Abbildung 21.3 zeigt, dass selbst bei Vorgabe eines elementarmathe-

---

Näherungswerte für die Kreiszahl π

Die Bestimmung der Zahl π war in der Geschichte der Mathematik eine der wichtigsten Aufgaben. Dazu wurden verschiedene Verfahren entwickelt. Ein Verfahren besteht darin, einen Halbkreisbogen mit dem Radius 1 durch einen Streckenzug aus gleich langen Strecken anzunähern.

a)   Berechnen Sie π näherungsweise für drei gleich lange Strecken. Beurteilen Sie das Ergebnis.

b)   Entwickeln Sie ein Verfahren, mit dem man zu einer besseren Näherung von π kommt.

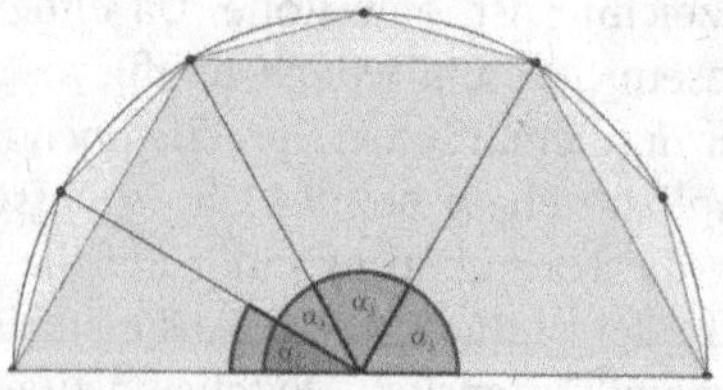

Abbildung 21.3. Beispiel einer Aufgabe in historischer Einkleidung

matischen Problems in historischer Einkleidung die Lösungen einiger Lehramtsstudierenden mit historischen Ansätzen kaum in Beziehung zu bringen sind. Diese Lösungen mit nur geringen Variationen traten in mehreren (parallel gehaltenen) Seminaren zur Fachdidaktik auf; die Aufgaben waren Teil eines von Studenten vorbereiteten Seminarvortrags zum Thema reelle Zahlen.

Die studentische Lösung bestand darin, die Länge der Hälfte der Seiten der entsprechenden regelmäßigen halben n-Ecke durch den Sinus des Winkels π/n auszudrücken, dessen Berechnung mit dem Taschenrechner und der Berechnung des $n/2$-fachen dieser Länge, ebenfalls mit Taschenrechner. Die Darstellung der Lösungen waren symbolische Ausdrücke. Die Irrationalität der Glieder der Folge, mit welcher π angenähert wurde, wurde nicht bemerkt, da der Rechner automatisch rundete. Betrachtungen über die Konvergenz der Folge und den Übergang von aus geometrischen Objekten (Strecken) gebildeten Folgen zu arithmetischen, also Zahlenfolgen wurden nicht angestellt.

Trotz historischer Einkleidung und direkter Aufforderung zur Berechnung wurde auch im halben Sechseck die hier wegen der Gleichseitigkeit der Dreiecke genau zu bestimmende Näherung von π durch 3 mit dem Taschenrechner und der Sinusfunktion bestimmt. Möchte man den kognitiven Prozess mit dem historischen verbinden, so könnte man die Ursachen für die oberflächliche Lösung in einem Mangel an *experimenteller* und *intuitiver* Bewusstheit/Bewusstsein sehen (Kaenders u. a. 2011). Die Selbstverständlichkeit des Wechsels zwischen der geometrischen und arithmetischen Darstellung beruhte vermutlich weniger auf Automatisierung oder tieferem Verständnis des Grenzwerts, sondern auf fehlender Erfahrung mit Pathologien. Letztere führten historisch zur Notwendigkeit der Exaktifizierung des Grenzwertbegriffs. Die beiden Beispiele in Abbildung 21.4 (Lietzmann 1949) bilden nicht die historische Ent-

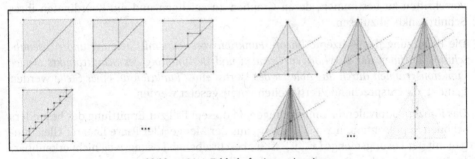

Abbildung 21.4. Fehlerhafte Approximationen

Links: Fehlerhafte Approximation der Länge der Diagonale eines Quadrats durch eine Folge (gleichmäßig) konvergierender Streckenzüge.

Rechts: Fehlerhafte Bestimmung des Schwerpunkts einer Strecke als Grenzwert der Schwerpunkte einer Familie gleichschenkliger Dreiecke.

wicklung der Exaktifizierung des geometrischen Grenzwerts ab, zeigen jedoch dessen Notwendigkeit und können deshalb zu Zweifeln an der gegebenen Lösung führen und Anstoß zum Überdenken der Lösung sein.

Vereinfachungen der langen historischen Entwicklung des Grenzwertbegriffs sind im Unterricht natürlich unabdingbar. Das Auslassen von Pathologien in diesem Beispiel könnte man in Bezug zur historischen Entwicklung als eine, ein konzeptuelles Verständnis eher erschwerende, *trivialisierende Vereinfachung* sehen.

Das nächste Beispiel betrifft einen üblichen Darstellungswechsel bei der Lösung von Gleichungssystemen. Gegeben ist ein lineares Gleichungssystem mit zwei Gleichungen und zwei Unbekannten, z. B.:

$$2x + 2y = 3$$
$$-5x + 2y = 2$$

Der im Mathematiklehrbuch vorgeschlagene Weg, beginnt mit der algebraischen Lösung des Gleichungssystems: durch äquivalente Umformungen werden die beiden Gleichungen mit verschiedenen Verfahren in zwei Gleichungen überführt, aus welchen die Lösung $x = 1/7; y = 19/14$ direkt ablesbar ist. Das dazugehörige geometrische Lösungsverfahren wird mit der Visualisierung des gegebenen Gleichungssystems begonnen. Dabei werden die Geradengleichungen in eine Form gebracht, aus welcher der Übergang *Gleichung → geometrisches Objekt* geübt wurde.

Da dies im Kontext des Zeichnens von Graphen linearer Funktionen trainiert wurde, besteht ein üblicher Lehrbucharbeitsauftrag darin, zu zeichnerisch gegebenen Geraden die Gleichung der Form $y = mx + b$ zu finden. Geradenbeispiele der Form $x = b$ werden nicht gewählt. Im nächsten Schritt wird der Übergang zwischen Funktionsgleichung $y = mx + b$ und Funktionsgraph automatisiert. Die Visualisierung des algebraischen Lösungswegs oder das „geometrische Lösen" des Gleichungssystems besteht nun darin, zu den beiden Ausgangsgleichungen die entsprechenden Funktionsvorschriften zu bestimmen, deren Graphen zu zeichnen und die Koordinaten ihres Schnittpunkts abzulesen.

Die Benutzung der Konzepte *lineare Funktionsvorschrift mit Steigung und Achsenabschnitt, Zeichnen der zugehörigen Geraden und Bestimmung des Schnittpunkts zweier Funktionsgraphen durch das Ablesen des Wertes einer Funktion an einer Stelle* werden benutzt, da entsprechende Fertigkeiten vorausgesetzt werden.

Das Konzept äquivalenter Umformungen, in diesem Fall zur Ermittlung des besonders schönen Repräsentanten $x = x_0, y = y_0$ aus der Menge aller Paare linearer Gleichungen mit der Lösungsmenge (x_0, y_0) ist im beschriebenen Lösungsweg nicht erkennbar: In der geometrischen Darstellung erhalten die äquivalenten Umformungen der beiden Geraden den Schnittpunkt der Geraden.

Da die Gerade $x = x_0$ im eingeübten Verständnis kein Funktionsgraph ist, wird die geometrische Darstellung des algebraischen Lösungswegs auf die Visualisierung der Ausgangsgeraden und Ablesen des Schnittpunktes reduziert. Der beschriebene Weg der Visualisierung der Gleichungen durch Graphen wird wohl auch deswegen gegangen, weil das Verständnis analytischer Darstellungen von Kurven in der Ebene, im speziellen von Geraden nicht entwickelt wird. Das in Abbildung 21.5 veranschaulichte Konzept äquivalenter Umformungen und Erhaltungsgrößen, welches für das algebraische Lösen von Gleichungssystemen höherer Ordnung und entsprechende geometrische Darstellungen und Lösungsverfahren durch Hyperebenen wesentlich wird, ist durch den Übergang zu Funktionsgraphen und Werten von einer Funktion an einer Stelle nicht erkenn- und verallgemeinerbar.

Abbildung 21.5. Visualisierung äquivalenter Gleichungssysteme

$$\left| \begin{array}{l} 2x + 2y = 3 \\ -5x + 2y = 2 \end{array} \right| \quad \Leftrightarrow \quad \left| \begin{array}{l} x = 1/17 \\ y = 19/14 \end{array} \right|$$

Die rechte Skizze ist in der Sprache des Schulbuchs nicht vorhanden.

Die im Beispiel verwendete Sprache zeigt vor allem fehlende *kontextuelle* Bewusstheit. Anstelle eines Darstellungswechsels wird eine Visualisierung einer Gleichung durchgeführt; die Darstellung lässt ebenso auf mangelnde *logische* Bewusstheit schließen, d. h. die Rolle von Gleichungssystemen innerhalb eines adäquaten Theorieaufbaus wird ignoriert. Orientieren wir uns am historischen Prozess, so wird die später und in einem anderen Kontext entwickelte Darstellung von Funktionen in kartesischen Koordinatensystemen als Graphen von Funktionen – die kartesischen Koordinaten gehen auf René Descartes (Descartes 1637) und das Konzept des Koordinatenwechsels auf Christian Huygens (Huygens 1656) zurück – hier eher fehlleitend benutzt. Man könnte die deplatzierte Verwendung und Übertragung in anderen Kontexten entwickelter Begriffe als *ahistorisches Implantat* bezeichnen.

Ein weiteres Beispiel behandelt den zurzeit üblichen Einstieg in die Integralrechnung, bei welchem drei verschiedene Aspekte des Integrals gleichzeitig eingeführt werden:

- Integral als orientierte Fläche,
- Integrieren als „Aufleiten" und damit als Umkehrung zum Ableiten,
- Integrieren als Weg der Ermittlung der Bestandsfunktion zu einer gegebenen Änderungsfunktion.

Ein Ziel dieser Einführung besteht in der Motivation und direkten Hinführung zum Hauptsatz der Differential- und Integralrechnung. Um eine unmittelbare Verbindung zwischen Flächenberechnung, Änderungs- und Bestandsfunktion zu haben, wird die Änderungsfunktion durch eine Treppenfunktion ersetzt und damit der orientierte Flächeninhalt unter der Kurve durch den Flächeninhalt von Rechtecken ersetzt. Die Beispielfunktionen sind monoton, die Ermittlung der Treppenfunktion erfolgt graphisch durch Abschätzen, die Flächeninhalte der *abgeschnittenen* und *weggelassenen Kurvendreiecke* sollen ungefähr gleich aussehen.

Der Einstieg unterstützt experimentelle Tätigkeiten und nutzt Kontexte und Beispiele zu Änderung und Bestand. Die Ersetzung der Änderungsfunktion durch eine

Treppenfunktion ist in der Einfachheit der Berechnung begründet, aber fügt sich nicht in die im Rahmen der Differentialrechnung entwickelte mathematische Sprache ein. Der geometrische Übergang von Sekanten- zur Tangentensteigung oder von Durchschnitts- zur Momentangeschwindigkeit würde eine Approximation mit stückweise linearen (anstatt stückweise konstanten) Funktionen nahelegen. Ein historischer Einschub zur Parabelsegmentmethode des Archimedes (Archimedes) würde die Herangehensweise unterstützen, die Fläche mit einfach aufgebauten Flächenstücken auszulegen, wie es bei Archimedes mit Dreiecken und bei Riemann mit Rechtecken geschieht. Zudem würde dies zeigen, dass es sich um ein technisch anspruchsvolles Problem handelt und die Notwendigkeit später eingeführter Riemannscher Summen motivieren.

> „Although ultimately to be defined in a quite complicated way, the integral formalizes a simple, intuitive concept - that of area. By now it should come as no surprise to learn that the definition of an intuitive concept can present great difficulties – ‚area' is certainly no exception."
>
> Spivak 1967, S. 214

Die verwendete Sprache zeigt *experimentelle* und *intuitive* Bewusstheit. Bei der weiteren konzeptuellen und technischen Entwicklung des Integralbegriffs können die getroffenen Vereinfachungen gleichwohl zu Motivations- und Verständnisproblemen führen und der Entwicklung *logischer* und *theoretischer* Bewusstheit entgegenwirken. Die beschriebene Zusammenfassung des technisch schwierigen Problems der Definition des Riemannintegrals und des konzeptuellen Verständnisses des Zusammenhangs zwischen Differential- und Integralrechnung wird der Komplexität der Aufgabe nicht gerecht, weswegen man die Darstellung als eine *fürsorgliche Verkürzung* bezeichnen könnte.

Eine bekannte Umgestaltung historischer Zusammenhänge ist die von Freudenthal als Kritik auf die New Math Bewegung formulierte (antididaktische) Inversion, die auch heute noch häufig die Darstellung höherer Mathematik an der Universität bestimmt:

> „[...] the final result of the developmental process is chosen as the starting point for the logical structure in order to finish deductively at the start of the development. This genetic-logical inversion expresses itself as a didactical–or rather antididactical–inversion."
>
> Freudenthal 1986, S. 305

Bei dieser Art Begriffsentwicklung steht die langfristige Entwicklung logischer und theoretischer Bewusstheit im Vordergrund. Die Einbeziehung der impliziten Entwicklungsgeschichte und der Ostension eines Begriffs würden zu einer ausgeglicheneren auch *intuitive* Bewusstheit berücksichtigenden Begriffsentwicklung führen.

Und schließlich führen wir noch das bekannte Gleichnis von Achilles und der Schildkröte von Zenon von Elea (495–430 v. Chr.) an, das in vielen Mathematiklehrbüchern (z. B. Abbildung 21.6, Ausschnitt *Neue Wege* (Körner u. a. 2010, S. 165)) behandelt

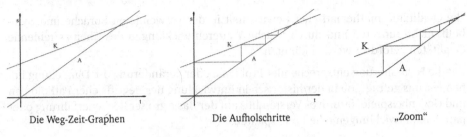

Die Weg-Zeit-Graphen   Die Aufholschritte   „Zoom"

Abbildung 21.6. Achilles und die Schildkröte

wird. Leider verursacht das Zenonsche Paradoxon nur selten die erhoffte Verwirrung oder Staunen. Das mag auch an der Platzierung des Problems als Anwendung zur Konvergenz geometrischer Reihen liegen, welche eine direkte Auseinandersetzung mit der verbalen Formulierung des Paradoxes hemmt.

Interessant war zu beobachten, dass die Argumentationen im Didaktikseminar darin bestanden, die in den Diagrammen der Abbildung 21.6 aufgezeigten Schritte verbal nachzuvollziehen. Jedoch eigene oder sich auf die Ausgangsformulierung des Zenonschen Paradoxes beziehende Formulierungen bereiteten unseren Lehramtsstudierenden große Schwierigkeiten. Paradoxe erzwingen Perspektivwechsel, Umorientierung, stiften kognitive Konflikte. Eine Möglichkeit diese anregenden Effekte trotz der klärenden Bilder zu erreichen, wäre durch folgende auf (Thomson 1954) zurückgehende Fragestellung möglich: Angenommen, ein Schiedsrichter betätigt jedes Mal, wenn Achilles den neuen Vorsprung der Schildkröte aufholt, den Schalter einer Lampe. Ist die Lampe ein- oder ausgeschaltet, wenn Achilles die Schildkröte überholt? Auch indirekt anwesende Vorstellungen wie z. B. die Allgegenwärtigkeit und Alltäglichkeit der reellen Zahlen und deren Vollständigkeit, entfremden die Schüler von den ursprünglichen Phänomenen und des für vorgegebene Bedingungen Paradoxalen. Die Vernachlässigung solcher indirekt teilhabenden Denkgewohnheiten bei der Betrachtung historischer Episoden kann man *kulturelle Entfremdung* nennen.

Für die Analyse der Begriffsentwicklung der Lehrbuchbeispiele war es hilfreich, die vorgenommenen Veränderungen der historischen Begriffsentwicklung (z. B. Verkürzungen, Vereinfachungen, Auslassungen,...) näher zu untersuchen und zu benennen. Um auf verschiedene bei der Einbindung historischer Inhalte auftretende Probleme aufmerksam zu machen, haben wir hierfür folgende Terme eingeführt: (ahistorisches) Implantat, (fürsorgliche) Verkürzung, (trivialisierende) Vereinfachung, (antididaktische) Inversion, (kulturelle) Entfremdung.

Bei der vorangegangenen Untersuchung von Begriffsumgang und Begriffsentwicklungen im Unterricht anhand konkreter Lehrbuchbeispiele und der Beschreibung möglicher dabei auftretender Probleme der Exaktifizierung, Konzeptualisierung und Übertragung war die Perspektive mathematischer Bewusstheit nützlich. Ausgehend von einer Analyse der verwendeten mathematischen Sprache haben wir untersucht, welche Qualitäten mathematischer Bewusstheit in der verwendeten Sprache und Symbolik nicht auftreten und durch welche Weiterentwicklungen des Themas fehlende Qualitäten gefördert werden könnten.

Für die Formulierung entsprechender Probleme oder Veränderung der Darstellung haben wir uns gefragt, ob in der historischen Entwicklung des Begriffs eher Pathologien und Gegenbeispiele, intuitives Verständnis auf der Basis großer Rechenerfahrung oder parallele Entwicklungen eine Rolle spielten.

Dank

Diese Arbeit wurde durch die Universitätspartnerschaft der Karls-Universität Prag mit der Universität zu Köln und von der Johannes Gutenberg-Universität Mainz unterstützt. Darüber hinaus gilt unser Dank der Grantagentur der Tschechischen Republik für die Unterstützung eines der Autoren durch den Grant GA ČR P407/11/1740.

Literatur

[Archimedes] ARCHIMEDES: Die Quadratur der Parabel. *Ostwalds Klassiker der exakten Wissenschaften, Bd. 201: Abhandlungen.* Frankfurt am Main: Verlag Harri Deutsch, 2009.

[Descartes 1637] DESCARTES, René: *La Géométrie. Appendix zu: Discours de la méthode, 1637.* Stuttgart: Reclam Philipp, 2001.

[Epple 2012] EPPLE, Moritz: *Spuren der Verknüpfung: Kulturelle Elemente in der mathematischen Wissensproduktion.* Hauptvortrag zur 12. Tagung Allgemeine Mathematik: Mathematik im Prozess – Philosophische, historische und didaktische Perspektiven. Universität Siegen. 10. bis 12. Mai 2012.

[Fauvel 2000] FAUVEL, John; MAANEN, Jan A. van (Hrsg.): *New ICMI Study Series, Vol. 6: History in Mathematics Education. An ICMI Study.* Dordrecht: Kluwer Academic Publishers, 2000.

[Freudenthal 1986] FREUDENTHAL, Hans: *Didactical Phenomenology of Mathematical Structures.* Heidelberg: Springer, 1986.

[Fried 2001] FRIED, Michael N.: Can Mathematics Education and History of Mathematics Coexist? In: *Science & Education* 10 (2001), Nr. 4, S. 391–408.

[Huygens 1656] HUYGENS, Christian: De motu corporum ex percussion (1656). In: HAUSDORFF, Felix (Hrsg.): *Huygens' nachgelassene Abhandlungen: Über die Bewegung der Körper beim Stoss.* Leipzig: W. Engelmann, 1903.

[Jahnke u. a. 2011] JAHNKE, Hans-Niels; WAMBACH, Ralf: Hypothesenbildung und Beweisen im historischen Kontext. In: HERGET, Wilfried (Hrsg.); SCHÖNEBURG, Silvia (Hrsg.): *Mathematik – Ideen – Geschichte. Anregungen für den Mathematikunterricht. Festschrift für Karin Richter.* Hildesheim, Berlin: Franzbecker, 2011, S. 221–231.

[Kaenders u. a. 2011] KAENDERS, Rainer; KVASZ, Ladislav: Mathematisches Bewusstsein. In: HELMERICH, Markus (Hrsg.); LENGNINK, Katja (Hrsg.); NICKEL, Gregor (Hrsg.); RATHGEB, Martin (Hrsg.): *Mathematik Verstehen.* Wiesbaden: Vieweg + Teubner, 2011, S. 70–85.

[Körner u. a. 2010] KÖRNER, Henning; LERGENMÜLLER, Arno; SCHMIDT, Günter: *Mathematik Neue Wege – Analysis. Arbeitsbuch für Gymnasien.* Hannover: Schroedel, Auflage 2010.

[Kronfellner 1998] KRONFELLNER, Manfred: Historische Aspekte im Mathematik-unterricht – Eine didaktische Analyse mit unterrichtspraktischen Beispielen. In: *Schriftenreihe Didaktik der Mathematik, Bd. 24*. Wien: öbv & hpt, 1998.

[Kvasz 2008] KVASZ, Ladislav: *Patterns of Change. Linguistic Innovations in the Development of Classical Mathematics*. Basel: Birkhäuser Verlag, 2008.

[Lakatos 1976] LAKATOS, Imre: *Proofs and Refutations*. Cambridge: Cambridge University Press, 1976.

[Lietzmann 1922] LIETZMANN, Walther: *Lustiges und Merkwürdiges von Zahlen und Formen*. Breslau: Ferdinand Hirt Verlag, 1922. 11. Aufl., Göttingen: Vandenhoeck & Ruprecht, 1982.

[Lietzmann 1949] LIETZMANN, Walther: *Das Wesen der Mathematik*. Braunschweig: Vieweg, 1949.

[Moyon 2011] MOYON, Marc: Practical Geometries in Islamic Countries. The Example of the Division of Plane Figures. In: BARBIN, Evelyn (Hrsg.); KRONFELLNER, Manfred (Hrsg.); TZANAKIS, Constantinos (Hrsg.): *History and Epistemology in Mathematics Education. Proceedings of the 6th European Summer University*. Wien: Holzhausen Verlag, 2011, S. 527–538.

[Scholz 2010] SCHOLZ, Erhard: Die Explizierung des Impliziten. Kommentar zu Hans Wußing: „Zur Entstehung des abstrakten Gruppenbegriffs". In: *NTM – Zeitschrift für Geschichte der Wissenschaften, Technik und Medizin* 18 (2010), Nr. 3, S. 311–318.

[Spivak 1967] SPIVAK, Michael: *Calculus*. Berkeley: Publish or Perish Inc., 1967.

[Thomson 1954] THOMSON, James: Tasks and Supertasks. In: *Analysis* 15 (1954), Nr. 1, S. 1–13.

[Wilson u. a. 1988] WILSON, Adrian; ASHPLANT, T. G.: Whig History and Present-centred History. In: *The Historical Journal* 31 (1988), Nr. 1, S. 1–16.

22 Elementarmathematik als empirische Theorie der Lebenswirklichkeit

Hintergründe und Analysen zum Prozess des Aufbaus dieser Theorie beim Schüler

HEINZ GRIESEL

22.1 Einleitung und Zielsetzung

In dem Tandemprojekt der Universitäten Gießen und Siegen *Mathematik Neu Denken* wird zurecht gefordert, die Elementarmathematik zu einer Komponente in der Ausbildung der Lehramtskandidaten zu machen (Beutelspacher u. a. 2011). In den zugehörigen Publikationen kommt die Elementarmathematik, wie sie in den Schuljahren 1 bis ca. 10 üblicherweise unterrichtet wird, jedoch nicht vor, weil sie nämlich mit einem heute an den Universitäten üblichen Standard nicht vorliegt, sondern sich im Prozess des Aufbaus befindet.

Wie BURSCHEID und STRUVE feststellen, sollte die Elementarmathematik als empirische Theorie aufgefasst werden (Burscheid u. a. 2009). Zu einer empirischen Theorie gehört ihre ontologische Bindung, und diese einzubeziehen ist ein gegenwärtiger Diskussionspunkt. (Burscheid u. a. 2011)

Zu der mancherlei Prozesshaftigkeit, die zur Mathematik gehört, muss auch das *Entstehen und Werden einer Theorie* gerechnet werden. Häufig wird bei *Mathematik im Prozess* nur an das *Lernen von Mathematik* gedacht. Das ist einerseits zu eng, andererseits wird *Lernen von Mathematik* inzwischen immer mehr auch als *Konstruieren einer Theorie* aufgefasst. Man bedenke, dass in der Kognitionspsychologie unter dem Stichwort *theory theory* das Wissen, selbst das Wissen von Kleinkindern, als in Theorien organisiert aufgefasst wird. (Siehe u. a. Gopnik u. a. 1992, Pozo u. a. 2005)

Es ist das Ziel dieser Arbeit, prinzipielle Gesichtspunkte zum Prozess des Aufbaus der Theorie der Elementarmathematik zu analysieren, um dadurch mittelfristig Hinweise für die unterrichtliche Curriculum-Entwicklung und für die Lehrerausbildung zu gewinnen.

Die Theorie soll auch so aufgebaut werden, dass ein Begriffswechsel (concept change) beim Übergang von den natürlichen Zahlen zu den Bruchzahlen und zu den positiven reellen Zahlen insbesondere bei der Grundvorstellung der Multiplikation weitgehend vermieden wird. Zugehörige Lernschwierigkeiten sind seit langem bekannt

(Hofe 2004) und in den letzten Jahren ausführlich von Susanne Prediger (Prediger 2007, Prediger u. a. 2008, Prediger 2008a, Prediger 2008b) untersucht und unter Einschluss der internationalen Literatur aufgearbeitet worden.

Die hier in Grundzügen dargestellte *Elementarmathematik als empirische Theorie der Lebenswirklichkeit* will auch ein präzisiertes Begriffsgerüst für die Didaktik der Elementarmathematik insbesondere für die Formulierung der Ergebnisse empirischer Untersuchungen liefern.

Die Arbeit stellt daher einen Beitrag zur *didaktischen Grundlagenforschung* dar.

22.2 Zentrale Begriffe der Elementarmathematik – Der Begriff der Größe

Rechnerische Probleme des täglichen Lebens haben u. a. mit folgenden Größen zu tun: *Anzahl, Länge, Flächeninhalt, Volumen, Masse, Zeitdauer, Geld.* Sie gehören zu den zentralen Begriffen der Elementarmathematik.

Nach der *Vergleichstheorie des Messens* erfolgt die *Konstitution einer Größe* (hier abgekürzt als strukturelles Gerüst dargestellt) in folgenden Stufen:

1. Stufe: *Festlegen der Träger*
   Träger der Größe *Anzahl* sind *nichtleere endliche Mengen*. Träger der Größe *Länge* sind *Strecken* und *Streckenzüge*. Träger der Größe *Flächeninhalt* sind *Flächen*, Träger der Größe *Volumen* und der Größe *Masse* sind *Körper*, der Größe *Zeitdauer* sind es *Vorgänge, Abläufe.* Sie sind in die Wirklichkeit eingebettet zu interpretieren. Die Träger fassen wir zu einer Menge, der *Trägermenge T* zusammen.

2. Stufe: *Festlegen einer Äquivalenzrelation und einer Skala*
   Die Äquivalenzrelation zwischen den Trägern der Größe *Anzahl* ist die *Gleichmächtigkeit;* zwischen den Trägern der Größe *Länge* die Relation ist *stückweise deckungsgleich zu,* zwischen den Trägern der Größe *Flächeninhalt* die *Zerlegungsgleichheit,* usw.

   Durch die Träger und die Äquivalenzrelation $\sim$ ist ein sog. Merkmal festgelegt, das kurz durch das Paar $(T, \sim)$ beschrieben werden kann.

   Definition des Begriffs Skala eines Merkmals $(T, \sim)$:
   Eine Skala eines Merkmals $(T, \sim)$ ist eine Abbildung w der Trägermenge T auf eine Menge W, so dass für alle $\tau, \tau' \in T$ gilt:

   $$\tau \sim \tau' \Leftrightarrow w(\tau) = w(\tau')$$

   W heißt die *Wertemenge* des Merkmals $(T, \sim)$. $w(\tau)$ heißt der *Wert des Trägers* τ. Unter $w(\tau)$ wird häufig intuitiv das verstanden, was alle zu τ äquivalenten Träger gemeinsam haben. Ist bei einem Merkmal eine Skala festgelegt, so spricht man auch von einem *skalierten Merkmal*.

Zu jeder Äquivalenzrelation ~ zwischen den Trägern gibt es eine Skala w. Man muss dazu nur jedem Träger als Skalenwert die Äquivalenzklasse zuordnen, in welcher der Träger liegt.

3. Stufe: *Festlegen des Messquotienten /*
Die Grundvorstellung des Messens ist die des *multiplikativen Vergleichens*. Die Aussage: „Diese Strecke ist 7 cm lang" bedeutet, sie ist siebenmal so lang wie 1 cm. Um zu einer präzisierten Definition des Messens zu gelangen, beachten wir, dass das multiplikative Vergleichen durch einen Quotienten x/y, den Messquotienten, beschrieben werden kann. Dessen präzisierte Definition lautet:

Definition des Begriffs Messquotient:
Ein Messquotient x/y ist eine Verknüpfung in der Wertemenge W einer Skala mit Werten in der Menge der von 0 verschiedenen Zahlen, so dass gilt:

(1) $(x/y) \cdot (y/z) = x/z$ für alle $x, y, z \in W$

(2) $x/y = 1 \Rightarrow x = y$ für alle $x, y \in W$

Durch den Messquotienten wird das skalierte Merkmal zu einer *Größe*. $x/y = 7$ wird gelesen: „x gemessen mit y ergibt 7" oder auch „x multiplikativ mit y verglichen ergibt 7"

In Bedingung (1) werden die Messungen x/y und y/z *verkettet*. Das Ergebnis der Verkettung ist die Messung x/z.

Die Einführung eines Messquotienten in den oben angegebenen Größen des täglichen Lebens erfolgt mit der dort ebenfalls vorhandenen *Zusammenfügungsstruktur*. Diese wird im nächsten Abschnitt behandelt.

Die Einführung der Träger, der Äquivalenzrelation und der Skala wird auch als *qualitativer* und die Einführung des Messquotienten als *quantitativer* Teil der Konstitution einer Größe angesehen.

22.3 Die Größen des täglichen Lebens als Zusammenfügungsbereiche

22.3.1 Definition des Begriffs *Zusammenfügungsbereich*

Eine *Größe* hat durch den Messquotienten eine multiplikative Struktur. Die oben aufgezählten Größen des täglichen Lebens tragen zusätzlich eine additive Struktur, die dadurch zustande kommt, dass sich nicht überschneidende Träger τ und τ' zu einem neuen Träger $\tau \circ \tau'$ *zusammengefügt* (engl. *concatenate*) werden können. Wir sprechen von einem *Zusammenfügungsbereich*. Dessen Definition lautet:

Definition des Begriffs Zusammenfügungsbereich:
Ein Zusammenfügungsbereich ist ein skaliertes Merkmal mit der Trägermenge T, der Äquivalenzrelation $\sim$, der Skala w und dem Wertebereich W, in dessen Trägermenge T zusätzlich eine partielle Verknüpfung $\circ$ und in dessen Wertebereich W zusätzlich eine Verknüpfung $\oplus$ und eine Relation $<$ eingeführt sind, so dass gilt:

(0) $\quad w(\tau) \oplus w(\tau') = w(\tau \circ \tau')$ $\qquad$ für alle $\tau, \tau' \in T$, für die $\tau \circ \tau'$ definiert ist

(1) $\quad (x \oplus y) \oplus z = x \oplus (x \oplus z)$ $\qquad$ für alle $x, y, z \in W$ (Assoziativgesetz)

(2) $\qquad x \oplus y = y \oplus x$ $\qquad$ für alle $x, y \in W$ (Kommutativgesetz)

(3) Es gilt entweder

$\qquad x < y$ oder

$\qquad x > y$ oder

$\qquad x = y$ $\qquad$ für alle $x, y \in W$

(4) $\quad x < y \Leftrightarrow \exists z \in W \quad x \oplus z = y$ $\quad$ für alle $x, y \in W$

Die Verknüpfung $\circ$ in der Trägermenge T wird *zusammenfügen* (englisch: *concatenate*) genannt. Sie ist die entscheidende Verknüpfung eines Zusammenfügungsbereichs. Bedingung (0) stellt die Verbindung zwischen der Verknüpfung $\circ$ in der Trägermenge und der Verknüpfung $\oplus$ in der Wertemenge her. Die Verknüpfung $\oplus$ heißt *Werteaddition*.

Statt *Zusammenfügungsbereich* sagt man auch *Größenbereich*. Dieser Begriff wurde bereits von G. Frege in die Mathematik eingeführt, allerdings unter der Bezeichnung *Größengebiet* (vgl. Griesel 2007). Der Name *Größenbereich* in der obigen Bedeutung und die Bedingungen (1) bis (4) wurden von Kirsch eingeführt (Kirsch 1970). Sie finden sich auch in der Literatur der philosophischen Neo-Frege-Bewegung (siehe den Bericht in Griesel 2007).

Wir verwenden jedoch die Bezeichnung *Zusammenfügungsbereich*, weil dies den Sinn dieses Begriffs eher trifft und eine Verwechslung mit dem Begriff *Größe* vermieden wird. Es handelt sich nur um eine Namensänderung: Statt *Größenbereich* (Größengebiet) jetzt *Zusammenfügungsbereich*.

22.3.2 Einführung eines Messquotienten in Zusammenfügungsbereichen

In einem Zusammenfügungsbereich lässt sich ein Messquotient einführen. Die *Grundvorstellung*, die mit einem Messquotienten wie $x/y = 7$ zu verbinden ist, lässt sich folgendermaßen beispielgebunden ausdrücken:

$$x/y = 7 \Leftrightarrow \text{Ein Träger von } x \text{ ist aus 7 Trägern von } y \text{ zusammengefügt.}$$

Die präzisierte Definition von $x/y = n$ lautet:

$$x/y = n \Leftrightarrow_{\text{Def}} \exists \tau_1, \dots \tau_n \in T \quad y = w(\tau_1) = \dots = w(\tau_n) \text{ und}$$
$$x = w(\tau_1 \circ \cdots \circ \tau_n)$$

Die Träger $\tau_1, \ldots \tau_n$ werden durch Abzählen bestimmt.

Die Grundvorstellung, die mit dem Messquotienten $x/y = 2/3$ zu verbinden ist, lautet: Zerlegt man einen Träger von y in 3 äquivalente Träger, so ist ein Träger von x aus zweien solcher Träger zusammengefügt.

Die präzisierte Definition von $x/y = m/n$ lautet:

$$x/y = \frac{m}{n} \Leftrightarrow_{\text{Def}} \exists\, \tau_1, \ldots \tau_n \in T \;\; \exists\, \tau'_1, \ldots \tau'_m \in T$$

$$y = w(\tau_1 \circ \cdots \circ \tau_n) \qquad \text{und}$$

$$x = w(\tau'_1 \circ \cdots \circ \tau'_m) \qquad \text{und}$$

$$w(\tau_1) = \ldots = w(\tau_n) = w(\tau'_1) = \ldots = w(\tau'_m)$$

Natürlich muss noch die Gültigkeit der Bedingungen (1) und (2) der Definition des Messquotienten nachgewiesen werden.

Der technisch aufwändige Fall, dass der Messquotient irrational ist, wird hier aus Platzgründen übersprungen.

22.4 Ontologische Bindung und Semantische Definitionen

Alle unterrichtliche Erfahrung zeigt, dass es günstig ist, wenn der Schüler die Begriffe in aktiver Auseinandersetzung mit Problemen der Lebenswirklichkeit bildet. Das ist die Aussage des folgenden Prinzips:

Prinzip vom modellierenden Herauslösen aus Umweltbezügen:
Für das gelenkte Lernen von Mathematik ist es günstig, wenn die vom Schüler aufzubauenden Begriffe von ihm selbst durch aktive Auseinandersetzung mit Umweltbezügen im Zusammenhang mit einem konstruktiven Hineininterpretieren in die Umwelt gebildet werden.

Dieses für die Mathematikdidaktik hoch bedeutsame Prinzip fordert die Bindung an die lebensweltliche Realität.

Es handelt sich um eine Weiterentwicklung eines Prinzips, das ursprünglich auf W. Oehl zurückgeht (vgl. Griesel 1976, insbesondere auch S. 68). Zur Begründung dieses Prinzips wird meist darauf verwiesen, dass dann die Begriffsbildung selbst vom Schüler intensiver und sicherer vollzogen wird, aber auch dass dann der Schüler diese Begriffe besser auf die Wirklichkeit anwenden könne.

Ein weiterer Gesichtspunkt ergibt sich daraus, dass der Schüler die Elementarmathematik als *empirische Theorie* aufbauen soll. Er soll lernen, sie auf Probleme der Lebenswirklichkeit anzuwenden.

Ein zugehöriges Unterrichten heißt *anwendungsorientierter Mathematikunterricht.* Anwendungen eines Begriffs vollziehen sich aber über die ontologische Bindung des Begriffs. Daraus ergibt sich die Forderung, die Begriffe in enger ontologischer Bindung an die Wirklichkeit einzuführen und zu definieren. Wir sprechen von einer *semantischen Definition*.

Prinzip von der Einführung eines Begriffs durch eine semantische Definition:
Die Einführung eines Begriffs der Elementarmathematik sollte mit einer *semantischen Definition* erfolgen, d. h. in die Definition des Begriffs sollte im Prinzip die *ontologische Bindung* des Begriffs einbezogen sein.

Doch wie lässt sich die ontologische Bindung begrifflich fassen? Das ist für den Begriff der Größe einfach:

Metamathematische These
Eine Größe ist dadurch *ontologisch an die Wirklichkeit gebunden*, dass die *Träger der Größe in Sachen und Sachverhalte der Wirklichkeit* hineininterpretiert sind. Die Träger *haben Teil an* der Wirklichkeit. Die Träger sind *eingebettet* in die Wirklichkeit.

Endliche Mengen als Träger der Größe *Anzahl* lassen sich in *Ansammlungen* von Gegenständen oder Lebewesen hineininterpretieren. *Strecken* und *Streckenzüge* als Träger der Größe *Länge* lassen sich z. B. als *Kanten* von Körpern auffassen. *Flächen* als Träger der Größe *Flächeninhalt* können in *Grundstücke, Wände, Dächer, Fußböden* usw. hineingesehen werden, usw.

Eine Interpretation selbst kann natürlich nicht in eine Definition aufgenommen werden, wohl aber Träger der Größen, welche in die Realität hineininterpretiert werden können.

Eine semantische Definition gründet sich also auf Träger von Größen.

In diesem Sinne sind die oben angegebenen Definitionen in Zusammenfügungsbereichen für Messquotienten (Messungen) $x/y = n$ und $x/y = m/n$ semantische Definitionen. Dort gehen entscheidend Träger der Größen in die Definition ein.

Zahlen sind nicht unmittelbar sondern *mittelbar* über Messungen ontologisch an die Wirklichkeit gebunden: Die Zahl μ ist über die Messung $x/y = \mu$ ontologisch an die Wirklichkeit gebunden.

Wir werden im folgenden für die Multiplikation und die Addition ebenfalls semantische Definitionen angeben.

Die Überlegungen dieses Kapitels entsprechen der Forderung Freges, die Verwendung der Zahlen zum Messen in deren Definition mit einzubeziehen (vgl. Griesel 2007) und nicht anzuflicken (vgl. Rautenberg 2007). Frege forderte einen Aufbau des Zahlensystems, der ontologisch gebunden ist. Einen rein innermathematischen Aufbau, wie er heute üblich ist (vgl. Oberschelp 1976, Padberg u. a. 1995, Strehl 1996), lehnte er ab. Allerdings gehen die Überlegungen hier insofern über die Freges hinaus, als Frege noch nicht die ontologische Bindung der Addition und Multiplikation bestimmen konnte.

22.5 Semantische Definitionen von Multiplikation und Addition sowie zugehörige Grundvorstellungen

22.5.1 Multiplikation

Nach Bedingung (1) der obigen Definition des Begriffs *Messquotient* besteht ein enger Zusammenhang zwischen der Multiplikation und dem Verketten von Messungen.

These über die ontologische Bindung der Multiplikation:
Die Multiplikation von Zahlen ist *mittelbar* über das Verketten von Messungen ontologisch an die Wirklichkeit gebunden; d. h. das Produkt $\lambda \cdot \mu$ ist dadurch *mittelbar* ontologisch an die Realität gebunden, dass gilt: Sind λ über die Messung x/y $(= \lambda)$ und μ über die Messung y/z $(= \mu)$ an die Realität gebunden, dann ist $\lambda \cdot \mu$ über die Messung x/z $(= \lambda \cdot \mu)$ an die Realität gebunden.

Dann muss in einem anwendungsorientierten Aufbau des Zahlensystems die Multiplikation aber auch mit Hilfe des Verkettens von Messungen eingeführt werden, in jedem der Zahlbereiche jeweils spezifiziert. Wir erhalten die wichtige semantische Definition:

Zahlbereichsübergreifende anwendungsorientierte Definition der Multiplikation:
λ und μ seien von 0 verschiedene Zahlen. Dann gelte:

Wenn $\lambda = x/y$ und $\mu = y/z$, dann sei $\lambda \cdot \mu = x/z$.

Natürlich muss dann die Unabhängigkeit dieser Definition der Multiplikation von der Wahl der Größenwerte x, y und z nachgewiesen bzw. empirisch überprüft werden.

Die Definition der Multiplikation gilt nur für Zahlen ungleich null. Zusätzlich kann man definieren: $0 \cdot \mu = 0$ und $\lambda \cdot 0 = 0$ sowie $0 \cdot 0 = 0$.

These über die Grundvorstellung zur Multiplikation:
Das Verketten von Messungen (also das Hintereinanderschalten von multiplikativen Vergleichen) ist die einheitliche, für alle Zahlbereiche gültige Grundvorstellung, welche der Schüler mit der Multiplikation verbinden sollte.

Abbildung 22.1 visualisiert diesen Sachverhalt für die Größe *Länge*.

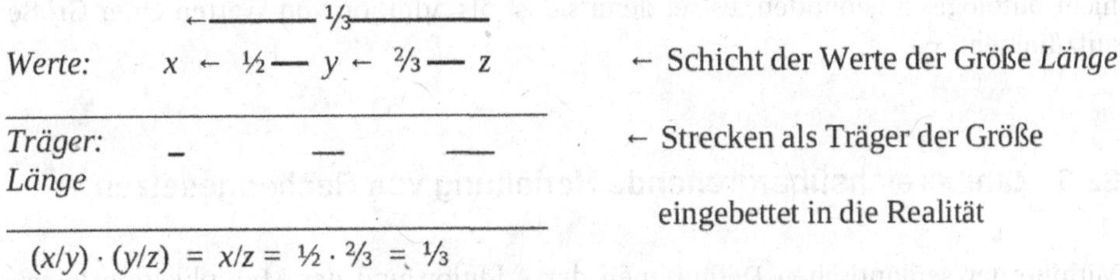

Werte: $x \leftarrow \frac{1}{2} - y \leftarrow \frac{2}{3} - z$ $\leftarrow$ Schicht der Werte der Größe *Länge*

Träger: _   __   __ $\leftarrow$ Strecken als Träger der Größe
Länge

eingebettet in die Realität

$(x/y) \cdot (y/z) = x/z = \frac{1}{2} \cdot \frac{2}{3} = \frac{1}{3}$

Abbildung 22.1. Schichtenbild

Für die einzelnen Zahlbereiche, insbesondere die natürlichen Zahlen und die positiven rationalen Zahlen muss diese Grundvorstellung dann noch im einzelnen spezifiziert werden. Jedenfalls gilt:

These: Die Multiplikation wird dadurch auf die Wirklichkeit angewandt, dass eine Verkettung von Messungen in die Anwendungssituation hineininterpretiert wird.

Auch das muss für die einzelnen Zahlbereiche spezifiziert werden.

22.5.2 Addition

Sind $\lambda, \mu > 0$ und sind λ über die Messung $w(\tau)/w(\tau_0) = \lambda$ und μ über die Messung $w(\tau')/w(\tau_0) = \mu$ ontologisch an die Wirklichkeit gebunden und ist $\tau \circ \tau'$ definiert, so ist $\lambda + \mu$ über die Messung $w(\tau \circ \tau')/w(\tau_0)$ ontologisch an die Wirklichkeit gebunden. Wir erhalten die semantische Definition:

Zahlbereichsübergreifende anwendungsorientierte Definition der Addition:
Sei $\lambda, \mu > 0$ sowie $\lambda = w(\tau)/w(\tau_0)$ und $\mu = w(\tau')/w(\tau_0)$. Dann gelte:

$$\lambda + \mu = \left(w(\tau) \oplus w(\tau') \right) / w(\tau_0) = w(\tau \circ \tau')/w(\tau_0)$$

Es muss dann noch gezeigt bzw. empirisch überprüft werden, dass diese Definition der Addition unabhängig von der Wahl der Größenwerte $w(\tau), w(\tau')$ und $w(\tau_0)$ ist.

Zusätzlich kann $0 + \lambda = \lambda$, $\lambda + 0 = \lambda$ sowie $0 + 0 = 0$ definiert werden.

Die Addition kann angewandt werden, wenn Träger τ und τ' zu $\tau \circ \tau'$ zusammengefügt werden. Daher gilt:

These: Das Zusammenfügen von Größenträgern ist die zahlbereichsübergreifende Grundvorstellung, welche man mit der Addition von Zahlen verbinden muss.

Dies muss im Gegensatz zur Multiplikation nicht für die einzelnen Zahlbereiche spezifiziert werden.

Die Addition von Zahlen ist ontologisch über das Zusammenfügen von Trägern von Größen an die Wirklichkeit angebunden.

Die Addition von Zahlen ist also nicht direkt ontologisch an die Wirklichkeit gebunden sondern *mittelbar* über die Größenwertaddition. Eine reine Zahlenwertaddition ist nicht ontologisch gebunden, es sei denn sie ist als Addition von Werten einer Größe aufzufassen.

22.6 Zahlbereichsübergreifende Herleitung von Rechengesetzen

Mithilfe der semantischen Definitionen der Addition und der Multiplikation lassen sich zahlbereichsübergreifend Rechengesetze in der heute üblichen formalen Strenge beweisen. Das wird am Beispiel des Distributivgesetzes gezeigt.

Distributivgesetz für nichtnegative Zahlen λ, μ, κ:
Es gilt:

$$(\lambda + \mu) \cdot \kappa = \lambda \cdot \kappa + \mu \cdot \kappa$$

Beweis:

1. Fall: $\lambda, \mu, \kappa \neq 0$
Sei $\lambda = x/e$ und $\mu = y/e$ und $\kappa = e/z$. Dann gilt unter Anwendung der Definitionen der Addition und der Multiplikation:

$$
\begin{aligned}
(\lambda + \mu) \cdot \kappa &= ((x/e) + (y/e)) \cdot (e/z) \\
&= ((x \oplus y)/e) \cdot (e/z) \\
&= (x \oplus y)/z \\
&= x/z + y/z \\
&= (x/e) \cdot (e/z) + (y/e) \cdot (e/z) \\
&= \lambda \cdot \kappa + \mu \cdot \kappa
\end{aligned}
$$

2. Fall: $\lambda = 0$ oder $\mu = 0$ oder $\kappa = 0$

2.1 $\lambda = 0$: $(\lambda + \mu) \cdot \kappa = \mu \cdot \kappa$, $\quad \lambda \cdot \kappa + \mu \cdot \kappa = 0 + \mu \cdot \kappa = \mu \cdot \kappa$

2.2 $\mu = 0$: wie 2.1

2.3 $\kappa = 0$: $(\lambda + \mu) \cdot \kappa = 0$, $\quad \lambda \cdot \kappa + \mu \cdot \kappa = 0 + 0 = 0$

Weiter gilt:
Da die Größenwertaddition $\oplus$ assoziativ und kommutativ ist, ist auch die *Addition* +
von Zahlen *assoziativ* und *kommutativ*.

Da das Verketten von Messungen assoziativ ist, ist auch die *Multiplikation* $\cdot$ von Zahlen
assoziativ. Die *Zahl 1* ist außerdem *neutrales Element* der Multiplikation, denn für
$\mu = x/y$ gilt: $\mu \cdot 1 = (x/y) \cdot (y/y) = x/y = \mu$

Wenn mit x/y auch y/x zum Zahlbereich gehört, liegt sogar hinsichtlich der Multiplikation eine Gruppe vor, denn $(x/y) \cdot (y/x) = x/x = 1$.

Die Begründung der Kommutativität der Multiplikation gestaltet sich schwieriger. Die
Kommutativität ist äquivalent zur Ähnlichkeitsinvarianz des Messquotienten (Griesel
2011).

22.7 Präformale Begründung der Gesetze mithilfe von Grundvorstellungen

Mithilfe der Grundvorstellungen lassen sich präformale Begründungen der Rechengesetze entwickeln, die beweiskräftig und auch für Schüler einsichtig sind. Diese Begründungen sind gelegentlich beispielgebunden.

Beispiel: Distributivgesetz: $(4+2) \cdot 3 = 4 \cdot 3 + 2 \cdot 3$

Wir orientieren uns an dem folgenden Bild, in das man das obige Gesetz hineininterpretieren kann:

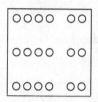

In einer Zeile sind $4+2$ Kringel vorhanden, insgesamt also: $(4+2) \cdot 3$. Im linken Kringelfeld sind $4 \cdot 3$ und im rechten $2 \cdot 3$ Kringel vorhanden, also insgesamt: $4 \cdot 3 + 2 \cdot 3$. Es gilt: $(4+2) \cdot 3 = 4 \cdot 3 + 2 \cdot 3$

Da diese Überlegung im Prinzip an jedem anderen Zahlenbeispiel durchgeführt werden kann, handelt es sich um eine beweiskräftige Begründung.

Die Verbindung zu dem obigen formalen Beweis kann man folgendermaßen herstellen: Es sei:

$$x = w \begin{pmatrix} \circ & \circ & \circ & \circ \\ \circ & \circ & \circ & \circ \\ \circ & \circ & \circ & \circ \end{pmatrix} \quad y = w \begin{pmatrix} \circ & \circ \\ \circ & \circ \\ \circ & \circ \end{pmatrix} \quad z = w(\circ) \quad \text{sowie} \quad e = w \begin{pmatrix} \circ \\ \circ \\ \circ \end{pmatrix}$$

Dann ist

$$x/e = 4 \qquad y/e = 2 \qquad e/z = 3 \quad \text{und} \quad (x \oplus y)/e = 4+2$$

$$x/z = (x/e) \cdot (e/z) = 4 \cdot 3$$

$$y/z = (y/e) \cdot (e/z) = 2 \cdot 3$$

$$(x \oplus y)/z = ((x \oplus y)/e) \cdot (e/z) = (4+2) \cdot 3$$

Man erkennt auch, wie sich in ein rechteckiges Kringelfeld eine Multiplikation hineininterpretieren lässt. Diese Felder (also Mengen als Träger der Größe Anzahl) werden in der Mathematikdidaktik in präformalen Beweisen verwendet, seitdem in den 1920er Jahren die Gestalt- und Ganzheitspsychologie von der Mathematikdidaktik rezipiert wurde. (Wittmann 1966, Karaschewski 1966, Karaschewski 1970)

Der folgende präformale Beweis von $(\lambda + \mu) \cdot \kappa = \lambda \cdot \kappa + \mu \cdot \kappa$ ist für alle positiven Zahlen λ, μ, κ gültig. Er wird mithilfe der Träger der Größe *Länge*, also mit Strecken geführt:

Festlegungen:

Sei $\underline{\quad z \quad}$ eine beliebige Strecke mit dem Längenwert (Größenwert) z.

Sei $\underline{\quad e \quad}$ eine Strecke mit $e/z = \kappa$, also: $\underline{\quad e \quad} \xleftarrow{\quad \kappa \quad} \underline{\quad z \quad}$ (1)

Sei $\underline{\quad x \quad}$ eine Strecke mit $x/e = \lambda$, also: $\underline{\;x\;} \xleftarrow{\quad \lambda \quad} \underline{\quad e \quad}$ (2)

Sei $\underline{\quad y \quad}$ eine Strecke mit $y/e = \mu$, also: $\underline{\quad y \quad} \xleftarrow{\quad \mu \quad} \underline{\quad e \quad}$ (3)

Folgerungen:

Dann folgt aus (2) und (3) gemäß der Definition der Addition: $(x \oplus y)/e = \lambda + \mu$, also:

$$\underline{x \oplus y} \quad \xleftarrow{\lambda + \mu} \quad e$$

Dann folgt wegen (1):

$$\underline{x \oplus y} \quad \xleftarrow{\lambda + \mu} \quad \underline{e} \quad \xleftarrow{\kappa} \quad \underline{z}$$

$$\xleftarrow{\hspace{3em} (\lambda + \mu) \cdot \kappa \hspace{3em}} \tag{4}$$

Andererseits gilt wegen (1) und (2) nach Definition der Multiplikation:

$$\xleftarrow{\hspace{2em} \lambda \cdot \kappa \hspace{2em}}$$

$$\underline{x} \quad \xleftarrow{\lambda} \quad \underline{e} \quad \xleftarrow{\kappa} \quad \underline{z} \tag{5}$$

und wegen (1) und (3) nach Definition der Multiplikation:

$$\xleftarrow{\hspace{2em} \mu \cdot \kappa \hspace{2em}}$$

$$\underline{y} \quad \xleftarrow{\mu} \quad \underline{e} \quad \xleftarrow{\kappa} \quad \underline{z} \tag{6}$$

Also folgt wegen der Definition der Addition aus (5) und (6):

$$\xleftarrow{\hspace{2em} \lambda \cdot \kappa + \mu \cdot \kappa \hspace{2em}}$$

$$\underline{x \oplus y} \quad \xleftarrow{\lambda + \mu} \quad \underline{e} \quad \xleftarrow{\kappa} \quad \underline{z} \tag{7}$$

Aus (4) und (7) folgt: $(\lambda + \mu) \cdot \kappa = \lambda \cdot \kappa + \mu \cdot \kappa$ ∎

Der vorstehende Beweis hat eine größere Nähe zum formalen Beweis als der obige Beweis mit Kringelmengen. Man kann den intuitiven Anteil sowie den formalen Anteil dosieren. Das Formale kann z. B. durch beispielgebundenes Argumentieren zurückgedrängt werden. Man setze z. B. $\lambda = 3/5, \mu = 9/5, \kappa = 5/7$ und führe die Konstruktionen der jeweiligen Strecken im einzelnen durch.

Das präformale Beweisen ist ein Argumentieren an den Trägern, indem Relationen zwischen ihnen und Operationen mit ihnen aktiv hineininterpretiert werden.

Bei den Trägern der Größe *Anzahl* sind die Beweise i. a. *beispielgebunden* zu führen.

22.8 Weitere Bestandteile der Elementarmathematik

Die Elementarmathematik als empirische Theorie der Lebenswirklichkeit enthält natürlich mehr Bestandteile als die in dieser Arbeit behandelten Gebiete des *fundamentalen Messens in Zusammenfügungsbereichen*, der *zahlbereichsübergreifenden Definition der Multiplikation und Addition* und der *zahlbereichsübergreifenden Beweise* der Rechengesetze. Genannt seien:

1. Die anwendungsorientierte Einführung der Zahlen in den Zahlbereichen einheitlich als von Menschen erfundene, universelle, gedankliche Konstrukte zum multiplikativen Vergleich von Werten skalierter Merkmale, kurz *Zahlen einheitlich als Maßzahlen* (Griesel 2011a). Hier besteht noch Untersuchungs- und Entwicklungsbedarf.

2. Die Behandlung der speziellen Rechengesetze in den Zahlbereichen (u. a. Bruchrechenregeln, Vorzeichenregeln) (Griesel 2011)

3. Die Spezifizierung der ontologischen Bindung und deren Grundvorstellungen in den Zahlbereichen für die Multiplikation. Diese unterschiedlichen Grundvorstellungen sind im Hinblick auf die Anwendungen der Multiplikation auch in ihrer Unterschiedlichkeit wichtig, sie sind aber durch die einheitliche Grundvorstellung des Verkettens von Messungen miteinander vernetzt. Hier besteht der größte Entwicklungsbedarf.

4. Größen, die nicht mithilfe der Zusammenfügungsstruktur konstituiert werden (z. B. *Temperatur* sowie *Quotientengrößen* z. B. Geschwindigkeit und *Produktgrößen*, wie Kraft und Energie) (Griesel 2012)

5. Analyse von Situationen und Modellen, in denen die Elementarmathematik angewandt wird (Hier muss man unterscheiden, ob zu der Situation nur *eine* Größe gehört oder ob *zwei* oder *mehr als zwei* Größen dazugehören. *Dreisatzsituationen* haben i. a. zwei Größen.) Hier hin gehören die Unterscheidung von Aufteilen und Verteilen und ihre Einordnung in einen zahlbereichsübergreifenden Zusammenhang sowie die von Kirsch begonnene und inzwischen weitergeführte Analyse der Schlussrechnung (Griesel 1996a, Griesel 2005)

22.9 Elementarmathematik im Prozess

Die hier in Grundzügen dargestellte Elementarmathematik befindet sich noch im Prozess des Aufbaus. Sie muss so entwickelt werden, dass sie hinsichtlich der Präzision dem Standard der gegenwärtigen Mathematik, aber auch den hier aufgestellten Randbedingungen der ontologischen Bindung entspricht.

Die Nähe zu bewährten Curricula für Schüler sollte erkennbar sein. Nur dadurch kann ein besserer Durchblick durch den Unterrichtsstoff und damit ein besserer Unterricht erreicht werden. Auch Verbesserungen der Curricula sind zu erwarten. Hier besteht Entwicklungsbedarf.

Eine weitere, diesmal hochschuldidaktische Aufgabe besteht darin, die Elementarmathematik ohne Verfälschung so zu gestalten, dass sie von den Bezugsgruppen unter den Lehrerstudenten verstanden und vollzogen werden kann, auch zum Zwecke der Verbesserung des späteren eigenen Mathematikunterrichts. Dazu sollten zunächst präformale Beweise behandelt und dann behutsam der Übergang zu den formalen Beweisen beschritten werden.

22.10 Ist die Anwendbarkeit von Mathematik ein Wunder?

Der Nobelpreisträger Wigner hat 1960 die Auffassung vertreten, es sei schwer, den Eindruck zu vermeiden, bei der Anwendbarkeit der Mathematik mit einem Wunder konfrontiert zu sein (Wigner 1960). Die obigen Überlegungen zeigen jedoch, dass die Anwendung von Mathematik in elementaren Lebensbereichen völlig rational erklärt werden kann: Der Mensch kann gedankliche Konstrukte als zeitlose Ganzheiten bilden und diese z. B. als Träger von Größen in die Wirklichkeit hineininterpretieren. Es liegt deswegen kein Wunder vor, weil die gedanklichen Konstrukte so gebildet werden, dass sie auf die Welt passen und an der Realität teilhaben. Dies hat sich in der Evolution der Menschheit als sehr erfolgreich in der Beherrschung der Welt herausgestellt.

Die Konstrukte selbst sind embodied (verkörpert) (vgl. Lakoff u. a. 2000, S. 337 ff., S. 364 ff.). Jeder bildet seine eigenen Konstrukte. Nie kann der Lehrer sicher sein, ob alle Schüler das gleiche gedankliche Konstrukt gebildet haben. Überpersonale Identifikation erfolgt durch Kommunikation, insbesondere durch Sprache und Schrift sowie Medien und Unterricht, bei neu erfundenen also noch nicht kulturell tradierten kanonischen Begriffen in einem Prozess des Aushandelns.

Literatur

[Beutelspacher u. a. 2011] BEUTELSPACHER, Albrecht; DANCKWERTS, Rainer; NICKEL, Gregor; SPIES, Susanne; WICKEL, Gabriele: *Mathematik Neu Denken. Impulse für die Gymnasiallehrerbildung an Universitäten*. Wiesbaden: Vieweg+Teubner, 2011.

[Burscheid u. a. 2009] BURSCHEID, Hans Joachim; STRUVE, Horst: *Mathematikdidaktik in Rekonstruktionen*. Hildesheim, Berlin: Franzbecker, 2009.

[Burscheid u. a. 2011] BURSCHEID, Hans Joachim; STRUVE, Horst: Die ontologische Bindung spezieller Größen. In: *Mitteilungen der Gesellschaft für Didaktik der Mathematik* 91 (2011), S. 14–16.

[Gopnik u. a. 1992] GOPNIK, Alison; WELLMAN, Henry M.: Why the Child's Theory of Mind Really Is a Theory. In: *Mind & Language* 7 (1992), Issue 1–2, S. 145–171.

[Griesel 1976] GRIESEL, Heinz: Das Prinzip von der Herauslösung eines Begriffs aus Umweltbezügen. In: WINTER, Heinrich (Hrsg.); WITTMANN, Erich (Hrsg.): *Beiträge zur Mathematikdidaktik, Festschrift für Wilhelm Oehl*. Hannover: Schroedel, 1976, S. 61–71.

[Griesel 1996a] GRIESEL, Heinz: Proportionalität als Relation zwischen Größen. In: *Beiträge zum Mathematikunterricht*. Hildesheim: Franzbecker, 1996, S. 146–149.

[Griesel 2005] GRIESEL, Heinz: Modelle und Modellieren. In: HENN, Hans-Werner (Hrsg.); KAISER, Gabriele (Hrsg.): *Mathematik im Spannungsfeld von Evolution und Evaluation, Festschrift für Werner Blum*. Hildesheim: Franzbecker, 2005, S. 61–70.

[Griesel 2007] GRIESEL, Heinz: Reform of the Construction of the Number System with Reference to Gottlob Frege. In: *ZDM* 39 (2007), Nr. 1–2, S. 31–39.

[Griesel 2011] GRIESEL, Heinz: Eckpunkte zu einem anwendungsorientierten Aufbau des Zahlensystems. In: *Mitteilungen der Gesellschaft für Didaktik der Mathematik* 91 (2011), S. 17–22.

[Griesel 2011a] GRIESEL, Heinz: *Genetischer anwendungsorientierter Aufbau des Zahlensystems* NATG (Normenausschuss Technische Grundlagen) im DIN, Berlin: 2011, NA 152-01-01-06 AK N18, 36 Seiten.

[Griesel 2012] GRIESEL, Heinz: *Fünf Gundformen der Konstitution einer Größe* NATG (Normenausschuss Technische Grundlagen) im DIN, Berlin: 2012, NA 152-01-01-06 AK N19.

[Hofe 2004] HOFE, Rudolf vom; WARTHA, Sebastian: Grundvorstellungsumbrüche als Erklärungsmodell für die Fehleranfälligkeit in der Zahlbegriffsentwicklung. In: *Beiträge zum Mathematikunterricht*. Hildesheim: 2004, S. 593–596.

[Karaschewski 1966] KARASCHEWSKI, Horst: *Wesen und Weg des ganzheitlichen Rechenunterrichts, Bd. 1.* Stuttgart: Klett, 1966.

[Karaschewski 1970] KARASCHEWSKI, Horst: *Wesen und Weg des ganzheitlichen Rechenunterrichts, Bd. 2.* Stuttgart: Klett, 1970.

[Kirsch 1970] KIRSCH, Arnold: *Elementare Zahlen- und Größenbereiche.* Göttingen: Vandenhoeck & Ruprecht, 1970.

[Lakoff u. a. 2000] LAKOFF, George; NÚÑEZ, Rafael: *Where Mathematics Comes From: How the Embodied Mind brings Mathematics into Beeing.* New York: Basic Books, 2000.

[Oberschelp 1976] OBERSCHELP, Arnold: *Aufbau des Zahlensystems.* 3. Auflage. Göttingen: Vandenhoeck & Ruprech, 1976.

[Padberg u. a. 1995] PADBERG, Friedhelm; DANCKWERTS, Rainer; STEIN, Martin: *Zahlbereiche.* Heidelberg: Spektrum, 1995.

[Pozo u. a. 2005] POZO, Juan Ignacio; GÓMEZ CRESPO, Miguel Ángel: The Embodied Nature of Implicit Theories: The Consistency of Ideas about the Nature of Matter. In: *Cognition and Instruction* 23 (2005), No. 3, S. 351–387.

[Prediger 2007] PREDIGER, Susanne: Konzeptwechsel in der Bruchrechnung – Analyse individueller Denkweisen aus konstruktivistischer Sicht. In: *Beiträge zum Mathematikunterricht*, 2007.

[Prediger u. a. 2008] PREDIGER, Susanne; MATULL, Ina: *Vorstellungen und Mathematisierungskompetenzen zur Multiplikation von Brüchen.* Internal Research Report for the DFG-Study „Schichtung von Schülervorstellungen". Dortmund: IEEM, 2008.

[Prediger 2008a] PREDIGER, Susanne: Discontinuities for mental models: A source for difficulties with the multiplication of fractions. In: *Proceedings of ICME-11. Research and Development of Number Systems and Arithmetic.* Printed in Belgium: 2008, S. 29–37.

[Prediger 2008b] PREDIGER, Susanne: The Relevance of didactic categories for analysing obstacles in conceptual change: Revisiting the case of multiplication of fractions. In: *Learning and Instruction* 18 (2008), Nr. 1, S. 3–17.

[Rautenberg 2007] RAUTENBERG, Wolfgang: *Messen und Zählen.* Lemgo: Heldermann, 2007.

[Strehl 1996] STREHL, Reinhard: *Zahlbereiche.* Hildesheim: Franzbecker, 1996.

[Wigner 1960] WIGNER, Eugene: The Unreasonable Effectiveness of Mathematics in the Natural Sciences. In: *Communications in Pure and Applied Mathematics* 13 (1960), Nr. 1, S. 1–14.

[Wittmann 1966] WITTMANN, Johannes: *Theorie und Praxis eines ganzheitlichen Unterrichts.* Dortmund: Crüwell, 1966.

23 Zur Bedeutung mathematischer Handlungen im Bildungsprozess und als Bildungsprodukte

Andreas Vohns

„Entscheidend ist was hinten rauskommt" – dieser, dem Bundeskanzler a. D. Helmut Kohl zu verdankende Ausspruch scheint mir nicht ungeeignet, ein Leitmotiv der bildungspolitischen, mithin auch der bildungstheoretischen Diskussion der letzten zehn bis fünfzehn Jahre zu bezeichnen. Auf das Thema des vorliegenden Bandes bezogen lässt sich der Ausspruch als Stellungnahme zur Frage betrachten, worauf man bei Bildung sein Augenmerk zu richten habe: auf die Beschreibung resp. Gestaltung bildungswirksamer Lehr- Lern*prozesse* oder auf die Beschreibung ggf. die Kontrolle der Bildungswirkungen bzw. Lern*ergebnisse*.

Unter der Ägide von Bildungsstandards und Outputorientierung wird mathematischen Handlungen, Fähigkeiten und Fertigkeiten zunehmend der Status von *Kompetenzen* zugewiesen. Unter Kompetenzen werden dabei langfristig verfügbare Handlungsfähigkeiten in Sinne fachlich gegründeter Problembewältigung in prinzipiell offenen Situationen verstanden. Damit wird den zugrunde liegenden mathematischen Handlung(sfähigkeit)en materiale Bedeutung zugemessen: In der (Qualität der) Anwendung mathematischer Verfahren in Problembewältigungssituationen soll sich (das Ausmaß von) „Bildung" erweisen.

Aus bildungstheoretischer Sicht ergibt sich dabei einerseits die Rückfrage, ob ein solches Verständnis der Rolle mathematischer Handlungen nicht u. U. zu einer *Überfrachtung* bzw. *Überschätzung* der materialen Bedeutung tatsächlich im Unterricht stattfindender mathematischer Handlungen und Tätigkeiten führt. Mit Blick auf reflexive Komponenten des Umgangs mit Mathematik ergibt sich andererseits die Frage, ob deren Bedeutung bei einer Zuspitzung des Kompetenzbegriffs auf Problembewältigungshandeln nicht tendenziell eher *unterschätzt* werden.

Eine Ursache dieser möglichen Fehleinschätzungen sehe ich in einer unzureichenden Trennung zwischen der Bedeutung mathematischer Handlungen und Tätigkeiten als Teil des Lern- und Bildungsprozesses zum einen und ihrer Bedeutung als längerfristig verfügbare Produkte mathematischer Bildung zum anderen. Anders gesagt: Ich halte die Devise: „Entscheidend ist, was hinten rauskommt" aus didaktischer Sicht insofern für eine gefährliche Verkürzung, als sie zu genau dieser unzureichenden Trennung verleiten kann.

Die These der Fehleinschätzung der Rolle unterschiedlicher Komponenten mathematischen Wissens und Handelns im Prozess und als Produkte mathematischer Bildung wird im Folgenden exemplarisch am Beispiel der „allgemeinen mathematischen" Kompetenz „mathematisch Modellieren" aus den deutschen Bildungsstandards weiter entfaltet.

Zunächst wird dabei näher auf den Kompetenzbegriff eingegangen, welcher den deutschen Bildungsstandards zugrunde liegt, einschließlich der Legitimationen und bildungstheoretischen Ansprüche, die mit diesem Begriff in der Expertise „Zur Entwicklung nationaler Bildungsstandards" (Klieme u. a. 2003, im Folgenden kurz als „Klieme-Gutachten" bezeichnet) verbunden werden.

Im Anschluss daran wird dieser Begriff und die mit ihm verbundenen Implikationen für die Bedeutung mathematischer Handlungen in Verbindung zu verschiedenen bildungstheoretischen Konzepten gesetzt, die hinsichtlich der Rolle mathematischer Handlungen als Bildungsprodukte und im Bildungsprozess jeweils relevante Unterschiede aufweisen.

Im Zentrum stehen dabei die Konzepte von Heinrich Winter, Roland Fischer und Bernhard Dressler. Heinrich Winters Konzept ist dabei das Konzept, welches von den deutschen Bildungsstandards im Fach Mathematik explizit referenziert wird, obwohl sich zeigen wird, dass gerade dieses Konzept sehr viel stärker den Bildungs*prozess* als Bildungsprodukte fokussiert. Roland Fischers Konzept fokussiert hingegen klar die Frage der wünschenswerten Bildungsergebnisse, allerdings mit deutlich anderen Schwerpunktsetzungen als das Klieme-Gutachten und die darauf aufbauenden deutschen Bildungsstandards. Bernhard Dressler nimmt als Religionspädagoge eine Außenperspektive auf dem Mathematikunterricht ein und ist für die folgenden Überlegungen insofern von besonderem Interesse, als Dressler explizit Stellung zum Verhältnis von Handlungen im Bildungsprozess und den daraus emergierenden Kompetenzen im Sinne von Bildungsprodukten bezieht.

Abschließend erfolgt eine neuerliche Zuspitzung auf die Frage, welche Rolle Handlungen, Fertigkeiten und Fähigkeiten zum „mathematischen Modellieren" im Bildungsprozess und als Bildungsprodukte spielen können und welche Schwierigkeiten sich im Lichte der bildungstheoretischen Überlegungen bei einer pauschalen Forderung nach mehr „Modellierungskompetenz" ergeben können. Da die oben genannten Bildungskonzepte zum „mathematischen Modellieren" explizit teilweise nur sehr knapp Stellung beziehen, wird der bildungstheoretische Hintergrund in diesem Punkt durch Bezugnahme auf das Konzept von Hans-Werner Heymann erweitert.

23.1 Kompetenzen

„In Übereinstimmung mit (Weinert 2001, S. 27 f.) verstehen wir unter Kompetenzen die bei Individuen verfügbaren oder von ihnen erlernbaren kognitiven Fähigkeiten und Fertigkeiten, bestimmte Probleme zu lösen, sowie die damit verbundenen motivationalen, volitionalen und sozialen

Bereitschaften und Fähigkeiten, die Problemlösungen in variablen Situationen erfolgreich und verantwortungsvoll nutzen zu können."
Klieme u. a. 2003, S. 72

Der Kompetenzbegriff, den das Klieme-Gutachten zu Grunde legt, ist zunächst der relativ breit angelegte Begriff von Weinert (vgl. Weinert 2001). Dieser Begriff umfasst neben kognitiven Komponenten, dem Wissen und Können, sehr wohl auch das Wollen, sogar eine sozialethische bzw. reflexive Komponente – wenn man den Passus „verantwortungsvoll nutzen" so lesen will.

Auffällig ist an dieser Begriffsbestimmung die Verwendung der relativ unbestimmten Termini „Probleme" und „variable Situationen", die einen unmittelbaren Bezug auf die gegenwärtige oder zukünftige Lebenswelt der Lernenden vermeiden. Dies steht in klarem Kontrast zu PISA, in dessen Rahmenkonzept ausdrücklich ein Beitrag der getesteten Kompetenzen für eine „befriedigende Lebensführung in persönlicher und wirtschaftlicher Hinsicht" (Baumert u. a. 2001, S. 29) beansprucht wird. Der Kompetenzbegriff wird im Klieme-Gutachten damit implizit *gegen den Qualifikationsbegriff* im Sinne von Robinsohn (vgl. Robinsohn 1967) gesetzt. *Gegen* den Qualifikationsbegriff insofern, als dem zielgerichteten Erwerb von Fähigkeiten zur Bewältigung konkreter, zukünftiger Lebenssituationen eine Grenze gesetzt ist durch eine prinzipielle „Unbestimmtheit der Aufgaben und Anforderungen" (Klieme u. a. 2003, S. 60), die eine zukünftige Lebenswelt an die Lernenden stellt und eine „Pluralität und Konflikthaftigkeit" (a. a. O.) der Erwartungen, die von Seiten verschiedener gesellschaftlicher Gruppen an das Individuum herangetragen werden.

Der Religionspädagoge Bernhard Dressler erblickt in diesem Kompetenzbegriff eine *emanzipatorische Weiterentwicklung des Qualifikationsbegriffs*: Wenn es nicht für jede Lebenssituation bzw. gesellschaftliche Herausforderung die eine zuständige wissenschaftliche Disziplin gibt, sondern fast immer verschiedene zulässige fachliche Perspektiven (mit ihren spezifischen Stärken und Schwächen), dann ensteht „Dispositionsspielraum" (Dressler 2010, S. 10): Das Individuum muss bzw. darf sich auch dazu verhalten, *ob und ggf. auf welche* fachlich gegründeten Kompetenzen es bei der Bewältigung tendenziell offener Situationen zurückgreifen will.

Dass der Kompetenzbegriff bei Weinert zunächst facettenreich[1] angelegt ist, darf nicht darüber hinwegtäuschen, dass Kompetenzen im Klieme-Gutachten schon wenige Seiten nach ihrer Einführung im Kern auf Wissen und Können als *im Ergebnis kontrollierbare Facetten* des Begriffs zugespitzt werden. Kompetenz ist im Sinne des Klieme-Gutachtens in allererster Linie Problembewältigungsfähigkeit in prinzipiell offenen Situationen, welche sich durch die Überprüfung des Verhaltens in (weitgehend geschlossenen) *Testsituationen* valide kontrollieren lassen soll (vgl. Klieme u. a. 2003, S. 82 ff).

Gerechtfertigt wird diese Einschränkung des Kompetenzbegriffs auf seine (besser) mess- und testbaren Facetten u. a. durch die Behauptung, dass ein „Kerncurriculum

---

[1] Das Klieme-Gutachten nennt die Facetten Fähigkeit, Wissen, Verstehen, Können, Handeln, Erfahrung und Motivation (vgl. Klieme u. a. 2003, S. 73).

moderner Allgemeinbildung" mit den „Dimensionen des Wissens und Könnens" (mithin der Kompetenzen) bereits „die klassischen Dimensionen allgemeiner Bildung" (a. a. O., S. 67) umfassen könne.

Die Autoren des Klieme-Gutachtens gehen dabei nicht so weit, Kompetenzen als „bereichsspezifische Leistungserwartungen" (a. a. O., S. 68) als Ersatz für allgemeine Bildungsziele zu betrachten oder eine eindeutige Ableitung von Kompetenzen aus bildungstheoretischen Erwägungen zu behaupten. Sie halten allerdings fest, dass Kompetenzen „in einem eigenen politischen und theoretischen Diskurs aber auf die allgemeinen Erwartungen begründet rückbezogen und an ihnen geprüft" (a. a. O.) werden können. Damit ist der Analyse der etwa im Fach Mathematik vorgeschlagenen Kompetenzen eine Perspektive eröffnet, der im Weiteren gefolgt wird: Mathematische Kompetenzen können auf allgemeine Erwartungen, wie sie in bildungstheoretischen Konzepten niedergelegt sind, zurückbezogen und an diesen geprüft werden. Eine wesenliche Frage wird also sein, inwiefern bildungstheoretische Konzepte einen Argumentationshintergrund darstellen, um ausgewählte mathematischen Handlungen als längerfristig verfügbare Kompetenzen zu begründen. Eine wenigstens genauso wesentliche Frage wird allerdings sein, welche Bedeutung man aus den bildungstheoretischen Konzepten für solche Handlungen ableiten kann, denen man *nicht* den Status von Kompetenzen zuweisen würde.

23.1.1 Allgemeine mathematische bzw. prozessbezogene Kompetenzen

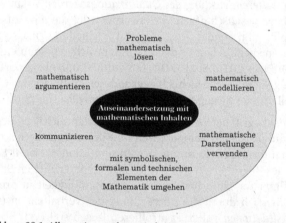

Abbildung 23.1. Allgemeine mathematische Kompetenzen (KMK 2004a, S. 7)

Ich möchte den Blick dabei auf die in Abb. 23.1 dargestellten „allgemeinen mathematischen Kompetenzen" richten. Hier liegen zunächst einmal verschiedene Formen mathematischer Handlungen bzw. Tätigkeiten vor. Man kann sich nun fragen, ob die Bedeutung der genannten Handlungsmöglichkeiten für den Mathematikunterricht bzw. die mathematische Bildung tatsächlich darin besteht, dass über die im Weinert'schen

Sinn längerfristig als Kompetenzen verfügt werden können soll, oder ob sie nicht in der Tat ihre Bedeutung bereits dadurch erhalten, dass ohne einen Rückgriff auf sie keine gehaltvollen Lernprozesse denkbar sind.[2]

Für einen Rückbezug auf bzw. als Prüfung an den bildungstheoretischen Konzepten formuliert lassen sich zwei Fragen formulieren:

- Welche Aspekte einer „allgemeinen Bildung" sind mit dem Ziel der Anbahnung von Handlungsfähigkeit (im Sinne von Problembewältigung) in den oben genannten Bereichen mathematischer Handlungsmöglichkeiten angesprochen?

Sowie:

- Welches Wissen und Können ist in den oben genannten Bereichen mit dem Ziel „allgemeiner Bildung" angesprochen?

Anders gesagt: Dass man beim mathematischen Lösen von Problemen, beim mathematischen Argumentieren und Kommunizieren etwas lernt, das auch aus bildungstheoretischer Sicht bedeutsam sind, wird im Folgenden nicht prinzipiell in Frage gestellt. Es wird allerdings nach Differenzen, den „feinen Unterschieden" gefragt, die sich für die Gestaltung eines Mathematikunterrichts ergeben würden, welcher sich vorwiegend einem der beiden (analytisch getrennten) Ziele „allgemeine Bildung" oder „Anbahnung mathematischer Handlungs- und Problembewältigungskompetenz" (in den o. g. Teilbereichen) verpflichtet fühlt.

23.2 Handeln und Erfahrungen sammeln (Heinrich Winter)

„Der Mathematikunterricht sollte anstreben, die folgenden drei Grunderfahrungen, die vielfältig miteinander verknüpft sind, zu ermöglichen:

(1) Erscheinungen der Welt um uns, die uns alle angehen oder angehen sollten, aus Natur, Gesellschaft und Kultur, in einer spezifischen Art wahrzunehmen und zu verstehen,

(2) mathematische Gegenstände und Sachverhalte, repräsentiert in Sprache, Symbolen, Bildern und Formeln, als geistige Schöpfungen, als eine deduktiv geordnete Welt eigener Art kennen zu lernen und zu begreifen,

(3) in der Auseinandersetzung mit Aufgaben Problemlösefähigkeiten, die über die Mathematik hinaus gehen, (heuristische Fähigkeiten) zu erwerben."

Winter 1995, S. 37

---

[2] Ein Indiz für letzteres mag sein, dass diese in den Bildungsstandards als „allgemeine mathematische Kompetenzen" bezeichneten Tätigkeitscluster etwa im Rahmen einiger Kernlehrpläne wie im allgemeinen mathematikdidaktischen Sprachgebrauch häufig „prozessbezogene Kompetenzen" genannt werden (vgl. etwa Niedersächsisches Kultusministerium 2006, S. 14 ff.).

Als erste bildungstheoretische Prüfinstanz liegt es nahe, die genannten „Kompetenzen" auf die Bildungsvorstellungen von Heinrich Winter zurückzubeziehen, dienen diese doch erkennbar als Grundlage der jeweiligen Abschnitte „Der Beitrag des Faches Mathematik zur Bildung" in den Bildungsstandards Mathematik für den Hauptschulabschluss (KMK 2004b, S. 6) und den Mittleren Schulabschluss (KMK 2004a, S. 6)[3]. Man kann trefflich darüber streiten, ob man den oben zitierten Grunderfahrungen und ihrer weiteren Konkretisierung im Text von Winter bereits den Status eines bildungstheoretischen Konzepts zuweisen mag. Darum soll es an dieser Stelle allerdings nicht gehen.

Wesentlich erscheint mir an der oben zitierten Passage, dass es sich bei den drei Punkten oben in Winters eigenen Worten um *Grunderfahrungen* handelt, *nicht* um Grundfähigkeiten, Kompetenzdimensionen oder Ähnliches. Zu fordern, dass Mathematikunterricht gewisse Erfahrungen ermöglichen soll, ist etwas anderes, als zu verlangen, dass an seinem Ende bestimmte Dinge gewusst oder gekonnt werden. Es ist etwa nicht unmittelbar evident, inwiefern die Ermöglichung der Erfahrung, mit Mathematik die Welt um uns in einer spezifischen Art wahrnehmen zu können, bereits die Forderung beinhaltet, dass Schüler(inn)en am Ende ihres schulischen Bildungsprozesses über „Modellierungskompetenz" im Sinne der Fähigkeit verfügen sollten, die Lösung von Problemen in „komplexen oder unvertrauten Situationen" (KMK 2004a, S. 14) durch „mathematisches Modellieren" in Angriff zu nehmen. Winter selbst hält zu seiner ersten Grunderfahrung fest: „Interessant und wirklich unentbehrlich für Allgemeinbildung sind Anwendungen der Mathematik erst, wenn in Beispielen aus dem gelebten Leben erfahren wird, wie mathematische Modellbildung funktioniert und welche Art von *Aufklärung* durch sie zustande kommen kann" (Winter 1995, S. 38).

Die von Winter erwarteten *Bildungswirkungen* beziehen sich also gar nicht darauf, dass man angesichts der prinzipiell offenen Lebenssituationen jeden Lernenden mit mathematischen Modellierungsfähigkeiten als Problembewältigungskönnen auszustatten habe, sondern einerseits auf das, was man bei der Aktivität „Modellieren" als Teil des Bildungsprozesses *über* mathematisches Modellieren, dessen Wirkung in der Welt und zugrunde liegende Rationalitätsansprüche lernen kann. Andererseits ist die Frage der Allgemeinbildung durch mathematisches Modellieren für Winter auch daran geknüpft, *dass etwas und was* mit Mathematik über die Welt erfahren werden kann. Modellieren ist hier also nicht der materiale Zweck, sondern ein Mittel zum Zweck des Erwerbs von Wissen über die Mathematik und über die Welt.

Einer ähnlich differenzierenden Betrachtung bedarf die Beziehung zwischen Kompetenzen und Grunderfahrungen, wenn man solche Tätigkeiten bzw. Fähigkeiten zum „Umgang mit symbolischen, formalen und technischen Elementen der Mathematik" (KMK 2004a, S. 7) in den Blick nimmt. Bei Winter liest man zur vermeintlich korrespondierenden Grunderfahrung (2), es ginge dabei vor allem darum, erleben zu können, dass und wie Menschen in der Mathematik „imstande sind, Begriffe zu bil-

---

[3] Die Bildungsstandards zitieren Winter jeweils nicht explizit, sie paraphrasieren den oben zitierten Textteil, wobei sich gewisse Akzentverschiebungen zu Winter erkennen lassen, auf die an dieser Stelle allerdings nicht näher eingegangen werden kann.

den und daraus ganze Architekturen zu schaffen. Oder anders formuliert: dass strenge Wissenschaft möglich ist" (Winter 1995, S. 39). Formales mathematisches Arbeiten im Unterricht wird von Winter also analog nicht damit begründet, dass dieses Arbeiten für die Mehrheit der Schüler(innen) später einmal als Problembewältigungskönnen zur Verfügung stehen müsste, sondern gewinnt seine Bedeutung als Teil eines Bildungsprozesses, in dem *etwas über* Mathematik und die Vielfalt menschlicher Möglichkeiten gelernt werden kann.

Es ist in dieser Hinsicht bezeichnend, dass der unmittelbar im Anschluss an die drei Grunderfahrungen bei Winter folgende Satz in der Regel nicht mehr mitzitiert wird, macht er doch klar, dass es Winter mit diesen Erfahrungen sehr deutlich um Maßstäbe für zu ermöglichende Bildungsprozesse geht:

> „Das Wort *Erfahrung* soll zum Ausdruck bringen, dass das Lernen von Mathematik weit mehr sein muss als eine Entgegennahme und Abspeicherung von Information, dass Mathematik erlebt (möglicherweise auch erlitten) werden muss."
>
> Winter 1995, S. 38

Der *Weg zum Wissen über Mathematik und ihre Bedeutung für die Menschen* führt also nach Winter zwangsläufig darüber, dass „echtes" mathematisches Arbeiten seinen Platz im Unterricht hat – und zwar sowohl solches Arbeiten, welches sich auf Anwendungen der Mathematik bezieht, als auch solches Arbeiten, welches unabhängig von außermathematischen Bezügen passiert. Formales mathematisches Arbeiten ist aber ebenso wenig wie das Anwenden von Mathematik ein Ziel an sich, sondern klar an den Erwerb des jeweils benannten Wissens über Mathematik gebunden. Man könnte sich nun auf den Standpunkt stellen, die Anbahnung von Kompetenz mache im Sinne Winters potentiell „bildungswirksame Erfahrungen" ja ohnehin erforderlich.

Es bleibt allerdings offen, inwiefern unterschiedliche Einschätzungen zum Ziel eines Unterrichts, in dem z. B. mathematisch modelliert wird, nicht auch unterschiedliche Anforderungen an die Gestaltung eines solchen Unterrichts nach sich ziehen. Denken wir uns hypothetisch einen Unterricht A, welcher Modellierungskompetenz im Sinne einer Problembewältigungsfähigkeit als sein Ziel betrachtet und die Zielerreichung in entsprechenden Testsituationen überprüfbar machen will. Denken wir uns weiters einen Unterricht B, der Erfahrungen über Möglichkeiten und Grenzen mathematischer Modellierung, deren Rationalität und welterschließende Funktionen exemplarisch aufbereiten und zur Diskussion stellen möchte. Haben wir dann wirklich denselben Unterrichtsverlauf im Kopf?

23.3 Operieren und Reflektieren (Roland Fischer)

> „Ich teile die in Bezug auf ein Fach zu erwerbenden Kompetenzen in drei Bereiche: erstens *Grundkenntnisse* (Konzepte, Begriffe, Darstellungsformen) und *-fertigkeiten*, zweitens mehr oder weniger kreatives *Operieren* damit im Bereich der Anwendung (Problemlösen) oder zur Generierung

neuen Wissens (Forschen), und drittens *Reflexion* (Was ist die Bedeutung
der Begriffe und Methoden, was leisten sie, wo sind ihre Grenzen?). Experten müssen in allen drei Bereichen kompetent sein, für die gebildeten Laien hingegen sind vor allem der erste und der dritte Bereich, also
Grundwissen und Reflexion, von Relevanz. "

Fischer 2001a, S. 154

Roland Fischer, dessen Konzept hier als zweiter Reflexionshintergrund angeboten
wird, hat sich in seiner Konzeption einer „höheren Allgemeinbildung" explizit und
betont kritisch zur Frage des Erwerbs von fachspezifischer Handlungskompetenz im
Sinne von Problembewältigungsfähigkeiten geäußert. Wenn Fischer eine Unterteilung
des mathematischen Wissens in die im oben zitierten Abschnitt genannten drei Bereiche vornimmt und den „gebildeten Laien" im Bereich der Anwendung von Mathematik und der Generierung neuen Wissens weniger stark in der Pflicht sieht, dann
denkt Fischer hier zunächst auf der Ebene der Bildungsprodukte und hält ausdrücklich fest, das bedeute nicht, „daß man im Prozess der Allgemeinbildung auf das Operieren gänzlich verzichte" (a. a. O.) könne. Betrachte man allerdings die Frage, „was
letzten Endes und längerfristig übrig bleiben soll" (a. a. O.) so sei eine Betonung des
Operativen schon deshalb nicht geboten, da es unrealistisch sei, „zu erwarten, dass
gymnasial gebildete Menschen in der Oberstufe gelernte mathematische Methoden in
relevanten Zusammenhängen anwenden, physikalische Versuche oder philologische
Untersuchungen durchführen können" (a. a. O., S. 155).

In Problemlöse- und Modellierungsprozessen kann also auch nach Fischers Ansicht
durchaus Bildungsrelevantes gelernt werden, es ist aber erneut nicht die Modellierungskompetenz im Sinne einer Problembewältigungsfähigkeit selbst, die am Ende des Bildungsprozesses übrig bleiben soll. Für Fischer ist darüber hinaus entscheidend, dass Allgemeinbildung die Fähigkeit zur Reflexion auch und gerade auch für
solche mathematischen Verfahren anstreben muss, bei denen im Rahmen von Schule nachhaltig gar keine relevanten operativen Fähigkeiten erworben werden können. Sein Hauptargument: In einer arbeitsteiligen Gesellschaft müssen wir, ob wir
wollen oder nicht, regelmäßig Entscheidungen über Problembewältigungsvorschläge von Expert(inn)en treffen, bei denen wir die Problembewältigung gerade nicht
selbst leisten wollen oder können. Auch darauf muss Allgemeinbildung vorbereiten.
Etwas plakativer: Eine Gesellschaft, in der nur derjenige sich für eine anstehende
Operation entscheiden darf, der selbst Chirurg ist, erscheint wenig überlebensfähig.
Wenn es bei mathematischem Wissen im Kontext von Allgemeinbildung um Handlungskompetenz ginge, so erläutert Fischer an anderer Stelle, dann vor allem mit
Blick auf Kommunikations- und Entscheidungshandeln, nur in den seltensten Fällen
mit Blick auf eigenes Problemlösehandeln (vgl. Fischer 2001b, S. 10 f.). Erneut im plakativen Beispiel verdeutlicht: Man braucht ein gewisses medizinisches Grundwissen,
um mit dem Chirurgen überhaupt kommunizieren und in der Folge dann reflektiert
über eine Operation entscheiden zu können.

Offen bleibt dabei bei Fischer ein Stück weit, wo genau die Grenzen zwischen für
Kommunikations- und Entscheidungshandeln wichtigem Grund- und Reflexionswissen und nur mehr den Expert(inn)en zuzumutendem operativen Wissen verlaufen.

Hier spielt Fischer den Ball an die Gesellschaft, aber auch an den Unterricht selbst zurück: *Aushandlungsprozesse* sollen innerhalb des Klassenzimmers und darüber hinaus auch gesamtgesellschaftlich organisiert werden, in denen es um Fragen geht wie: Warum ist dieser mathematische Inhalt, dieses Verfahren wichtig? Warum hat die Gesellschaft ein Interesse daran, dass es Menschen gibt, die das ausführen können? Bedeutet das schon, dass ich (individuell) / wir alle (kollektiv) das können müssen? Was muss ich / müssen wir alle darüber wissen, wenn wir es selbst nicht ausführen können müssen? Fischer betont dabei, dass sich gerade „im Prozeß der Auseinandersetzung mit dem Vorgeschlagenen" (Fischer 2001a, S. 158) Bildung vollziehe.

Es erscheint bedenkenswert, inwiefern solche Reflexionsprozesse nicht einen wichtigen Aspekt allgemeiner Bildung betreffen, der mit den Facetten Wissen und Können im Sinne der Kompetenzen des Klieme-Gutachtens eben nicht ausreichend berücksichtigt ist und im Zuge der bislang etablierten Ergebniskontrollen auch nicht angemessen abgebildet wird – vielleicht auch gar nicht abgebildet werden kann.

23.4 Teilnehmen und Beobachten (Bernhard Dressler)

„Schulische Didaktik soll als eine *Didaktik des Perspektivenwechsels* konzeptualisiert werden, die nicht allgemein, sondern nur im Kontext der Fächer zu formulieren ist, also im Kontext unterschiedlicher Weltbeobachtungs- und Weltgestaltungsperspektiven. Der Perspektivenwechsel gilt dabei nicht nur im Wechsel zwischen den Fächern. In den Unterricht der einzelnen Fächer selbst werden Unterscheidungen eingezogen: Einerseits wird eingeführt in das, was man die fachliche ,*Binnenperspektive*' nennen kann, wozu die jeweils spezifischen Sprachspiele, Zeichenformen und Gestaltungsmuster gehören, gleichsam der jeweilige fachliche ,Code'. Andererseits wird im Unterricht aber auch reflexiv über die jeweilige Fachperspektive kommuniziert. Das Fach wird sozusagen in die ,*Außenperspektive*' gerückt. Im Unterricht wird die Welt aus einer bestimmten Perspektive beobachtet und zugleich wird diese Beobachtung beobachtet."

Dressler 2007a, S. 31

Sich als drittes mit den bildungstheoretischen Vorstellungen von Bernhard Dressler zu beschäftigen liegt schon deshalb nahe, weil man seine Position als die den Anliegen von Kompetenzorientierung und Standards am nächsten stehende ansehen könnte, „outet" sich doch Dressler als Befürworter des Kompetenz-Begriffs, sogar mit expliziten Bezügen zu den auch für das Klieme-Gutachten bedeutsamen Überlegungen von Baumert (2002). Bei näherer Betrachtung wird allerdings augenscheinlich, dass „Kompetenz" bei Dressler – anders als im Klieme-Gutachten – weniger stark in Richtung „bereichsspezifische Leistungserwartungen" im Bereich des Problembewältigungshandelns zugespitzt wird. Besonders relevant scheint mir dabei die von Dressler betrachtete Trias „Performanz – Reflexion – Kompetenz"[4].

---

[4] Für den Terminus „Performanz" verwendet Dressler alternativ auch „Teilnahme" (an der fachlichen Kommunikation), die Reflexion bezeichnet er auch als „Beobachtung" (der fachlichen Kommunikation) (vgl. etwa Dressler 2010).

„Performanz" wird von Dressler auf den englischen Terminus „performance" zurückbezogen und ist durchaus im Sinne üblicher künstlerisch-theatralischer Konnotationen zu verstehen: Fachliches Lernen als „probeweise Ingebrauchnahme fachlicher Symbolsprachen" unterliege zwangsläufig der „Künstlichkeit unterrichtlicher *performance*" (Dressler 2007b, S. 10); im Mathematikunterricht werde phasenweise Mathematiker(in) „gespielt", die „Binnenperspektive" der Disziplin werde rollenspielhaft und exemplarisch eingenommen, wobei man sich einstweilen auf fachspezifische Geltungsansprüche, typische Denk-, Handlungs- und Kommunikationsweisen einlasse. „Kompetenz" (und in ihrer Folge „Bildung") kann aus einer solchen „performance" nach Dressler allerdings nur dann hervorgehen, wenn eine „Außenperspektive" hinzu kommt, man ebenfalls phasenweise die Geltungsansprüche des Faches hinterfragt, sich jedenfalls Gedanken macht, welche Eigenheiten fachspezifische Denk-, Handlungs- und Kommunikationsmuster auszeichnen und welche relativen Stärken und Schwächen unterschiedliche fachliche Zugänge mit sich bringen. Beide Perspektiven stehen für Dressler in wechselseitiger Abhängigkeit: Man kann nicht reflektiert gegenüber einem Fach sein, wenn man nicht (probeweise) fachlich „performt" hat und um „performen" zu können, um die „Sprache" eines Faches sachangemessen in Gebrauch zu nehmen, muss man darüber nachgedacht haben, worin überhaupt der sachangemessene Gebrauch einer solche Sprache bestehen könnte. „Kompetenz" markiere gerade das Zusammentreffen beider Perspektiven:

> „Das Wissen, dass man in einem spezifischen Symbolsystem kommuniziert, entsteht nur dort, wo man es erstens in Gebrauch nimmt und zweitens vermittels des Wechsels der Kommunikationsperspektive in eine reflexive Distanz rückt, um dann drittens kompetent handeln zu können."
>
> Dressler 2010, S. 19

Ist dann aber nicht für Dressler das kompetente Handeln das eigentliche Ziel des Bildungsprozesses? Wäre die Konzentration auf eigenständiges Problembewältigungskönnen im Kontext des Bildungsstandard-Kompetenzbegriffs also nicht völlig unproblematisch? Entscheidend ist erneut die Frage, für *welche Handlungen* Schüler(innen) am Ende ihrer Schulzeit kompetent gemacht werden sollen, in den Worten Fischers: Geht es um eigenständiges Problembewältigungshandeln oder geht es hauptsächlich um Entscheidungs- und Beurteilungshandeln? Wie gehen wir mit dem Problem um, dass wir alle über Dinge entscheiden und urteilen müssen, für die wir nicht ausführungskompetent sind? Dressler (vgl. Dressler 2010) verweist bei dieser Frage explizit auf Fischer und bezeichnet dessen Ansatz einer Kommunikationsfähigkeit mit Expert(inn)en und der Allgemeinheit als wichtige „regulative Idee" (Dressler 2010, S. 17) allgemeiner Bildung. Bereits (Dressler 2007b) enthält den Gedanken einer allmählichen Bedeutungsverschiebung von der Performanz hin zur Reflexion: Ist für die Grundschule und die untere Sekundarstufe I noch argumentierbar, dass aus mathematischer „performance" in der Schule mathematische „Kompetenz" außerhalb von Schule (im Sinne der eigenständigen Problembewältigung im Alltag) werden soll, so ist es im weiteren Verlauf der Sekundarstufen zunehmend die Reflexion, die zur „Differenzkompetenz", zum Wissen über die durch die Fächer repräsentierten Weltzugänge und ihre relativen Stärken und Schwächen führen soll – auch zum Aushalten der Erkenntnis, dass es nicht für jedes Problem die eine richtige „wissenschaftliche" Lösung, sondern immer nur aus unterschiedlichen Perspektiven erfolgende Problembewältigungsvorschläge geben kann (vgl. Dressler 2007b, S. 113).

Auf das „mathematische Modellieren" zurückbezogen dürfte im Sinne Dresslers wenig streitbar sein, dass es im Rahmen von Bildungsprozessen für Schüler(innen) Möglichkeiten geben muss, um in diesem Bereich zu „performen". Dressler selbst spricht etwa davon dass „ein mathematischer Algorithmus [...] in sogenannten Textaufgaben auf seine lebensweltliche Tauglichkeit getestet und eben dadurch in seiner die alltagssprachlichen Grenzen sprengenden Leistungskraft erkannt" (Dressler 2010, S. 19) werden könne. Auch in dieser Formulierung wird klar, dass es für Dressler keine „Modellierungskompetenz" geben kann, die sich rein auf die Problembewältigung als solche beschränkt. Modellieren als Teilnahme an einer fachlichen Praxis gewinnt seine Bedeutung für allgemeine Bildung immer dadurch, dass dabei etwas *über* Mathematik als Möglichkeit menschlicher Welterfahrung gelernt wird.

23.5 Modellieren als Kompetenz?

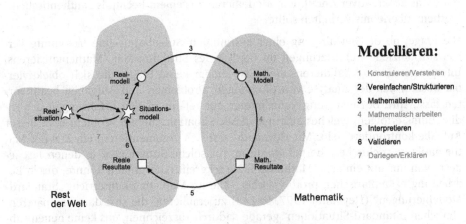

Abbildung 23.2. Modellierungskreislauf

„Wenn im Folgenden vom mathematischen Modellieren die Rede ist, sind die Schritte 2, 3, 5 und 6 dieses Kreislaufs [Abb. 23.2] gemeint. Von Modellierungsaufgaben spreche ich, wenn *substanzielle Anforderungen* in Bezug auf diesen Teil des Bearbeitens involviert sind."

Blum 2010, S. 42 f.

„Mathematisches Modellieren" als Kompetenz zu fordern oder zu fördern ist auch deshalb so schwierig, weil hier etwas zum Standard, zur Routine werden soll, was ursprünglich gerade als Alternative zur (Erstarrung des Mathematikunterrichts in der) Routine in die fachdidaktische Diskussion Eingang gefunden hat. Wenn mehr „mathematisches Modellieren" im Sinne einer „inputorientierten" Fachdidaktik gefordert wird und wurde, dann ging und geht es dabei immer auch darum, den Mathematikunterricht aus übermäßiger Routiniertheit und Verfahrensorientierung herauszulösen und Räume für authentisches, kreatives, bisweilen auch ergebnisoffenes Arbeiten zu schaffen. Etwas zur Kompetenz zu erheben, die im Sinne einer outputorientierten Fachdidaktik test- und messbar sein soll, schließt solche Räume aber zwangsläufig wieder ein Stück weit.

Wenn Blum etwa den oben abgebildeten Modellierungskreislauf vorstellt und verlangt, dass gute Modellierungsaufgaben *substantielle* Anforderungen im Bereich des Strukturierens, Mathematisierens und Interpretierens erfordern, dann betont er damit deutlich die kreativen Anteile des Modellierungsprozesses: Etwas Neues soll geschaffen werden, jedenfalls ist eine nicht-triviale (besser: noch nicht trivialisierte) Barriere zu überwinden. Fraglos kann die Bearbeitung solcher Aufgaben ein (Bildungs-) Erlebnis sein. Beraubt man sich nicht beinahe zwangsläufig dieses Erlebnisses, wenn man explizit Unterrichtseinheiten zur Förderung der „Modellierungskompetenz" konzipiert, in denen Schüler(inn)en auf die Bearbeitung von bestimmten Aufgabentypen hin „trainiert" werden sollen, von einigen Proponent(inn)en gar „Kompetenztrainingslager" (Bruder 2012, S. 159) befürwortet werden? Besteht dabei nicht die Gefahr, den Bogen zu überspannen und gerade das zu routinisieren (auch: trivialisieren), was als kreativer Anteil dem Modellieren zu seinem Recht als „authentischem" Mathematikerlebnis verhelfen sollte?[5]

Die Frage, ob die Bewältigung einer bestimmten Aufgabe an eine bestimmte Person substanzielle Anforderungen im Bereich des Strukturierens, Mathematisierens, Interpretierens und Validierens stellt, ist zudem keine Frage, die sich objektivierbar absolut aus der Analyse von Situationen, Problemen und Aufgaben beantworten lässt. Ihre Beantwortung kann immer nur relativ zu den Erfahrungen des Individuums erfolgen, welches sich mit dieser Situation, diesem Problem bzw. dieser Aufgabe konfrontiert sieht. Mit Heymann lässt sich argumentieren, ein Ziel des Mathematikunterrichts bestehe gerade darin, für solche Situationen, in denen fast jede(r) von uns auf einfache Mathematik zurückgreift oder greifen könnte, durch Bearbeitung exemplarischer, prototypischer Fälle im Mathematikunterricht „StandardModellierungen" (Heymann 1997, S. 143) zu etablieren, die sich dann in späteren, ähnlichen „Standard-Situationen" gerade dadurch auszeichnen, uns keine neuen substantiellen Leistungen im Strukturieren, Mathematisieren oder Interpretieren mehr abzuverlangen, sondern aufgrund ihres Vertrautseins nahezu automatisch zum Einsatz kommen können.

Dass man den Lernenden nun nicht einfach sagt „wie es geht", sondern sie den Prozess der mathematischen Modellierung nachvollziehen, ja nacherleben lässt, dürfte eher von dem Gedanken getragen sein, dass derart gebildete, kompetente Nutzer(innen)

---

[5] Schon für Modellierungskreisläufe kann man fragen, ob Schemata, die zunächst aus der Beschreibung routinemäßiger Modellierungsaktivitäten von Experten entstanden sind, ohne Weiteres als strukturelle Schemata zur Unterstützung von Modellierungsprozessen von Laien geeignet sind und nicht Gefahr laufen, selbst Lerninhalt zu werden (vgl. ausführlicher Meyer u. a. 2010 sowie Schwarzkopf 2006).

von „Standard-Modellierungen" auf Nachfrage hin Grenzen und implizite Modellannahmen solcher Verfahren zu erläutern in der Lage sein sollten, als durch die Erwartung gedeckt sein, dass mathematische Lai(inn)en in ihnen bislang unvertrauten Anwendungsfeldern auf diese Verfahren zurückgreifen müssten oder sich gar gänzlich neue Modelle zu überlegen hätten. Heymann hält diesbezüglich fest:

> „Wenn es gelänge, zu einem reflektierteren Umgang mit der im Alltag relevanten Mathematik anzuleiten, ein stärkeres Bewußtsein für die Beziehung zwischen Sachproblemen und darauf bezogenen mathematischen Modellen zu entwickeln, könnte das auf den Umgang mit Nichtstandard-Anwendungen ausstrahlen."
>
> Heymann 1997, S. 144

Wenn man – wie Fischer, Dressler und tendenziell auch Heymann – den Umgang der Allgemeinheit mit Nichtstandard-Anwendungen nun eher im passiven, beurteilenden, jedenfalls nicht ausführenden Bereich sieht, dann liegt das Ziel des zunehmenden Bemühens um „authentisches Modellieren" erkennbar im Bereich des Erwerbs und Transfers von Reflexionswissen: Wissen *über* das Modellieren, welches man an exemplarischen Beispielen erprobt hat, soll auf solche Modellierungen übertragbar sein, die man selbst durchzuführen nicht willens oder in der Lage ist. Wenn nun etwa Bruder im Kontext der Kompetenzdebatte fordert, man müsse im Unterricht etwas *über* das mathematische Modellieren lernen (im Sinne von Reflexions- und Metawissen zum Modellieren), um Modellierungsaufgaben erfolgreicher bewältigen zu können (Bruder 2012, S. 158 f.), so wird die oben dargestellte Zweck-Mittel-Relation tendenziell umgekehrt, ohne dass dafür eine trifftige Begründung jenseits der Kompetenzrhetorik erkennbar wäre.

Zweifelsohne gibt es *auch* solche mathematischen Fähigkeiten und Fertigkeiten, die allen Schülerinnen und Schülern längerfristig als Handlungswissen zur Verfügung stehen sollten und deren Erwerb von Erfahrungen zum mathematischen Modellieren entscheidend mitgeprägt wird – genau dies postuliert Fischer für seinen Bereich „Grundwissen- und fertigkeiten" und Heymann für die „Standard-Modellierungen". Handlungsfähigkeit meint aber mehr, als den eigenständigen Einsatz zur Problembewältigung. Es meint auch, sich in solchen Situationen reflektiert für „fremdes" Problembewältigungshandeln entscheiden zu können, in denen man selbst nicht ausführungskompetent ist. Dafür braucht Mathematikunterricht „Probehandeln" auch in solchen Bereichen, in denen absehbar nicht Handlungswissen als Grundlage für eigenständige Problembewältigung für die Mehrheit der Schüler(innen) angestrebt wird. Die Frage ist dabei nicht, *ob* im Mathematikunterricht gerechnet oder mathematisch modelliert werden soll, sondern wie viel man in die „Performanz" in diesen Bereichen investieren kann und muss, um einerseits genügend Grundlage für gehaltvolle Reflexionen zu haben, andererseits genügend Zeit und Muße, sich auf solche Reflexionsprozesse überhaupt ernsthaft einzulassen.

Eine Didaktik, die sich dieser Frage widmet, wird sich – um schließlich das einführende Kohl-Zitat nochmals aufzugreifen – nicht auf den Standpunkt stellen können, dass sich an der Frage dessen, was „hinten" herauskommt, fachdidaktisch schon alles entscheidet oder entscheiden ließe. Wir werden uns auch in Zukunft den Herausforderungen mathematischer Bildung nicht sinnvoll stellen können, wenn wir uns nicht für die Gestaltung der Prozesse interessieren, in denen Bildung ermöglicht werden soll.

Literatur

[Baumert u. a. 2001] Baumert, Jürgen; Stanat, Petra; Demmrich, Anke: PISA 2000: Untersuchungsgegenstand, theoretische Grundlagen und Durchführung der Studie. In: Deutsches PISA-Konsortium (Hrsg.): *PISA 2000 – Basiskompetenzten von Schülerinnen und Schülern im internationalen Vergleich*. Opladen: Leske + Budrich, 2001, S. 15–68.

[Blum 2010] Blum, Werner: Modellierungsaufgaben im Mathematikunterricht: Herausforderung für Schüler und Lehrer. In: *PM: Praxis der Mathematik in der Schule* 52 (2010), Nr. 34, S. 42–48.

[Bruder 2012] Bruder, Regina: Konsequenzen aus den Kompetenzen? In: Ludwig, Matthias (Hrsg.); Kleine, Michael (Hrsg.): *Beiträge zum Mathematikunterricht 2012: Vorträge auf der 46. Tagung für Didaktik der Mathematik vom 05.03.2012 bis 09.03.2012 in Weingarten (Band 1)*. Münster: WTM-Verlag, 2012, S. 157–160.

[Dressler 2007a] Dressler, Bernhard: Performanz und Kompetenz. Thesen zu einer Didaktik des Perspektivwechsels. In: *Theo-Web. Zeitschrift für Religionspädagogik* 6 (2007), Nr. 2, S. 27–31.

[Dressler 2007b] Dressler, Bernhard: Modi der Weltbegegnung als Gegenstand fachdidaktischer Analysen. In: *Journal für Mathematik-Didaktik* 28 (2007), Nr. 2/3, S. 249–262.

[Dressler 2010] Dressler, Bernhard: Fachdidaktik und die Lesbarkeit der Welt. Ein Vorschlag für ein bildungstheoretisches Rahmenkonzept der Fachdidaktiken. In: Dressler, Bernhard (Hrsg.); Beck, Lothar A. (Hrsg.): *Fachdidaktiken im Dialog. Beiträge der Ringvorlesungen des Forums Fachdidaktik an der Philipps-Universität Marburg*. Marburg: Tectum Verlag, 2010, S. 9–25.

[Fischer 2001a] Fischer, Roland: Höhere Allgemeinbildung. In: Fischer, A. (Hrsg.); Schäfer, K. H. (Hrsg.); Zöllner, D. (Hrsg.): *Situation – Ursprung der Bildung. Franz-Fischer-Jahrbuch*. Leipzig: Universitätsverlag, 2001, S. 151–161.

[Fischer 2001b] Fischer, Roland: *Höhere Allgemeinbildung II*. http://www.uni-klu.ac.at/wiho/downloads/Hoehere_Allgemeinbildung_II(1).pdf. Stand: 12. Oktober 2012.

[Heymann 1997] Heymann, Hans Werner: *Allgemeinbildung und Mathematik*. Weinheim: Beltz, 1997.

[Klieme u. a. 2003] Klieme, Eckhard; Avenarius, Hermann; Blum, Werner; Döbrich, Peter; Gruber, Hans; Prenzel, Manfred; Reiss, Kristina; Riquarts, Kurt; Rost, Jürgen; Tenorth, Heinz-Elmar; Vollmer, Helmut J.: Zur Entwicklung nationaler Bildungsstandards – Expertise. In: BMBF (Hrsg.): *Zur Entwicklung nationaler Bildungsstandards*. Bonn, Berlin: 2003, S. 7–174.

[KMK 2004a] KMK (Hrsg.): *Bildungsstandards im Fach Mathematik für den Mittleren Schulabschluss – Beschluss der Kultusministerkonferenz von 4.12.2003*. München: Wolters Kluwer, 2004.

[KMK 2004b] KMK (Hrsg.): *Bildungsstandards im Fach Mathematik für den Hauptschulab-schluss – Beschluss der Kultusministerkonferenz von 15.10.2004*. München: Wolters Kluwer, 2004.

[Niedersächsisches Kultusministerium 2006] Niedersächsisches Kultusministerium (Hrsg.): *Kerncurriculum für die Hauptschule, Schuljahrgänge 5–10 – Mathematik*. Hannover: Unidruck, 2006.

[Meyer u. a. 2010] Meyer, Michael; Voigt, Jörg: Rationale Modellierungsprozesse. In: Brandt, Birgit (Hrsg.); Fetzer, Marei (Hrsg.); Schütte, Marcus (Hrsg.): *Auf den Spuren interpretativer Unterrichtsforschung in der Mathematikdidaktik*. Münster: Waxmann, 2010, S. 117–148.

[Robinsohn 1967] Robinsohn, Saul B.: *Bildungsreform als Revision des Curriculum*. Neuwied, Berlin: Luchterhand, 1967.

[Schwarzkopf 2006] Schwarzkopf, Ralph: Elementares Modellieren in der Grundschule. In: Büchter, Andreas (Hrsg.); Humenberger, Hans (Hrsg.); Hussmann, Stephan (Hrsg.); Prediger, Susanne (Hrsg.): *Realitätsnaher Mathematikunterricht – vom Fach aus und für die Praxis. Festschrift zum 60. Geburtstag für H.-W. Henn*. Hildesheim: Franzbecker, 2006, S. 95–105.

[Weinert 2001] Weinert, Franz E.: Vergleichende Leistungsmessung in Schulen – eine umstrittene Selbstverständlichkeit. In: Weinert, Franz E. (Hrsg.): *Leistungsmessung in Schulen*. Weinheim: Beltz, 2001, S. 17–32.

[Winter 1995] Winter, Heinrich: Mathematikunterricht und Allgemeinbildung. In: *Mitteilungen der Gesellschaft für Didaktik der Mathematik* Nr. 61 (1995), S. 37–46.

24 Entscheidungs-Bildung und Mathematik

ROLAND FISCHER

24.1 Entscheidungsfähigkeit und Kommunikationsfähigkeit mit ExpertInnen

Wir leben in einer arbeitsteiligen Gesellschaft. Das berufliche, das öffentliche und auch zunehmend das private Leben wird von SpezialistInnen gestaltet oder zumindest mitbestimmt. Moderne Gesellschaften sind ohne diese Ausdifferenzierung nicht vorstellbar. Für den einzelnen Menschen bedeutet dies, dass er/sie immer weniger ausführend tätig ist beziehungsweise tätig sein muss, dass er/sie aber zunehmend gefordert ist, Entscheidungen zu treffen; Entscheidungen darüber, welchen Spezialisten/welche Spezialistin er/sie wofür heranzieht, wem er/sie vertraut und an wen er/sie bestimmte Aufgaben delegiert. Dies betrifft das private Leben – wen konsultiere ich wegen eines Kredits oder wegen einer neuen Heizung in meiner Wohnung – und das politische Leben – welche Problemlösungen, die von ExpertInnen ausgearbeitet wurden, halte ich für geeignet, in Fragen der Wirtschaft, der Technologieentwicklung, in Umweltfragen. Aber auch im beruflichen Bereich ist man in der Regel nur in einem kleinen Segment ausführend tätig und auf die Kooperation mit anderen SpezialistInnen angewiesen und muss, je nach Position mehr oder weniger, Entscheidungen darüber treffen, welche Kooperation zweckmäßig und wie sie zu gestalten ist. All diese Entscheidungen vernünftig zu treffen ist nur dann möglich, wenn es gelingt, mit den SpezialistInnen zu kommunizieren, ihnen die eigene Sicht zu vermitteln, und ihre Vorschläge zu verstehen.

Wenn heute vielfach „Problemlösefähigkeit" als Ziel (schulischer) Bildung angesehen wird, ist dazu zu sagen: Mit (schul-)fachlichen Mitteln löst kaum jemand Probleme in der nachschulischen Praxis, dazu ist die Beschäftigung mit derartigen Mitteln in der Schule zu kurz und zu wenig intensiv, auch in der Sekundarstufe 2, und Anwendungssituationen im späteren Leben sind zu selten. In der Regel werden Problemlöseangebote von ExpertInnen bereitgestellt und es geht darum, diese zu beurteilen und dann Entscheidungen zu treffen. Die meisten Kauf-Entscheidungen sind von dieser Art. Man kann selbstverständlich dieses Entscheiden auch als Teil des Problemlöseprozesses sehen.

Ich illustriere das Gesagte am Beispiel der Tätigkeit eines *Richters*, der im Rahmen eines Prozesses Sachverständige heranzieht. Er muss diese auswählen, ihnen Fragen stellen und die Antworten – die fachlichen Gutachten – verstehen und würdigen. Letzteres bedeutet, dass er die Antworten im Hinblick auf die für den Prozess relevanten Fragen interpretieren muss, um zu einem Urteil zu kommen. Hinsichtlich der Richtigkeit wird er sich dabei auf die Fachleute beziehungsweise deren wechselseitige Kontrolle verlassen. Die *Wichtigkeit* im Hinblick auf die Prozessfragen muss der Richter selbst beurteilen.

Nicht jeder Schüler/jede Schülerin wird einmal Richter/Richterin werden. Aber alle werden sehr oft in einer vergleichbaren Situation sein, nämlich Entscheidungen treffen zu müssen in komplexen Angelegenheiten, bei denen sie mit unterschiedlichen ExpertInnenmeinungen konfrontiert sind. In modernen Gesellschaften wird zudem dem Individuum eine hohe Verantwortung zugemutet: in rechtlicher, in wirtschaftlicher Hinsicht, für die eigene Gesundheit, politisch usw. Viele dieser Entscheidungen sind nur im Zusammenwirken mit ExpertInnen vernünftig zu treffen, die Letztverantwortung bleibt aber beim, in der Regel nur in Teilbereichen fachlich kompetenten, Individuum.

Kritik an diesem von mir vertretenen Allgemeinbildungskonzept (es ist in Fischer u. a. 2012, insbesondere in Fischer 2012a und Fischer 2012c ausführlicher dargestellt) wird gelegentlich dahingehend geäußert, dass es Vieles ausblendet und „funktionalistisch" verstanden werden könne. So kämen etwa „reine Erkenntnis", „Freude an der Sache" nicht unmittelbar vor. Dazu möchte ich zwei Bemerkungen machen.

Die erste: Mir geht es um jenen Teil von Allgemeinbildung, der *verpflichtend* sein soll, im Rahmen der Schulpflicht. Da kann und soll es Anlässe für Freude an der Erkenntnis oder auch an (beispielsweise) künstlerischem Genuss geben; die konkrete Realisierung, eben auch die Entscheidung, woran man sich erfreuen beziehungsweise was man genießen möchte, sollte aber freiwillig erfolgen. Das heißt, die konkreteren diesbezüglichen Inhalte müssen offen bleiben. Demgegenüber kann man aus dem Bildungsziel „Entscheidungsfähigkeit" im Detail mehr an gesellschaftlich Festzulegendem ableiten; insbesondere dann, wenn auch die Fähigkeit zum *gemeinsamen Entscheiden* damit gemeint ist – siehe vorletzten Abschnitt dieses Aufsatzes. Selbstverständlich ist auch bei den verpflichtenden Inhalten Freude an der Sache erwünscht. Sie kann durch Einsicht in deren Wichtigkeit, gestützt durch eine Beteiligung an der Aushandelung (siehe Fischer 2012b), gefördert werden.

Zweite Bemerkung: Das Konzept wäre möglicherweise leichter akzeptierbar, wenn ich statt „Entscheiden" „Bewerten" oder „Beurteilen" sagen würde. Dies würde den Kern meiner Überlegungen aber nicht verändern. „Entscheiden" ist gewissermaßen die operative Fortsetzung von „Bewerten", jene Handlung, die das „Bewerten" nach außen wirksam macht und zu Konsequenzen führt.

„Bewerten" bezeichnet in der Bloomschen Taxonomie von Lernzielen (Bloom 1974) die höchste Stufe und ist dementsprechend schwer erreichbar. Als Mathematik-Didaktiker gibt man sich oft damit zufrieden, darunter liegende Stufen, etwa „Anwenden" zu erreichen. Die Situation unserer arbeitsteiligen Gesellschaft – siehe oben – deutet aber meines Erachtens darauf hin, dass es nicht mehr viel bringt, sich damit zufrieden zu geben. Genauer: Je (mathematisch) anspruchsvoller eine Anwendung ist, desto weniger kann die Durchführungskompetenz verpflichtender Teil von Allgemeinbildung, aber umso wichtiger kann die diesbezügliche Bewertung sein. Es stellt sich dabei das didaktische Problem, wie weit man anwenden können muss, um bewerten zu lernen.

Schließlich sei noch gesagt: Das Kernziel jeglicher Bildung, die Formung von Identität, steht in enger Verbindung mit „Bewerten" und „Entscheiden": Indem wir uns zur Welt verhalten, das heißt über sie urteilen und Entscheidungen treffen, bilden wir uns. (Vgl. Fischer 2012c, S. 262)

24.2 Reflexion(swissen)

Was kann Unterricht, insbesondere Mathematikunterricht zur Entscheidungsfähigkeit beitragen? Wie lernt man entscheiden und mit ExpertInnen zu kommunizieren? Ich teile das zu Lernende in drei Bereiche:

- Grundkenntnisse/fertigkeiten
- Operieren
- Reflektieren

Unter „Grundkenntnisse/fertigkeiten" verstehe ich in der Mathematik die Kenntnis von elementaren Konzepten, Begriffen und Darstellungsformen sowie das Beherrschen einfacher Techniken. „Operieren" bedeutet, diese Grundkenntnisse/fertigkeiten zur Lösung mehr oder weniger komplexer Aufgaben einzusetzen. Dies reicht von einer einfachen Rechenaufgabe über die Bearbeitung von innermathematischen sowie von Modellierungsaufgaben bis zum Beweisen oder Finden neuer Theoreme. Meist geht es um das Generieren neuen Wissens mit fachlichen Mitteln. Mit „Reflektieren" schließlich ist ein Bemühen um Zusammenhänge, Bedeutungen und schließlich um Bewertungen gemeint, welches über das Fachliche hinausweist. Reflexion findet zwar auch schon im mathematischen Tun selbst statt, wenn es nicht rein mechanisch abläuft – vom Überlegen, was der nächste Rechenschritt sein soll, bis zu Erwägungen über die Adäquanz von Modellierungen – hier meine ich in erster Linie Reflexion, die sich auf einen größeren Kontext oder einen je aktuellen Kontext bezieht (etwa wissenschaftstheoretische Reflexionen oder lebensweltbezogene).

Die Grenzen zwischen den angeführten Lernbereichen sind unscharf: Was für den einen eine komplexe Aufgabe ist, kann für den anderen die Anwendung einer Routine sein, selbst das Reflektieren kann sich im Anwenden erworbenen Reflexionswissens erschöpfen. Dennoch halte ich die Unterscheidung für hilfreich.

Ich benütze sie, um einen Unterschied deutlich zu machen, nämlich jenen zwischen „allgemeingebildeten Laien", die Entscheidungen zu treffen haben, und „ExpertInnen". Beide müssen über Grundkenntnisse verfügen, ExpertInnen über mehr als Laien, es muss aber einen nicht zu kleinen Durchschnitt geben, damit Kommunikation möglich ist. Der Experte muss operieren können, damit er Probleme lösen kann. Für den Laien hingegen ist das Reflektieren wichtiger als das Operieren. Er muss letzten Endes bewerten, was ihm der Experte anbietet. Er soll beispielsweise das Ergebnis

einer statistischen Analyse, die Lösung eines Optimierungsproblems, ein Modell wirtschaftlicher Verhältnisse, die Aussage eines Umwelt-Indikators beurteilen können, die
damit verbundenen Operationen muss er aber nicht durchführen können. Das heißt,
Operieren ist nicht sein primäres Tätigkeitsfeld.

Wie weit der Experte reflektieren können soll – in dem oben beschriebenen weiten,
über das Fachliche hinausgehenden Sinn – darüber kann man streiten. Reflexions-
mängel beim Experten sind jedenfalls weniger problematisch als beim Entscheidungen treffenden Laien.

Kann man über etwas reflektieren und urteilen, das man selber gar nicht tut oder tun
kann? Unsere arbeitsteilige Gesellschaft geht davon aus, sie wäre nicht existenzfä-
hig, wenn die Arbeitsteilung zwischen Entscheiden und Ausführen nicht wenigstens
teilweise funktionieren würde. Es gibt zwar immer wieder die Forderung, dass die
Entscheidungsträger Fachleute sein sollen, bei komplexen Entscheidungsmaterien –
und solche gibt es schon im Alltag zur Genüge – ist das aber de facto nicht möglich.

Für das Lernen von Reflektieren kann es nützlich sein, ExpertInnen zu beobachten,
in deren Tätigkeitsbereich hinein zu schnuppern und ein bisschen Experte zu spielen.
Das Ziel muss aber für den allgemeingebildeten Laien ein anderes sein als für den
Experten. Dies erfordert auch eine andere „Ausbildung" für Laien, die sich nicht darin
erschöpfen kann, einige Schritte mit ExpertInnen gemeinsam zu machen.

Gerade Letzteres wird von Fachdidaktikern, übrigens nicht nur der Mathematik, m. E.
zu wenig beachtet. Man orientiert sich zu sehr an den Fachleuten, an ihrem Wissen
und Können, und beachtet dabei zu wenig, dass es für Laien um etwas anderes geht.
Ich sehe für Schulfächer, insoweit sie über die Vermittlung von Grundkenntnissen und
Grundfertigkeiten (insbesondere Kulturtechniken) hinausgehen, primär die Aufgabe,
einen Beitrag für Entscheidungs- und Kommunikationsfähigkeit zu leisten. Sie haben
damit in erster Linie eine Orientierungsfunktion. Ihr Ziel ist nicht, begeisterte Mathematiker, Musiker etc. hervorzubringen, vielmehr sollen sich die SchülerInnen anhand
von Mathematik, Musik etc. orientieren können. Wie weit dazu Rechnen oder Mu-
sizieren einen Beitrag leistet, ist zu diskutieren und zu erforschen. Ich befürworte
beispielsweise auch einen Religionsunterricht, der nicht das Ziel hat, dass die Absol-
ventInnen religiös sind und beten (operieren!) können, sondern der eine Orientierung
über einen bestimmten Weltzugang ermöglicht.

Was heißt das für den allgemeinbildenden Mathematikunterricht? Er muss, zumindest
relativ, einen höheren Anteil an Reflexion, an Philosophie wenn man so will, enthalten, als die Ausbildung zum Experten. Dieser Anteil sollte im Bildungsgang frühzeitig
vorkommen, damit er eine Chance hat, wirksam zu werden. Es geht mehr darum, über
die Mathematik zu lernen, als sie selber. Dass man in gewissem Ausmaß sie selber lernen muss, um über sie zu lernen, ist evident. Wie das Verhältnis genau auszusehen
hat, ist ein fachdidaktisches Problem, dem sich in aller Radikalität zu stellen noch
ausständig ist.

24.3 Zwei Beispiele

Strebt man eine reflexiv-beurteilende Haltung bei SchülerInnen an, darf man ein Fach nicht (nur) werbend vermitteln, also nicht mit dem primären Ziel „Begeisterung für das Fach". Vielmehr erscheint mir das immer wieder Stellen der folgenden dialektischen Grundfrage angemessen:

Was ist der Vorteil, was ist der Nachteil?

Gegebenenfalls ist auch die Frage angebracht:

Gibt es Alternativen?

Ich möchte dies an zwei Beispielen aus der Mathematik der Sekundarstufe 1 illustrieren.

Was heißt „Messen"? Gemessen wird in der Schulmathematik vor allem in der Geometrie, zum Beispiel werden Figuren in der Ebene gemessen. Man kann deren Flächeninhalt, Umfang oder Durchmesser bestimmen. Wofür ist das gut? Das übliche Maß beim Handel mit Immobilien ist der Flächeninhalt. Falls ich ein Grundstück landwirtschaftlich nützen möchte, mag das angemessen sein, mehr Flächeninhalt bringt mehr Ertrag, wobei aber schon die maschinelle Bearbeitung bei gleichem Flächeninhalt unterschiedlich aufwändig sein kann. Falls ich auf das Grundstück ein Haus bauen möchte, sagt der Flächeninhalt definitiv zu wenig aus, auch Umfang und Durchmesser sagen zu wenig. Wie wäre es mit dem Inkreis-Durchmesser? Umgekehrt: Wofür kann der Umfang nützlich sein? Wenn ich eine Rennstrecke anlegen will? Oder – in einem Innenraum – eine Galerie einrichten? Fazit: „Messen" ist nicht eindeutig, die Zweckmäßigkeit eines Maßes hängt davon ab, was ich erreichen möchte.

Was nützt „Buchstabenrechnen"? Was nützt elementare Algebra: Formeln umformen, Gleichungen lösen usw.? Die Frage ist schon deshalb berechtigt, weil viele es nicht können und trotzdem – ihrer Meinung nach – gut durchs Leben kommen. Betrachtet man einfache Beziehungen wie etwa

$$B = 1{,}2N \qquad \text{(Relation Bruttopreis-Nettopreis)}$$

$$P = k \cdot x \qquad \text{(Gesamtkosten aus Stückkosten und Stückzahl)}$$

$$A = a \cdot b \qquad \text{(Flächeninhalt eines Rechtecks)}$$

$$s = v \cdot t \qquad \text{(Weg aus Geschwindigkeit und Zeit)}$$

aber auch

$$K = g + a \cdot m \qquad \text{(Gesamtkosten beim Handy)}$$

die doch auch verbal ganz gut darstellbar sind, fällt es schwer, eine positive Antwort auf die Nutzen-Frage zu geben. Dies fällt möglicherweise leichter bei Beziehungen wie den folgenden:

$$A = \frac{a+c}{2} \cdot h \qquad\qquad V = \frac{r^2 \pi h}{3} \qquad\qquad O = 2(ab + ac + bc)$$

(Flächeninhalt des Trapezes)   (Rauminahlt eines Kegels)   (Oberfläche eines Quaders)

deren verbale Beschreibung schwieriger ist. Aber auch bei den einfachen Beziehungen, in denen nur eine Rechenoperation vorkommt, kann man Pro-Argumente anführen. Beispielsweise „sieht" man in der Formel leichter Eigenschaften der Beziehung: proportional, linear, indirekt proportional, usw. Natürlich nur dann, wenn man ein dafür geschultes Auge hat.

Gibt es Alternativen? Was wäre mit:

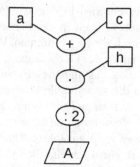

für die Trapezformel? Die Prozeduralität der Berechnung ist einfacher erkennbar, man erspart sich Vorrangregeln und Klammern. Demgegenüber ist die übliche Notation Platz sparender, fügt sich in die Linearität des zeilenweisen Schreibens besser ein und man erkennt Beziehungen leichter. Aber vielleicht kann man Letzteres auch bei der alternativen Notation lernen.

Bei den bisherigen Beispielen wurde mit den Buchstaben noch gar nicht gerechnet. Vielleicht bringt erst das Umformen den wirklichen Nutzen, also der Übergang zu (etwa):

$$b = \frac{A}{b} \qquad\qquad t = \frac{s}{v} \qquad\qquad a = \frac{K - g}{m}$$

Aber: Dafür genügen ein bis zwei Umkehroperationen. Komplexer werden die Verhältnisse bei:

$$c = \frac{O - 2ab}{2(a+b)} \qquad\qquad \text{oder} \qquad\qquad \sqrt{\frac{3V}{\pi h}}$$

Aber: Wer braucht das? Sind wir hier nicht bereits in dem Bereich des Operierens der ExpertInnen?

Der wichtigste Lerngewinn ergibt sich meines Erachtens erst, wenn man zu einer grundsätzlichen Betrachtung übergeht. Mathematiker „*algebraisieren*", d. h. sie führen

Symbole ein und fügen diese zu – nach bestimmten Regeln – sinnvollen Ausdrücken zusammen. Sie formen diese Ausdrücke um und lösen damit Probleme.

Was sind nun Vorteile/Nachteile dieser Methode? Nur je ein Beispiel: Ein Vorteil ist, dass „mechanische" Problemlösung möglich ist – zumindest für bestimmte Standard-Probleme. Diese kann dann auch von Maschinen übernommen werden. Ein Nachteil ist, dass man sich im Problemlöseprozess von der Anwendungssituation entfernt und somit diese als Kontrollinstanz und Korrektiv im Prozess nicht zur Verfügung steht. Allenfalls kann man am Ende die Lösung im Hinblick auf Plausibilität prüfen.

Das waren nur zwei Beispiele-Komplexe. Man kann die Fragen „Was sind Vor-/Nachteile?" sowie „Gibt es Alternativen?" in Bezug auf viele Inhalte der Sekundarstufe 1 stellen. Einige, bei denen dies besonders augenfällig ist, seien angeführt: Zahldarstellungen, statistische Darstellungen, Zentralmasse, Mathematisierungen von „je mehr, desto mehr", Funktionsdarstellungen, geometrische Objekte, etc. Mehr in die philosophische Tiefe muss man gehen, wenn man die Begriffe „Menge" und „Funktion" kritisch hinterfragen möchte (siehe Fischer 2006, S. 163–172). In der Sekundarstufe 2 sollte auch das erreichbar sein.

24.4 Mathematik im Entscheidungsprozess

Als drittes Beispiel nehme ich die Mathematik als Ganze. Ich biete eine Reflexion über Mathematik an, genauer: über ihre Potenziale und Gefahren im Hinblick auf Entscheidungen. Eine solche Reflexion sollte in der Sekundarstufe 2 möglich sein. Der Gedankengang soll hier nur skizziert werden, er ist ausführlicher in (Fischer 2006, S. 27–85) nachlesbar.

Am Beginn stehen einige Betrachtungen über Mathematik, wobei jene Eigenschaften hervorgehoben werden, die die hohe Bedeutung von Mathematik in der Gesellschaft begründen. Mein Ansatz gründet auf zwei Thesen. Die erste, sie ist nicht besonders originell, lautet:

> *Die Gegenstände der Mathematik sind abstrakt.*

Ich meine damit Gegenstände wie Zahlen, Strukturen in Zahlenmengen, (dargestellt etwa durch Tabellen und Verteilungen), Rechenoperationen, Beziehungen zwischen Zahlenlisten (zum Beispiel Funktionen), geometrische Strukturen (zum Beispiel rechtwinkelige Dreiecke). In der Anwendung können mit diesen abstrakten Gegenständen andere Abstrakta erfasst werden, siehe obigen Beispielkomplex „Messen".

„Abstrakt" ist hier primär in einem psychosozialen Sinn gemeint. Es bedeutet zunächst „weniger (mit den Sinnen) wahrnehmbar" als eben nicht so abstrakte Gegenstände. Selbst ein rechtwinkeliges Dreieck muss man sich erst in einen Dachstuhl hinein denken. Diese geringere Wahrnehmbarkeit bezieht sich aber nicht nur auf das Individuum als wahrnehmendes Subjekt, sondern auch auf Kollektive. Gemeint ist damit, dass über in diesem Sinn abstrakte Gegenstände schwerer zu kommunizieren ist als über weniger abstrakte Gegenstände. Und schließlich führt das Ganze zu einer geringeren individuellen und kollektiven Existenzgewissheit bei den abstrakten Gegenständen. (Gibt es die Zahlen überhaupt?)

Die höchste intersubjektive Existenzgewissheit haben wir über Materie. Wir können sie sehen, fühlen und sind uns hinsichtlich ihrer Existenz, aber auch mancher Eigenschaften gemeinsam sicherer als über andere Dinge. Ich komme damit nun zur zweiten These:

Durch die Mathematik wird Abstraktes materialisiert

Die schwächere Form dieser Aussage wäre, zu sagen, dass durch die Mathematik Abstraktes visualisiert wird. Durch die Materialisierung – beispielsweise in Form von Rechensteinen, grafischen Symbolen oder durch den Computer – wird Abstraktes wahrnehmbar, sogar handhabbar und in höherem Maße existent (psychosozial gemeint). Ich ergänze die zweite These:

... und mit den materiellen Darstellungen wird operiert.

Dieses Operieren reicht vom schlichten Zählen mittels Anhäufen von Steinen über das schriftliche Rechnen bis zum Beweisen mit Hilfe von logischen Operationen.

Wie schon angekündigt betone ich hier eine Facette von Mathematik, die mir im Hinblick auf die gesellschaftliche Bedeutung der Mathematik als die wichtigste erscheint. Man erhält ein anderes Bild von Mathematik, wenn man den kreativen Prozess mathematischen Modellbildens oder mathematischer Forschung im Auge hat. Für die gesellschaftliche Wirksamkeit von Mathematik ist aber aus meiner Sicht der folgende Satz entscheidend:

In der Mathematik bilden wir hochabstrakte Gegebenheiten auf Materielles ab und durch die Manipulation des Materiellen gewinnen wir Aussagen über die abstrakten Gegebenheiten.

Die verwendete Materie ist in der Regel nicht lebendig; selbst wenn wir Finger zum Rechnen nehmen, benützen wir nicht ihre Eigenschaften als Teile eines Lebewesens. Es geht also um unbelebte Materie, den Gesetzen der Physik unterliegend. Wir nützen die Gesetze bei der Manipulation der Symbole, etwa indem wir annehmen, dass sich Zeichen auf dem Papier nicht von selbst verändern, oder wenn wir uns auf die Gesetze der Elektrodynamik in einem Computer verlassen. Mathematik ist in diesem Sinn *angewandte unbelebte* Natur.

Der Nutzen, den uns die Mathematik auf diese Weise liefert, liegt auf der Hand:

- höhere Existenzgewissheit für Abstrakta; eine von der höchsten Existenzgewissheit, nämlich über Materie, gewissermaßen entlehnte „Realität";

- durch die bessere (individuelle und kollektive) Wahrnehmbarkeit des Abstrakten wird Denken und Kommunizieren darüber erleichtert;

- durch routinisiertes, gedankenloses Operieren mit den Materialisierungen können neue Erkenntnisse gewonnen werden.

Der letzte Punkt ermöglicht Entlastung und Arbeitsteilung, unter anderem auch zwischen Mensch und Maschine.

Was bedeutet dies alles nun im Hinblick auf Entscheidungen? Mathematik kommt dort zum Einsatz, wo Kriterien die Entscheidungen beeinflussen sollen, die mit abstrakten Entitäten formuliert werden. Solche Entitäten können etwa sein: Leistungen von SchülerInnen bei einer Prüfungsarbeit, Konditionen verschiedener Mobilfunkanbieter, Schädlichkeit von CO_2-Emissionen, Konditionen verschiedener Bankinstitute bei Krediten, usw. Die Mathematik versucht, derartige Abstrakta mit ihren Werkzeugen zu erfassen: durch eine Schularbeitsnote, durch Tariffunktionen, durch Zahlenwerte für Emissionen und Grenzwerte, etc. Dies ist in der Regel mit einem Reduktionsprozess verbunden.

Bereits die Abstraktion, erst recht die Reduktion führen dazu, dass Aspekte der Situation ausgeblendet werden: Welche Aufgaben wurden bei der Schularbeit gestellt? Wie ist die Service-Qualität der Mobilfunkanbieter? Welche gesundheitlichen Schäden verursachen CO_2-Emissionen? Das ist ein notwendiger Vorgang bei der Mathematisierung. Dieses Ausblenden und, wenn man so will, Vergessen einzelner Aspekte ist m. E. der Hauptgrund, warum Mathematik Entscheiden erleichtert: Man wird davon entlastet, alle Aspekte im Blick zu haben. Letzteres erschwert es nämlich, zu Entscheidungen zu kommen. Selbstverständlich besteht die Hoffnung, dass das Wesentliche komprimiert im mathematischen Modell enthalten ist.

Was leistet also die Mathematik im Hinblick auf Entscheiden:

- der Abstraktions- und Reduktionsvorgang wird durch die Materialisierung, die eine Aufmerksamkeitsfokussierung auf bestimmte Abstrakta unterstützt, gefördert;

- dies passiert dadurch, dass es erleichtert wird, die jeweils ausgeblendeten Aspekte, von denen eben abstrahiert wird, zu vergessen;

- dadurch wird entscheiden erleichtert.

Kurz gefasst: *Mathematik erleichtert durch Materialisierung das Vergessen und damit das Entscheiden.*

Der Nachteil ist: Es kann Wichtiges vergessen werden.

Hinzuzufügen ist, dass die Mathematik die Möglichkeit bietet, mittels Operieren zu neuen Erkenntnissen zu kommen, insbesondere aus entscheidungsrelevanten Größen neue entscheidungsrelevante Größen zu gewinnen. Damit macht sie Entscheidungen „berechenbar", sofern die Kriterien in mathematisch operationalisierbarer Form vorgegeben werden. Optimierungsverfahren sind hier einzuordnen.

24.5 Kollektive Entscheidungen

Der Nutzen der Mathematik für Entscheidungsprozesse, mehr noch: die Notwendigkeit, sich der Mathematik zu bedienen, wird dann besonders deutlich, wenn es sich um kollektive Entscheidungen in großen sozialen Systemen mit demokratischem Anspruch handelt. Zunächst sind große soziale Systeme – etwa ein Staat – nur mit abstrakten Kategorien beschreib- und steuerbar. Man denke an wirtschaftliche Kennzahlen, demographische Beschreibungen, physikalisch-technische Größen wie Energie (zur Steuerung der Finanzierung maschineller Arbeitsleistung) oder an das Abstraktum Geld, welches für die Funktionsfähigkeit moderner Gesellschaften unverzichtbar ist. Falls demokratischer Anspruch besteht, muss darüber kommuniziert, gegebenenfalls verhandelt werden.

Wenn beispielsweise über Pensionserhöhungen verhandelt wird, und wenn dabei der Preisindex argumentativ verwendet wird, so geht es um komplexe, abstrakte Gegebenheiten (Pensionstarife, Teuerung), die erst in der mathematischen Reduktion diskutiert werden können – sei es zwischen den Verhandlern oder öffentlich in den Medien. Kaum jemand kennt das Rechenwerk oder die Erhebungsmethode hinter den Zahlen, es genügt vielfach, zu wissen, dass beispielsweise 1,7 größer als 1,6 ist. Auch wenn man Genaueres weiß, etwa wie problematisch manche Kennzahlen sind, was sie alles ausblenden, wie sie gewichten – es gibt keine grundsätzliche Alternative zur reduzierenden Vorgangsweise. Die Werkzeuge können zwar verfeinert werden, Reduktion muss aber stattfinden auf Grund der Beschränkungen, denen Kommunikationsprozesse in komplexen sozialen Situationen unterliegen.

Durch die Materialisierung der Abstrakta wird der Kommunikationsprozess großer sozialer Systeme, Massenkommunikation in gewissem Sinn, erleichtert, wenn nicht gar erst ermöglicht. Kollektive Konzentration gelingt leichter, wenn reduziert und Materie zur Darstellung angeboten wird. (Großgruppen-Moderation bedient sich vielfach Techniken der Visualisierung.)

Vermutlich ist es aber sogar mehr als das: die Suggestion nämlich eines quasi maschinellen Funktionierens von Gesellschaft, welches beherrschbar ist. Die Menschen, die Gesellschaft sind zwar keine Maschinen, aber auf einem bestimmten Niveau der abstrahierenden Beschreibung wird so getan, als wäre zumindest die Gesellschaft eine Maschine. Dies drückt sich darin aus, dass die Beschreibungsmethode letztlich eine Materie-basierte ist.

In diesem Sinn unterstützt die Mathematik die kommunikative Stabilisierung großer sozialer Systeme und leistet damit einen Beitrag zur Konstituierung der Identität derartiger Systeme. Dies gilt insbesondere dann, wenn eine solche Identität durch das permanente Treffen von Entscheidungen hergestellt wird. (Siehe Fischer 2012d)

Die Kosten dieser Methode, die meines Erachtens unverzichtbar ist, liegen auf der Hand: Wichtige Aspekte können ausgeblendet werden und kommunikative Kreativität kann sich nicht entfalten. Oder doch: Dann nämlich, wenn aus dem Erkennen der Nachteile einer bestimmten Modellierung eine neue entwickelt wird (siehe Fischer 2006, S. 172–173).

24.6 Entscheiden lernen

Entscheiden lernte man am besten, indem man es tut. Geht das im schulischen Bildungsprozess? Die Kernentscheidung betrifft die Frage, was überhaupt gelernt werden soll. Zunächst sind diesbezüglich die LehrerInnen gefordert. Die für LehrerInnen oft schwierigere Frage ist übrigens: Was muss *nicht* unbedingt gelernt werden?

Aber eigentlich geht es um das Entscheiden-Lernen der SchülerInnen. Wenn man ihnen eine Mit-Entscheidung darüber, was gelernt werden soll, nicht zumutet, so könnten sie zumindest bewerten lernen. Und zwar dadurch, dass man ihnen im Nachhinein die Frage stellt: Wie wichtig ist, was wir gelernt haben? Wie wichtig ist es für dich, für uns, sollten das alle lernen? Hat es sich ausgezahlt, so viel Zeit dafür zu investieren? Eine offene Diskussion setzt dann die Möglichkeit negativer Antworten voraus. (Siehe Fischer 2012b)

Literatur

[Bloom 1974] BLOOM, Benjamin S.: *Taxonomie von Lernzielen im kognitiven Bereich*. Weinheim, Basel: Beltz, 1974.

[Fischer 2006] FISCHER, Roland: *Materialisierung und Organisation Zur kulturellen Bedeutung der Mathematik*. München, Wien: Profil, 2006.

[Fischer 2012a] FISCHER, Roland: Fächerorientierte Allgemeinbildung: Entscheidungskompetenz und Kommunikationsfähigkeit mit ExpertInnen. In: FISCHER, R. (Hrsg.); GREINER, U. (Hrsg.); BASTEL, H. (Hrsg.): *Domänen fächerorientierter Allgemeinbildung*. Linz: Trauner-Verlag, 2012, S. 9–17.

[Fischer 2012b] FISCHER, Roland: Bildung als Aushandelung von Bildung. In: FISCHER, R. (Hrsg.); GREINER, U. (Hrsg.); BASTEL, H. (Hrsg.): *Domänen fächerorientierter Allgemeinbildung*. Linz: Trauner-Verlag, 2012, S. 18–30.

[Fischer 2012c] FISCHER, Roland: Bildung von Individuum und Gesellschaft. In: FISCHER, R. (Hrsg.); GREINER, U. (Hrsg.); BASTEL, H. (Hrsg.): *Domänen fächerorientierter Allgemeinbildung*. Linz: Trauner-Verlag, 2012, S. 262–276.

[Fischer 2012d] FISCHER, Roland: Entscheidungsgesellschaft, Bildung und kollektives Bewusstsein. In: FISCHER, R. (Hrsg.); GREINER, U. (Hrsg.); BASTEL, H. (Hrsg.): *Domänen fächerorientierter Allgemeinbildung*. Linz: Trauner-Verlag, 2012, S. 277–288.

[Fischer u. a. 2012] FISCHER, Roland; GREINER, Ulrike; FISCHER, R. (Hrsg.); GREINER, U. (Hrsg.); BASTEL, H. (Hrsg.): *Domänen fächerorientierter Allgemeinbildung*. Linz: Trauner-Verlag, 2012.

Zusammenfassungen

Henrike Allmendinger und Susanne Spies:
„Über die moderne Entwicklung und den Aufbau der Mathematik überhaupt"

> „In seinen reizvollen Vorlesungen über Elementarmathematik vom höheren Standpunkte aus hat Felix Klein Gegensätze verschiedener mathematischer Arbeitsrichtungen hervorgehoben, die als ‚verschiedene Entwicklungsreihen' des mathematischen Denkens zuletzt auch wieder auf Stile in der Entwicklungsgeschichte der Mathematik verweisen."
>
> (Bense 1946, S. 132)

Max Bense bezieht sich hier auf das Kapitel *Zwischenstück: Über die moderne Entwicklung und den Aufbau der Mathematik überhaupt*, welches als programmatischer Exkurs die Kapitel zur Arithmetik und Algebra in Felix Kleins berühmten Vorlesungen zur Elementarmathematik trennt. In dem er Entwicklungsreihen ausweist, nimmt Klein eine Metaperspektive auf die Geschichte der Mathematik ein, die an die ästhetische Identifiktation von Stilen in der Mathematik und Kunst erinnert. In der von Klein „zur Reform des Unterrichts" bevorzugten Entwicklungsreihe B entdeckt Bense „alle Merkmale der Barockmathematik". Soll die Schule also barock unterrichten?

Der vorliegende Artikel nähert sich der Antwort dieser Frage vor dem Hintergrund der Stilgeschichte einerseits und dem Kleinschen Programm andererseits.

Lucas Amiras und Herbert Gerstberger:
Phänomene in Mathematik und Physik – Bericht aus einem interdisziplinären didaktischen Seminar

In didaktischen Vorschlägen wird vielfach empfohlen, mit Phänomenen des jeweiligen Gegenstandsbereichs zu beginnen, um insbesondere genetisch, jedenfalls methodisch, zu sinnvollem Wissen zu gelangen. Dazu ist ein reflektierter Umgang mit verschiedenen Aspekten von Phänomenen erforderlich. In diesem Beitrag wird der Begriff „Phänomen" kritisch unter die Lupe genommen und zugleich die Rolle von Phänomenen im Erkenntnisprozess von verschiedenen theoretischen Ansätzen aus erörtert. Wir beziehen uns dabei teilweise auf Vorschläge aus der Handlungstheorie und konstruktiven Wissenschaftstheorie, teilweise auch auf die Philosophie von Charles S. Peirce. Es kommen folgende für die Konstitution von Wissen relevante Prozesse in den Fokus: Wahrnehmen, Beobachten, Beschreiben, Erklären, Begriffs- und Theoriebildung. Diese Prozesse und die damit verbundenen Kompetenzen wurden in einem interdisziplinären Seminar der Fächer Mathematik und Physik mit Studierenden des Lehramts exemplarisch und domänenspezifisch in Theorie und Praxis behandelt.

Im ersten Teil wird ein Begriff des Phänomens durch fünf Merkmale charakterisiert: Phänomene sind (A) indizial (B) relational (C) tripolar (D) initial (E) konditional. Im zweiten Teil werden dazu Beispiele aus Mathematik und Physik dargestellt.

Willi Dörfler:
Was würden Peirce oder Wittgenstein zu Kompetenzmodellen sagen?

In den Diskussionen um Bildungsstandards für den Mathematikunterricht fällt auf, dass die Rolle und Relevanz des Rechnens oder allgemeiner des regelgeleiteten Operierens für das Lernen von Mathematik gering geschätzt wird und dessen Beherrschung auch nicht als vordringlich oder wichtig eingeordnet wird. Das zeigt sich in den Kompetenzmodellen, wo Kompetenzen wie Mathematisieren, Interpretieren, Anwenden im Vordergrund stehen bzw. höher eingestuft sind, und auch in den Aufgabensystemen zur Konkretisierung der Standards. Man kann das auch so deuten, dass mathematische Zeichen und Symbole ihre Bedeutung vorwiegend oder sogar ausschließlich durch ihren Bezug auf außermathematische Gegenstände erhalten sollen, und daher die Lernenden diese Bedeutung auch auf diesem Wege entwickeln bzw. nachweisen müssen. Es ist instruktiv, diese Ausrichtung und normative Vorgabe für den Mathematikunterricht mit Positionen bei Ch. S. Peirce und L. Wittgenstein zu vergleichen. Trotz klarer Differenzen ist ganz klar, dass beide Philosophen die Bedeutung mathematischer Zeichen innerhalb des Operierens mit ihnen nach den Regeln eines Zeichensystems verorten: Bedeutung nicht durch Referenz, sondern durch Gebrauch in einer komplexen mathematischen Praxis. Bei Peirce wird dies durch das Konzept des Diagramms und des diagrammatischen Schließens präzisiert, und er identifiziert mathematische Tätigkeit mit dem diagrammatischen Denken. Bei Wittgenstein findet man das Konzept des Sprachspiels (hier erweitert zum Zeichenspiel) und die daran anknüpfende Sicht, dass (innermathematische) Bedeutung der Zeichen in der Praxis ihrer regelgeleiteten Verwendung zu verorten ist. Die Bildungsstandards werden als eine eher empiristische Sichtweise auf Mathematik interpretiert im Gegensatz zu den eher formalistischen Ansätzen bei Peirce und Wittgenstein, wobei solche Einordnungen höchstens Tendenzen beschreiben und keinesfalls wertend gemeint sind. Der Mathematikunterricht bewegt sich stets zwischen diesen beiden Polen, jedoch können philosophische Analysen bei der Orientierung und Balancierung helfen.

Roland Fischer:
Entscheidungs-Bildung und Mathematik

Ich vertrete ein Allgemeinbildungskonzept, das auf Entscheidungsfähigkeit und Kommunikationsfähigkeit mit ExpertInnen abzielt. Dieses Konzept soll hier kurz dargestellt und es sollen Konsequenzen für den Mathematikunterricht gezogen werden. Schließlich soll die Rolle von Mathematik in Entscheidungsprozessen grundsätzlich erörtert werden.

Heinz Griesel:
Elementarmathematik als empirische Theorie der Lebenswirklichkeit

Die Elementarmathematik ist noch nicht vollständig aufgebaut, weil sich die für eine empirische Theorie charakteristische ontologische Bindung noch in der Diskussion befindet. In der Arbeit wird diese ontologische Bindung mithilfe der Vergleichstheorie des Messens präzisiert. Größen sind über ihre Träger unmittelbar, Zahlen und die Verknüpfungen Multiplikation und Addition nur mittelbar an die Realität gebunden. Semantische Definitionen, in denen die ontologische Bindung in die Definition mit einbezogen ist, werden für das Messen sowie für Multiplikation und Addition angegeben. Auf der ontologischen Bindung basieren auch die Grundvorstellungen, die für das Messen sowie für die Zahlverknüpfungen formuliert werden. Die Rechengesetze lassen sich auf der Grundlage der semantischen Definitionen formal und auf der Basis der Grundvorstellungen präformal beweisen.

Weitere Bestandteile der Elementarmathematik und Forderungen an deren Aufbau werden kursorisch zusammengestellt.

Gerhard Heinzmann:
Mathematische Erkenntnisprozesse: Die Rolle der Intuition

Ist es heute noch sinnvoll, von Intuition nicht nur im Entdeckungskontext, sondern auch im Prozess mathematischer Erkenntnisgewinnung zu sprechen? Ziel dieses Artikels ist es, ein Symptom eines intuitiven Gebrauchs der Kognition in der Mathematik vorzuschlagen, der unabhängig von psychologischen Gesichtspunkten einen Zugang zum Verständnis und zur Rechtfertigung in der Mathematik verschafft. Dieser Gebrauch der Intuition wird als „epistemisch" gekennzeichnet. Dem seit den Arbeiten von Charles Parsons wohlbekannten perzeptiven Modell, in dem die Intuition in Analogie zur Wahrnehmung oder als ihre Quelle konzipiert wird, stellen wir ein „Kompetenzmodell" gegenüber, in welchem die Intuition als semiotische Kompetenz in einem Dialog um Zeichenhandlungen auftritt. Ein intuitiver Zeichenhandlungsgebrauch liegt vor, falls die Repräsentation nicht situationsunabhängig ist und somit kein Legitimationsanspruch auftritt. Die Unterscheidung verschiedener intuitiver Modi erlaubt es, die so verstandene epistemische Intuition auf jedem Abstraktionsgrad mathematischer Erkenntnis einzusetzen.

Ysette Weiss-Pidstrygach, Ladislav Kvasz und Rainer Kaenders:
Geschichte der Mathematik als Inspiration zur Unterrichtsgestaltung

Geschichte der Mathematik inspiriert auf vielfältige Weise Gestaltung von Mathematikunterricht. Historische und kulturelle Perspektiven bereichern die gewöhnlich auf logischen Zusammenhängen basierende Entwicklung mathematischer Begriffe und gestatten die Einbeziehung neuer individueller Erfahrungsbereiche, sowie naturwissenschaftlicher und gesellschaftswissenschaftlicher Methoden. Die reflektierte Anwendung verschiedener Entwicklungsmodelle und das Verständnis dabei in Erscheinung tretender verständnisunterstützender oder auch -hemmender Faktoren stellen an Lehrende und Lernende hohe Ansprüche. Anhand konkreter unterrichtsrelevanter Beispiele wird gezeigt, wie historisch, kulturell und sozial inspirierte Problemstellungen einen anderen Umgang mit bekannten mathematischen Begriffen und damit neue Bedeutungen und tieferes Verständnis unterstützen können.

David Kollosche:
Logik, Gesellschaft, Mathematikunterricht

Dieser Aufsatz untersucht die gesellschaftlichen Funktionen von in der Schulmathematik genutzter Logik. Zur beispielhaften Betrachtung wurden vier Grundsätze der aristotelischen Logik ausgewählt, welchen in der Scholastik, der antiken Mathematik und in der heutigen Schulmathematik eine zentrale Bedeutung zukommt: die Sätze der Identität, des ausgeschlossenen Dritten, des ausgeschlossenen Widerspruchs und des Grundes. Unter Rückgriff auf antike Quellen und den Religionsphilosophen Klaus Heinrich wird der kulturhistorischen Bedeutung der Logik auf religiöser, erkenntnistheoretischer und politischer Ebene an Hand ihrer Genese nachgespürt. Diese Untersuchung zeichnet das ambivalente Bild einer Logik, welche sowohl emanzipatorische Möglichkeiten schafft, als auch Möglichkeiten zur Unterwerfung. Als Träger der vier Grundsätze der aristotelischen Logik, zeigt auch die Praxis des gegenwärtigen Mathematikunterrichts diesen dialektischen Charakter und offenbart einen Mechanismus, der daran teilhat, das Logische der Mathematik als Herrschaftsinstrument in unserer Gesellschaft zu installieren.

Desirée Kröger:
Die „Mathematischen Anfangsgründe" von Abraham Gotthelf Kästner

Zu den gebräuchlichen und oftmals in Latein verfassten wissenschaftlichen Publikationsformen kam zu Beginn des 18. Jahrhunderts eine neue hinzu: Die sogenannte deutschsprachige mathematische Anfangsgründe-Literatur. Hier stand nicht der Austausch und die Diskussion wissenschaftlicher Inhalte im Zentrum der Betrachtung, sondern die Vermittlung des mathematischen Wissens. Diese umfangreichen mathematischen Lehrbücher wurden oft von Professoren verfasst, dienten in erster Linie als Vorlesungsgrundlage und waren auf die universitäre Lehre abgestimmt. Durch die Verwendung der Volkssprache und die Unterweisung in die mathematischen Wissenschaften von ihren Grundlagen an eigneten sie sich auch für autodidaktische Studien. Die Anfangsgründe-Literatur repräsentiert weniger das wissenschaftliche, sondern vielmehr das unterrichtete mathematische Wissen.

Die Ziele, die die Verfasser dieser Lehrbücher verfolgten, standen mit denen der Aufklärung in Einklang: Etablierung des Deutschen als Wissenschaftssprache, Beförderung der mathematischen Wissenschaften, Anhebung ihres Stellenwertes und Aufzeigen ihres Nutzens für die Gesellschaft. Aus diesem Grund finden wir in der Anfangsgründe-Literatur nicht nur die reinen mathematischen, sondern auch die angewandten mathematischen Disziplinen wie Mechanik, Astronomie, Optik und Architektur.

Die Anfangsgründe eignen sich zur Beantwortung der Frage, welche mathematischen Inhalte an deutschen Universitäten des 18. Jahrhunderts gelehrt werden sollten. Exemplarisch hierfür werden die weit verbreiteten und viel genutzten „Mathematischen Anfangsgründe" von Abraham Gotthelf Kästner (1719–1800) vorgestellt. Sie bieten in vielerlei Hinsicht einen interessanten Forschungsgegenstand: Stellenwert der Mathematik, Veränderung des Adressatenkreises durch die Volkssprache, didaktische und historische Betrachtungen – um nur einige Stichpunkte zu nennen. Anhand des Werkes von Kästner soll zunächst rekonstruiert werden, welche Disziplinen die Mathematik im 18. Jahrhundert umfasste. Hierzu wird Kästners Klassifikation der mathematischen Wissenschaften in reine und angewandte Mathematik untersucht. Auf Basis dieser Erkenntnisse soll ein Vergleich mit anderen deutschsprachigen mathematischen Lehrbüchern erfolgen, die in die Anfangsgründe-Literatur einzuordnen sind. Zu diesen zählen beispielsweise die Werke von Christian Wolff und Wenceslaus Johann Gustav Karsten.

Aufgrund dieses Vergleichs soll herausgefunden werden, ob Konsens bezüglich der mathematischen Disziplinen im 18. Jahrhundert bestand, und, falls ja, wie die Klassifikation der mathematischen Disziplinen aussah.

Katja Lengnink:
Prozesse beim Mathematiklernen initiieren und begleiten – vom Wert des Intersubjektiven

Mathematiklernen findet immer im Spannungsfeld von Prozessorientierung und den mathematischen Produkten statt. Zum einen ist der Lernprozess aus Sicht moderner Lerntheorien als individuelle Konstruktion von Vorstellungen, Begriffen und Konzepten anzusehen, die auf der Basis bisher gemachter Erfahrungen und im sozialen Austausch mit anderen stattfindet. Zum anderen steht den Lernenden die heutige Mathematik als ein Produkt gewissermaßen „unumstößlich" gegenüber. Sie ist als Zielvorgabe leitend und bestimmt damit aus der Rückschauperspektive, was gedacht werden muss, um erfolgreich beim Lernen zu sein.

In diesem Artikel wird das Spannungsfeld von Prozess- und Produktorientierung am Beispiel der Mathekartei der Spürnasen Mathematik (Lengnink 2012a) für die erste und zweite Jahrgangsstufe entfaltet und aufgezeigt, wie ein Lernprozess zwischen individuellem und intersubjektivem Lernen und offenen erfahrungsbasierten Ansätzen und der mathematischen Zielorientierung in dynamischer Balance gestaltet werden kann.

Martin Lowsky:
Die Ableitung des Sinus ist der Kosinus, oder: Wie autoritär ist die Mathematik?

Die Mathematik hat einen demokratischen Grundzug: Sie verkündet, jede ihrer Aussagen ergebe sich aus nachprüfbaren Beweisschritten. Andererseits ist die Mathematik autoritär, weil sie den Menschen, der überprüfen will, oft intellektuell überfordert. Denn die Mathematik ist im Laufe ihrer Geschichte immer komplizierter geworden. Die Mathematik ist mittlerweile so autoritär, dass sie uns auffordert, einen Satz einfach zu glauben.

Diese Positionen werden an dem bekannten einfachen Satz „sin′ = cos" besprochen. Es wird auch ein Vorschlag gebracht, diesen Satz in der Schule so zu behandeln, dass infinitesimale Beweisschritte und Plausibilitätsbetrachtungen zusammenwirken und die demokratische Seite der Mathematik hervortritt. Dabei wird auch die Freude an plakativen Aussagen in der Mathematik berücksichtigt.

Zitate aus den Werken von Molière und Arno Schmidt belegen, welche autoritäre Rolle die Mathematik für Nichtmathematiker spielt.

Hans-Joachim Petsche:
Vom „Combiniren im elementarischen Unterrichte" – Zum Schicksal der Pestalozzischen Formenlehre in Preußen

Die Bildungsreform Preußens als Antwort auf die Napoleonische Fremdherrschaft erstreckt sich auch auf das Elementarschulwesen. Mit der umfassenden Rezeption Pestalozzis konnte das Wechselspiel von Anschauung und kombinatorischem Denken für Lesen, Rechnen und Geometrie fruchtbar gemacht werden. Wurde so einerseits der Grundstein für eine Bildung gelegt, die den beispiellosen industriellen Aufstieg Deutschlands im letzten Drittel des 19. Jhs. ermöglichte, beflügelte die Auseinandersetzung mit der elementaren Kombinatorik der Pestalozzischen Anschauungsformen zugleich die Reflexion über die Grundlagen der Wissenschaft. Im Mittelpunkt des Beitrags steht die Rezeption der Formenlehre Pestalozzis und seines Schülers Schmid.

Martin Rathgeb:
Zur Kritik an George Booles mathematischer Analyse der Logik

George Boole (1815–1864) leistet in seiner Schrift *Mathematical Analysis of Logic* (1847), was ihr Titel verspricht –, nämlich eine ‚mathematische Analyse der Logik'. Sein mathematischer Zugriff auf die Logik erlaubt die Berechnung von Syllogismen. Doch welche Mathematik Boole für seine Analyse verwendet, das blieb bis ins letzte Viertel des 20. Jahrhunderts hinein ein Rätsel. Bereits Anfang des 20. Jahrhunderts war dagegen bekannt, welche Mathematik für einen Zugriff auf die von Boole behandelte Logik adäquat ist. Doch damit war zunächst nur klar, dass Booles Mathematik eine andere war, dass er also anders rechnete.

Sind seine Rechnungen im Hinblick auf die Logik trotzdem *verlässlich*? Und falls ja, ist verstehbar, *welche* Mathematik er *weshalb* gewählt hat? Ich halte diese Fragen durch die Untersuchungen Hailperins und Burris' für geklärt; Hailperin zeigte: ‚Booles Algebra' ist ein kommutativer Ring (mit Eins) ohne nilpotente Elemente; genauer: *Boole rechnet in einer Algebra von signierten Multimengen, er rechnet also nicht in Mengenalgebren wie einem ‚Booleschen Ring' oder einer ‚Booleschen Algebra'.*

Dafür formulierte Burris eine schlichte Erklärung: *Boole analysiert die Logik mittels einer Variante der schulmathematischen Gleichungslehre, in der insbesondere die Idempotenz $x \cdot x = x$ gilt.* Burris lieferte weiters eine Behandlung der Syllogismen, die zwar im Stile Booles, aber durch eine Variante der darstellenden Gleichungen kürzer und bündiger ist.

In meinem Aufsatz geht es also um einen *Prozess in der Sache*: ‚Boolesche Algebren' sind der Logik noch adäquate Vereinfachungen von ‚Booles Algebra'; weiters geht es um den *Prozess der Interpretation* von Booles Algebra der Logik, der erst bei Hailperin und nachfolgend bei Burris zu einer besonderen Werktreue gereift ist, und um den *Prozess der Fortentwicklung* von Booles Algebraisierung der Logik, den Burris in der von Boole gewiesenen Richtung weiterführt.

Den Kontrast dazu liefert die von George Spencer-Brown (geb. 1923) in seinem mathematischen Essay *Laws of Form* (1969) demonstrierte Auffassung von Mathematik, die eine Grundlegung von Mathematik als *Sprache im Prozess* ist.

Jens Rosch:
Bildungsprobleme im Mathematikunterricht. Eine Fallstudie zum Lernen von Algebra

Ein wichtiger sprachphilosophischer Impuls für die moderne Erkenntnistheorie war die Entdeckung formalisierbarer sprachlicher Performativität und die darauf aufbauende Formulierung pragmatischer Gelingensbedingungen für deren Realisierung. Demnach macht es einen Unterschied, ob man Sprachäußerungen als Mittel zum Erreichen vorbestimmter Zwecke oder als Versuche der Verständigung über a priori Unbekanntes auffasst. Die Suche nach den pragmatischen Gelingensbedingungen fürs Verstehen mathematischer Gegenstände lässt sich als Forschungsperspektive im Rahmen empirischer Sozialforschung auffassen. Gegenstand des Beitrags ist die Darstellung des methodologischen Kontexts dieser Forschung sowie der darauf bezogenen Rekonstruktion des objektiven latenten Sinns einer gymnasialen Unterrichtsstunde im Fach Mathematik im achten Schuljahr.

Gregor Schneider:
Über die Mathematik zur Philosophie. Platonischer Erkenntnisweg und moderne Mathematik

Im Dialog *Politeia* (*509dff., 521cff.*) lässt Platon die Figur des Sokrates die Ausbildung zur Ideenschau – und wie sie in essentieller Weise die mathematischen Wissenschaften einschließt – schildern. Meine erste These ist, dass dieser Erkenntnisweg – mag er grundsätzlich möglich sein oder nicht – zumindest nicht mittels der modernen Mathematik funktioniert. Wie hat man sich jedoch das platonische Bildungsideal in seiner intendierten Anwendung vorzustellen? Wie sind Ideen, Mathematik und sichtbarer Seinsbereich nach Platon miteinander verzahnt? Meine zweite These ist, dass man recht betrachtet in Euklids *Elementen* ein Beispiel ‚platonischer Geometrie' hat, aus dem sich wieder neue Ansätze für die Deutung platonischer Dialoge ergeben.

Hans Max Sebastian Schorcht:
Mathematik als historischen Prozess wahrnehmen

Wie müsste eine Mathematikgeschichte didaktisch aufbereitet sein, damit sie Mathematik als Mathematisierungsprozess darstellt und mathematikhistorische Themen nicht isoliert vom *eigentlichen* Mathematikunterricht als exotischen Exkurs erscheinen lässt? Wie gegenwärtige Phänomene nicht nur die Interpretation beeinflussen, sondern auch zur Beschäftigung mit der Mathematikgeschichte führen können, soll im Aufsatz *Mathematik im historischen Prozess wahrnehmen* beschrieben werden. Diese geschichtsdidaktische Dimension im Mathematikunterricht soll einen Prozess zum vertieften Verständnis der mathematischen Begriffe initiieren. Wie die Geschichtsdidaktik versucht, die Veränderungen im historischen Prozess darzustellen, wird anhand des Umbruchs von den römischen zu den westarabischen Zahlzeichen erläutert. Dazu kommen Überlegungen zu einem möglichen Orientierungswissen, das das vermittelte Verfügungswissen ergänzt.

Jeroen Spandaw:
Was bedeutet der Begriff „Wahrscheinlichkeit"?

Was bedeutet der Begriff „Wahrscheinlichkeit"? Viele Mathematiklehrer lernen in ihrem Studium nur die frequentistische Sichtweise: Wahrscheinlichkeit ist relative Häufigkeit „auf die Dauer". Im alltäglichen Gebrauch des Begriffs „Wahrscheinlichkeit" funktioniert diese Interpretation aber häufig nicht, zum Beispiel bei einmaligen Ereignissen.

Es gibt aber eine alternative Interpretation von „Wahrscheinlichkeit", die dieses Problem löst: die bayesianische. Nach dieser Interpretation beschreibt „Wahrscheinlichkeit", wie plausibel ein Ereignis bei gegebener Information ist.

Frequentisten und Bayesianer streiten sich schon seit dem 18. Jahrhundert über die beiden Interpretationen. In diesem Artikel erörtere ich nach einer kurzen Einführung in die bayesianische Methode die wichtigsten Streitfragen, Argumente und Gegenargumente. Zum Schluss behandle ich die Relevanz dieser Problematik für die Schulmathematik.

Renate Tobies:
Produktion von Mathematik im Industrielabor: Techno- und
Wirtschaftsmathematik als Schlüsseltechnologie

Techno- und Wirtschaftsmathematiker bezeichnen heute Mathematik als Schlüsseltechnologie. Mathematik kann eine Brücke bilden zwischen theoretischen (Natur)Wissenschaften und konkreten praktischen (technischen, wirtschaftlichen, medizinischen u.a.) Gebieten. Im Zentrum dieses Verflechtungsprozesses steht das mathematische Modellieren von Problemen, wobei sich das Herangehen an das Lösen von Problemen nicht prinzipiell vom Vorgehen zu Beginn des 20. Jahrhunderts unterscheidet. An Beispielen aus Forschungslaboratorien der 1903 etablierten Telefunken Gesellschaft für drahtlose Telegraphie und der 1919 gegründeten Osram GmbH soll gezeigt werden, wie mathematisches Wissen genutzt und produziert wurde. Die Ergebnisse basieren auf einem von der DFG geförderten Projekt „Die Anfänge von Technomathematik in der elektrotechnischen Industrie" und sind größtenteils bereits publiziert (Tobies 2010 und Tobies 2012).

Andreas Vohns:
Zur Bedeutung mathematischer Handlungen im Bildungsprozess und als Bildungsprodukte

Der Beitrag fragt nach dem Vehältnis von mathematischem Wissen, Handeln und Tätigkeiten, die mathematischen Bildungs- und Unterrichtsprozesse auszeichnen zu mathematischen Kompetenzen, die am Ende der Schulzeit als Bildungsprodukte verfügbar sein sollen. Am Beispiel des „mathematischen Modellierens" wird exemplarisch herausgearbeitet, dass vor dem Hintergrund verschiedener bildungstheoretischer Konzeptionen die Bedeutung mathematischer Handlungen für den Bildungsprozess nur unzureichend erfasst wird, wenn man sich auf die Frage nach den am Ende dieses Bildungsprozesses verfügbaren Kompetenzen im Sinne von Handlungswissen und Problembewältigungsfähigkeiten beschränkt.

Gabriele Wickel:
Praktische und theoretische Geometrie in der frühen Neuzeit – Annäherung an ein schwieriges Verhältnis

Die Frage nach der Bedeutung der Mathematik für gesellschaftliche und technische Prozesse ist ein zeitloses Phänomen. Bereits im 16. Jahrhundert bestimmt in England die Diskussion um die notwendigen mathematischen Kompetenzen in den wirtschaftlichen Innovations- und Entwicklungsbranchen den gesellschaftlichen Diskurs. Auf der einen Seite stehen dabei die traditionellen Bildungseinrichtungen, in denen Mathematik für eine breitere Masse nur unzureichend vermittelt wird, auf der anderen Seite finden wir eine große Fülle von Lehrbüchern und Handreichungen, privaten und öffentlichen Bildungsangeboten und in gewissem Sinne eine mathematische Gemeinschaft von *mathematical practitioners*, die den besonderen Nutzen der Mathematik betont. Ein Kerngebiet dieser Zeit ist die praktische Geometrie, die als Grundlage vieler Disziplinen gilt. Dabei bewegt sich die mathematische Darstellung in den Lehrbüchern für die *mathematical practitioners* zwischen theoretischer euklidischer Geometrie auf der einen und anwendungsbezogenen Aufgaben auf der anderen Seite. Anhand von Beispielen aus Aaron Rathbornes Lehrbuch *The Surveyor* (1616) wird der Aufsatz, bezogen auf die Landvermessung, das Spannungsfeld von theoretischer und praktischer Geometrie diskutieren. Ziel ist es, ein Schlaglicht auf die Entwicklung einer mathematischen Praxis zu werfen, die sich zwischen innermathematisch-theoretischen und gesellschaftlich-anwendungsbezogenen Anforderungen etabliert.

Annika M. Wille:
Mathematik beim Schreiben denken – Auseinandersetzungen mit Mathematik in Form von selbst erdachten Dialogen

Für Michail M. Bachtin ist der Sprechende nicht nur der Aktive und der Zuhörende der Passive. Hingegen spricht er von einem *aktiven Verstehensprozess*. Eine besondere Art des Schreibens im Mathematikunterricht ist das Schreiben *selbst erdachter Dialoge* und macht sich dies zu Nutze: Eine Schülerin oder ein Schüler schreibt einen Dialog zweier Protagonisten, die sich über eine mathematische Fragestellung unterhalten. So kann der Lernende in doppelter Weise reflektieren, da er zugleich der Schreibende als auch der aktiv Zuhörende ist, der dann gleich wieder auf sich selbst antwortet. Der so entstandene erdachte Dialog gibt einen besonderen Einblick in mathematische Lernprozesse.

Reinhard Winkler:
Mathematische Prozesse im Widerstreit

Bei der Untersuchung von Prozessen, in denen Mathematik im Spiel ist, ergibt sich die Notwendigkeit einer sorgfältigen Unterscheidung verschiedener Arten und Betrachtungsweisen. Näher untersucht sollen hier werden: historische, gesellschaftliche, technologische, psychologische und innermathematische Prozesse, die jeweils selbst wieder in verschiedenen Ausprägungen auftreten.

Schnell fällt auf, dass sich die Verschiedenheit solcher Prozesse nicht nur auf ihre innere Natur bezieht, sondern auch auf oft gegenläufige Wirkungen, die – beabsichtigt oder unbeabsichtigt – von ihnen ausgehen. Nicht alle der zu beobachtenden Wirkungen können gleichermaßen als wünschenswert gelten. Daher stellt sich die Aufgabe einer sorgfältigen und kritischen Analyse, mit möglichen Konsequenzen für den Mathematikunterricht an den Schulen und Universitäten sowie für die Praxis des Wissenschaftsbetriebes.

Martin Winter:
„Theorema Pythagoricum"

Ein lateinischer Beitrag aus dem Jahre 1855 mit dem Titel: „Theorema Pythagoricum multiplici ratione diversisque argumentis probatum" liefert uns aus heutiger Perspektive ein Bild von Mathematik und Mathematikunterricht an humanistischen Gymnasien des 19. Jahrhunderts. Der Autor, Josef Buerbaum, nutzt dabei die Tradition der Jahresberichte an diesem wie an anderen Gymnasien, um durch seinen Beitrag zu einem fachlichen Thema seine wissenschaftliche Kompetenz unter Beweis zu stellen. Besonderes Kennzeichen des Beitrags ist dabei die Wahl der lateinischen Sprache, in der er 21 Beweise zum Satz des Pythagoras vorstellt. Buerbaums *Theorema Pythagoricum* stellt eine historische Quelle dar, die den Prozess kennzeichnet, in dem sich der Mathematikunterricht an den Gymnasien des 19. Jahrhunderts befindet. Die Form der Darstellung eines mathematischen Themas in lateinischer Sprache ordnet die Quelle ein zwischen der Orientierung an der Fiktion einer altphilologisch geprägten humanistischen Bildung und der Hervorhebung mathematischer Inhalte als wertvolles Bildungsgut eines Gymnasiums.

Thomas Zwenger:
„Geschichte" – was ist das eigentlich?

Was die Geschichte sei, oder *aus welchem Stoff* sie sei, ist eine *philosophische* Frage, die besondere Schwierigkeiten enthält. Historiker können diese Frage nicht beantworten; sie erforschen, beschreiben, *erzählen* die Geschichte. – Die Philosophie aber *denkt* die Geschichte. Die besondere Schwierigkeit mit dem *Begriff* der Geschichte besteht darin, dass wir mit der Geschichte etwas denken, das vom Menschen selbst hervorgebracht worden sein und doch zugleich unabhängige Realität haben soll, also zugleich „ist" und „bedeutet". – Geschichtsphilosophie hat historisch zwei Gestalten: Die *materiale Geschichtsphilosophie* (jüdisch/christliche Denktradition bis Hegel) betrachtet die Geschichte als objektiven Sachverhalt (*res gestae*). Dabei wird das *Geistige* der Geschichte *substantialisiert* bzw. metaphysisch hypostasiert, so dass der *Sinn-Zusammenhang* der Geschichte aus dem menschlichen Denken in eine übermenschliche bis göttliche Instanz hinausverlagert wird (*mythisches Denken*). – Demgegenüber erkennt eine *Formale Philosophie der Geschichte* die Subjektivität der Geschichte als einer *Funktion der Urteilskraft* (*rerum gestarum memoria*). Geschichte ist daher allein *Erzähl-Text*. Insofern ist die *eine* „wahre" Menschheitsgeschichte strukturgleich mit allen *faktualen* wie *fiktionalen* Einzelgeschichten. Die philosophische Frage nach dem „was-es-ist" der Geschichte kann nur – nach dem Vorbild der Kantischen *Vernunft-Kritik* – in einer *Konstitutionstheorie* des geschichtlichen *Urteils-Wissens* (Erzähl-Text) beantwortet werden. Hier werden zwei (quasi-) *transzendentale* Prinzipien der *narrativen Urteilskraft* vorgestellt: Das *Prinzip der Homogenität* begründet die Struktur des Erzähl-Textes aus dem besonderen Zeitverhältnis von *Erleben* und *Erinnerung* (*Geschichtlichkeit*) im Subjekt. Das *Prinzip der Kontinuität* begründet die Einheit des Erzähl-Textes aus der subjektiven Einheit des Selbstbewusstseins. – Ergebnis: Die Geschichte ist absolutes Freiheitsgeschehen, nicht objektivierbar, nicht methodisch rationalisierbar, daher als symbolischer Ausdruck menschlichen Freiheitsbewusstseins der Kunst näher als der Wissenschaft.

Index